普通高等教育通识类课程教材

计算机基础与应用
（第二版）

主编　秦凯

副主编　杨毅　王毅　王锦　姚晓杰　李宇

中国水利水电出版社
www.waterpub.com.cn
·北京·

内 容 提 要

本书采用 Windows 10 和 Microsoft Office 2016 教学和实验环境，内容全面覆盖高等院校各专业计算机基础课程的基本教学要求和全国计算机等级考试大纲要求，全书共 7 章，包括计算机基础知识、操作系统、信息技术应用、文字处理软件 Word 2016、演示文稿软件 PowerPoint 2016、电子表格软件 Excel 2016 和计算机网络知识。

本书基本概念翔实，关键技术先进，理论与实践并重，组织结构合理，适合课堂教学及自学者使用。

图书在版编目（CIP）数据

计算机基础与应用 / 秦凯主编. -- 2 版. -- 北京 : 中国水利水电出版社, 2024. 8. --（普通高等教育通识类课程教材）. -- ISBN 978-7-5226-2571-3

Ⅰ. TP3

中国国家版本馆 CIP 数据核字第 2024PJ7691 号

策划编辑：崔新勃　　责任编辑：鞠向超　　加工编辑：刘　瑜　　封面设计：苏　敏

书　　名	普通高等教育通识类课程教材 计算机基础与应用（第二版） JISUANJI JICHU YU YINGYONG
作　　者	主　编　秦凯 副主编　杨毅　王毅　王锦　姚晓杰　李宇
出版发行	中国水利水电出版社 （北京市海淀区玉渊潭南路 1 号 D 座　100038） 网址：www.waterpub.com.cn E-mail：mchannel@263.net（答疑） sales@mwr.gov.cn 电话：（010）68545888（营销中心）、82562819（组稿）
经　　售	北京科水图书销售有限公司 电话：（010）68545874、63202643 全国各地新华书店和相关出版物销售网点
排　　版	北京万水电子信息有限公司
印　　刷	三河市德贤弘印务有限公司
规　　格	184mm×260mm　16 开本　17.75 印张　454 千字
版　　次	2021 年 6 月第 1 版　2021 年 6 月第 1 次印刷 2024 年 8 月第 2 版　2024 年 8 月第 1 次印刷
印　　数	0001—2000 册
定　　价	59.00 元

前言

随着 IT 技术在社会生活各个领域的应用和普及，计算机已经是人们工作、学习不可缺少的工具。“大学计算机基础”作为普通高等学校非计算机专业学生的必修课程，以培养学生信息化素养、提高学生计算机基本操作技能为目标，是学生步入社会及学习深层次计算机相关课程的基础，其覆盖面广，实用价值高，教学效果影响深远。

为了做好计算机基础的教学工作，使学生更容易掌握计算机基础操作，编者针对非计算机专业学生的特点，结合多年从事大学计算机基础课程教学的经验编写了本书。

当代信息技术发展迅速，鉴于此，本书加入了当下信息技术应用最新的知识内容，包括鸿蒙系统、云计算、物联网、大数据和人工智能。本书分别介绍了这几种技术的基本概念、发展历程、关键技术和具体应用等方面的知识。这些技术代表了人类信息技术的最新发展趋势，深刻变革着人们的生产和生活。相信多种技术的融合发展、相互助力，一定会给人类社会的未来发展带来更多的新变化。

本书系统地介绍了计算机基础知识、操作系统、信息技术应用、文字处理软件 Word 2016、演示文稿软件 PowerPoint 2016、电子表格软件 Excel 2016 和计算机网络知识等内容。

本书由秦凯任主编，杨毅、王毅、王锦、姚晓杰、李宇任副主编。本书第 1 章和第 3 章由秦凯编写，第 2 章由李宇编写，第 4 章由姚晓杰编写，第 5 章由王毅编写，第 6 章由杨毅编写，第 7 章由王锦编写。

本书在编写过程中得到了梁宁玉、刘立君、张春芳三位老师的大力支持和帮助，他们提出了许多宝贵的意见和建议，在此表示衷心的感谢。

由于编者水平有限，书中可能存在一些不妥之处，恳请广大读者及专家批评指正。

编者

2024 年 5 月

目 录

第 1 章　计算机基础知识

1.1　计算机概述

现代计算机是一种按程序自动进行信息处理的通用工具。它的处理对象是数据，处理结果是信息。在这一点上，计算机与人脑有着某些相似之处。因为人的大脑和五官也是进行信息采集、识别、存储、处理的器官，所以计算机又被称为电脑。

随着信息时代的到来和信息高速公路的兴起，全球信息化进入了一个新的发展时期。人们越来越认识到计算机强大的信息处理功能，计算机已经成为信息产业的基础和支柱。

1.1.1　计算机的发展过程

1. 世界上第一台计算机

在第二次世界大战中，交战双方都使用了飞机和火炮猛烈轰炸对方的军事目标。要想打得准，必须精确计算并绘制出“射击图表”。通过查图表来确定炮口的角度，才能使射出去的炮弹正中目标。但是，每一个数值都要做几千次的四则运算才能得出，十几个人用手摇机械计算机算几个月，才能完成一份图表。针对这种情况，人们开始研究把电子管作为“电子开关”来提高计算机的运算速度。许多科学家都参加了实验和研究，1946 年，他们终于制成了世界上第一台电子计算机——电子数字积分计算机（Electronic Numberical Integrator and Computer，ENIAC），如图 1-1、图 1-2 所示。

图 1-1　世界上第一台电子计算机（1）

图 1-2　世界上第一台电子计算机（2）

ENIAC 被安装在一排 2.75 米高的金属柜里，它使用了 17468 个真空电子管，每小时耗电 174 千瓦，占地 170 平方米，重达 30 吨。ENIAC 的电子管平均每隔 7 分钟就要被烧坏一个，尽管如此，它的运算速度仍可达到每秒 5000 次加法，可以在千分之三秒的时间内做完两个 10 位数乘法。一条炮弹的轨迹，它仅用 20 秒就能算完，比炮弹本身的飞行速度还要快。虽然它的功能还比不上今天一台最普通的微型计算机，但是在当时它已是运算速度的绝对冠军，并且其运算的精确度和准确度也是史无前例的。ENIAC 奠定了电子计算机的发展基础，开辟了计算机科学技术的新纪元，有人将其称为人类第三次产业革命开始的标志。

ENIAC 诞生后，数学家冯·诺依曼提出了重大的改进理论，主要有两点：一是电子计算机应该以二进制为运算基础；二是电子计算机应采用“存储程序”方式工作。他还进一步指出了整个计算机应由 5 部分（运算器、控制器、存储器、输入装置和输出装置）组成。冯·诺依曼提出的这些理论解决了计算机运算自动化的问题和速度配合问题，对后来计算机的发展起到了决定性作用。直至今天，绝大部分的计算机还是根据冯·诺依曼提出的方式来工作。

2. 现代计算机之父——冯·诺依曼

冯·诺依曼（图 1-3）是 20 世纪最重要的数学家之一，在纯粹数学和应用数学方面都有杰出的贡献。他的工作大致可以以 1940 年为界线划分为两个时期。1940 年以前，他主要进行纯粹数学的研究。他在数理逻辑方面提出了简单而明确的序数理论，并对集合论进行新的公理化，其中明确地区别了集合与类；其后，他研究了希尔伯特空间上线性自伴算子谱理论，为量子力学打下数学基础；1930 年，他证明的平均遍历定理开拓了遍历理论的新领域；1933 年，他运用紧致群解决了希尔伯特第五问题；此外，他在测度论、格论和连续几何学方面也有开创性的贡献；1936—1943 年，他和默里合作，创造了算子环理论，即所谓的冯·诺依曼代数。

图 1-3 现代计算机之父——冯·诺依曼

1940 年以后，冯·诺依曼转向应用数学。如果说他的纯粹数学成就属于数学界，那么他在力学、经济学、数值分析和电子计算机方面的成就则属于全人类。从第二次世界大战开始，冯·诺依曼因战事需要转而研究可压缩气体运动，建立了冲击波理论和湍流理论，发展了流体力学；从 1942 年起，他同摩根斯顿合作，写出了《博弈论和经济行为》一书，这本书是博弈论（又称对策论）的经典著作，也使他成为数理经济学的奠基人之一。

冯·诺依曼由戈尔德斯廷中尉介绍参加 ENIAC 机研制小组后，便带领这批富有创新精神的年轻科技人员，向着更高的目标进军。1945 年，他们在共同讨论的基础上，发表了一个全新的存储程序通用电子计算机方案（Electronic Discrete Variable Automatic Computer，EDVAC）。在这个过程中，冯·诺依曼显示出他扎实的数理基础知识，充分发挥了他的顾问作用，以及探索和综合分析问题的能力。冯·诺依曼以“关于 EDVAC 的报告草案”为题，起草了长达 101 页的总结报告。报告具体介绍了制造电子计算机和程序设计的新思想。这份报告是计算机发展史上一份划时代的文献，它向世界宣告：电子计算机的时代开始了。

根据冯·诺依曼体系结构构成的计算机，必须具有如下功能。

- 把需要的程序和数据送至计算机中。
- 能够长期记忆程序、数据、中间结果及最终运算结果。
- 能够完成各种算术、逻辑运算和数据传送等数据加工处理。
- 能够根据需要控制程序走向，并能根据指令控制机器的各部件协调操作。

- 能够按照要求，将处理结果输出给用户。

为了完成上述的功能，计算机必须具备以下 5 个基本组成部件。

- 完成数据加工处理的运算器。
- 控制程序执行的控制器。
- 记忆程序和数据的存储器。
- 输入数据和程序的输入设备。
- 输出处理结果的输出设备。

ENIAC 诞生后的短短几十年间，计算机的发展突飞猛进。主要电子器件相继使用了真空电子管、晶体管、中小规模集成电路和大规模、超大规模集成电路，引起计算机的几次更新换代，每一次更新换代都使计算机的体积和耗电量大大减小，功能大大增强，应用领域进一步拓宽。ENIAC 的问世，标志着计算机时代的开始。

3. 计算机的发展阶段

现代计算机的发展阶段主要是依据计算机所采用的电子器件的不同来划分的。计算机器件从电子管到晶体管，再从分立元件到集成电路以至微处理器，促使计算机的发展出现了几次飞跃。

计算机于 20 世纪 40 年代诞生，至今已有 70 多年了。随着数字科技的革新，计算机差不多每 10 年就更新换代一次。

（1）第一代计算机（1946—1958 年）。1946 年，世界上第一台电子数字积分计算机“埃尼阿克”（ENIAC）在美国宾夕法尼亚大学莫尔学院诞生。

1949 年，第一台存储程序计算机 EDSAC 在剑桥大学投入运行，ENIAC 和 EDSAC 均属于第一代电子管计算机。

人们通常称这一时期为电子管计算机时代，第一代计算机主要用于科学计算，其主要特点如下。

- 采用电子管作为逻辑开关元件。
- 主存储器使用水银延迟线存储器、阴极射线示波管静电存储器、磁鼓和磁芯存储器等。
- 外部设备采用纸带、卡片、磁带等。
- 使用机器语言，20 世纪 50 年代中期开始使用汇编语言，但还没有操作系统。

这一代计算机主要用于军事目的科学研究，其体积庞大、笨重、耗电多、可靠性差、速度慢、维护困难。图 1-4 所示为电子管。

图 1-4　电子管

（2）第二代计算机（1959—1964 年）。人们通常称这一时期为晶体管计算机时代。

1947 年，肖克利、巴丁、布拉顿三人发明了晶体管，它比电子管功耗小、体积小、重量轻、工作电压低、工作可靠性好。1954 年，美国贝尔实验室制成第一台晶体管计算机 TRADIC，使计算机体积大大缩小。

1957 年，美国制成全部使用晶体管的计算机，第二代计算机诞生了。第二代计算机的运算速度比第一代计算机提高了近百倍，其主要特点如下。

- 采用半导体晶体管作为逻辑开关元件。
- 主存储器均采用磁芯存储器，磁鼓和磁盘开始作为主要的辅助存储器使用。
- 输入输出方式有了很大改进。
- 开始使用操作系统，有了各种计算机高级语言。

计算机的应用已由军事和科学计算领域扩展到数据处理和事务处理领域。它的体积减小、重量减轻、耗电量减少、速度加快、可靠性增强。图 1-5 所示为各种常用的晶体管。

图 1-5 各种常用的晶体管

（3）第三代计算机（1965—1970 年）。人们通常称这一时期为集成电路计算机时代。

20 世纪 60 年代初期，美国的基尔比和诺伊斯发明了集成电路，引发了电路设计革命。随后，集成电路的集成度以每 3～4 年提高一个数量级的速度增长。

1962 年 1 月，IBM 公司采用双极型集成电路，生产了 IBM360 系列计算机。这一时期，DEC 公司（现并入 Compaq 公司）交付了数千台 PDP小型计算机。

第三代计算机的主要特点如下。

- 采用中小规模集成电路作为逻辑开关元件。
- 开始使用半导体存储器，辅助存储器仍以磁盘、磁带为主。
- 外部设备种类增加。

- 开始走向系列化、通用化和标准化。
- 操作系统进一步完善，高级语言数量增多。

第三代计算机采用集成电路作为逻辑元件，使用范围更广，尤其是一些小型计算机在程序设计技术方面形成了 3 个独立的系统：操作系统、编译系统和应用程序（总称为软件）。值得一提的是，操作系统中“多道程序”和“分时系统”等概念的提出，以及计算机终端设备的广泛使用，使得用户可以在自己的办公室或家中远程使用计算机。

这一时期，计算机主要用于科学计算、数据处理以及过程控制。计算机的体积、重量进一步减小，运算速度和可靠性有了进一步提高。图 1-6 所示为集成电路。

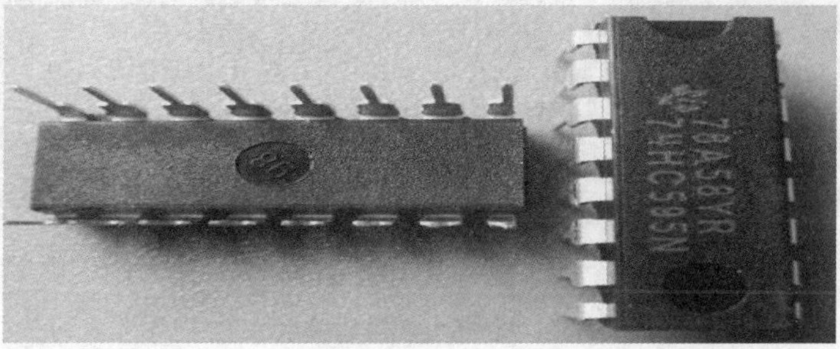

图 1-6 集成电路

（4）第四代计算机（1971—1980 年）。1971 年发布的 Intel 4004 是微处理器（CPU）的开端，也是大规模集成电路发展的一大成果。Intel 4004 通过大规模集成电路把运算器和控制器做在一块芯片上，虽然字长只有 4 位，且功能很弱，但它是微型机方面的先锋。

1972—1973 年，8 位微处理器相继问世，最先出现的是 Intel 8008。尽管它的性能还不完善，但已经展示了强大的生命力，驱使众多厂家投入竞争，使微处理器得到了蓬勃的发展。后来，出现了 Intel 8080、MOTOROLA 6800 和 Zilog 公司的 Z-80 等微处理器。

1978 年以后，16 位微处理器相继出现，微型计算机达到一个新的高峰。这一时期的典型代表有 Intel 8086、Zilog 公司的 Z-8000 和 MOTOROLA 公司的 MC68000。

Intel 公司不断推进微处理器的革新，紧随 Intel 8086 之后，又成功研制了 80286、80386、80486、奔腾（Pentium）、奔腾二代（Pentium II）和奔腾三代（Pentium III）。从此，个人计算机（PC）不断更新换代，日益深入人们的日常生活。

第四代计算机以大规模集成电路作为逻辑元件和存储器，使计算机在微型化和巨型化两个方向都有长足发展。

从第一代到第四代，计算机的体系结构都是相同的，都是由运算器、控制器、存储器、输入设备、输出设备组成，都遵循冯·诺依曼体系结构。

第四代计算机的主要特点如下。

- 采用大规模、超大规模集成电路作为逻辑开关元件。
- 主存储器使用半导体存储器，辅助存储器采用大容量的软硬磁盘，并开始引入光盘。
- 外部设备有了很大发展，采用了光字符阅读器（OCR）、扫描仪、激光打印机和各种绘图仪。
- 操作系统不断发展和完善，数据库管理系统进一步发展，软件行业已经发展成为现代新型的工业部门。

这一时期，数据通信、计算机网络已有很大发展，微型计算机异军突起、遍及全球。计算机的体积、重量及功耗进一步减小，运算速度、存储容量和可靠性等有了大幅度提高。图 1-7 所示为超大规模集成电路。

图 1-7 超大规模集成电路

（5）第五代智能计算机（1981 年至今）。1981 年，在日本东京召开了第五代计算机研讨会，随后制订出研制第五代计算机的长期计划。第五代计算机的系统设计中考虑了编制知识库管理软件和推理机，机器本身能根据存储的知识进行判断和推理。同时，多媒体技术得到广泛应用，使人们能用语音、图像、视频等更自然的方式与计算机进行信息交互。

智能计算机的主要特征是具备人工智能，能像人一样思维，并且运算速度极快，其硬件系统支持高度并行和推理，其软件系统能够处理知识信息。神经网络计算机（也称神经元计算机）是智能计算机的重要代表。

当前，第五代计算机的研究领域大体包括人工智能、系统结构、软件工程、支援设备以及对社会的影响等。

人工智能的应用信息是处理的主流，因此，第五代计算机的发展与人工智能、知识工程和专家系统等的研究紧密联系。电子计算机的基本工作原理是先将程序存入存储器中，然后按照程序逐次进行运算，这种计算机称为冯·诺依曼机器。第五代计算机系统结构将突破传统的冯·诺依曼机器的概念，这方面的研究课题包括逻辑程序设计机、函数机、相关代数机、抽象数据型支援机、数据流机、关系数据库机、分布式数据库系统、分布式信息通信网络等。

（6）第六代生物计算机（未来发展方向）。半导体硅晶片的电路密集，散热问题难以彻底解决，影响了计算机性能的进一步发挥与突破。研究人员发现，脱氧核糖核酸（DNA）的双螺旋结构能容纳巨量信息，其存储量相当于半导体芯片的数百万倍。一个蛋白质分子就是存储体，而且阻抗低、能耗小、发热量极低。

基于此，利用蛋白质分子制造出基因芯片，研制生物计算机（也称分子计算机、基因计算机）已成为未来的发展方向。与硅晶片计算机相比，生物计算机在速度、性能上有质的飞跃，被视为极具发展潜力的“第六代计算机”。

当一列波传播到分子链的某一部位时，它们就像硅集成电路中的载流子（电流的载体叫作载流子）那样传递信息。蛋白质分子比硅芯片上的电子元件要小得多，彼此相距很近，因此生物元件可小到几十亿分之一米，元件的密集度可达每平方厘米 10～100 万亿，甚至 1000 万亿个门电路。

与普通计算机不同的是，生物芯片的原材料是蛋白质分子，因此生物计算机芯片既有自我修复的功能，又可直接与生物活体结合。同时，生物芯片具有发热少、功能低、电路间无信号干扰等优点。

4. 计算机的分类

根据计算机分类的演变过程和近期可能的发展趋势，国外通常把计算机分为 6 个大类。

（1）超级计算机（或称巨型机）。超级计算机是一种运算速度更高、存储容量更大、功能更完善的计算机，通常指每秒能运算 5000 万次以上、存储容量超过百万个字节的电子计算机。超级计算机在密集计算、海量数据处理等领域发挥着举足轻重的作用。

超级计算机的发展背景和应用领域非常广泛。它在天体物理学、密码破译、军事、医药、气象、金融、能源、环境和制造业等领域都有广泛的应用。超级计算机的运算速度和存储容量都远远超过个人计算机，可以处理大规模的数据和复杂的计算任务，在科学研究、工程设计和决策分析等方面起到重要作用。

中国超级计算机在过去几十年中取得了令人瞩目的成就。中国的超级计算机技术已经在世界范围内处于领先地位，并且在多个领域发挥着重要作用。

中国拥有多台世界级的超级计算机，其中最著名的是“天河”系列。最新一代的“天河”超级计算机在 2023 年 4 月正式运行，它不仅可以进行传统的科学工程计算，还能支持大数据、人工智能、区块链、元宇宙等新的应用领域。根据 2022 年 6 月的数据，中国共有 173 台超级计算机进入了全球 500 强排行榜，占据了相当大的比例。中国的超级计算机发展速度惊人，从无到有、从跟随到领先，仅用了 30 多年的时间。其中，神威·太湖之光超级计算机是中国自主研发的一台重要的超级计算机，它采用了中国自主研发的申威 26010 众核处理器，峰值性能达到了 12.5 亿亿次每秒。

此外，中国在量子计算领域也取得了突破性进展。量子计算机可以超越传统计算机，解决传统计算机无法解决的问题，中国、美国和其他国家正在展开激烈的竞赛。中国的九章三号量子计算机在 1 微秒内就能完成传统超级计算机需要 200 亿年才能完成的计算量。

总的来说，中国在超级计算机和量子计算领域都取得了重要的成就，为科学研究和技术创新提供了强大的支持。

图 1-8 所示为神威·太湖之光超级计算机。

图 1-8　神威·太湖之光超级计算机

（2）小超级机（或称小巨型机）。小超级机又称桌上型超级计算机，可以使巨型机缩小成个人机的大小，或者使个人机具有超级计算机的性能。典型产品有美国 Convex 公司的 C-1、C-2、C-3 等，Alliant 公司的 FX 系列等。图 1-9 所示为小超级机。

图 1-9 小超级机

（3）大型主机。它包括通常所说的大、中型计算机。这是在微型机出现之前最主要的计算工具，把大型主机放在计算中心的玻璃机房中，用户要上机就必须去计算中心的终端工作。大型主机经历了批处理阶段、分时处理阶段，进入了分散处理与集中管理的阶段。IBM 公司一直在大型主机市场处于霸主地位，DEC、富士通、日立、NEC 等公司也生产大型主机。随着微机与网络的迅速发展，大型主机正在走下坡路，许多计算中心的大机器正在被高档微机群取代。图 1-10 所示为大型计算机。

图 1-10 大型计算机

（4）小型机。大型主机价格昂贵，操作复杂，只有大企业才买得起。在集成电路的推动下，从 20 世纪 70 年代起，DEC 公司陆续推出一系列小型机，如 PDP-11 系列、VAX-11 系列，HP 公司也陆续推出了 1000 系列、3000 系列等。小型机通常用于部门计算，它同样也受到高档微机的挑战。图 1-11 所示为小型计算机。

图 1-11　小型计算机

（5）工作站。工作站与高档微机之间的界限并不十分明确，而且高性能工作站正接近小型机，甚至接近低端主机。但是，工作站毕竟有它明显的特征：使用大屏幕、高分辨率的显示器；有大容量的内外存储器；而且大都具有网络功能。它们的用途也比较特殊，如用于计算机辅助设计、图像处理、软件工程以及大型控制中心。图 1-12 所示为工作站。

（6）个人计算机（或称微型机）。这是目前发展最快的领域。根据个人计算机所使用的微处理器芯片的不同，它可以分为若干类型：使用 Intel 芯片 386、486 以及奔腾等 IBM PC 及其兼容机；使用 IBM-Apple-Motorola 联合研制的 PowerPC 芯片的机器，苹果公司的 Macintosh 已有使用这种芯片的机器；DEC 公司推出使用它自己的 Alpha 芯片的机器。图 1-13 所示为个人计算机。

图 1-12　工作站

图 1-13　个人计算机

1.1.2　计算机的特征

1. 运算速度快

计算机由高速电子元器件组成，能自动连续工作，因此具有很高的运算速度。现代计算机的最高运算速度已经达到每秒几十亿次乃至几百亿次。

2. 计算精度高

计算机内采用二进制数字进行运算，因此可以通过增加表示数字的字长和运用计算技巧来使数值计算的精度越来越高。

3. 在程序控制下自动操作

计算机内部的操作、控制是根据人们事先编制的程序自动进行的，一般不需要人工干预，除非程序本身要求用人机对话方式去完成特定的工作。

4. 具有强记忆功能和逻辑判断能力

计算机具有完善的存储系统，可以存储大量的数据；具有记忆功能，可以记忆程序、原始数据、中间结果以及最后运算结果。此外，计算机还能进行逻辑判断，根据判断结果自动选择下一步需要执行的指令。

5. 通用性强

计算机采用数字化信息来表示数及各种类型的信息，并且有逻辑判断和处理能力，因而计算机不但能做数值计算，而且能对各类信息做非数值性质的处理（如信息检索、图形和图像处理、文字识别与处理、语音识别与处理等），这就使计算机具有极强的通用性，能应用于各个学科领域和社会生活的各个方面。

1.1.3 计算机的应用

计算机的应用非常广泛，涉及人类社会的各个领域和国民经济的各个部门。计算机的应用概括起来主要有以下几个方面。

1. 科学计算

科学计算是计算机最重要的应用之一。在基础学科和应用科学的研究中，计算机承担着庞大和复杂的计算任务。计算机高速度、高精度的运算能力可以解决人工无法解决的问题，如数学模型复杂、数据量大、精度要求高、实时性强的计算问题都要应用计算机才能解决。

2. 信息处理

信息处理主要是指对大量的信息进行分析、分类和统计等加工处理，计算机信息处理通常应用在企业管理、文档管理、财务统计、各种实验分析、物资管理、信息情报检索以及报表统计等领域。

3. 过程控制

计算机是实现自动化的基本技术工具，企业可以利用计算机及时采集数据、分析数据来制订最佳方案，进行生产控制。

4. 人工智能

人工智能是对人的意识、思维的信息过程的模拟。人工智能不是人的智能，但能像人那样思考，甚至可能超过人的智能。

5. 信息高速公路

信息高速公路就是一个高速度、大容量、多媒体的信息传输网络。其速度比目前网络的传输速度快得多；其容量也非常大，一条信道就能传输大约 500 个电视频道或 50 万路电话。此外，其信息来源、内容和形式也是多种多样的，网络用户可以在任何时间、任何地点，以声音、数据、图像或影像等多媒体方式相互传递信息。

6. 计算机的辅助功能

目前常见的计算机辅助功能有计算机辅助设计（Computer-aided Design，CAD）、计算机辅助制造（Computer-aided Manufacturing，CAM）、计算机辅助教学（Computer-aided Instruction，CAI）和计算机辅助测试（Computer-aided Testing，CAT）等。

1.2　计算机系统的组成

计算机系统由硬件系统和软件系统两部分组成。硬件系统简称为硬件，是指各种可见的物理器件，包括主机和外设两部分。软件系统简称为软件，是程序、数据与文档的总称，包括系统软件和应用软件两部分。计算机系统的组成如图 1-14 所示。

图 1-14　计算机系统的组成

1.2.1　计算机的硬件系统

计算机的硬件系统由运算器、控制器、存储器、输入设备和输出设备 5 个部分组成，如图 1-15 所示。计算机的 5 个部分通过系统总线完成指令所传达的任务。系统总线由地址总线、数据总线和控制总线组成。

- 硬件系统
  - 主机
    - CPU
      - 运算器（ALU）
      - 控制器
      - 存储器
    - 内存
      - ROM（只读存储器）
      - RAM（随机存储器）
    - 系统总线：数据总线、地址总线、控制总线
    - I/O 接口电路
  - 外设
    - 外存：磁带、磁盘
    - 输入设备
    - 输出设备

图 1-15　计算机的硬件系统组成

1. CPU（运算器和控制器）

CPU（Central Processing Unit）又称为中央处理器、微处理器、处理器。CPU 相当于人的大脑，是硬件中最重要的组成部分。CPU 如图 1-16 所示，主要由运算器、控制器组成。CPU 的功能如图 1-17 所示。

图 1-16 CPU

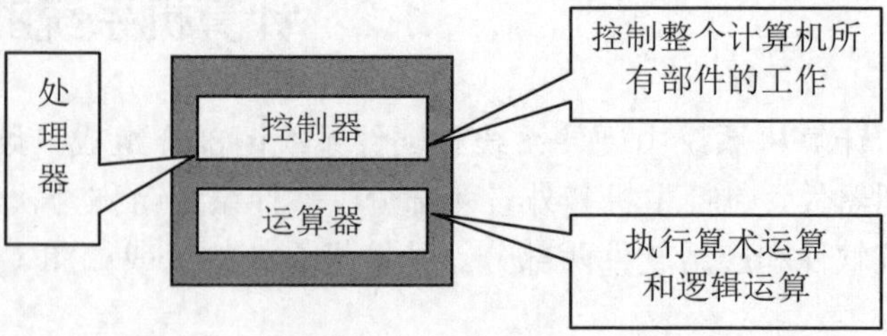

图 1-17 CPU 的功能

衡量计算机的性能指标是由 CPU 的速度和 CPU 精度决定的。速度的快慢可以通过主频或周期来描述，CPU 的字或字长将对精度产生影响。

（1）运算器。运算器的主要任务是执行各种算术运算和逻辑运算，一般包括算术逻辑部件（Arithmetic Logic Unit，ALU）、累加器 A、寄存器 R。

（2）控制器。控制器是对输入的指令进行分析，控制和指挥计算机的各个部件完成一定任务的部件。控制器包括指令寄存器、指令计数器（程序计数器）、操作码译码器。

2. 存储器

存储器是计算机用于存放程序、数据及文档的部件，是计算机存储数据和程序的记忆单元的集合，每个记忆单元由 8 位二进制位组成。

计算机的存储器可以分为两大类：一类是内部存储器，简称内存或主存，内存包括 ROMC（只读存储器）和 RAM（随机存储器）；另一类是外部存储器，又称为辅助存储器，简称外存或辅存，包括磁带、磁盘等。内存的特点是存储容量小，存取速度快；外存的特点是存储容量大，存取速度慢。

存储器容量的最小单位是字节（Byte，简写为 B），一个字节由 8 个二进制数位组成（1B=8bit）。

（1）ROM（只读存储器）。ROM 相当于人的神经系统，负责管理输入/输出部件。ROM 芯片使用永久性的预设字节进行编程。地址总线通知 ROM 芯片应取出哪些字节并将它们放在数据总线上。图 1-18 所示为 ROM。

（2）RAM（随机存储器）。RAM 是用户与计算机进行对话的硬件。RAM 断电后信息将会丢失，RAM 中的内容既可以进行输入，也可以进行输出。图 1-19 所示为 RAM。

图 1-18 ROM

图 1-19 RAM

（3）磁盘：磁盘属于外存，磁盘有软盘（图 1-20）、硬盘（图 1-21）、U 盘（图 1-22）、光盘（CD-ROM、DVD-ROM）（图 1-23）等。磁盘在使用前要先进行格式化。磁盘中的内容可以长期保存。

图 1-20　软盘

图 1-21　硬盘

图 1-22　U 盘

图 1-23　光盘

3. 输入设备

输入设备是向计算机中输入信息（程序、数据、声音、文字、图形、图像等）的设备，常用的输入设备有键盘（图 1-24）、鼠标器（图 1-25）、图形扫描仪（图 1-26）、数字化仪（图 1-27）、光笔（图 1-28）、触摸屏（图 1-29）、麦克风等。

图 1-24　键盘

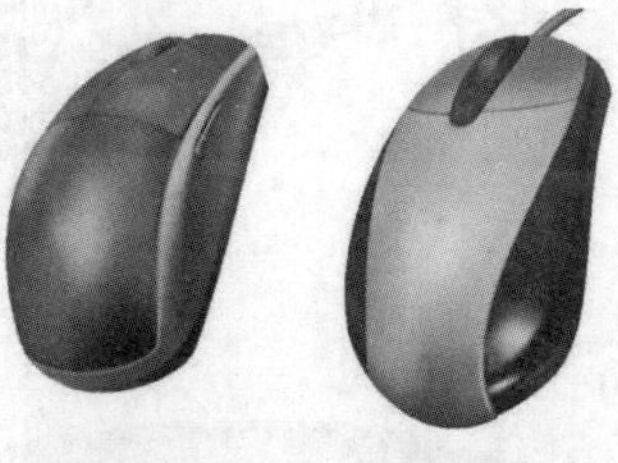

图 1-25　鼠标器

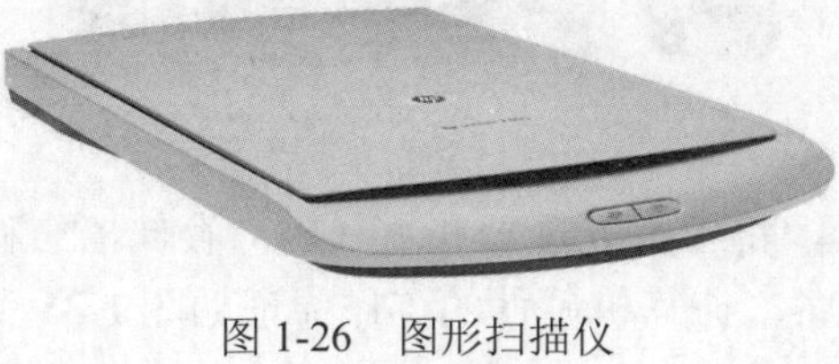

图 1-26　图形扫描仪

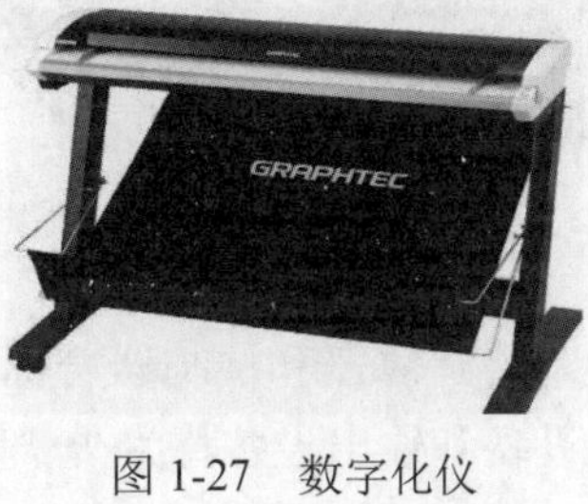

图 1-27　数字化仪

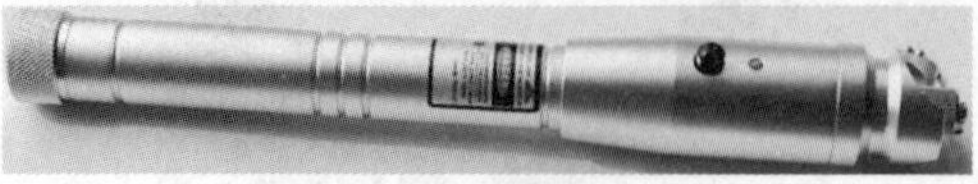

图 1-28　光笔

图 1-29　触摸屏

4. 输出设备

输出设备是由计算机向外输出信息的设备，常用的输出设备有显示器（图 1-30）、打印机（图 1-31）、绘图仪（图 1-32）、投影仪（图 1-33）、音箱（图 1-34）等。

图 1-30　显示器

图 1-31　打印机

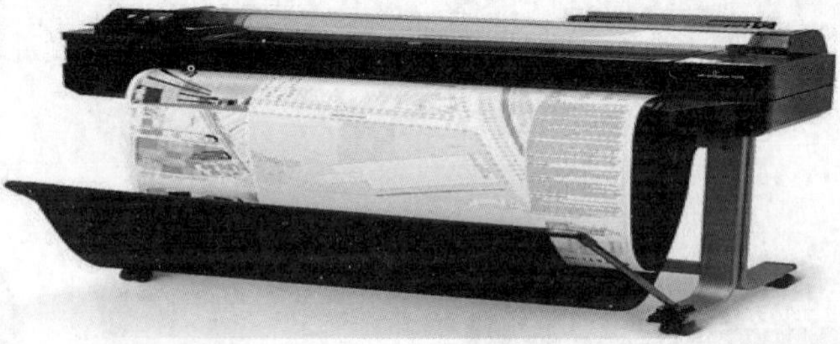

图 1-32　绘图仪

图 1-33　投影仪

图 1-34　音箱

人们通常将运算器和控制器合称为中央处理器，将中央处理器和主（内）存储器合称为主机，将输入设备和输出设备称为外部设备或外围设备。计算机硬件的工作原理如图 1-35 所示。

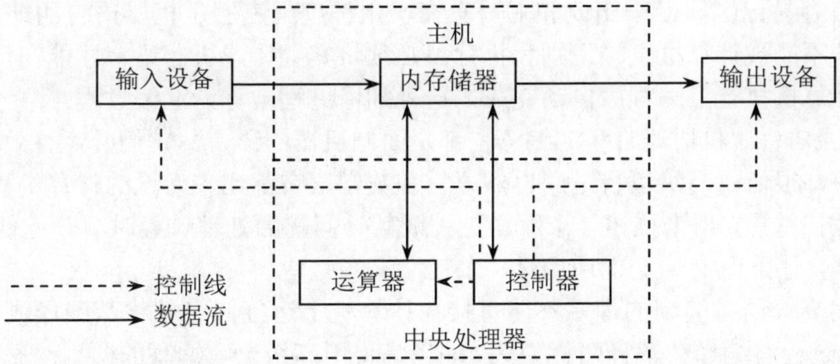

图 1-35　计算机硬件的工作原理

1.2.2　计算机的软件系统

计算机的软件系统是程序、数据及文档的总称。软件系统由系统软件和应用软件两部分组成。计算机软件系统的组成如图 1-36 所示。

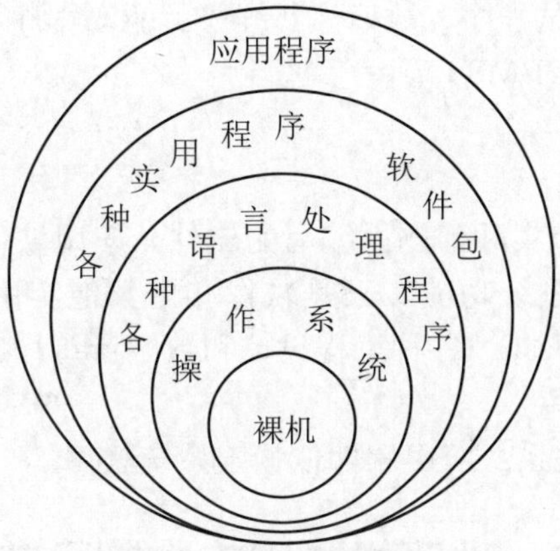

图 1-36　计算机软件系统的组成

1. 计算机语言

计算机语言是编制计算机程序的工具，每种语言都规定了各自的语法、数据类型等。按照与硬件的接近程度分类，计算机语言分为低级语言和高级语言。与硬件直接接触的是低级语言，与硬件无关的是高级语言。其中，低级语言又分为机器语言和汇编语言。

（1）机器语言。能直接被计算机接收并执行的指令称为机器指令，全部机器指令构成计算机的机器语言。显然，机器语言就是二进制代码语言。机器语言程序可以直接在计算机上运行，但是用机器语言编写的程序不便于记忆、阅读和书写。尽管如此，由于计算机只能接收以二进制代码形式表示的机器语言，因此任何高级语言最后都必须翻译成二进制代码程序（即目标程序），才能被计算机所接收并执行。

（2）汇编语言。用助记符号表示二进制代码形式的机器语言称为汇编语言。可以说，汇编语言是机器语言符号化的结果，是为特定的计算机或计算机系统设计的面向机器的语言。汇编语言的指令与机器指令基本上保持了一一对应的关系。

汇编语言容易记忆，便于阅读和书写，在一定程度上克服了机器语言的缺点。用汇编语言编写的程序不能被计算机直接识别和执行，必须将其翻译成机器语言才能在计算机上运行。翻译过程由计算机执行汇编程序自动完成，这种翻译过程被称为汇编过程。

（3）高级语言。机器语言和汇编语言都是面向机器的语言，它们的运行效率虽然很高，但编写的效率却很低。高级语言是同自然语言和数学语言都比较接近的计算机程序设计语言，它很容易被人们掌握，用来描述一个解题过程或某一问题的处理过程时十分方便、灵活。由于它独立于机器，因此具有一定的通用性。

同样，用高级语言编制的程序不能直接在计算机上运行，必须将其翻译成机器语言才能执行。其翻译过程有编译和解释两种方式。编译是将用高级语言编写的源程序整个翻译成目标程序，然后将目标程序传给计算机运行；解释是对用高级语言编写的源程序逐句进行分析，边解释、边执行，并立即得到运行结果。

2. 系统软件

系统软件是管理、监控、维护计算机系统正常工作的软件。系统软件包括以下部分。

（1）操作系统（如 DOS、Windows、UNIX、Linux、NetWare）。

（2）语言处理程序（汇编程序、解释程序、编译程序）。

（3）各种服务程序（调试程序、故障诊断程序、驱动程序）。

（4）数据库管理系统（DBMS）。

（5）网络通信管理程序。

3. 应用软件

应用软件是为了解决某个实际问题而编写的软件。应用软件的涉及范围非常广，它通常指用户利用系统软件提供的系统功能、工具软件和由其他实用软件开发的各种应用软件。Word、Excel、PowerPoint、Flash、各种工程设计和数学计算程序、模拟过程程序、辅助设计和管理程序等都属于应用软件。

系统软件与应用软件的关系：应用软件依赖于系统软件。

1.3 计算机常用的数制及转换

在计算机内部，数据的存储和处理都采用二进制数，主要原因如下。

（1）二进制数在物理上最容易实现。

（2）二进制数的运算规则简单，加法只有 4 个规则：0+0=0、0+1=1、1+0=1、1+1=10，这将使计算机的硬件结构大大简化。

（3）二进制数的两个数字符号“1”和“0”正好与逻辑命题的两个值“真”和“假”对应，为计算机实现逻辑运算提供了条件。

二进制数书写冗长，为了书写方便，一般用十六进制数或八进制数作为二进制数的简化表示。

1.3.1 数制的概念及表示

1. 基本概念

4 种进位计数制中的概念见表 1-1。

表 1-1　4 种进位计数制中的概念

概念	二进制	八进制	十进制	十六进制
符号	B	O（Q）	D	H
基数（基底）	2	8	10	16
位权	2^i	8^i	10^i	16^i

注意：数制是指用一组固定的符号和统一的规则来表示数值的方法。本节涉及的 4 种数制为二进制、八进制、十进制、十六进制。

2. 符号

为了表达不同的数制，可以将数用括号括起来，括号右下角写上数制，也可在数字后面加上字母以示区别。

例如：$(1011)_2$ 和 1011B 是一个二进制数，$(560)_8$ 和 560O（或 560Q）是一个八进制数，$(1FF)_{16}$ 和 1FFH 是一个十六进制数，$(824)_{10}$ 和 824D（或 824）是一个十进制数。

3. 基数

基数又称为基底或底数，指每个数位上所能使用的符号的个数。

（1）二进制基数为 2，使用的符号为 0、1。

（2）八进制基数为 8，使用的符号为 0、1、2、3、4、5、6、7。

（3）十进制基数为 10，使用的符号为 0、1、2、3、4、5、6、7、8、9。

（4）十六进制基数为 16，使用的符号为 0、1、2、3、4、5、6、7、8、9、A、B、C、D、E、F。

4. 位权

位权是用来说明数制中某一位上的数与其所在的位之间的关系。例如，十进制的数 123，百位 1 的位权是 100、十位 2 的位权是 10、个位 3 的位权是 1。

位权以指数形式表示，指数的底就是该进位制的基数（即以基数为底，位序数为指数的幂称为某一数位的权）。

（1）二进制的位权 2^i。

（2）八进制的位权 8^i。

（3）十进制的位权 10^i。

（4）十六进制的位权 16^i。

其中，i 代表数的位。

1.3.2　数制转换

1. 将二进制数、八进制数、十六进制数转换成十进制数

转换规则：按权展开、相加。

例 1-1　将$(1101.101)_2$、$(305)_8$、$(32CF.48)_{16}$ 分别转换成十进制数。

（1）$(1101.101)_2=1\times2^3+1\times2^2+0\times2^1+1\times2^0+1\times2^{-1}+0\times2^{-2}+1\times2^{-3}$

$=8+4+0+1+0.5+0+0.125$

$=(13.625)_{10}$

（2）$(305)_8=3\times8^2+0\times8^1+5\times8^0=192+0+5=(197)_{10}$

（3）$(32CF.48)_{16}=3\times16^3+2\times16^2+C\times16^1+F\times16^0+4\times16^{-1}+8\times16^{-2}$

$=12288+512+192+15+0.25+0.03125$

$=(13007.28125)_{10}$

2. 将十进制数转换成二进制数、八进制数、十六进制数

转换规则 1（整数部分）：用基底去除，取余数，直到商为 0 为止。

转换规则 2（小数部分）：用基底去乘，取整数进位，直到小数部分为 0 为止。

例 1-2 将十进制数$(233.6875)_{10}$转换为二进制数。

（1）整数 233 的转换过程如下，设$(233)_{10}=(a_{n-1}\,a_{n-2}\cdots a_1\,a_0)_2$。

除法	余数
2 | 233	
2 | 116	$1=a_0$
2 | 58	$0=a_1$
2 | 29	$0=a_2$
2 | 14	$1=a_3$
2 | 7	$0=a_4$
2 | 3	$1=a_5$
2 | 1	$1=a_6$
0	$1=a_7$

（2）小数部分 0.6875 的转换过程如下，设$(0.6875)_{10}=(a_{-1}\,a_{-2}\cdots a_{-m})_2$。

乘法	取整
0.6875 × 2 = 1.3750	$1=a_{-1}$
0.375 × 2 = 0.750	$0=a_{-2}$
0.75 × 2 = 1.50	$1=a_{-3}$
0.5 × 2 = 1.0	$1=a_{-4}$

即$(233.6875)_{10}=(11101001.1011)_2$。

整数部分转换直到所得的商为 0 为止，小数部分转换直到小数部分为 0 为止。多数情况下，小数部分的计算过程可能无限地进行下去，这时可根据精度的要求选取适当的位数。

例 1-3 将十进制数 159 转换成八进制数。转换过程及结果如图 1-37 所示。

图 1-37 $(159)_{10}$转换过程及结果

例 1-4　将十进制数 459 转换成十六进制数。转换过程及结果如图 1-38 所示。

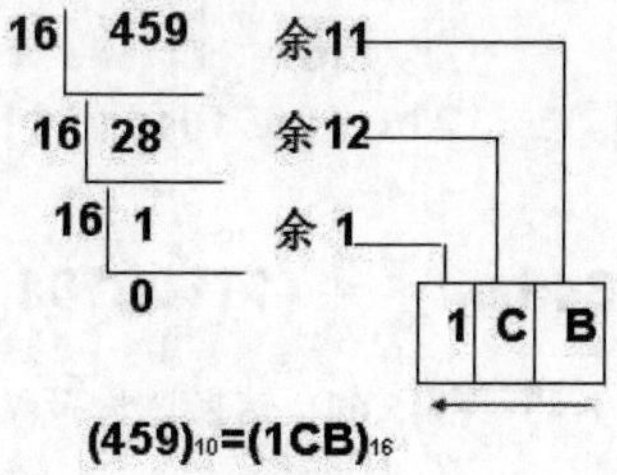

图 1-38　$(459)_{10}$ 转换过程及结果

例 1-5　将十进制数 0.8123 转换成八进制数。转换过程及结果如图 1-39 所示。

$$0.8123 \times 8 = 6.4984 \quad (b_1 = 6) \quad \text{最高小数位}$$
$$0.4984 \times 8 = 3.9872 \quad (b_2 = 3)$$
$$0.9872 \times 8 = 7.8976 \quad (b_3 = 7)$$
$$0.8976 \times 8 = 7.1808 \quad (b_4 = 7) \quad \text{最低小数位}$$
$$\cdots$$
$$\text{所以 } (0.8123)_{10} \approx (0.6377)_8$$

图 1-39　$(0.8123)_{10}$ 转换过程及结果

3. 二进制数与八进制数之间的转换

（1）将二进制数转换成八进制数。

转换规则：从小数点开始，分别向左、右按 3 位分组转换成对应的八进制数字字符，最后不满 3 位的，则需补 0。转换规则如图 1-40 所示。转换结果如图 1-41 所示。

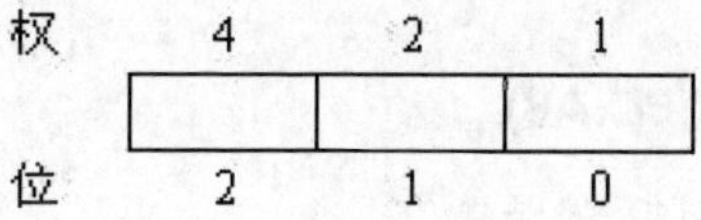

图 1-40　转换规则

000 ~ 0、001 ~ 1、010 ~ 2、011 ~ 3
100 ~ 4、101 ~ 5、110 ~ 6、111 ~ 7

图 1-41　转换结果

例 1-6　将二进制数 1111101.11001B 转换成八进制数。转换过程及结果如图 1-42 所示。

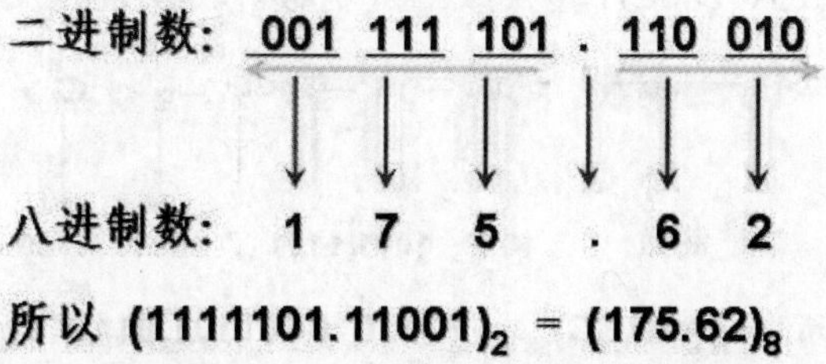

图 1-42　$(1111101.11001)_2$ 转换过程及结果

（2）八进制数转换成二进制数。

转换规则：只要将每位八进制数用相应的 3 位二进制数表示即可。

例 1-7　将八进制数 345.64Q 转换成二进制数。转换过程及结果如图 1-43 所示。

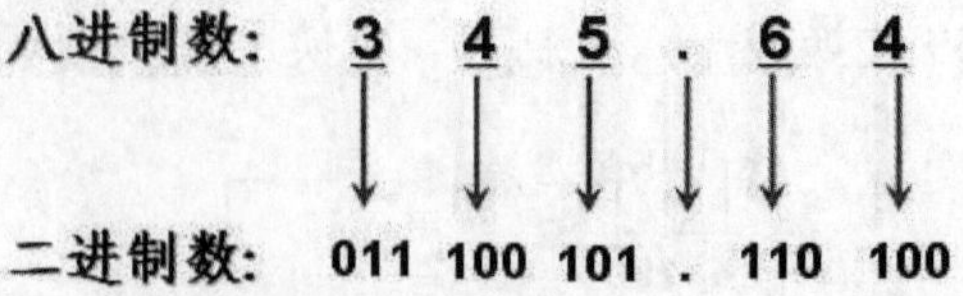

所以 $(345.64)_8 = (11100101.1101)_2$

图 1-43　$(345.64)_8$ 转换过程及结果

4. 二进制数与十六进制数之间的转换

（1）二进制数转换成十六进制数。

转换规则：从小数点开始，分别向左、右按 4 位分组转换成对应的十六进制数字字符，最后不满 4 位的，则需补 0。转换规则如图 1-44 所示。转换结果如图 1-45 所示。

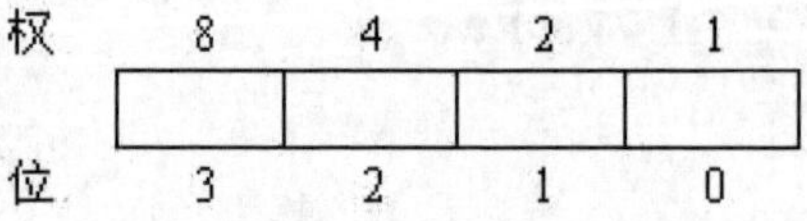

图 1-44　转换规则

0000 ~ 0、0001 ~ 1、0010 ~ 2、0011 ~ 3
0100 ~ 4、0101 ~ 5、0110 ~ 6、0111 ~ 7
1000 ~ 8、1001 ~ 9、1010 ~ A、1011 ~ B
1100 ~ C、1101 ~ D、1110 ~ E、1111 ~ F

图 1-45　转换结果

例 1-8　将二进制数 1101101.10101B 转换成十六进制数。转换过程及结果如图 1-46 所示。

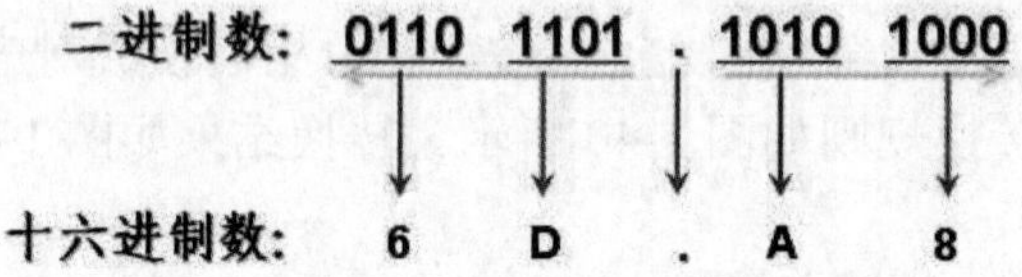

所以 $(1101101.10101)_2 = (6D.A8)_{16}$

图 1-46　$(1101101.10101)_2$ 转换过程及结果

（2）十六进制数转换成二进制数。

转换规则：只要将每位十六进制数用相应的 4 位二进制数表示即可。

例 1-9　将十六进制数 A9D.6CH 转换成二进制数。转换过程及结果如图 1-47 所示。

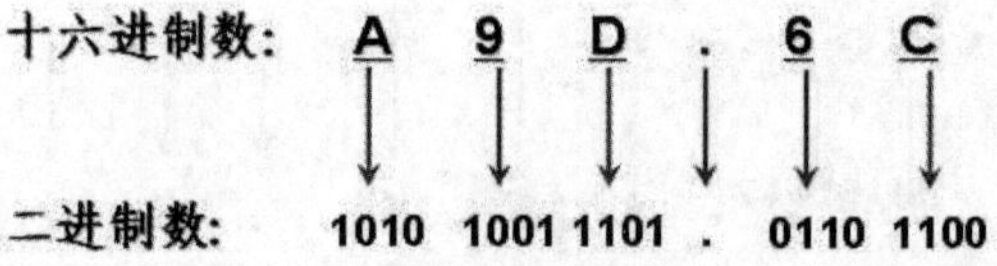

所以 $(A9D.6C)_{16} = (101010011101.011011)_2$

图 1-47　$(A9D.6C)_{16}$ 转换过程及结果

5. 八进制数与十六进制数之间的转换

转换规则：通过二进制转换。

例 1-10　将八进制数 345.64Q 转换成十六进制数。转换过程及结果如图 1-48 所示。

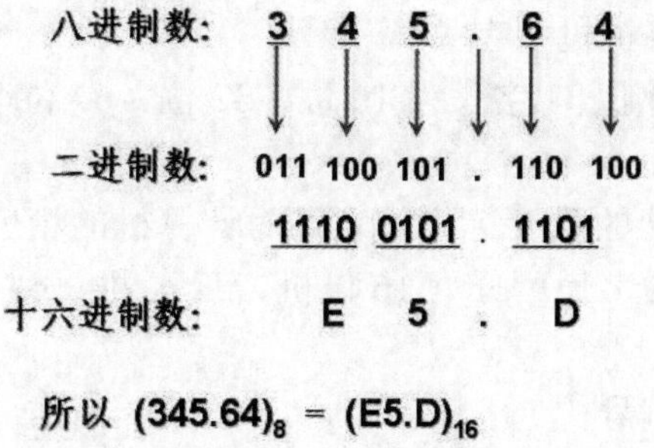

图 1-48　$(345.64)_8$ 转换过程及结果

例 1-11　将十六进制数 A9D.6CH 转换成八进制数。转换过程及结果如图 1-49 所示。

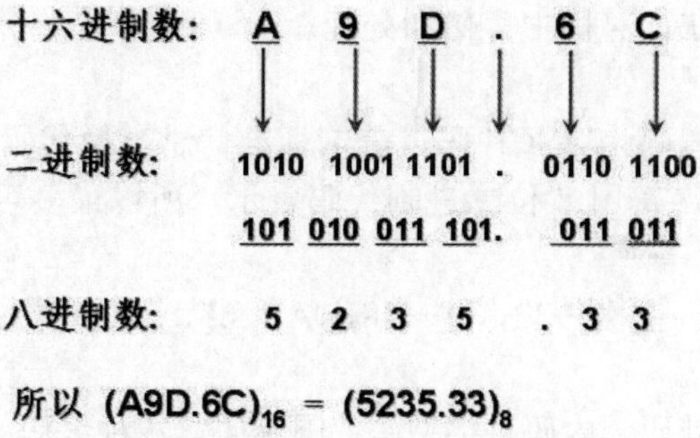

图 1-49　$(\text{A9D.6C})_{16}$ 转换过程及结果

1.4　数据单位及信息编码

1.4.1　数据单位

1．位（bit）

位（bit）是信息（或数据）的最小单位。一个二进制位只有两种状态“0”和“1”。

2．字节（Byte）

字节（Byte）的简写为 B，是存储器容量的最小单位。8 个二进制位称为一个字节。

1B=8bit

1KB=2^{10} B =1024B

1MB=2^{20} B =1024KB

1GB=2^{30} B =1024MB

1TB=2^{40} B =1024GB

字节的换算方法如下。

（1）一个程序的大小是 256KB=256×1024 字节。

（2）内存 64MB=1024×1024×64 字节。

3．字（word）

（1）字（word）是计算机内部信息（数据）处理的最小单位。一个字是由若干个字节组成的。它的表示与具体的计算机机型有关。

（2）字长是字的长度。例如，字长为 16 位、32 位、64 位等。字长与使用的计算机机型有关。

字与字长都是计算机性能的重要标志，它们对计算机的精度产生影响。不同档次的计算机有不同的字长，按计算机的字长可分为 16 位机、32 位机、64 位机、128 位机等。

4. 地址

地址是每个字节的数字编号。

1.4.2 信息编码

信息编码就是规定用一定的编码来表示数据，其目的是把字符转换成计算机能够识别和处理的二进制数串，以便在计算机中存储和处理。

1. 英文字符编码

微机普遍使用的字符编码为 ASCII 码（美国标准信息交换代码）。

在 ASCII 码中，每个字符用 7 位二进制代码表示，所以最多可以表示 128 个字符。简写为 1ASCII 码=7bit。

常用 ASCII 码值示例：空格—32，'0'—48，'A'—65，'a'—97。

2. 汉字编码

与汉字有关的编码有外码、内码、字型码、国标码。各种编码之间的关系如图 1-50 所示。

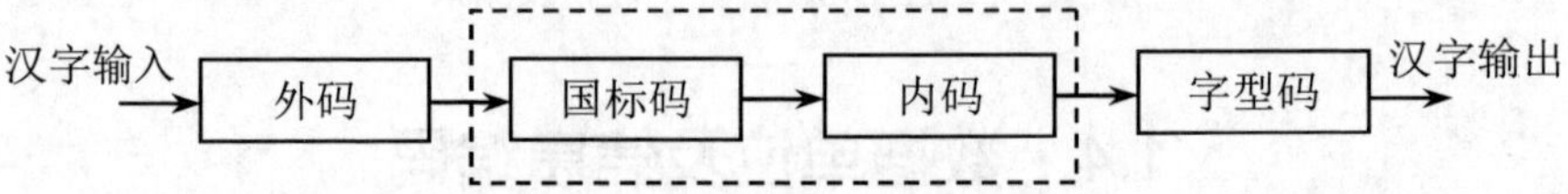

图 1-50 各种编码之间的关系

（1）外码（又称输入码）：键盘输入时用到的编码，常用的有全拼、微软拼音、五笔字型等。发展类型有语音输入、手写输入和扫描输入。

（2）内码（又称机内码）：是汉字在计算机内部存储、处理、传输所使用的代码，又称为全角字符，1 个内码=2B=16bit。

（3）字型码（又称输出码）：用来显示或打印汉字，用点阵形式输出，常用的字型码有 16×16 点阵、32×32 点阵等。

（4）国际码（又称交换码）：用于各种汉字系统交换信息，1 个交换码=2B=16bit。

1.5 计算机病毒

1.5.1 计算机病毒的概念

“计算机病毒”这一概念的提出最早可追溯到 20 世纪 70 年代美国作家雷恩出版的《P1 的青春》一书，而世界上公认的第一个在个人计算机上广泛流行的病毒是 1986 年初诞生的大脑（C-Brain）病毒，编写该病毒的是一对来自巴基斯坦的兄弟，两兄弟经营着一家计算机公司，以出售自己编制的计算机软件为生。

计算机病毒是编制者在计算机程序中插入的能破坏计算机功能或者数据的代码，它能影响计算机使用，并进行自我复制。

计算机病毒具有繁殖性、破坏性、传染性、潜伏性、隐蔽性、可触发性的特点。

计算机病毒的生命周期为：开发期→传染期→潜伏期→发作期→发现期→消化期→消亡期。

计算机病毒的共性为：能将自身进行复制，依附于其他程序，当运行该程序时，病毒首先运行。

1. 病毒的原理

病毒依附存储介质软盘、硬盘及 U 盘等构成传染源，病毒传染的媒介由工作的环境决定。病毒激活是将病毒放在内存，并设置触发条件。触发的条件是多样化的，可以是时钟、系统的日期、用户标识符，也可以是系统的一次通信等。一旦条件成熟，病毒就自我复制到传染对象中，进行各种破坏活动。

病毒的传染是病毒性能的一个重要标志。在传染环节中，病毒复制一个副本到传染对象中去。

2. 感染策略

为了能够复制其自身，病毒必须能够运行代码并对内存运行写操作。基于这个原因，许多病毒都是将自己附着在合法的可执行文件上。如果用户运行该可执行文件，那么病毒就有机会运行。

根据运行时所表现出来的行为，病毒可以分成非常驻型病毒和常驻型病毒两类。

（1）非常驻型病毒。非常驻型病毒类似一个具有搜索模块和复制模块的程序。搜索模块负责查找可被感染的文件，一旦搜索到该文件，搜索模块就会启动复制模块进行感染。

（2）常驻型病毒。常驻型病毒包含复制模块，其角色类似于非常驻型病毒中的复制模块，但复制模块在常驻型病毒中不会被搜索模块调用。病毒在被运行时会将复制模块加载内存，并确保当操作系统运行特定动作时，该复制模块会被调用。例如，复制模块会在操作系统运行其他文件时被调用，这样所有可以被运行的文件均会被感染。常驻型病毒又可以分成快速感染者和慢速感染者。

1）快速感染者会试图感染尽可能多的文件。例如，一个快速感染者可以感染所有被访问到的文件，这会给杀毒软件造成特别大的问题。当运行全系统防护时，杀毒软件需要扫描所有可能会被感染的文件。如果杀毒软件没有察觉到内存中有快速感染者，那么快速感染者便可以借此搭便车，在杀毒软件扫描文件的同时进行感染。快速感染者依赖其快速感染的能力，但这同时会使得快速感染者容易被侦测到，这是因为其行为会使得系统性能降低，进而增加被杀毒软件侦测到的风险。

2）慢速感染者被设计成偶尔才对目标进行感染，如此一来就可避免被侦测到。例如，有些慢速感染者只有在其他文件被复制时才会进行感染。

1.5.2 计算机病毒的特点

1. 繁殖性

计算机病毒可以像生物病毒一样进行繁殖，当正常程序运行时，它也运行自身进行复制。是否具有繁殖性是判断某段程序是否为计算机病毒的首要条件。

2. 破坏性

病毒会对计算机软件造成破坏。计算机中毒后，可能会导致正常的程序无法运行，还可能会把计算机内的文件删除，或使文件受到不同程度的损坏，以及破坏引导扇区及BIOS等。

3. 传染性

计算机病毒的传染性是指计算机病毒通过修改别的程序将自身的复制品或其变体传染到其他无毒的对象上，这些对象可以是一个程序，也可以是系统中的某一个部件。病毒传染的途径主要是通过可移动磁盘（软盘、U 盘、移动硬盘、光盘）和计算机网络。

4. 潜伏性

计算机病毒的潜伏性是指计算机病毒可以依附于其他媒体寄生的能力，侵入后的病毒潜伏到条件成熟时才发作。

5. 隐蔽性

计算机病毒具有很强的隐蔽性，通过病毒软件只能检查出来少数病毒。计算机病毒时隐时现、变化无常，这类病毒处理起来非常困难。

6. 可触发性

编制计算机病毒的人一般都为病毒程序设定了一些触发条件。例如，系统时钟的某个时间或日期、系统某些程序等。一旦条件满足，计算机病毒就会“发作”，使系统遭到破坏。

1.5.3 计算机病毒的类型

计算机病毒种类繁多而且复杂，按照不同的方式以及计算机病毒的特点及特性，可以有多种不同的分类方法。根据不同的分类方法，同一种计算机病毒也可以属于不同的计算机病毒种类。

计算机病毒可以根据下面的属性进行分类。

1. 按破坏的程度分类

按破坏的程度不同，计算机病毒可以分为良性病毒、恶性病毒、极恶性病毒、灾难性病毒。

（1）良性病毒：不直接破坏，仅占用系统资源。

（2）恶性病毒：直接破坏，造成信息丢失。

（3）极恶性病毒/灾难性病毒：直接破坏操作系统，造成计算机系统瘫痪。

2. 按隐藏的位置分类

按隐藏的位置不同，计算机病毒可以分为引导扇区病毒、可执行文件型病毒、混合型病毒、宏病毒、CMOS 病毒、计算机网络病毒等。

（1）引导扇区病毒：主要通过软盘在操作系统中传播，感染引导区，蔓延到硬盘，甚至能感染到硬盘中的主引导记录。

（2）可执行文件型病毒：是文件感染者，也称为“寄生病毒”。它运行在计算机存储器中，通常感染扩展名为COM、EXE、SYS等类型的文件。

（3）混合型病毒：具有引导扇区病毒和可执行文件型病毒两者的特点。

（4）宏病毒：是指用 BASIC 语言编写的寄存在Office文档上的宏代码。宏病毒影响对文档的各种操作。

（5）CMOS 病毒：隐藏在 ROM 中的病毒。

（6）计算机网络病毒：隐藏在网络中的病毒。

3. 按连接方式分类

按连接方式不同，计算机病毒可以分为源码型病毒、入侵型病毒、操作系统型病毒、外壳型病毒等。

（1）源码型病毒：攻击高级语言编写的源程序，在源程序编译之前插入其中，并随源程序一起编译、连接成可执行文件。源码型病毒较为少见，也难以编写。

（2）入侵型病毒：可用自身代替正常程序中的部分模块或堆栈区，只攻击某些特定程序，针对性强。这类病毒一般情况下难以被发现，清除起来也较困难。

（3）操作系统型病毒：可用其自身部分加入或替代操作系统的部分功能，从而直接感染操作系统。这类病毒的危害性较大。

（4）外壳型病毒：通常将自身附在正常程序的开头或结尾，相当于给正常程序加了个外壳。大部分的文件型病毒都属于这一类。

4. 按破坏能力分类

按破坏能力不同，计算机病毒可以分为无害型病毒、无危险型病毒、危险型病毒、非常危险型病毒等。

（1）无害型病毒：除了传染时减少磁盘的可用空间外，对系统没有其他影响。

（2）无危险型病毒：仅减少内存、显示图像、发出声音及同类音响。

（3）危险型病毒：在计算机系统操作中造成严重的错误。

（4）非常危险型病毒：删除程序、破坏数据、清除系统内存区和操作系统中重要的信息。

5. 按算法分类

按算法不同，计算机病毒可以分为伴随型病毒、“蠕虫”型病毒、寄生型病毒、变型病毒等。

（1）伴随型病毒：并不改变文件本身，根据算法产生 EXE 文件的伴随体，具有同样的名字和不同的扩展名（COM），如 XCOPY.EXE 的伴随体是 XCOPY.COM。病毒把自身写入 COM 文件并不改变 EXE 文件，当 DOS 加载文件时，伴随体优先被执行到，再由伴随体加载执行原来的 EXE 文件。

（2）“蠕虫”型病毒：通过计算机网络传播，不改变文件和资料信息，利用网络从一台机器的内存传播到其他机器的内存，计算机将自身的病毒通过网络发送。它们有时在系统存在，一般除了内存不占用其他资源。

（3）寄生型病毒：除了伴随型和“蠕虫”型以外的其他病毒。它们依附在系统的引导扇区或文件中，通过系统的功能进行传播。按算法不同，寄生型病毒还可细分为如下两种类型。

- 练习型病毒：自身包含错误，不能进行很好的传播，例如一些在调试阶段的病毒。
- 诡秘型病毒：一般不直接修改 DOS 中断和扇区数据，而是通过设备技术和文件缓冲区等对 DOS 内部进行修改，利用 DOS 空闲的数据区进行工作。

（4）变型病毒（又称幽灵病毒）：使用一种复杂的算法，使自己每传播一份都具有不同的内容和长度，一般是由一段混有无关指令的解码算法和被变化过的病毒体组成。

1.5.4　病毒感染的征兆及预防

1. 病毒感染的征兆

计算机感染了病毒，可能表现出的征兆如下。

（1）屏幕上出现不应有的特殊字符或图像、字符无规则变化或脱落、静止、滚动、雪花、跳动、小球亮点、莫名其妙的信息提示等。

（2）发出尖叫、蜂鸣音或非正常奏乐等。

（3）经常无故死机，随机地发生重新启动或无法正常启动、运行速度明显下降、内存空间变小、磁盘驱动器以及其他设备无缘无故地变成无效设备等现象。

（4）磁盘标号被自动改写，出现异常文件，出现固定的坏扇区，可用磁盘空间变小，文件无故变大、失踪或被改乱，可执行文件（EXE）变得无法运行等。

（5）打印异常，打印速度明显降低，不能打印，不能打印汉字与图形或打印时出现乱码等。

（6）收到来历不明的电子邮件，自动链接到陌生的网站，自动发送电子邮件等。

2. 保护预防

当遇到程序或数据神秘地消失了，文件名不能辨认等情况，应注意对系统文件、可执行文件和数据进行写保护，不使用来历不明的程序或数据。

另外，不要轻易打开来历不明的电子邮件，使用新的计算机系统或软件时应先杀毒后使用，及时备份系统和参数，并建立系统的应急计划等。

还应安装杀毒软件，并分类管理数据。

1.5.5 全球著名计算机病毒介绍

下面介绍几种造成巨大破坏的计算机病毒。

1. CIH 病毒，爆发时间：1998 年 6 月

CIH 病毒属文件型病毒，杀伤力极强。主要表现在于病毒发作后，硬盘数据全部丢失，甚至主板上 BIOS 中的内容也会被彻底破坏，导致主机无法启动。只有更换 BIOS，或是向固定在主板上的 BIOS 中重新写入原来版本的程序，才能解决问题。

CIH 病毒属于恶性病毒，当其发作时，将破坏硬盘数据，同时有可能破坏 BIOS 程序，其发作特征如下。

（1）以 2048 个扇区为单位，从硬盘主引导区开始依次向硬盘中写入垃圾数据，直到硬盘数据被全部破坏为止。最坏的情况下，硬盘所有数据（含全部逻辑盘数据）均被破坏，如果重要信息没有备份，那就没办法恢复了。

（2）某些主板上的 Flash ROM 中的BIOS信息将被清除。

损失估计：全球约 5 亿美元。图 1-51 所示为 CIH 病毒对硬盘造成的破坏。

2. 梅利莎（Melissa），爆发时间：1999 年 3 月

梅利莎于 1999 年通过微软的 Outlook 电子邮件软件，向用户名单中的联系人发送邮件来传播自身。该邮件包含“这就是你请求的文档，不要给别人看”这句话，此外还夹带一个 Word 文档附件。当用户单击这个文件，就会使病毒感染主机并且重复自我复制。

1999 年 3 月 26 日星期五，梅利莎登上了全球各地报纸的头版。估计数字显示，这个 Word 宏脚本病毒感染了全球 15%～20%的商用个人计算机。病毒传播速度之快，令 Intel、微软等公司以及其他许多使用 Outlook 软件的公司措手不及，为防止更大的损害，他们被迫关闭整个电子邮件系统。

损失估计：全球 3 亿～6 亿美元。

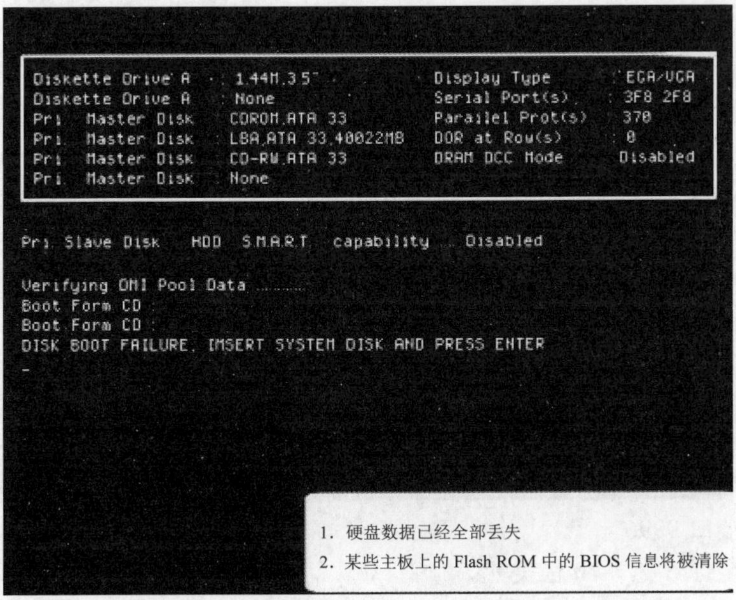

图 1-51　CIH 病毒对硬盘造成的破坏

3. *爱虫（Iloveyou），爆发时间：2000 年*

爱虫于 2000 年通过 Outlook 电子邮件软件传播，邮件主题为“I Love You”，包含附件“Love-Letter-for-you.txt.vbs”。用户打开病毒附件后，该病毒会自动向所有电子邮件地址发送病毒邮件副本，阻塞邮件服务器，同时还感染扩展名为 VBS、HTA、JPG、MP3 等 12 种数据文件。

新爱虫（Vbs.Newlove）病毒同爱虫（Vbs.loveletter）病毒一样，通过 Outlook 软件传播，用户打开病毒邮件附件，会观察到计算机的硬盘灯狂闪，系统速度显著变慢，计算机中出现大量扩展名为 VBS 的文件。同时，用户系统中的所有快捷方式被改变为与系统目录下 w.EXE 文件建立关联，以进一步消耗系统资源，造成系统崩溃。

损失估计：全球超过 100 亿美元。

4. *红色代码（CodeRed），爆发时间：2001 年 7 月*

红色代码（2001 年）是一种计算机蠕虫病毒，能够通过网络服务器和互联网进行传播。2001 年 7 月 13 日，红色代码从网络服务器上传播起来，它专门针对运行微软互联网信息服务软件的网络服务器进行攻击。

被它感染后，遭受攻击的主机所控制的网络站点上会显示“你好！欢迎光临 www.worm.com！”，随后病毒便会主动寻找其他易受攻击的主机进行感染。这个行为持续大约 20 天，之后它便对某些特定 IP 地址发起拒绝服务（Denial of Service，DoS）攻击。不到一周它便感染了近 40 万台服务器和 100 万台计算机。

损失估计：全球约 26 亿美元。

5. *冲击波（Blaster），爆发时间：2003 年夏季*

冲击波于 2003 年 8 月 12 日被瑞星全球反病毒监测网率先截获。该病毒运行时会不停地利用 IP 扫描技术寻找网络上系统为 Windows 2000 或 Windows XP 的计算机，找到后利用 DCOM RPC 缓冲区漏洞攻击该系统。一旦成功，病毒体将会被传送到对方计算机中进行感染，使系统操作异常、不停重启，甚至导致系统崩溃。

另外，该病毒还会对微软的一个升级网站进行拒绝服务攻击，导致该网站堵塞，使用户无法通过该网站升级系统。在 2003 年 8 月 16 日以后，该病毒还会使被攻击的系统丧失更新该漏洞补丁的能力。

损失估计：全球数百亿美元。

6. 震荡波（Sasser），爆发时间：2004 年 4 月

震荡波于 2004 年 4 月 30 日爆发，短时间内就给全球造成了数千万美元的损失。该病毒为 I-Worm/Sasser.a 的第三方改造版本，与该病毒以前的版本相同，也是通过微软的最新 LSASS 漏洞进行传播的。

震荡波感染的系统包括 Windows 2000、Windows Server 2003 和 Windows XP，病毒运行后会巧妙地将自身复制为%WinDir%napatch.exe，随机在网络上搜索机器，向远程计算机的 445 端口发送包含后门程序的非法数据，远程计算机如果存在 MS04-011 漏洞，将会自动运行后门程序，打开后门端口 9996。

损失估计：全球 5 亿～10 亿美元。

7. 熊猫烧香（Nimaya），爆发时间：2006 年

准确地说，熊猫烧香是在 2006 年年底开始大规模爆发的一组病毒。以 Worm.WhBoy.h 为例，该病毒由 Delphi 工具编写，能够终止大量的反病毒软件和防火墙软件进程，病毒会删除扩展名为 GHO 的文件，使用户无法使用 Ghost 软件恢复操作系统。熊猫烧香感染系统的 exe、com、pif、src、html、asp 文件，导致用户一打开这些网页文件，浏览器就自动连接到指定病毒网址中下载病毒，在硬盘各分区下生成 autorun.inf 和 setup.exe 文件。病毒还可通过 U 盘和移动硬盘等进行传播，并且利用 Windows 系统的自动播放功能来运行。

熊猫烧香还可以修改注册表启动项，被感染的文件图标会变成图 1-52 所示的图案。病毒还可以通过共享文件夹、系统弱口令等多种方式进行传播。

损失估计：全球上亿美元。

图 1-52 熊猫烧香病毒形象

8. 网游大盗，爆发时间：2007 年

网游大盗是一款专门盗取网络游戏账号和密码的病毒，其变种 wm 是典型品种。英文名为 Trojan/PSW.GamePass.jws 的网游大盗变种是网游大盗木马家族最新变种之一，采用 Visual C++编写，并经过加壳处理。网游大盗变种运行后，会将自己复制到 Windows 目录下，自我

注册为 Windows_Down 系统服务，实现开机自启。

该病毒会盗取包括“魔兽世界”“完美世界”“征途”等多款网游玩家的账号和密码，并且会下载其他病毒到本地运行。玩家计算机一旦中毒，就可能导致游戏账号、装备等丢失。该病毒在 2007 年轰动一时，令网游玩家提心吊胆。

损失估计：全球约千万美元。

总体来说，单种病毒带来的损失正日渐减少，但是病毒传播的规模和途径却在不断增加。

1.5.6　新型病毒——木马病毒

木马（Trojan）也称木马病毒，是指通过特定的程序——木马程序来控制另一台计算机。木马通常有两个可执行程序：一个是控制端，另一个是被控制端。木马这个名字来源于古希腊传说荷马史诗中“木马计”的故事，Trojan 一词本意是特洛伊的木马。木马程序是目前比较流行的病毒文件，与一般的病毒不同，它不会自我繁殖，也并不刻意地去感染其他文件，它通过将自身伪装来吸引用户下载执行，使施种木马者打开被种主机的门户，并任意毁坏、窃取被种者的文件，甚至远程操控被种主机。木马病毒的产生严重危害着现代网络的安全运行。

大家都知道以前的计算机病毒的作用，其实就是为了搞破坏。但是木马不一样，木马的作用是盗窃密码、数据等，如盗窃管理员密码、游戏账号、股票账号，甚至网上银行账户的密码等，以达到偷窥别人隐私和获得经济利益的目的。因此，木马的危害比早期的计算机病毒更大。

1. 木马的简介

木马与计算机网络中常常要用到的远程控制软件有些相似，但由于远程控制软件是“善意”的控制，因此通常不具有隐蔽性。木马则完全相反，木马要达到的是偷窃性的远程控制。

植入计算机的是“服务器”部分，而黑客利用“控制器”进入运行着“服务器”的计算机。运行了木马程序的“服务器”以后，计算机就会有一个或几个端口被打开，使黑客可以利用这些打开的端口进入计算机系统，安全和个人隐私也就全无保障了。木马的“服务器”一旦运行并被“控制器”连接，“控制器”将享有“服务器”的大部分操作权限，例如给计算机增加口令，浏览、移动、复制、删除文件，修改注册表，更改计算机配置等。

随着病毒编写技术的发展，木马程序对用户的威胁越来越大，尤其是一些木马程序采用了极其狡猾的手段来隐蔽自己，使普通用户很难在中毒后立即发觉。

2. 木马的特征

木马程序不经计算机用户准许就可获得计算机的使用权。木马程序容量十分小，运行时不会浪费太多资源，因此不使用杀毒软件是难以发觉的。其运行时很难阻止，运行后会立刻自动登录在系统引导区，之后每次在 Windows 系统加载时自动运行，或立刻自动变更文件名，甚至隐形，或马上自动复制到其他文件夹中，执行连用户本身都无法执行的操作。

3. 木马的发展

木马程序技术发展可以说非常迅速，迄今为止，木马程序已经经历了 6 代。

（1）第一代是最原始的木马程序。主要是简单的密码窃取，通过电子邮件发送信息等，具备了木马最基本的功能。

（2）第二代在技术上有了很大的进步，冰河是这一代木马的典型代表之一。

（3）第三代主要改进在数据传递技术方面，出现了 ICMP 等类型的木马，利用畸形报文传递数据，增加了杀毒软件查杀识别的难度。

（4）第四代在进程隐藏方面有了很大改动，采用了内核插入式的嵌入方式，利用远程插入线程技术，嵌入 DLL 线程，或者挂接 PSAPI，实现木马程序的隐藏，甚至在 Windows NT/2000 下，都达到了良好的隐藏效果。灰鸽子和蜜蜂大盗这一代木马的代表。

（5）第五代驱动级木马多数都使用了大量的 Rootkit 技术来达到深度隐藏的效果，并深入到内核空间，感染后针对杀毒软件和网络防火墙进行攻击，可将系统 SSDT 初始化，导致杀毒防火墙失去效用。有的驱动级木马可驻留 BIOS，并且很难查杀。

（6）随着身份认证UsbKey 和杀毒软件主动防御的兴起，第六代黏虫技术类型和特殊反显技术类型木马逐渐开始系统化。前者主要以盗取和篡改用户敏感信息为主，后者以动态口令和硬证书攻击为主。PassCopy 和暗黑蜘蛛侠是这一代木马的代表。

第2章 操作系统

2.1 Windows操作系统概述

操作系统（Operating System，OS）为用户提供工作的界面，为应用软件提供运行的平台。有了操作系统的支持，整个计算机系统才能正常运行。

2.1.1 操作系统

操作系统是计算机系统中重要的系统软件，用于控制和管理计算机的软硬件资源，合理组织计算机的工作流程，从而方便用户对计算机进行操作。

在计算机系统的层次结构中，操作系统介于硬件和用户之间，是整个计算机系统的控制管理中心。

操作系统直接运行于硬件之上，对硬件资源进行直接控制和管理，将裸机改造成一台功能强、服务质量好、安全可靠的计算机；操作系统还负责控制和管理计算机的软件资源，保障各种软件在操作系统的支持下的正常运行；操作系统是人与计算机之间的桥梁，为用户提供清晰、简洁、友好、易用的工作界面，用户通过操作系统提供的命令和交互功能来实现对计算机的操作。

Windows是目前使用最多的操作系统，它推出了Windows 95、Windows 98、Windows NT、Windows 2000、Windows XP、Windows 7、Windows 8、Windows 10等版本。Windows 10是一个不同于以往的操作系统，它效率更高，集成了以前多种操作系统的优势，是在台式计算机、笔记本计算机、平板计算机、智能手机等平台上都可以应用的操作系统。

2.1.2 Windows 10的启动和关闭

启动和关闭计算机是最基本的操作之一，虽然简单，但如果操作不当，也可能会造成硬盘数据丢失，甚至硬盘损坏的后果。

1. Windows 10的启动

安装好Windows 10后，只需要打开电源开关，计算机即自动启动，并出现如图2-1所示的Windows 10桌面，此时表示已完成启动。

2. 重新启动Windows 10

重新启动Windows 10就是在不切断电源的情况下启动计算机，这样有助于将一些运行时产生的错误恢复到正确状态并提高运行效率。有时，对系统进行更改设置后也会要求重新启动计算机。重新启动可以通过系统实现，也可以使用机箱上的重启按钮实现。

3. 注销计算机

Windows 10是多用户操作系统，当出现程序执行混乱等小故障时，可以注销当前用户重新登录，也可以在登录界面以其他用户身份登录计算机。

图 2-1 Windows 10 桌面

注销计算机的正确操作方法是单击桌面左下角的“开始”按钮，打开“开始”菜单，再单击“账户”按钮，如图 2-2 所示，在其子菜单中选择“注销”命令。Windows 10 会关闭当前用户界面的所有程序，并出现登录界面让用户重新登录。如果计算机中存在多个用户，还可以在用户按钮下拉列表框中选择相应的用户进行登录。

4. 关闭 Windows 10

关闭 Windows 10 的正确操作方法是单击“电源”图标，其子菜单中选择“关机”命令，如图 2-3 所示。这时系统会自动将当前运行的程序关闭，并将一些重要的数据进行保存之后关闭计算机。

图 2-2 单击“账户”图标

图 2-3 选择“关机”命令

2.2 Windows 10 的基本操作

计算机已经成为人们工作、生活不可或缺的工具。作为信息社会的一员，我们有必要了解和掌握计算机的相关知识和基本操作，进而熟练地操作计算机。

2.2.1 桌面的组成及操作

桌面是 Windows 10 启动完成后呈现在用户面前的整个计算机屏幕界面，它是用户和计算机进行交流的窗口。在图 2-1 中可以清楚地看到，桌面分为上下两部分：上部分是一幅图片及其上面的按钮，称为桌面背景；下部分是一条黑色的窄框，称为任务栏。

任务栏中隐藏着丰富的信息和功能，计算机大部分工作都可以从这里开始。下面简单介绍构成任务栏的几个部分，如图 2-4 所示。

图 2-4　任务栏

① 开始："开始"菜单是单击任务栏最左边第一个按钮所弹出的菜单，其中有计算机程序、设置、应用、功能按钮等选项，几乎包含使用本台计算机的所有功能。

② 搜索栏：在此可以直接从计算机或互联网中搜索用户需要的信息。

③ 任务视图：是 Windows 10 特有的功能，用户可以在不同视图中开展不同的工作，且不会彼此影响。

④ 快速启动区：用户将常用的应用程序或位置窗口固定在任务栏的快速启动区中，启动时只需单击对应的按钮即可。

⑤ 程序按钮区：显示正在运行的程序的按钮。每打开一个程序或文件夹窗口，代表它的按钮就会出现在该区域，关闭窗口后，该按钮随即消失。

⑥ 通知区：显示计算机的一些信息，其中固定显示"输入法""音量控制""日期和时间""通知"等。

1. "开始" 菜单

"开始"菜单是 Windows 10 中的重要元素，几乎所有的操作都可以通过"开始"菜单实现。按下键盘上的 Windows 徽标键⊞，或单击 Windows 10 桌面左下角的"开始"按钮⊞，即可打开如图 2-5 所示的"开始"菜单。下面介绍"开始"菜单的各部分，各部分标注如图 2-5 所示。

图 2-5　Windows 10 的"开始"菜单

① 开始菜单区：有设置、电源开关和所有应用等重要的控制选项。

② 开始屏幕区：是“开始”屏幕，有各种应用的磁贴，方便用户查看和打开。

③ 所有应用按钮：单击该按钮，可以在显示或隐藏系统中安装的所有应用列表间切换。

图 2-5 所示的菜单处于显示状态。在该界面中，可以看到所有应用按照数字、英文字母、拼音的顺序排列，上面显示程序列表，下面显示文件夹列表。单击列表中某文件夹图标，可以展开或收起此文件夹下的程序列表。

④ 用户账户：显示当前用户账户。单击它还可以选择注销或设置账户。

⑤ 设置：单击它可以打开计算机的“设置”窗口。

⑥ 电源：是计算机的电源开关，在此可以重启或关闭计算机等。

⑦ 磁贴：可以动态显示应用的部分内容，如日历、资讯等。

可以通过用按住鼠标左键在菜单边缘拖动的方式来改变 Windows 10 的“开始”菜单的大小。加宽的“开始”菜单可以显示更多的磁贴，使操作更方便。

2. 搜索栏

搜索栏是任务栏中的一个文本输入框，可在其中输入待搜索的关键字。在 Windows 10 中，它不仅可以搜索系统中的文件，还可以直接搜索 Web 上的信息。

3. 任务视图

任务视图按钮是多任务和多桌面的入口。多任务是 Windows 10 的一个新功能，能将最多 4 个开启的任务窗口排列在桌面上，用户可以同时关注 4 个任务窗口。这种多桌面称为“虚拟桌面”，用户可以将不同的任务分别安排在不同的桌面上，利用快捷键可以轻松地在桌面间切换。

在 Windows 10 中，按快捷键 Alt+Tab 可以切换窗口。按下 Alt 键，重复按下 Tab 键，可以逐一浏览各个窗口，直至找到需要的窗口为止，释放 Alt 键，则显示所选的窗口，如图 2-6 所示。

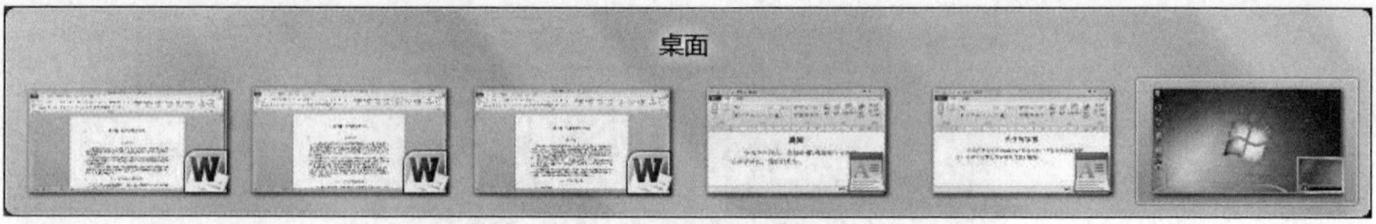

图 2-6　切换任务视图

4. 快速启动区

快速启动区中的快速启动按钮是启动应用程序最方便的方式，启动时只需要单击按钮即可。例如单击按钮，即可启动 QQ 应用程序。

快速启动区中默认情况下只有“浏览器”“文件资源管理器”“应用商店”3 个按钮。

若要将其他应用图标放在这里，只需要在应用的右键快捷菜单（以下简称快捷菜单）中选择“固定到任务栏”命令即可，如图 2-7 所示。

虽然快速启动按钮使用方便，但任务栏空间有限，无法容纳太多的按钮。如果需要将某个应用从快速启动区移除，只需要在任务栏中右击该应用按钮，从弹出的快捷菜单中选择“从任务栏取消固定”命令即可。

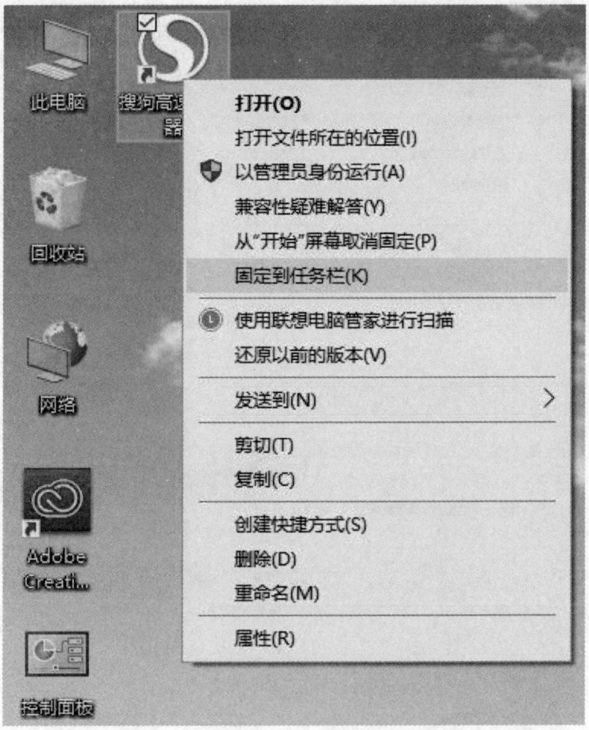

图 2-7 添加应用到快速启动区

5. 程序按钮区

程序按钮区中显示正在运行的程序的按钮。每打开一个程序或文件夹窗口，代表它的按钮就会出现在该区域，关闭窗口后，该按钮随即消失。

6. 通知区

通知区显示系统时钟、网络状态、扬声器等，可以根据需要自定义通知区显示。

7. 桌面图标

桌面图标是指在桌面上排列的小图像，包含图形和说明文字两部分。小图形是标识符，文字用来说明图标的名称或功能，双击图标，即可打开相应的窗口。Windows 10 的桌面图标既有系统提供的，也有用户添加的。

（1）桌面图标的分类。桌面图标通常分为系统图标、快捷方式图标、文件夹图标和文件图标。

1）系统图标。Windows 10 在初始状态下，桌面上只有“回收站”这一个系统图标，可以通过以下操作步骤显示其他系统图标。

在 Windows 10 桌面的空白处右击，在弹出的快捷菜单中选择“个性化”命令，打开“个性化”窗口（关于个性化操作详见 2.4.2 节）。

在“个性化”窗口中单击“主题”选项，在右侧的主窗格中选择“桌面图标设置”选项，打开“桌面图标设置”对话框，勾选需要在桌面上显示的系统图标的复选框，单击“应用”或“确定”按钮，完成设置，如图 2-8 所示。

如果对系统默认的图标外观不满意，可以单击“更改图标”按钮进行更改。单击“还原默认值”按钮，可以将图标还原为系统的默认值。Windows 10 常用的系统图标如图 2-9 所示。

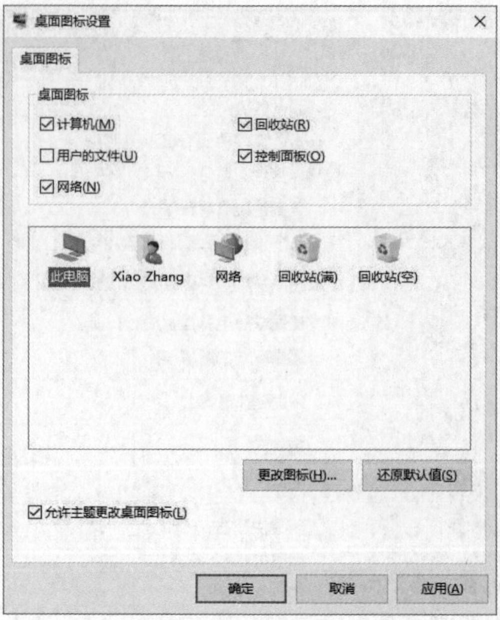

图 2-8 “桌面图标设置”对话框

图 2-9 Windows 10 常用的系统图标

- “此电脑”代表正在使用的计算机，是浏览和使用计算机资源的快捷途径。双击该图标即可打开“此电脑”窗口，如图 2-10 所示，在该窗口中可以看到计算机系统中的磁盘分区、移动存储设备、文件夹和文件等信息。

图 2-10 “此电脑”窗口

- “回收站”是系统在硬盘中开辟的一个区域，用于暂时存放用户从硬盘上删除的文件或文件夹等内容（关于回收站的介绍详见 2.3.4 节）。
- “控制面板”为用户提供了查看和调整系统设置的环境，通过“控制面板”，用户可以更改桌面外观、控制用户账户、添加或删除软硬件等（关于控制面板的介绍详见 2.4.1 节）。
- “网络”主要用来查看网络中的其他计算机，访问网络中的共享资源，进行网络设置。

2）快捷方式图标。桌面上，左下角带有箭头标志的图标称为快捷方式图标，又称快捷方式，如图 2-11 所示。快捷方式其实是一个链接指针，可以链接到某个程序、文件或文件夹。当用户双击快捷方式图标时，Windows 系统就根据快捷方式里记录的信息找到相关的对象并打开它。

图 2-11　快捷方式图标

用户可以根据需要随时创建或删除快捷方式，删除快捷方式后，原来所链接的对象并不受影响。针对某一对象，在桌面上创建快捷方式有以下几种方法。

- 右击图标后弹出快捷菜单，选择“发送到”→“桌面快捷方式”命令，如图 2-12 所示。

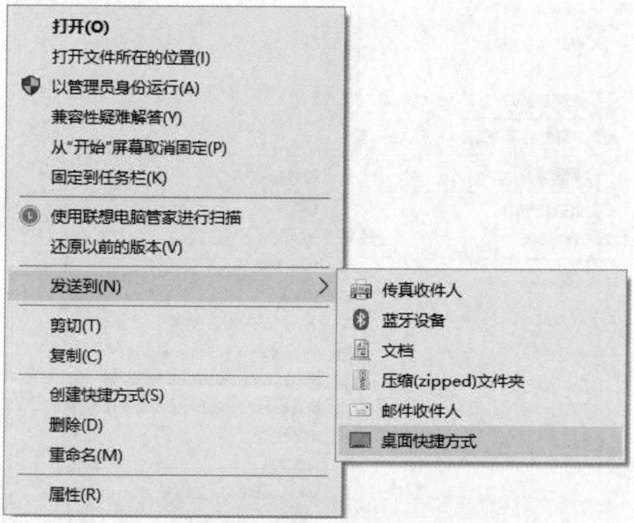

图 2-12　选择“发送到”→“桌面快捷方式”命令

- 右击图标，在弹出的快捷菜单中选择“创建快捷方式”命令，然后将新创建的快捷方式图标移动至桌面。
- 在对象所在的窗口中选定图标后，单击功能区中的“主页”功能区选项卡，在弹出的功能选项中单击“新建”子功能区中的“新建项目”按钮，在其子菜单中选择“快捷方式”命令，如图 2-13 所示（有关功能区的介绍详见 2.2.2 节）。
- 右击桌面空白处，弹出快捷菜单，选择“新建”→“快捷方式”命令，如图 2-14 所示，在弹出的“创建快捷方式”对话框中进行设置。

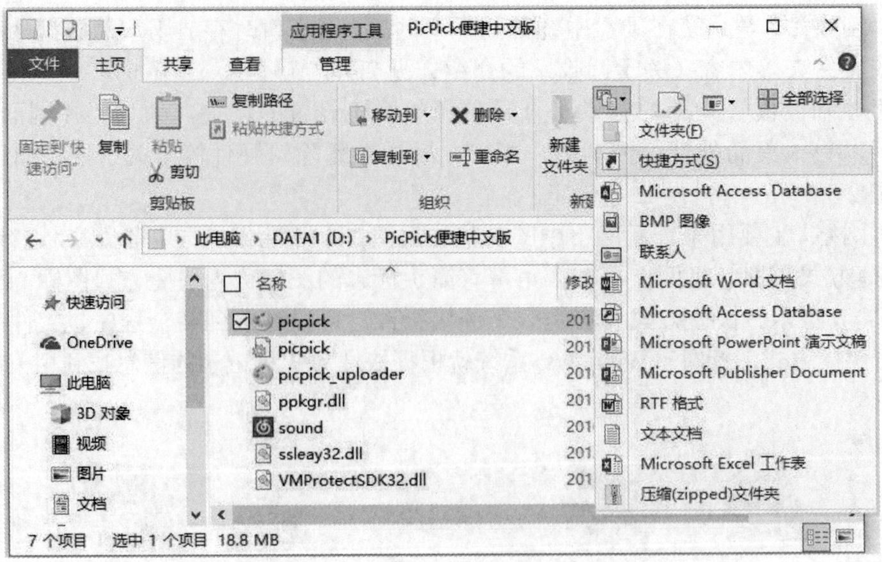

图 2-13 选择“快捷方式”命令

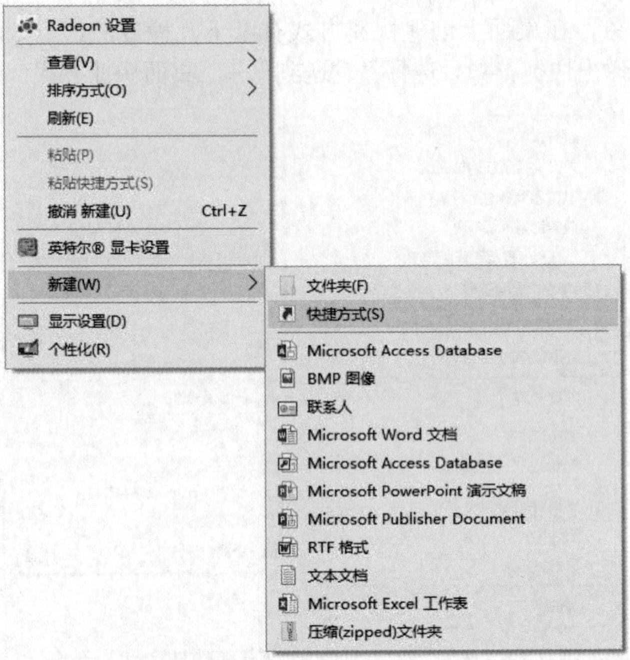

图 2-14 选择“新建”→“快捷方式”命令

3）文件夹图标。Windows 10 把所有文件夹统一用图标表示，用于组织和管理文件。双击文件夹图标即可打开文件夹窗口，可见其中的文件列表和子文件夹。

4）文件图标。文件图标是由系统中相应的应用程序关联建立的，表示该应用程序所支持的文件。双击文件图标即可打开相应的应用程序及此文件，删除文件图标也就删除了该文件。不同的应用程序支持不同类型的文件，其图标也有所不同，图 2-15 所示为几种常见的文件图标。

文本文件　　Word 文件　　Excel 文件　　压缩文件

图 2-15　几种常见的文件图标

（2）桌面图标的操作。对桌面图标的基本操作有设置显示方式、设置显示和隐藏、排列和删除等。

1）设置显示方式。用户可以设置桌面图标的显示大小，只需要右击桌面空白处，弹出快捷菜单，选择“查看”命令，选择其子菜单中的“大图标”“中等图标”“小图标”中的某一项即可（图 2-16）。

2）设置显示和隐藏。右击桌面空白处，弹出快捷菜单，选择的“查看”命令，其子菜单中的“显示桌面图标”前若有 √ 标记，表明该功能已选中，当前桌面上所有的图标正常显示，否则桌面图标被隐藏。单击“显示桌面图标”命令，即可打上或去掉 √ 标记。

3）排列。右击桌面空白处，弹出快捷菜单，选择“排序方式”命令，其子菜单中分别有“名称”“大小”“项目类型”“修改日期”4 种排列方式供选择，如图 2-17 所示。

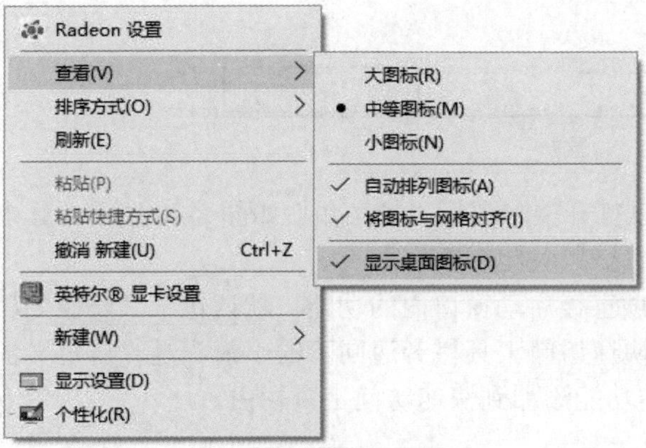

图 2-16　设置显示方式

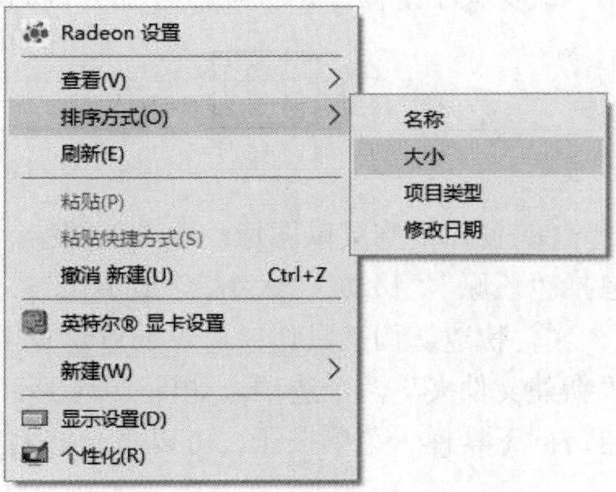

图 2-17　“排序方式”子菜单

4）删除。选定待删除的图标，按 Delete 键即可将其删除；或者右击待删除的图标，从弹出的快捷菜单中选择“删除”命令也可将其删除；也可以直接拖动待删除的图标至桌面上的回收站图标中将其删除。删除后的图标被放到回收站中。

2.2.2　窗口的组成及操作

每当打开一个文件夹、文件或运行一个程序时，系统就会创建并显示一个称为“窗口”的人机交互界面。在窗口中，用户可以对文件、文件夹或程序进行操作。

Windows 10 可同时打开多个任务窗口，但在所有打开的窗口中只有一个是当前正在操作的窗口，称为活动窗口。活动窗口的标题栏呈深色，非活动窗口的标题栏呈浅色。

1. 窗口的组成

图 2-18 所示为典型的 Windows 10 窗口，主要由标题栏、功能区、地址栏、搜索框、快速访问区、导航窗格、状态栏等区域组成。

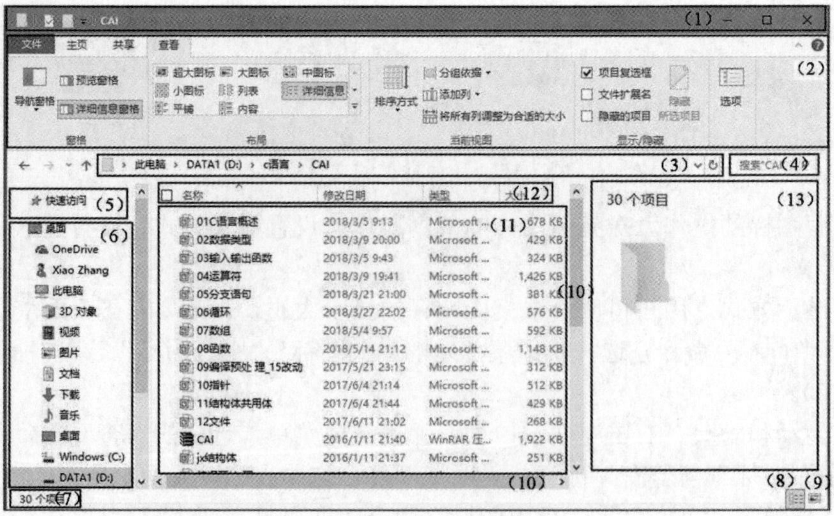

图 2-18　Windows 10 窗口

（1）标题栏：位于窗口的最上方，如图 2-19 所示，通过标题栏可以对窗口进行移动、关闭、改变大小等操作。标题栏各部分说明如下。

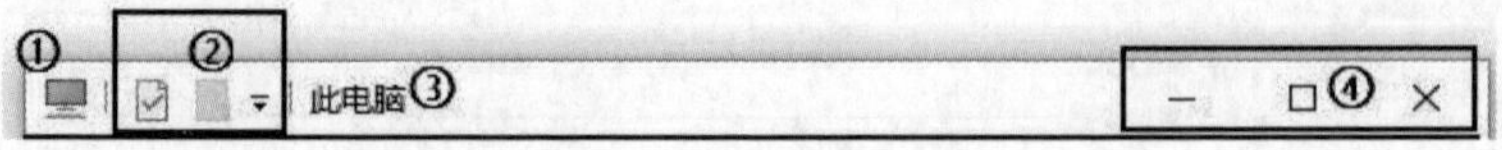

图 2-19　标题栏

① 窗口控制菜单图标：单击该图标，可以打开控制图标下拉菜单，如图 2-20 所示，其中包括“还原”“移动”“大小”“最小化”“最大化”“关闭”命令。

② 快速访问工具栏：可以通过这里的选项直接启动窗口内的功能，默认包含“属性”和“新建文件夹”两个选项，如图 2-21 所示。快速访问工具栏旁边向下的小箭头是“自定义快速访问工具栏”菜单按钮。可以将一些常用的功能添加到快速访问工具栏内。

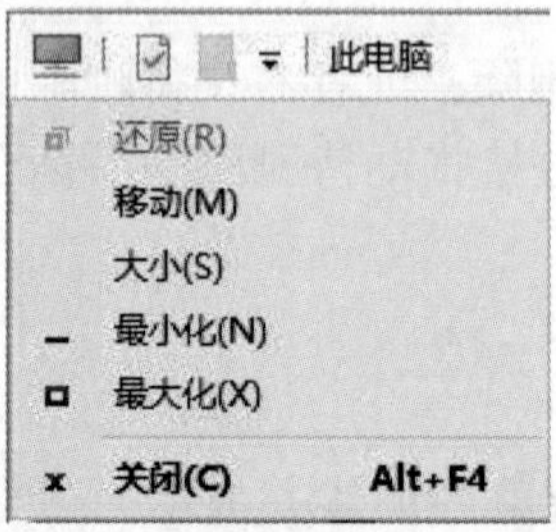

图 2-20　控制图标下拉菜单

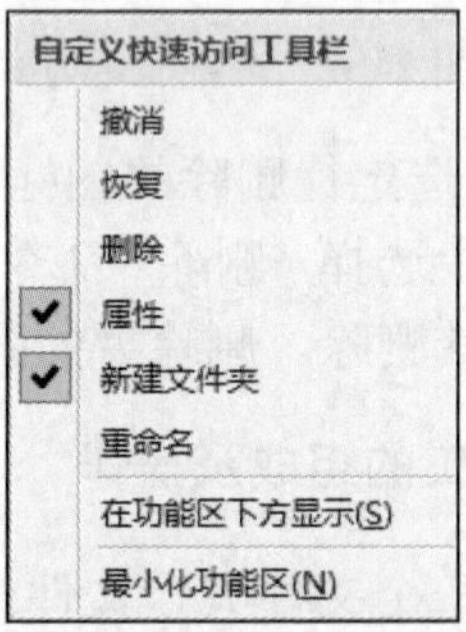

图 2-21　自定义快速访问工具栏

③ 名称：每一个窗口都有一个名称，以区别于其他窗口。

④ 标准按钮：包括“最小化”按钮、“最大化”按钮、“还原”按钮和“关闭”按钮，这是所有窗口都有的标准配置。

（2）功能区：采用 Office 2010 的 Ribbon 风格的功能区中集合了针对窗口及窗口中各对象的操作命令，并以多个功能选项卡的方式分类显示，如“文件”“主页”“查看”“共享”等。

单击某个功能选项卡，即打开对应的功能选项，选择其中的某个命令项，即可执行相应命令。

在文件列表栏或导航窗格中选择不同的文件或文件夹时，功能区的功能选项卡将出现动态的变化。

（3）地址栏：显示当前窗口的位置，其右侧的小箭头有与“最近浏览位置”按钮相同的功能。在地址栏中每一级文件夹的后面都有一个小箭头，单击它可以打开该级文件夹下的所有文件夹和文件列表，实现快速定位，而无须关闭当前窗口。也可以单击地址栏左侧的按钮（图 2-22），实现快速切换定位。

①“前进/返回”按钮：在操作过程中，若需要返回前一个操作窗口，需单击“返回”按钮；若再到下一个操作窗口，需单击“前进”按钮。

②“最近浏览位置”按钮：单击它，可以打开最近到过的位置列表，如图 2-23 所示。

③“上移”按钮：单击它可以返回当前位置的上一层文件夹。

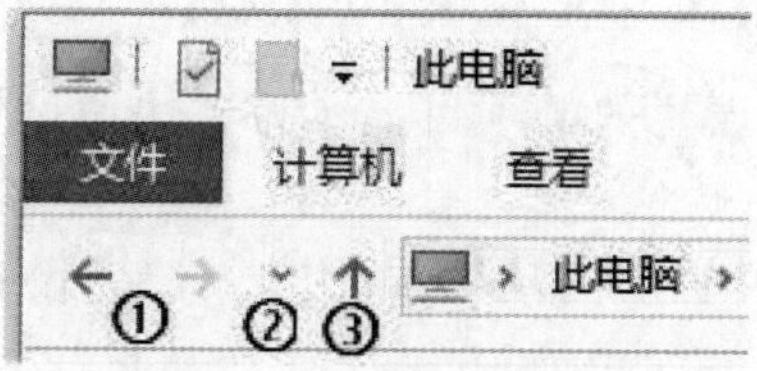

图 2-22　地址栏按钮

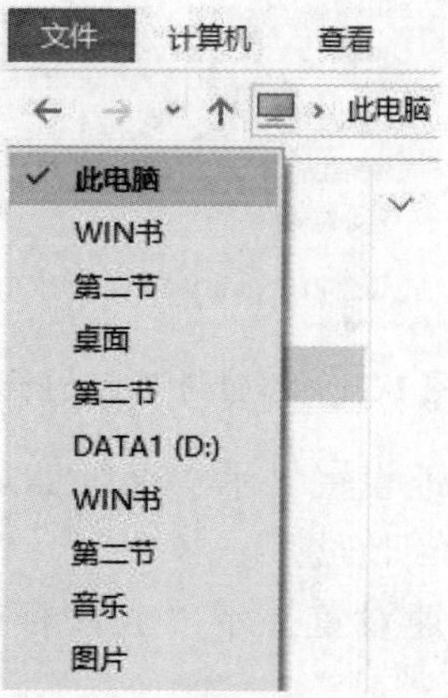

图 2-23　最近到过的位置列表

（4）搜索框：在其中输入字词或字词的一部分，即可在当前文件夹或库及其子文件夹中筛选，并将匹配的结果以文件列表的形式显示在文件列表栏。

（5）快速访问区：用户可以在其中将一些自己常用位置的链接固定，方便以后访问。不仅可以添加本地驱动器和文件夹，还可以添加网络上的共享资源。

- 添加到快速访问区。在需要添加的文件夹上右击，在弹出的快捷菜单中选择“固定到‘快速访问’”命令，如图 2-24 所示，就能将文件夹添加到快速访问区。
- 从快速访问区中删除项目。若要从快速访问区中删除项目，只需在快速访问区的项目上右击，在弹出的快捷菜单中选择“从‘快速访问’取消固定”命令即可，如图 2-25 所示。

（6）导航窗格：主要用于定位文件位置。在该区列出了当前计算机中的所有资源，由“此电脑”“库”“网络”等树形目录结构组成。使用“库”可以分类访问计算机中的文件；展开“此电脑”可以浏览硬盘、光盘、U 盘上的文件夹和子文件夹。

OneDrive 是微软提供的云存储服务，它的前身称为 SkyDrive。与“百度云”等其他云存储服务相同，用户可以通过网络将文件存储在微软云服务器中，然后使用不同的终端访问云服务器，从而获得文件。

（7）状态栏：对窗口中选定项目的简单说明。

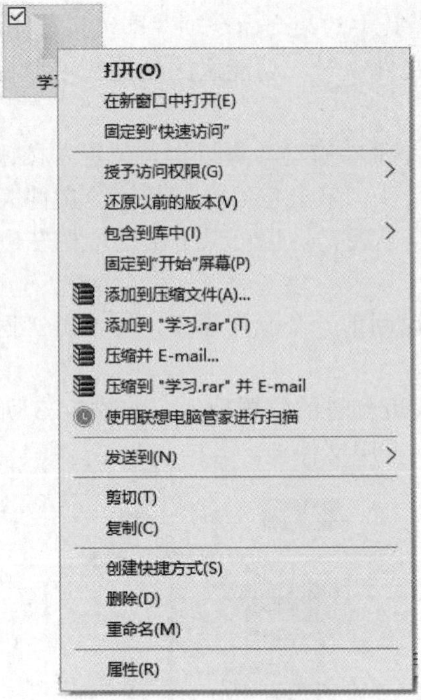

图 2-24 添加到快速访问区

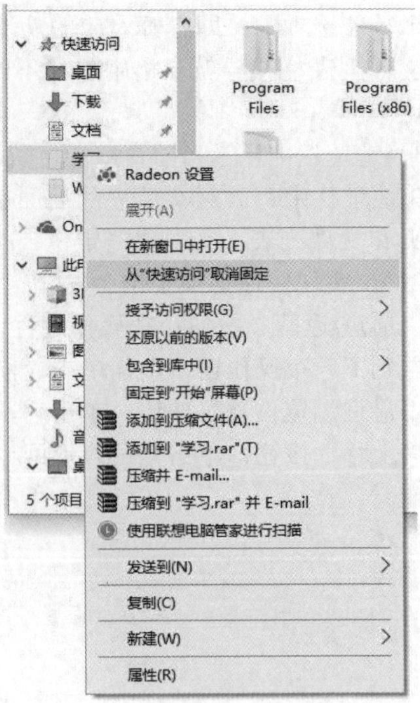

图 2-25 从快速访问区删除项目

（8）快速设置显示“详细信息”：可以将文件列表栏内的项目显示方式快速设置为显示每一项的“详细信息”。

（9）快速设置显示“大图标”：可以将文件列表栏内的项目显示方式快速设置为“大图标”。

（10）滚动条：滚动条分为垂直滚动条和水平滚动条两种，当窗口中的内容没有显示完全时，滚动条就会出现，拖动滚动条，可以查看超出窗口高度和宽度范围的其他内容。

（11）文件列表栏：文件列表栏是窗口的重要显示区，用于显示当前文件夹或库中内容。当向搜索框输入文字进行查找时，此区域显示出匹配的搜索结果。

（12）列标题：当文件列表以“详细信息”方式显示时，窗口中将会出现列标题，使用列标题可以更改文件列表中文件的整理方式。

（13）预览窗格：使用预览窗格可以查看选定文件的内容。如果窗口中未见预览窗格，可以单击功能区中的“查看”选项卡，然后单击“窗格”选项组中的“预览窗格”按钮进行显示。

2. 窗口的基本操作

（1）·窗口的打开。通常双击要打开的程序、文件或文件夹图标即可打开窗口。

（2）窗口的最大化、最小化和还原。每个窗口都有 3 种显示方式，即缩小到任务栏的最小化、铺满整个屏幕的最大化、允许窗口移动并可以改变其大小的还原状态，可以利用标题栏右侧的、和按钮进行操作。

（3）窗口的缩放。仅当窗口为还原状态时，才可调整窗口的尺寸。当将鼠标指针指向窗口的任意一个边角或边框时，鼠标指针变为、或、形状，此时按住鼠标左键拖动，可调整窗口的尺寸。

（4）窗口的移动。仅当窗口为还原状态时，才可移动窗口的位置。移动窗口只需拖动窗口的标题栏到目标位置后释放即可。

（5）窗口的切换。Windows 是多任务操作系统，可以同时打开多个应用程序。若想使某个窗口成为活动窗口，则要做窗口之间的切换操作，切换方法可以通过单击任务栏中的程序按钮实现。

（6）窗口的关闭。关闭窗口最常用的方法是单击标题栏右侧的“关闭”按钮。

（7）多窗口的排列。在打开多个窗口之后，为了便于操作和管理，可以将这些窗口进行不同样式的排列。只需要右击任务栏的空白区，在弹出的如图 2-26 所示的任务栏快捷菜单中选择“层叠窗口”“堆叠显示窗口”“并排显示窗口”中的一项，即可将窗口排列成所需的样式。

3. 以“此电脑”窗口为例，介绍窗口功能区的基本操作

在 Windows 10 窗口中的功能区单击选项卡，按 F10 键（或 Alt 键）也可以激活选项卡。

（1）展开、收起和帮助。在功能区的右上角有 和 两个按钮。其中的小箭头是展开和收起功能区的按钮，箭头向上表示可以收起功能区，箭头向下表示可以展开功能区。蓝色的问号用于打开 Windows 帮助和查看关于 Windows 的说明。

（2）文件。“文件”选项卡中的功能都是针对此窗口进行操作的，如图 2-27 所示。

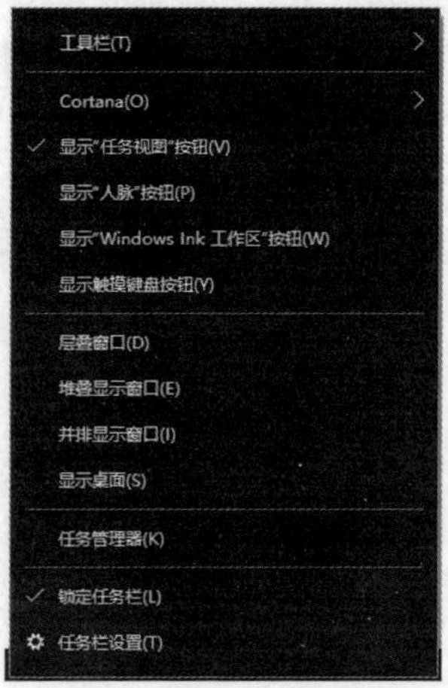

图 2-26　任务栏快捷菜单

图 2-27　“文件”选项卡

- 打开新窗口：如果需要保留当前窗口，并在相同位置上再打开一个窗口，可以选择这个选项。
- 打开 Windows PowerShell：PowerShell 是微软公司开发的一款利用脚本语言进行编程的、提供丰富的自动化管理功能工具。
- 更改文件夹和搜索选项：可以对文件夹和搜索进行进一步的设置，如图 2-28 所示。
- 帮助：该选项和功能区右上角的蓝色问号一样，能够打开 Windows 帮助和查看关于 Windows 的说明。
- 关闭：用于关闭当前窗口。
- 常用位置：这里可以设置需要经常打开的位置，位置选项后面的标志表示固定选项，表示该选项是历史记录。单击该标志，可以使其在固定选项和历史记录间转换。历史记录可以通过单击如图 2-28 所示的“文件夹选项”对话框中的“清除”按钮来清除。

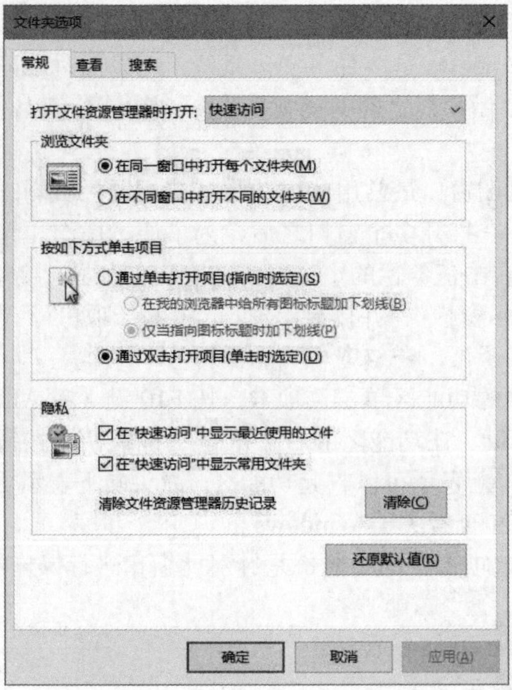

图 2-28 “文件夹选项”对话框

（3）计算机。“计算机”选项卡中有以下 3 个选项组，其中都是针对计算机和设备驱动器的功能按钮，如图 2-29 所示。

图 2-29 “计算机”选项卡

- 位置：“属性”按钮用来查看计算机的基本信息；使用“打开”和“重命名”按钮都必须选中某个项目。例如，选中图 2-18 中的“Windows (C:)”后，可以用“打开”和“重命名”按钮来操作。
- 网络：设置访问网络资源的工具选项。“访问媒体”按钮用于访问本地局域网中的媒体资源；“映射网络驱动器”按钮将经常访问的服务器映射为驱动器，可以使访问更加方便快捷；“添加一个网络位置”按钮为某个网站或 FTP 站点添加快捷方式，下次访问时就像打开文件夹一样简单。
- 系统：“打开设置”按钮可以更改系统设置并对计算机的功能进行自定义；“卸载或更改程序”按钮可以将指定的程序从计算机中删除，也可以对某些已安装的程序进行修复或更改；“系统属性”按钮可以查看系统基本信息；“管理”按钮可以监控系统状况，查看系统日志，管理存储、事件、任务计划和服务等。

（4）查看。“查看”选项卡中有以下 4 个选项组，其中的按钮多是对窗口主体中的文件和文件夹进行排列、组合而特殊设置的，如图 2-30 所示。

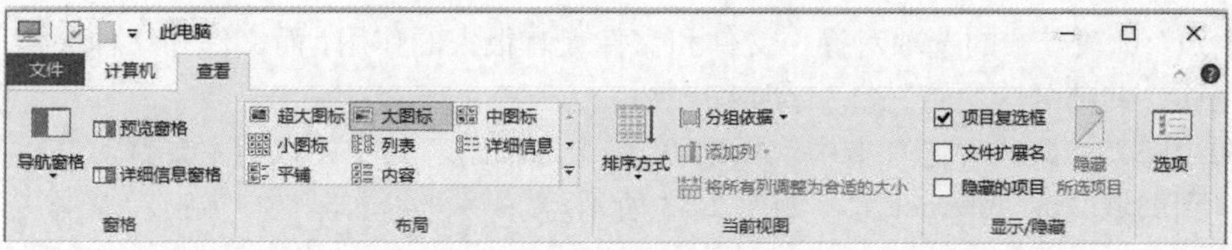

图 2-30　“查看”选项卡

- 窗格：“导航窗格”按钮控制导航窗格项目的展开与收起；“预览窗格/详细信息窗格”用于在窗口主体的右侧留出一块信息区，以显示文件预览信息或详细信息，如图 2-31 所示，这两种模式只能选择其一。

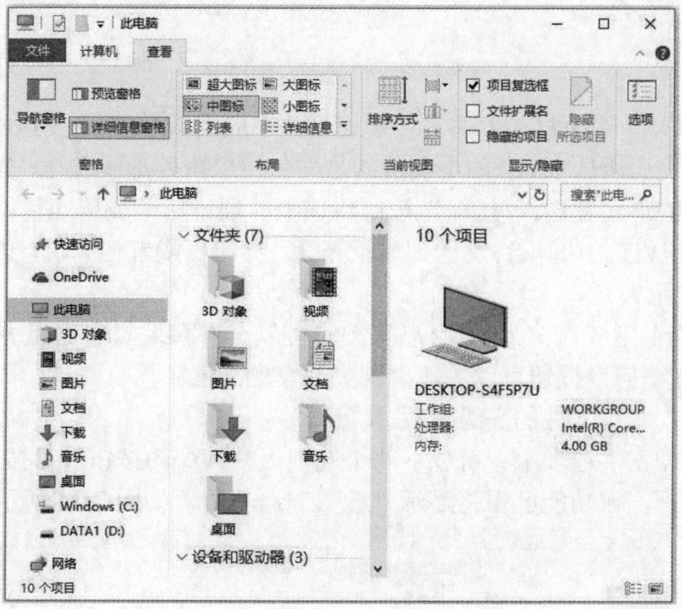

图 2-31　窗口主体上的详细信息窗格

- 布局/当前视图：其中的按钮用来选择窗口主体中项目的显示和排列方式，主要用于文件较多时改变文件的显示、排列、分组的方式，或是直接在窗口主体上显示文件的详细信息。
- 显示/隐藏：其中的按钮用来设置文件和文件夹是否隐藏，以及文件扩展名是否隐藏。
- 选项：单击该按钮，将打开如图 2-28 所示的“文件夹选项”对话框，在其中可以对文件和文件夹进行进一步的设置。

（5）主页。“主页”选项卡中的按钮主要针对的对象是文件和文件夹，如图 2-32 所示。

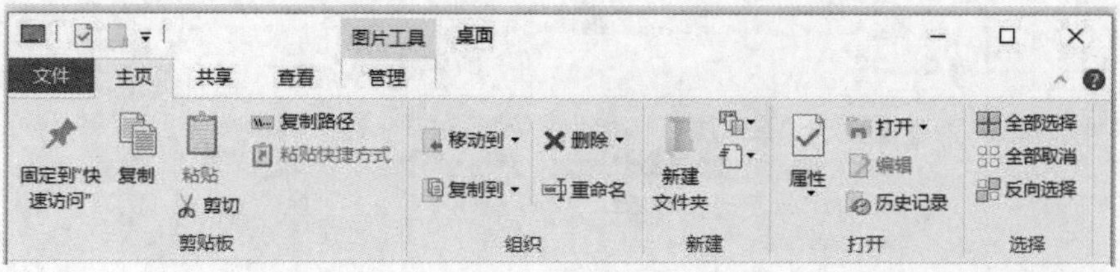

图 2-32　“主页”选项卡

“主页”选项卡中的选项对操作文件和文件夹有很大的作用，而文件和文件夹是 Windows 系统的主体，此部分应用将在 2.3 节详细介绍。

（6）共享。“共享”选项卡中包括以下 3 个选项组，其中的按钮主要针对文件夹，将文件夹共享到局域网或 Internet 上，如图 2-33 所示。

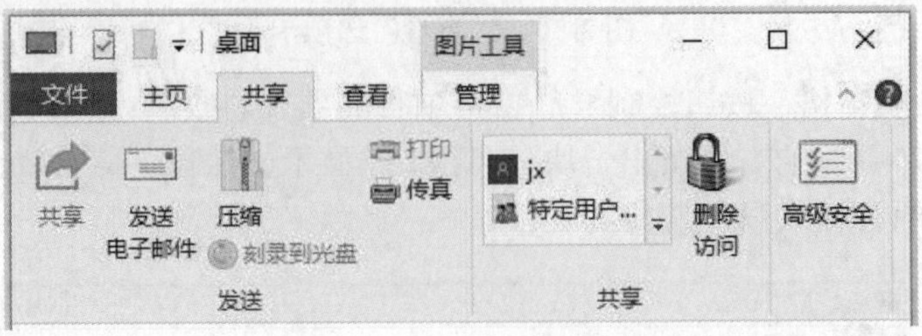

图 2-33 “共享”选项卡

- 发送：“共享”按钮将选中的文件发送到共享应用程序上；“发送电子邮件”按钮通过电子邮件发送所选项目，如果发送的是文件将以附件形式发送，如果发送的是文件夹则以链接的形式发送；“压缩”按钮将选中的项目压缩成压缩包；“刻录到光盘/打印/传真”按钮将选中的项目发送到刻录光盘、打印机或者传真机，该按钮必须配合相关的设备使用。
- 共享：“当前登录账户/特定用户”按钮可以查看和编辑家庭组并为特定用户设置权限；“删除访问”按钮可以关闭文件夹共享的功能。
- 高级安全：共享文件的高级设置。

（7）搜索。“搜索”选项卡中有以下 4 个选项组，其中的按钮针对搜索的更多高级功能。单击“搜索”文本框，在功能区中将显示“搜索”选项卡，如图 2-34 所示。

图 2-34 “搜索”选项卡

- 位置：“此电脑”按钮表示搜索范围为全部硬盘；“当前文件夹”按钮表示搜索范围为当前文件夹；“所有子文件夹”按钮表示搜索范围为当前文件夹和文件夹中的所有子文件夹；“在以下位置再次搜索”按钮表示在指定位置搜索。
- 优化：通过本选项组的选项为搜索添加附加条件，可以设置修改时间、文件类型、文件大小和其他属性，图 2-35 所示为“其他属性”下拉列表中的选项。
- 选项：“最近的搜索内容”按钮用来查看最近搜索过的内容；“高级选项”按钮用来进一步设置搜索的选项，其下拉列表中的选项如图 2-36 所示；“保存搜索”按钮将搜索条件保存为一个“已保存的搜索”选项，添加到“优化”选项组的“类型”中；“打开文件位置”按钮用于在搜索结束后打开某个搜索结果。

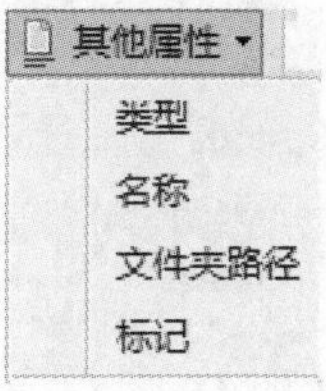

图 2-35　“其他属性”下拉列表中的选项

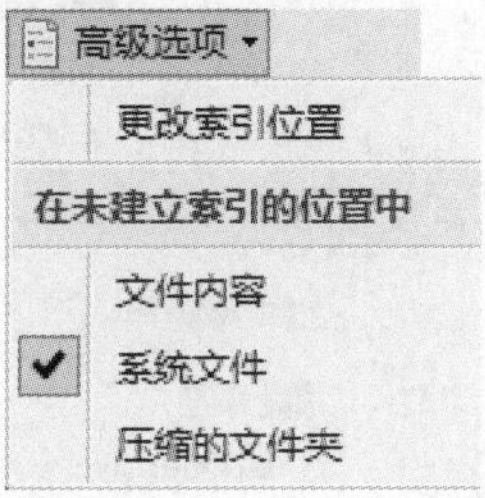

图 2-36　“高级选项”下拉列表中的选项

- 关闭搜索：用于关闭搜索结果窗口和“搜索”功能选项卡。

（8）管理。“管理”选项卡针对不同的对象有不同的选项。图 2-37 所示是针对设备驱动器的“管理”选项卡，其中有以下两个选项组。

图 2-37　“管理”选项卡

- 管理：“优化”按钮用于优化磁盘，可以提高运行效率；“清理”按钮用于清理选中磁盘中的一些无用文件，以释放存储空间；“格式化”按钮用于格式化选中的磁盘，格式化后该磁盘内的信息将全部丢失。
- 介质：通过该选项组中的按钮，可以实现对光盘驱动器的自动播放和弹出等功能。

2.2.3　菜单的使用

Windows 10 菜单以列表的形式给出所有的命令，用户通过鼠标或键盘选中某个命令就可以执行对应的命令。

1. 菜单类型

Windows 10 提供 4 种菜单类型：“开始”菜单、下拉菜单、弹出式快捷菜单、窗口控制菜单。在菜单中包括多个命令。

（1）“开始”菜单。单击“开始”按钮⊞，即可打开“开始”菜单，关于“开始”菜单的组成及功能详见 2.2.1 节。

（2）下拉菜单。在 Windows 10 窗口中，某些按钮带有黑三角按钮▾，单击它们将打开下拉菜单。下拉菜单中包含若干条命令，并且这些命令按功能分组，组与组之间用一条浅色横线分隔。图 2-38 所示为单击“排序方式”按钮后展开的下拉菜单。

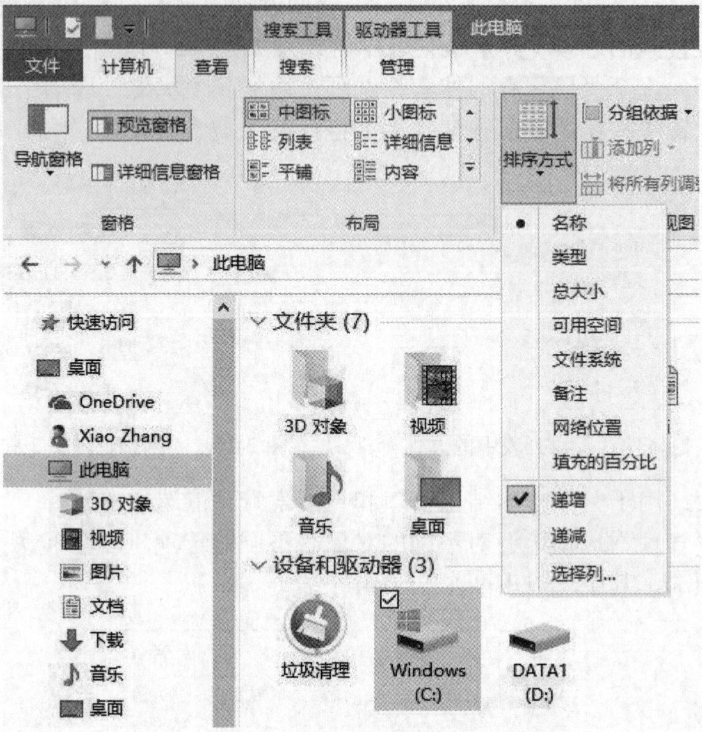

图 2-38 “排序方式”的下拉菜单

（3）弹出式快捷菜单。将鼠标指针指向桌面、窗口的任意位置或某个对象，右击后即可弹出一个快捷菜单。快捷菜单中列出了与当前操作对象密切相关的命令，操作对象不同，快捷菜单的内容也会不同。

（4）窗口控制菜单。位于标题栏的最左侧，图 2-39 所示为鼠标单击 ，出现窗口控制的快捷菜单；鼠标双击 将关闭应用程序窗口，不同窗口的控制菜单通常完全相同。

2. 菜单命令的选择

打开“开始”菜单的方法：单击“开始”按钮⊞或按下键盘上的 Windows 徽标键⊞。

打开弹出式快捷菜单的方法：右击操作对象即可弹出快捷菜单。菜单被激活后，移动鼠标指针至某一菜单命令，单击即可执行此命令，也可以利用键盘上的方向键←、→、↑、↓和 Enter 键选择执行某个命令。

3. 菜单中的约定

在各种菜单列表中，有的菜单命令呈黑色，表示是正常可用的命令；有的呈浅色，表示当前不可用。菜单中还常出现一些特殊的符号，其具体的功能约定见表 2-1。

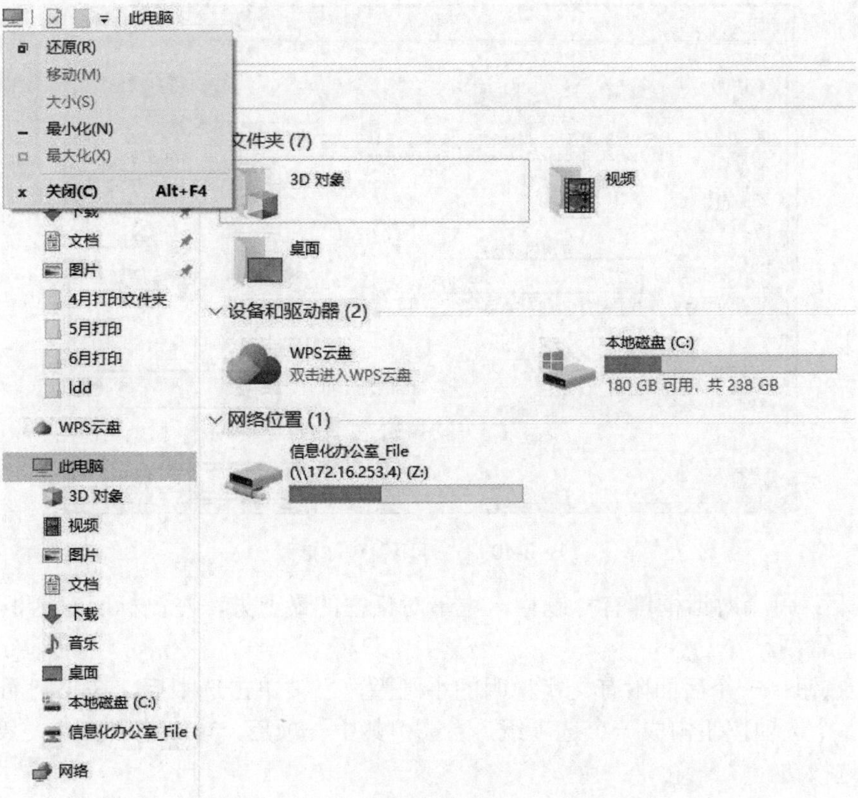

图 2-39　窗口控制菜单

表 2-1　菜单中常见的符号约定

符号	说明
浅色的命令	不可选用，当前命令的使用条件不具备
命令后有“…”	弹出对话框，需要用户设置或输入某些信息
命令前有“√”	命令有效，若再次选择该命令，则√标记消失，命令无效
命令前有“●”	被选中的命令
命令后有“>”	鼠标指针指向该命令时，会弹出下一级子菜单
热键	按下 Alt 键，当前窗口的每个功能区选项卡旁都会显示一个字母热键，按下某字母键即可打开对应的功能选项卡。或者直接按 Alt+热键也可打开该功能选项卡
快捷键	该选项提示信息中的组合键，无须通过菜单，直接按下快捷键即可执行相应命令

2.2.4　对话框的组成及操作

对话框是 Windows 系统为用户提供信息或要求用户提供信息而出现的一种交互界面。用户可在对话框中对一些选项进行选择，或对某些参数做出调整。

对话框的组成与窗口相似，但它比窗口更简洁、直观。不同对话框的组成不同，下面以“打印”对话框为例予以说明，各部分标注如图 2-40 所示。

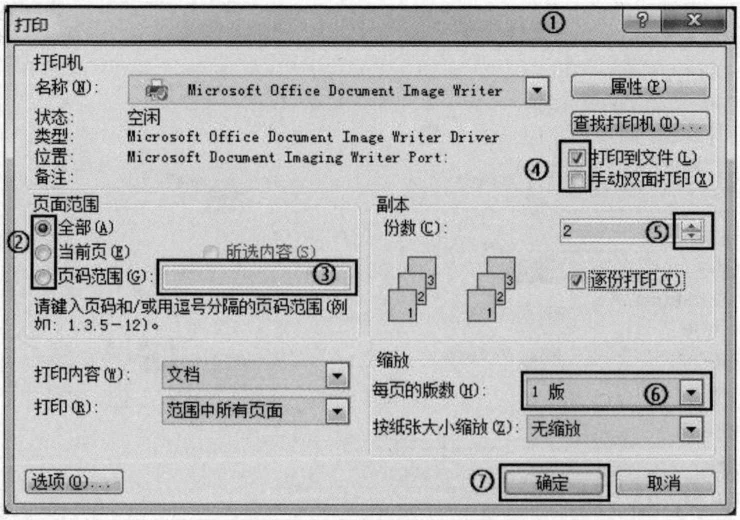

图 2-40 “打印”对话框

① 标题栏：每个对话框都有标题栏，位于对话框的最上方，左侧标明对话框的名称，右侧有关闭按钮。

② 选项按钮：一个后面附有文字说明的小圆圈，当被单击选中后，在小圆圈内出现蓝色圆点。通常多个选项按钮构成一个选项组，当选中其中一项后，其他选项自动失效，所以选项按钮又称单选按钮。

③ 文本框：一种用于输入文本信息的矩形区域。

④ 复选框：一个后面附有文字说明的小方框，当被单击选中后，在小方框内出现复选标记“√”。

⑤ 微调按钮：单击微调按钮的向上或向下箭头，可以改变文本框内的数值，也可在文本框中直接输入数值。

⑥ 下拉列表框：单击下拉列表框中的下拉按钮后，系统会弹出一种列出多个选项的小窗口，用户可以从中选择一项。

⑦ 命令按钮：带有文字的矩形按钮，直接单击可快速执行相应的命令，常见的有“确定”和“取消”按钮。

有些对话框内选项较多，这时会以多个选项卡来分类显示，每个选项卡内都包含一组选项。

2.3 Windows 10 的资源管理

计算机系统的各种软件资源，如文字、图片、音乐、视频及各种程序，都以文件的形式存储在磁盘中，为了更好地管理和使用软件资源，需要掌握文件及文件夹的基本操作。

2.3.1 文件、磁盘、文件夹

1. 文件

文件是一组相关数据的集合，通常由用户赋予一定的名称并存储在外存储器上。它可以是一个应用程序，也可以是用户创建的文本文档、图片、声音视频等。通常把文件按用途、使用方法等划分成不同的类型，并用不同的图标或文件扩展名来表示。我们只根据文件图标或扩展名，便可以知道文件的类型和打开方式。

对文件的操作是通过文件名来实现的，文件名通常由主文件名和扩展名两部分组成，中间用“.”分隔开。一般情况下，主文件名用来标识文件，扩展名用来表示文件的类型，扩展名可以选择显示或不显示。

2. 磁盘、文件夹

（1）磁盘：通常是指计算机硬盘上划分的分区，用盘符来表示，如“C:”，简称为 C 盘。盘符通常由磁盘图标、磁盘名称和磁盘使用信息组成。双击桌面上的“此电脑”图标，打开“此电脑”窗口，在文件列表栏中可见各个磁盘的使用信息。

（2）文件夹：当磁盘上的文件较多时，通常用文件夹对这些文件进行管理，把文件按用途或类型分别放到不同的文件夹中，以便将来使用。文件夹可以根据需要在磁盘或文件夹中任意创建，数量不限。文件夹中可以包含下一级文件夹，通常称为子文件夹。文件夹的命名规则与文件的命名规则相同，但文件夹通常不带扩展名。在同一文件夹下不能有同名的子文件夹，不能有同名的文件。

Windows 10 中常见的文件夹图标如图 2-41 所示。

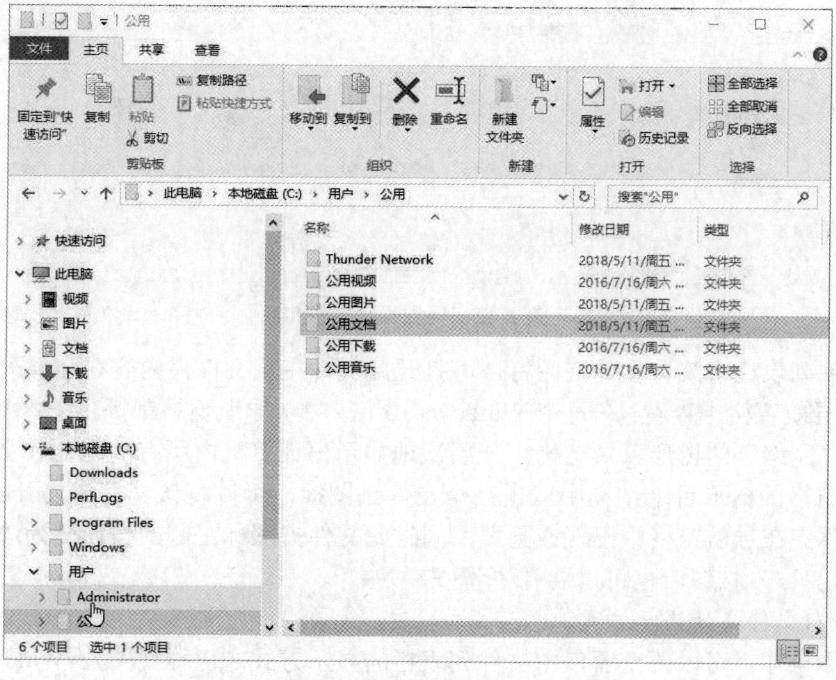

图 2-41　Windows 10 中常见的文件夹图标

3. 库

Windows 10 的“库”其实是一个特殊的文件夹，不过系统并不是将所有的文件保存到“库”这个文件夹中，而是将分布在硬盘上不同位置的同类型文件进行索引，将文件信息保存到“库”中。简单来说，“库”里面保存的只是一些文件夹或文件的快捷方式，文件的原始路径并没有改变，这样可以在不改动文件存放位置的情况下集中管理，提高了工作效率。

Windows 10 的“库”通常包括音乐、视频、图片、文档等。

2.3.2 查看文件与文件夹

文件与文件夹的管理是计算机资源管理的重要组成部分，每一个文件和文件夹在计算机中都有存储位置，Windows 10 为用户提供了文件管理的窗口——Windows 资源管理器。

1. 文件与文件夹的查看

在 Windows 10 中，Windows 资源管理器以“此电脑”窗口或普通文件夹窗口的形式呈现，通过窗口中的导航窗格、地址栏、文件列表栏，可以查看指定位置的文件和文件夹信息。

“Windows 资源管理器”按钮常常出现在任务栏的程序按钮区，通过此按钮可快速打开文件夹窗口。

（1）在文件列表栏中查看。在资源管理器窗口的文件列表栏中，可以查看当前计算机的磁盘信息，显示当前文件夹下的文件和子文件夹信息，如图 2-42 所示。

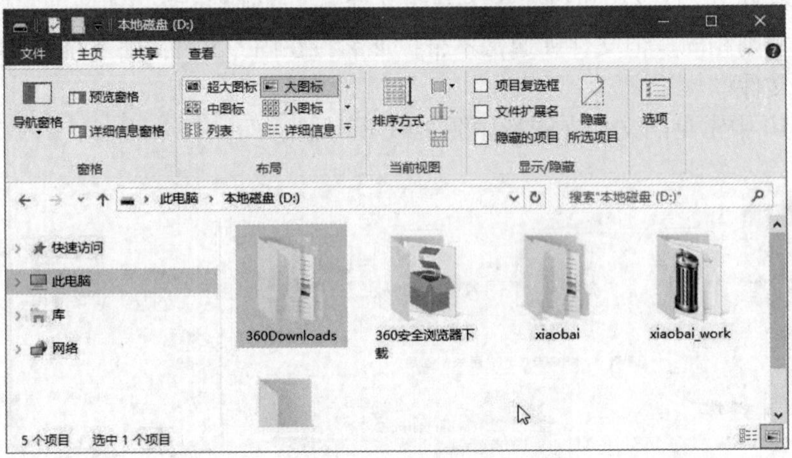

图 2-42 资源管理器窗口

双击文件列表栏中某个文件夹图标，可打开此文件夹，文件夹内容在文件列表栏中出现。

（2）在导航窗格中查看。在每个 Windows 10 窗口中，导航窗格都提供了“快速访问”“此电脑”“库”“网络”的树形目录结构，分层次地显示出计算机内所有的磁盘和文件夹。

在导航窗格的树形目录结构中双击某个文件夹图标，可以将该文件夹展开或折叠，使其下一级子文件夹在导航窗格中出现或隐藏，同时此文件夹图标左侧的按钮变为“>”或“∨”。单击“>”或“∨”按钮，也可以展开/折叠文件夹。

2. 文件与文件夹的显示方式

为了便于操作，可以改变窗口中文件列表栏的显示方式（也称视图）。Windows 资源管理器中的文件列表有“超大图标”“大图标”“中图标”“小图标”“列表”“详细信息”“平铺”“内容”8 种显示方式。单击“查看”选项卡中的“中图标”按钮，则所有文件和文件夹均以中图标显示，如图 2-43 所示。也可以利用快捷菜单改变显示方式。

3. 文件与文件夹的排序方式

为了便于浏览，可以按名称、修改日期、类型或大小等方式来调整文件列表的排列顺序，还可以选择递增、递减的方式进行排序。选择文件列表的排序方式可以单击“查看”选项卡中的“排序方式”，选择按照名称递增排序，如图 2-44 所示，也可以使用快捷菜单法。

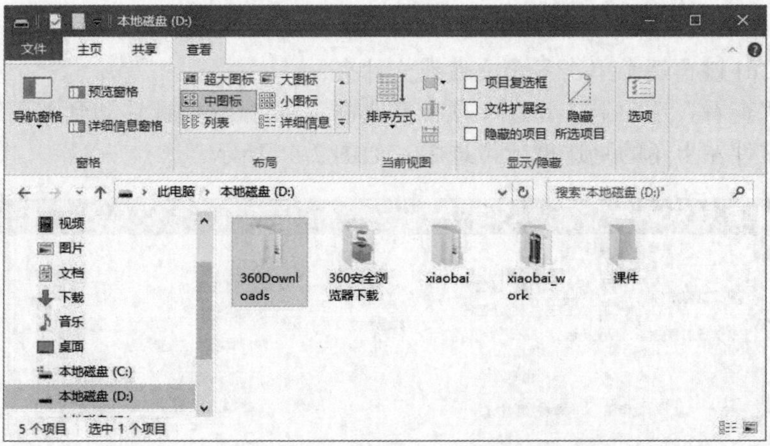

图 2-43　以中图标显示文件和文件夹

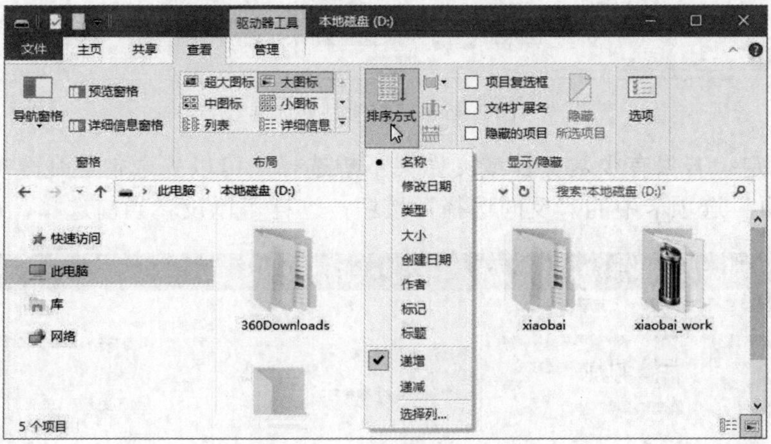

图 2-44　按照名称递增排序

2.3.3　文件与文件夹的管理

根据用户的需求，Windows 10 可以对系统中的文件和文件夹进行移动、复制、创建、删除、更名、更改属性等操作。

1. 文件与文件夹的选定

在 Windows 10 中，一般先选定要操作的对象，然后对其进行操作。被选定的文件及文件夹，其图标名称呈反向显示状态，选定操作可以在导航窗格或文件列表栏中进行。

（1）在导航窗格中只能选定单个文件夹，单击待选定的文件夹图标即可，同时在文件列表栏中显示出该文件夹下的文件及子文件夹。

（2）在文件列表栏中选定文件或文件夹的几种常用方法如下。

1）单个文件或文件夹的选定：单击文件或文件夹即可选中该对象。

2）多个相邻文件或文件夹的选定。

- 按住 Shift 键再单击首尾两个文件或文件夹。
- 单击要选定的第一个对象旁边的空白处，按住左键不放，拖动至最后一个对象。

3）多个不相邻文件或文件夹的选定。

- 按住 Ctrl 键再逐个单击各个文件或文件夹。
- 选择“查看”选项卡，勾选“项目复选框”，将鼠标指针移动到需要选择的文件上，单击文件左上角的复选框就可选中，如图 2-45 所示。

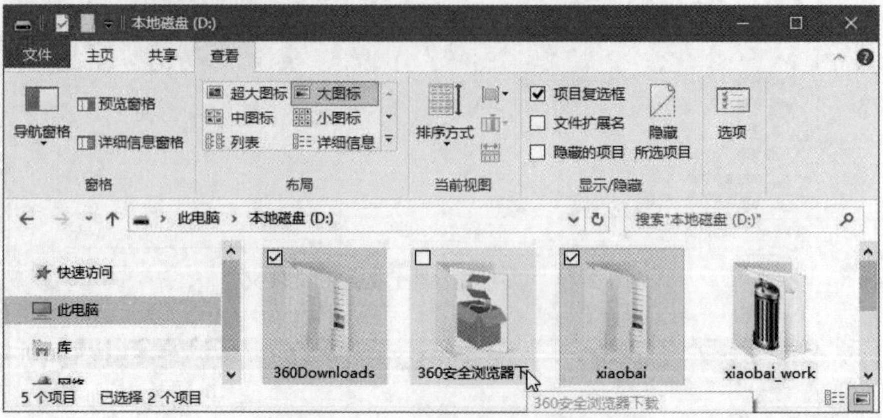

图 2-45　使用项目复选框

4）反向选定：若只有少数文件或文件夹不想选择，可以先选定这几个文件或文件夹，然后单击“主页”选项卡中的“反向选择”按钮，这样可以反转当前选择，如图 2-46 所示。

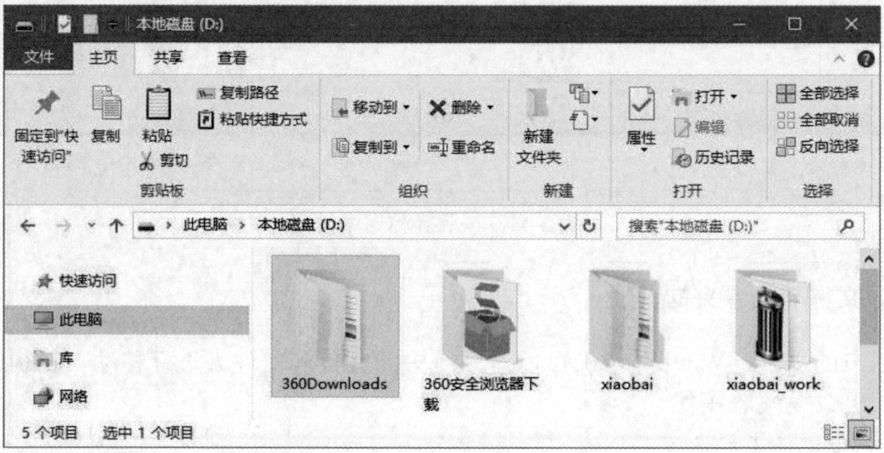

图 2-46　反向选定

5）全部选定：单击“主页”选项卡中的“全部选择”按钮或按快捷键 Ctrl+A。

2. 文件、文件夹、库的创建

（1）创建新的文件、文件夹、库。在 Windows 资源管理器中，打开要创建文件或文件夹的位置，然后采用如下方法，即可新建一个文件或文件夹；在“库”窗口下可以创建新库。

1）创建文件。

- 选择“主页”选项卡，单击“新建项目”按钮，如图 2-47 所示，选择所需的文件类型。
- 右击文件列表栏的空白处，在弹出的快捷菜单中选择“新建”命令，如图 2-48 所示，再选择所需的文件类型。

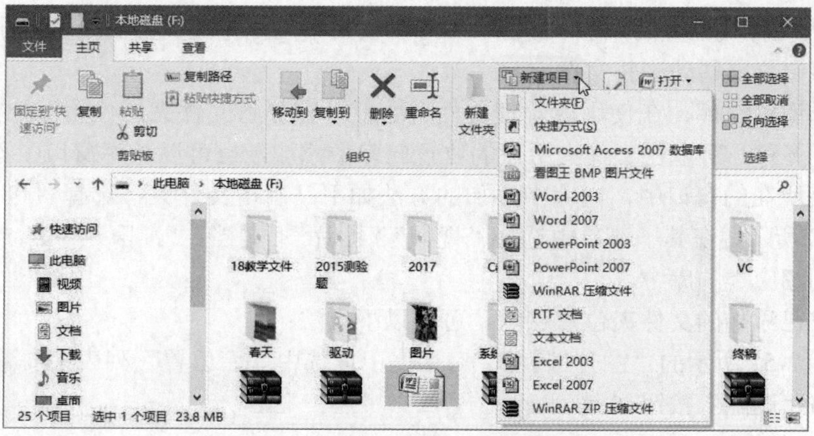

图 2-47　单击“新建项目”按钮创建文件

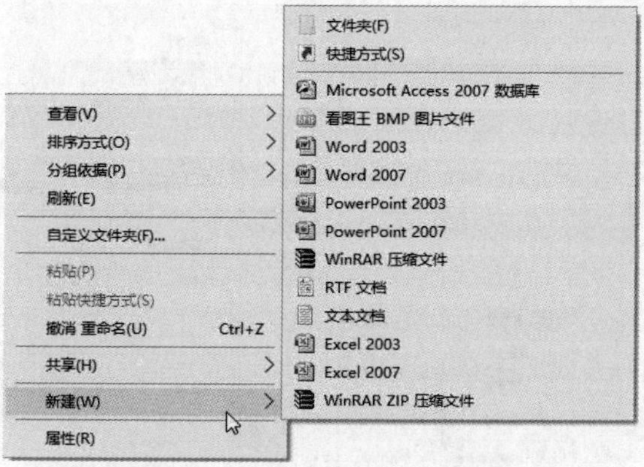

图 2-48　选择“新建”命令创建文件

2）创建文件夹。

- 选择“主页”选项卡，选择“新建项目”→“文件夹”命令，可以创建文件夹。
- 右击文件列表栏的空白处，选择“新建”→“文件夹”命令，也可以创建文件夹。

3）创建库。在导航窗格中单击“库”按钮，选择“主页”选项卡，单击“新建项目”按钮，选择“库”选项，如图 2-49 所示。

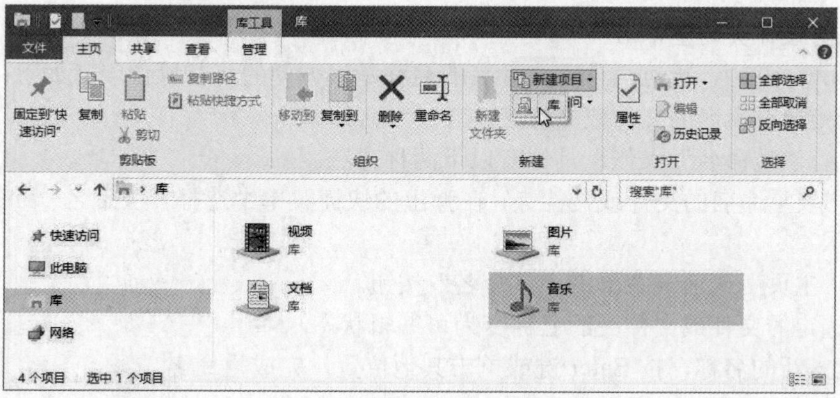

图 2-49　使用选项卡创建库

（2）库内文件夹位置的添加、删除。库可以收集不同位置的文件并将其显示为一个集合，而无须从其存储位置移动这些文件。

新创建的库是空库，在使用库管理文件夹之前，需要将文件夹的位置添加到相应库中。添加的方法有多种，可以在文件夹所在的位置向库中添加，也可以从库窗口中添加。

在文件夹所在的窗口中，向库中添加的方法如下：右击文件夹，选择“包含到库中”命令，如图 2-50 所示，在其子菜单中选择“视频”“图片”“文档”“音乐”等类，即可将该文件夹位置添加到相应类的库中。

从库内将已添加的文件夹位置移除，可用以下方法：

- 在图 2-51 所示的“图片 属性”对话框中，选中“库位置”列表中要移除的文件夹，单击“删除”按钮。

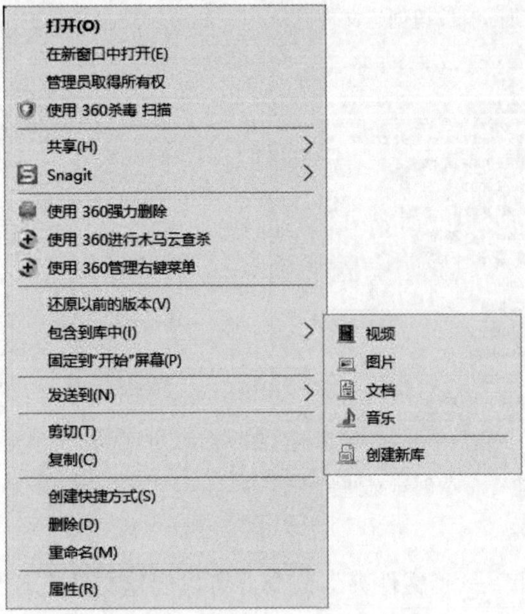

图 2-50 选择“包含到库中”命令

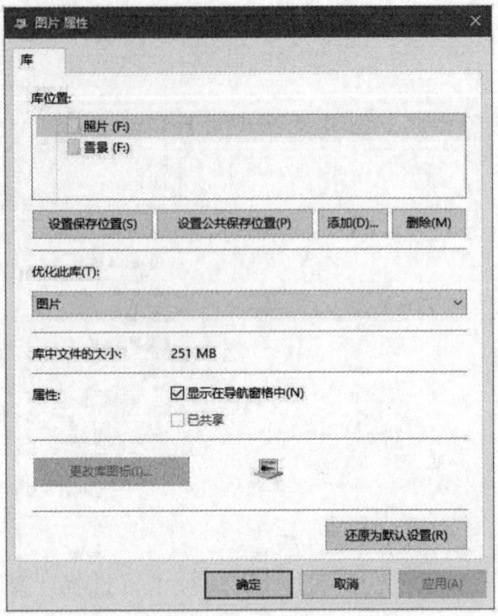

图 2-51 “图片 属性”对话框

- 在“库”窗口的导航窗格中，右击要移除的文件夹，在弹出的快捷菜单中选择“删除”命令。

3. 文件与文件夹的重命名

在 Windows 10 中，更改文件、文件夹的名称是很方便的，其操作步骤如下：

（1）选定要重命名的文件或文件夹。

（2）执行“重命名”操作，具体有以下两种方法。

- 右击要重命名的文件或文件夹，在弹出的快捷菜单中选择“重命名”命令，如图 2-52 所示。
- 在“主页”选项卡中单击“重命名”按钮。

此时，选定的文件或文件夹的名称变为可编辑状态。

（3）输入新的名称，按 Enter 键或单击其他位置，完成重命名。

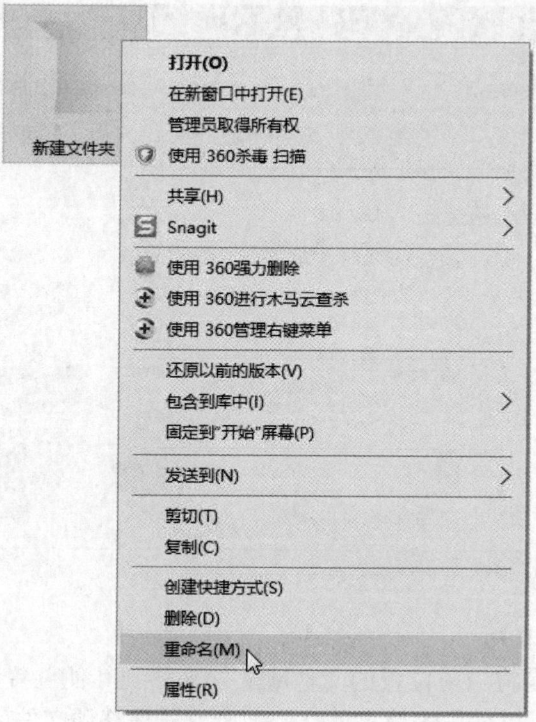

图 2-52　选择“重命名”命令

注意： 文件的扩展名具有一定的意义，所以重命名文件时不要修改文件扩展名。

4. 文件与文件夹的复制

文件或文件夹的复制是指将选定的文件或文件夹及其包含的文件和子文件夹产生的副本放到新的位置上，原来位置的文件或文件夹仍然保留。可以使用快捷菜单、选项卡或鼠标进行文件和文件夹的复制，复制操作的方法如下。

（1）使用快捷菜单。

1）选定要复制的文件或文件夹。

2）右击选定的文件或文件夹，在弹出的快捷菜单中选择“复制”命令。

3）选择目标文件夹，在文件列表区空白处右击，在弹出的快捷菜单中选择“粘贴”命令，完成复制操作。

（2）使用“主页”选项卡。

1）选定要复制的文件或文件夹。

2）单击“主页”选项卡中的“复制”按钮。

3）选择目标文件夹，单击“主页”选项卡中的“粘贴”按钮，完成复制操作。

单击“主页”选项卡中的“复制到”按钮，在其中选择不同的选项，也可以实现复制操作，如图 2-53 所示。

（3）使用鼠标拖动。

1）选定文件和文件夹，按住 Ctrl 键并将其拖动到目标文件夹，即可完成文件和文件夹的复制操作。

2）选定文件和文件夹，在不同磁盘之间拖动，同样可实现文件和文件夹的复制操作。

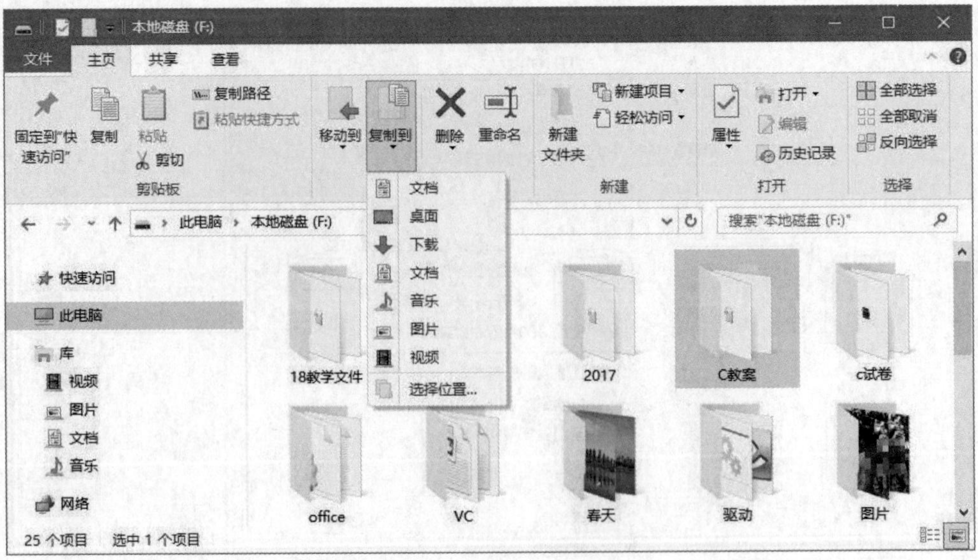

图 2-53 “主页”选项卡

5. 文件与文件夹的移动

移动文件或文件夹是将当前位置的文件或文件夹移到其他位置，移动后，原来位置的文件或文件夹自动删除。可以使用快捷菜单、选项卡或鼠标移动文件或文件夹。

（1）使用快捷菜单。

1）选定要移动的文件或文件夹。

2）右击选定的文件或文件夹，在弹出的快捷菜单中选择“剪切”命令。

3）选择目标文件夹，在文件列表区中空白处右击，在弹出的快捷菜单中选择“粘贴”命令，完成移动操作。

（2）使用“主页”选项卡。

1）选定要移动的文件或文件夹。

2）单击“主页”选项卡中的“剪切”按钮。

3）选择目标文件夹，单击“主页”选项卡中的“粘贴”按钮，完成移动操作。

单击“主页”选项卡中的“移动到”按钮，在其中选择不同的选项，也可以实现移动。

（3）使用鼠标拖动。

1）选定文件和文件夹，按住 Shift 键并将其拖动到目标文件夹，实现移动操作。

2）选定文件和文件夹，在同一磁盘的不同文件夹之间拖动，完成移动操作。

6. 文件与文件夹的删除

删除文件或文件夹是将计算机中不再需要的文件和文件夹删除。删除后的文件和文件夹被放入“回收站”中，以后可将其还原到原来位置，也可以彻底删除。删除文件和文件夹的具体操作如下。

（1）使用快捷菜单。

1）在 Windows 资源管理器中选定要删除的文件和文件夹。

2）右击选定的文件和文件夹，在弹出的快捷菜单中选择“删除”命令。

3）弹出“删除文件”对话框，如图 2-54 所示。

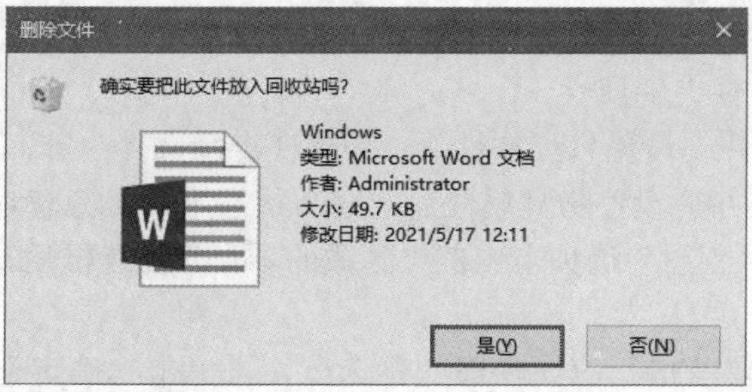

图 2-54　“删除文件”对话框

4）单击“是”按钮，将被删除的文件和文件夹放入“回收站”中；单击“否”按钮，取消删除操作。

（2）单击“主页”选项卡中的“删除”按钮，也可完成删除操作。

（3）使用鼠标将其拖动到“回收站”中。

删除文件或文件夹时需要特别注意以下几点。

- 从网络位置、可移动媒体（U盘、可移动硬盘等）删除文件和文件夹时，或者被删除的文件和文件夹的大小超过“回收站”空间的大小时，被删除对象将不被放入“回收站”中，直接被永久删除，不能还原。
- 如果在删除文件和文件夹的同时按下 Shift 键，系统将弹出永久删除对话框，若单击“是”按钮，将永久删除该文件和文件夹。
- 单击“主页”选项卡中的“删除”按钮，在下拉菜单中选择“永久删除”命令，将永久删除该文件或文件夹，如图 2-55 所示。

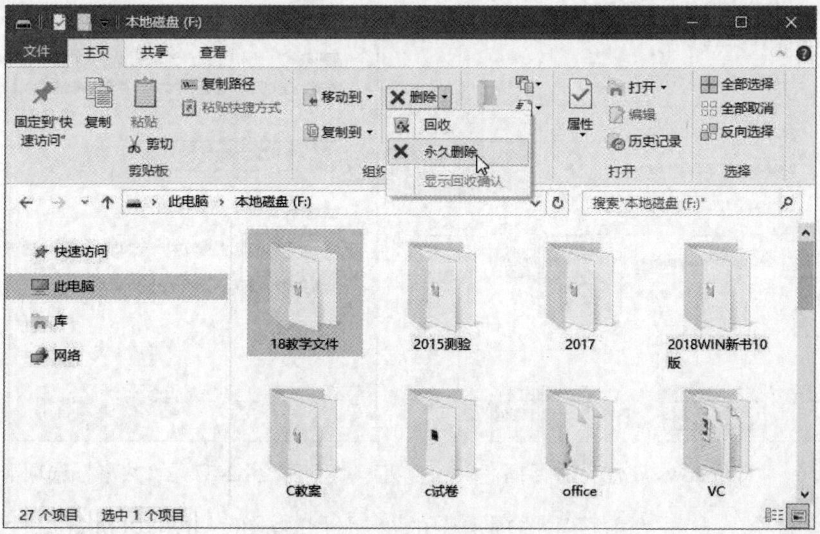

图 2-55　删除文件或文件夹

7. 文件与文件夹的属性设置

要设置文件或文件夹的属性，需右击该文件或文件夹，在弹出的快捷菜单中选择“属性”命令，打开文件或文件夹属性对话框。图 2-56 所示是“Windows 属性”对话框，这是一个叫“Windows”的文件夹的属性对话框，在这里可以看到文件的名称、存储位置、大小及创建时间等一些基本信息，另外，还可以设置只读和隐藏两种属性。

（1）设置文件或文件夹的属性。

1）只读：文件或文件夹设置只读属性后，只允许查看文件内容，不允许对文件进行修改。

2）隐藏：文件或文件夹设置隐藏属性后，通常状态下在资源管理器窗口中不显示该文件或文件夹，只有在勾选“查看”选项卡中的“隐藏的项目”复选框后，隐藏文件或文件夹才显示出来。

设置属性时，只需要单击相应属性前的复选框，再单击“确定”按钮即可。如果需要设置压缩、加密等其他属性，可单击“高级”按钮进一步进行操作。

（2）取消文件或文件夹的属性。要取消文件或文件夹的只读属性，只需将文件或文件夹属性对话框中只读属性前面复选框的☑取消，然后单击“确定”按钮。

（3）设置文件夹的共享属性。文件夹设置共享后，其中所有文件和文件夹均可以共享。共享的文件夹可以使用 Windows 10 提供的网络进行访问。设置方法如下。

1）右击文件夹，在弹出的快捷菜单中选择“共享”命令；或者选择“属性”命令，在该文件夹的属性对话框中选择“共享”选项卡，进行属性设置，如图 2-57 所示。

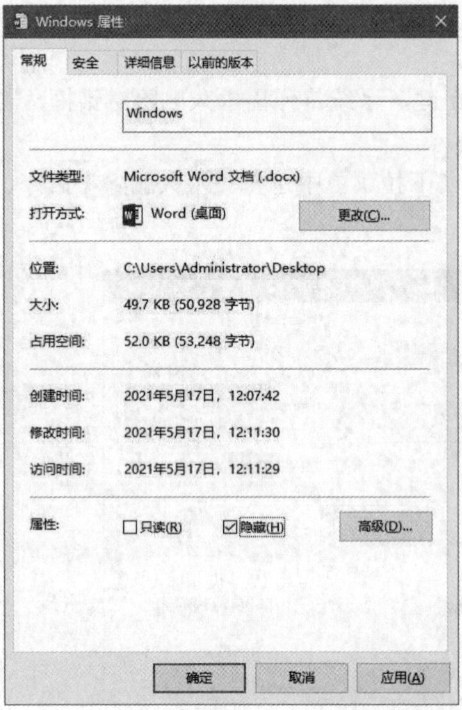

图 2-56　“Windows 属性”对话框

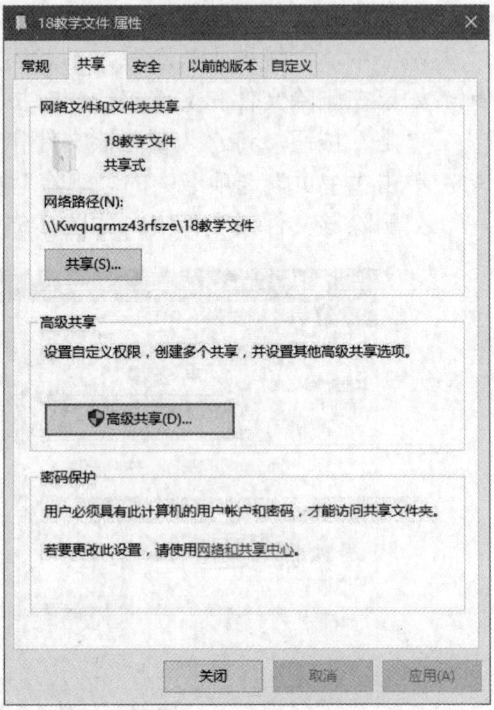

图 2-57　“共享”选项卡

2）选中文件夹，单击“主页”选项卡中的“属性”按钮，也可以进行属性设置。

2.3.4　回收站操作

1. 回收站设置

回收站是 Windows 10 系统用来存储删除文件的磁盘存储空间。用户可以根据需要设置回收站所占用磁盘空间的大小和属性。

在桌面上右击“回收站”图标，在弹出的快捷菜单中选择“属性”命令，打开“回收站 属性”对话框，如图 2-58 所示。

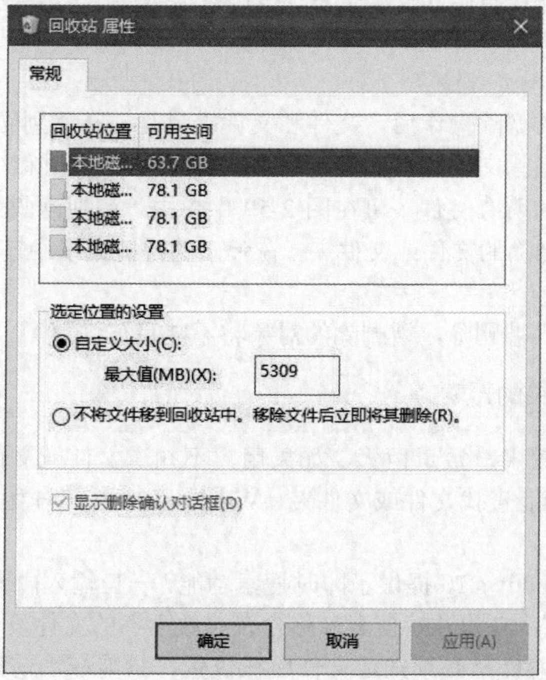

图 2-58　“回收站 属性”对话框

在“回收站 属性”对话框中，可以设置回收站空间的大小，也可以选择“不将文件移到回收站中。移除文件后立即将其删除”单选项，这样可以将文件直接删除。另外，还可以设置删除文件过程中是否显示删除确认对话框。

2. 还原被删除的文件与文件夹

文件或文件夹进行了删除操作后，并没有真正被删除，只是被转移到回收站中，用户可以根据需要在回收站中进行相应操作，图 2-59 所示是“回收站”窗口。

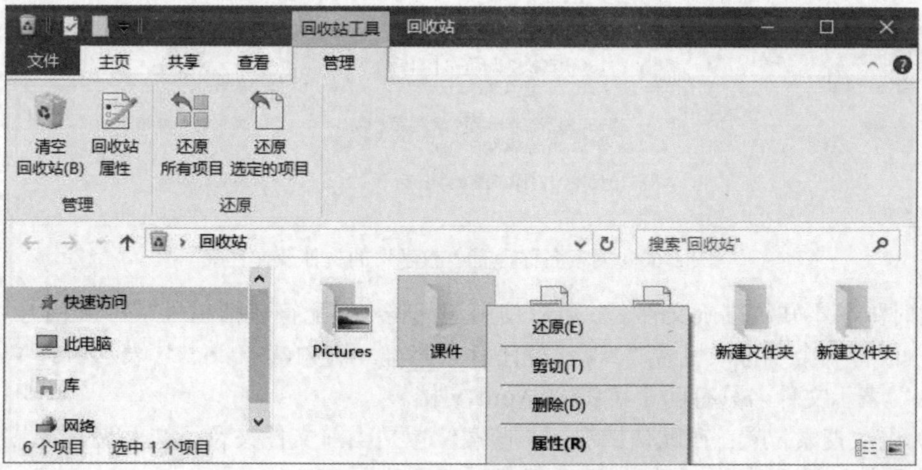

图 2-59　“回收站”窗口

若要还原所有文件和文件夹，可在“回收站”窗口中单击“还原所有项目”按钮；若要还原某一文件或文件夹，先单击选定该文件或文件夹，然后单击“还原选定的项目”按钮，文件和文件夹将被还原到计算机中的原始位置。也可以使用快捷菜单中的“还原”命令将文件和文件夹还原。

3. 文件与文件夹的彻底删除

执行文件和文件夹的删除操作后，文件和文件夹只是被转移到回收站中，并没有真正从硬盘中被删除。要彻底删除文件和文件夹，还需要在回收站中删除文件和文件夹。

若要删除回收站中的所有文件，可在图 2-59 中单击“清空回收站”按钮；若要删除某个文件或文件夹，右击要删除的文件或文件夹，在弹出的快捷菜单中选择“删除”命令，文件或文件夹即被删除。

回收站中的内容一旦被删除，被删除的对象将不能再被恢复。

2.3.5 文件与文件夹的搜索

计算机中文件种类繁多，数量巨大，如果用户不知道文件或文件夹保存的位置，可以使用 Windows 10 的搜索功能查找文件或文件夹。Windows 10 在“开始”菜单和“此电脑”窗口中都提供了搜索功能。

（1）即时搜索。Windows 10 提供了即时搜索功能，一旦输入内容会立即开始搜索。例如，在搜索框中输入“教学”，立即开始搜索名称含有“教学”的文件及文件夹，如图 2-60 所示。这种搜索方法简单，但前提是必须知道文件所在位置，只能在当前磁盘及文件夹中搜索。图 2-60 是在 F:盘中搜索的结果。

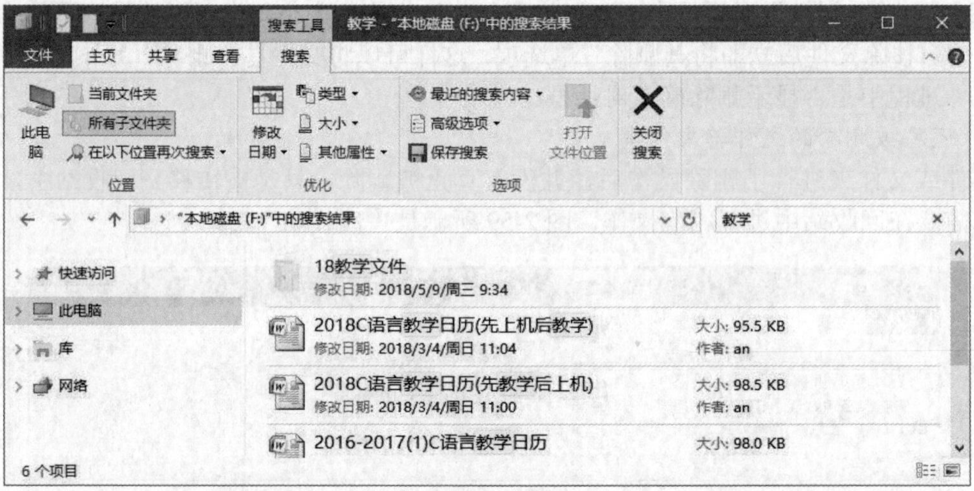

图 2-60 搜索名称含有“教学”的文件及文件夹

搜索时如果不知道准确文件名，可以使用通配符。通配符包括星号“*”和问号“?”两种。问号“?”代替一个字符，星号“*”代替任意个字符。例如，“*.docx”表示所有 Word 文档，“??.docx”表示文件名只有两个字符的 Word 文档。

（2）更改搜索位置。在默认情况下，搜索位置是当前文件夹及子文件夹。如果需要修改，可以在“搜索”选项卡的“位置”选项组中进行更改。

（3）设置搜索类型。如果想要加快搜索速度，可以在“搜索”选项卡的“优化”选项组中设置更具体的搜索信息，如“修改日期”“类型”“大小”“其他属性”等。

（4）设置索引选项。在 Windows 10 中使用“索引”功能可以快速找到特定的文件及文件夹。默认情况下，大多数常见类型都会被索引，索引位置包括库中的所有文件夹、电子邮件、脱机文件，程序文件和系统文件默认不被索引。

（5）保存搜索结果。可以将搜索结果保存，方便以后快速查找。单击“搜索”选项卡的“保存搜索”按钮，选择保存位置，输入保存的文件名，即可以对搜索结果进行保存。以后使用时不需要进行搜索，只需打开保存的搜索结果即可。

2.4　Windows 10 系统环境设置

Windows 10 允许用户进行个性化的设置，如改变桌面背景、选择标题栏与任务栏是否显示主题色、改变鼠标和键盘的设置等，从而美化计算机使用环境，方便用户的操作。

2.4.1　控制面板

“设置”按钮和控制面板都是 Windows 10 提供的控制计算机的工具，“设置”按钮在功能方面还不能完全取代控制面板，控制面板的功能更加详细。通过控制面板，用户可以对系统的设置进行查看和调整。

选择“开始”→“所有应用”→“Windows 系统”→“控制面板”命令，即可打开控制面板，如图 2-61 和图 2-62 所示。

图 2-61　选择“控制面板”命令

图 2-62　打开控制面板

可以将控制面板固定到“开始”屏幕或任务栏，方法为：右击“开始”菜单中的“控制面板”选项，在弹出的快捷菜单中选择对应的命令。

控制面板中有“类别”“大图标”“小图标”3 种显示模式，可以在右上方的“查看方式”下拉列表中选择切换。切换到“大图标”或“小图标”显示模式时，窗口名称将变为“所有控制面板项”。

在控制面板中，提供了计算机系统的所有设置链接，接下来要介绍的桌面外观、“开始”菜单、任务栏等设置，都可以从控制面板或“所有控制面板项”窗口中找到相应按钮，单击按钮即可打开相应的对话框或窗口进行具体的设置。当然，通过其他途径也可以打开相应的设置窗口或对话框。

2.4.2 设置桌面外观

用户可以根据个人的喜好和需求，更改系统的桌面图标、桌面背景、屏幕保护程序等设置，让 Windows 10 更加适合用户的个人习惯。

1. 设置桌面背景

桌面背景就是 Windows 10 的背景图案，启动 Windows 10 后，桌面背景采用的是系统安装时默认的设置。用户可以按自己的喜好更换桌面背景，具体操作步骤如下。

（1）右击桌面空白处，弹出快捷菜单，如图 2-63 所示。

（2）选择其中的“个性化”命令，打开“个性化”窗口，如图 2-63 所示。“个性化”窗口左侧窗格中有个性化设置的几个主要选项，分别是“背景”“颜色”“锁屏界面”“主题”“开始”“任务栏”，右侧窗格是窗口的主体。在左侧窗格中选择标签后，右侧选项卡中出现相应的所有选项。例如，在左侧选择“背景”选项后，右侧将显示用来设置背景的选项，用户可以在其中根据需要进行设置。下面介绍“背景”的主要选项。

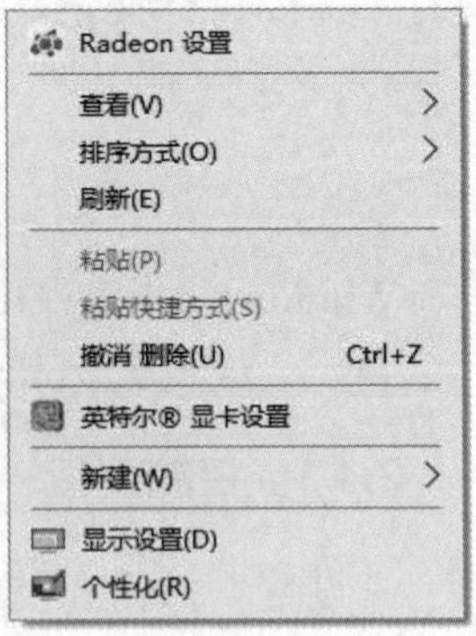

图 2-63 快捷菜单

- 预览：图 2-64 中的①处为预览窗口，在此可以对改变后的桌面背景、“开始”菜单以及文本的样式进行预览，尝试改变桌面背景的时候，先在这里观察变化。
- 背景：在“背景”下拉列表框中可以选择桌面背景的样式，有“图片”“纯色”“幻灯片放映”3 个选项，如图 2-65 所示。

图 2-64 “个性化”窗口

图 2-65 选择背景样式

- 选择图片："选择图片"选项是在"背景"下拉列表框中选择"图片"选项时才会出现的，单击列出的某张图片，就可以将该图片设置为桌面背景。
- 浏览：如果需要将存储在计算机中的某张图片作为桌面背景，可以单击"浏览"按钮，在计算机中定位图片。
- 选择契合度：确定在"浏览"中设置为背景的图片在桌面上的显示方式。

若想把硬盘中的某张图片快速设置为桌面背景，可以在该图片所在的窗口中右击该图片图标，在弹出的快捷菜单中选择"设置为桌面背景"命令。

2. 设置屏幕保护程序

屏幕保护程序是用于保护计算机屏幕的程序，当用户暂停计算机的使用时，它能使显示器处于节能状态，并保障系统安全。

设置了屏幕保护程序后，若用户在指定时间内未使用计算机，屏幕保护程序将自动启动，屏幕上出现动态画面。若要重新操作计算机，只需移动一下鼠标或者按键盘上任意键，即可退出屏幕保护程序。设置屏幕保护程序的操作步骤如下。

（1）右击桌面空白处，选择"个性化"命令，打开"个性化"窗口。

（2）在"个性化"窗口左侧窗格中选择"锁屏界面"选项，在右侧窗格中选择"屏幕保护程序设置"选项，弹出"屏幕保护程序设置"对话框，如图 2-66 所示。

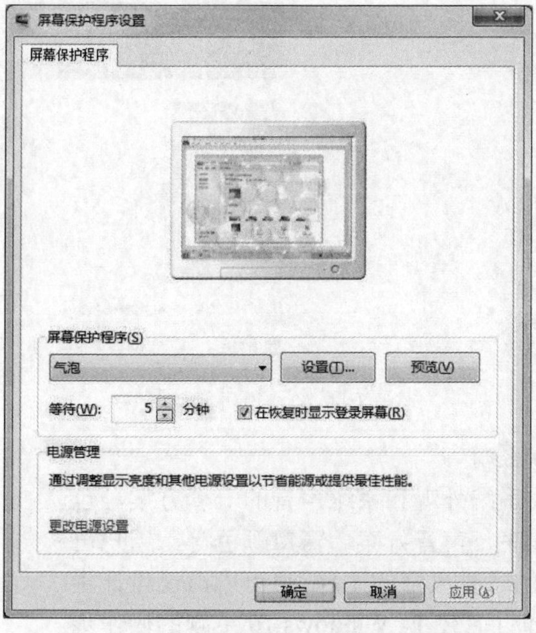

图 2-66　"屏幕保护程序设置"对话框

（3）在"屏幕保护程序"下拉列表中选择一种喜欢的屏幕保护程序，如"气泡"，在"等待"微调框内设置等待时间，如"5 分钟"，单击"确定"按钮，完成设置。这样，在用户未操作计算机的 5 分钟之后，屏幕保护程序将自动启动。

3. 更改颜色和外观

Windows 10 默认设置了窗口、任务栏和开始菜单的颜色和外观，用户也可以按照自己的喜好选择 Windows 10 提供的丰富的颜色类型，自定义各种外观和颜色，甚至可以设置半透明的效果。设置颜色和外观的操作步骤如下。

（1）右击桌面空白处，选择“个性化”命令，打开“个性化”窗口。

（2）在“个性化”窗口左侧窗格中选择“颜色”选项，在右侧窗格中的“最近使用的颜色”“Windows 颜色”“自定义颜色”中选择一种颜色，即可看到 Windows 10 中的主色调变成了该颜色。将“在以下页面上显示主题色”包含的“‘开始’菜单、任务栏和操作中心”与“标题栏”两个复选框都勾选，可以看到“开始”菜单、任务栏、操作中心和标题栏都从默认的黑色变为与选中色调相同的颜色，如图 2-67 所示。

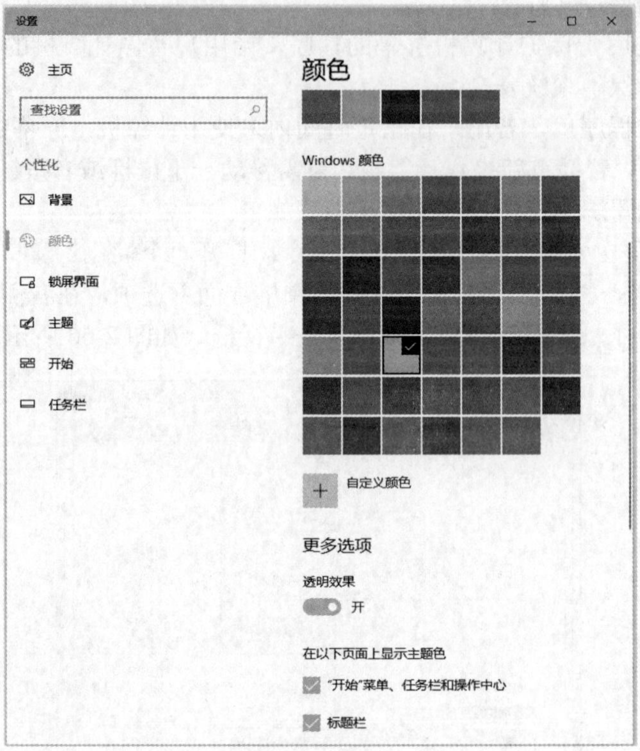

图 2-67 设置颜色

4. 更换 Windows 10 主题

主题是指搭配完整的系统外观和系统声音的一套方案，包括桌面背景、屏幕保护程序、声音方案、窗口颜色等。用户可以选择 Windows 10 提供的各种风格的主题，也可以自己设计主题，使系统界面更加美观时尚。更换 Windows 10 主题的操作步骤如下。

（1）右击桌面空白处，选择“个性化”命令，打开“个性化”窗口。

（2）在左侧窗格中选择“主题”选项，在右侧窗格中的“应用主题”选项区中单击某个选项，如“鲜花”，主题即设置完毕。

此时在桌面空白处右击，弹出如图 2-68 所示的快捷菜单，选择“下一个桌面背景”命令，即可更换主题系列中的桌面背景。

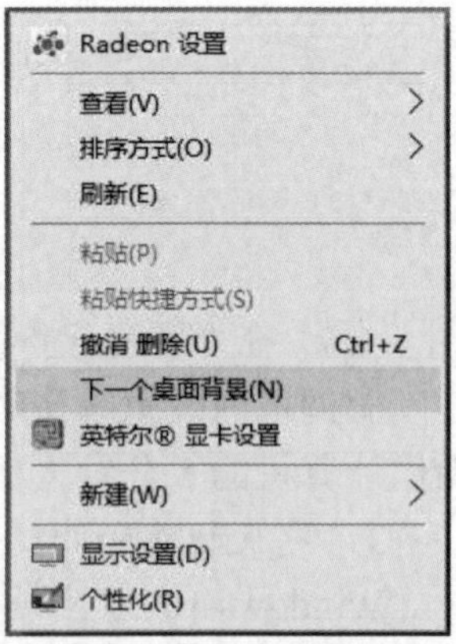

图 2-68 快捷菜单

5. 更改屏幕分辨率

屏幕分辨率是指显示器所能显示的像素点的数量。显示器可显示的像素点越多，画面越清晰，屏幕区域内可显示的信息就越多。设置屏幕分辨率的操作步骤如下。

（1）右击桌面空白处，选择“显示设置”命令，打开“设置”窗口，此时显示“显示”下的选项。

（2）展开“分辨率”下拉列表，选中需要的分辨率，完成设置，如图 2-69 所示。

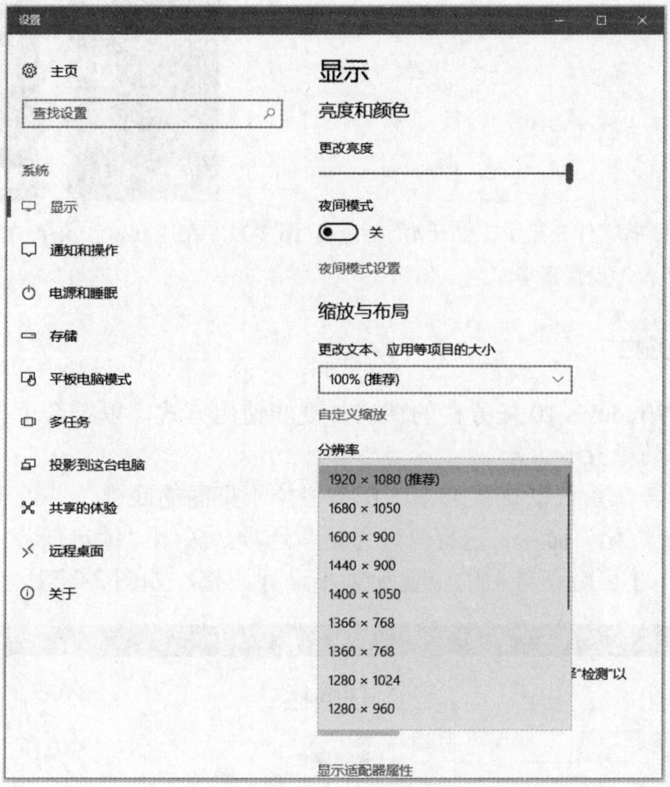

图 2-69　更改屏幕分辨率窗口

2.4.3　设置“开始”菜单

用户可以按照个人的使用习惯，对“开始”菜单进行个性化的设置，如是否在“开始”菜单中显示应用列表、是否显示最常用的应用等。设置“开始”菜单的操作步骤如下。

（1）右击桌面空白处，选择“个性化”命令，打开“个性化”窗口。

（2）选择“开始”选项，再选择需要的选项，完成设置。

“开始”选项主要选项和功能如下。

- 显示最常用的应用：该开关处于打开状态时，在“开始”菜单中显示常用的应用图标，方便用户找到常用的应用。
- 选择哪些文件夹显示在“开始”菜单上：单击该按钮，打开“选择哪些文件夹显示在‘开始’菜单上”设置窗口，如图 2-70 所示。从图中可以看到已打开的“设置”，现在再打开“文档”和“音乐”，图 2-71 所示为此设置前后“开始”菜单的对比。

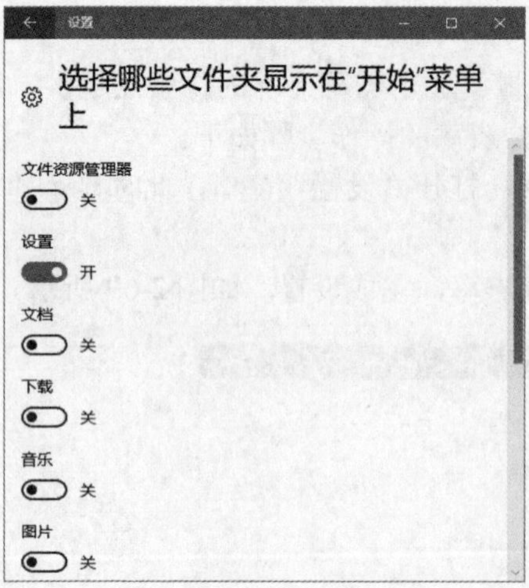

图 2-70 “选择哪些文件夹显示在‘开始’菜单上”设置窗口

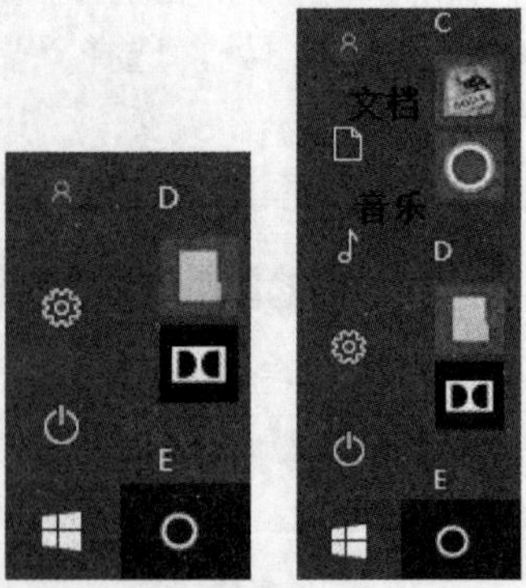

图 2-71 在“开始”菜单中的文件夹显示对比

2.4.4 设置任务栏

用户可以修改 Windows 10 任务栏的默认外观和使用方式，以符合个人习惯。

1. 调整任务栏的位置和大小

（1）解除锁定。在系统默认状态下，任务栏位于桌面的底部，并处于锁定状态。右击桌面空白处，选择“个性化”命令，选择“任务栏”选项，关闭“锁定任务栏”开关，即解除锁定。解除锁定之后，才可对任务栏的位置和大小进行调整，如图 2-72 所示。

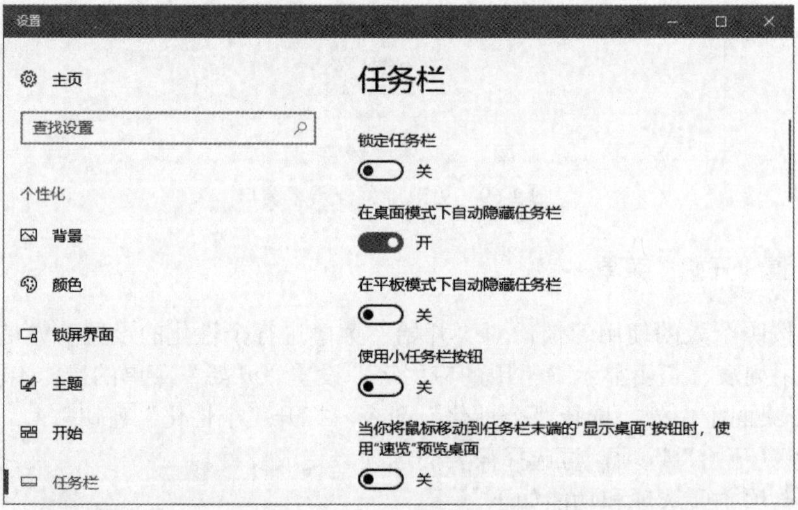

图 2-72 设置任务栏

（2）调整任务栏大小。任务栏处于非锁定状态时，将鼠标指针指向任务栏空白区的上边缘，此时鼠标指针变为双向箭头状⇕，拖动至合适位置后释放，即可调整任务栏的大小。

（3）移动任务栏位置。任务栏处于非锁定状态时，将鼠标指针指向任务栏的空白区，拖动至桌面周边的合适位置后释放，即可将任务栏移动至桌面的顶部、左侧、右侧或底部。

也可以右击桌面空白处，选择“个性化”命令，选择“任务栏”选项，选择“任务栏在屏幕上的位置”下拉列表框中的选项，实现任务栏位置的移动。

（4）隐藏任务栏。如果想给桌面提供更多的视觉空间，可以将任务栏隐藏起来。右击桌面空白处，选择“个性化”命令，选择“任务栏”选项，打开“在桌面模式下自动隐藏任务栏”开关，任务栏随即隐藏起来。

2. 锁定程序按钮到任务栏

在任务栏的快速启动区存放着常用程序的按钮，用户只需单击按钮即可快速启动程序。用户可以将某程序按钮锁定到快速启动区，或从快速启动区解锁。

（1）向任务栏锁定的方法。

- 选择“开始”菜单，使“所有应用按钮”处于展开状态，在所有程序列表中，右击待锁定的程序按钮，选择“更多”中的“固定到任务栏”命令。
- 选择“开始”菜单，使“所有应用按钮”处于展开状态，在所有程序列表中，拖动待锁定的程序按钮到任务栏空白区。
- 在程序已打开的情况下，程序按钮出现在任务栏，右击程序按钮，选择“固定到任务栏”命令。

（2）从任务栏解锁的方法。在任务栏上，右击快速启动区中的按钮，选择“从任务栏取消固定”命令。

3. 任务栏按钮的灵活排序

任务栏上的按钮的排列顺序可以根据用户的意愿任意调整。操作方法很简单，在任务栏上，鼠标选定某一程序按钮后，拖动至合适位置释放即可。

2.5　鸿蒙操作系统

2.5.1　概述

鸿蒙操作系统（以下简称鸿蒙 OS）是华为公司开发的一款基于微内核、耗时 10 年、4000 多名研发人员投入开发、面向 5G物联网、面向全场景的分布式操作系统。

鸿蒙的英文名是 HarmonyOS，意为和谐。它不是安卓系统的分支或对其进行修改而来的，与安卓、iOS是不一样的操作系统。它在性能上不弱于安卓系统，而且基于安卓生态开发的应用也能够平稳迁移到鸿蒙 OS 上。将相关系统及应用迁移到鸿蒙 OS 上，差不多两天就可以完成迁移及部署。

这个新的操作系统将打通手机、计算机、平板、电视、工业自动化控制、无人驾驶、车机设备、智能穿戴的壁垒，将其统一成一个操作系统，并且该系统是面向下一代技术而设计的，能兼容全部安卓应用的所有 Web 应用。若安卓应用重新编译，在鸿蒙 OS 上，运行性能提升超过 60%。鸿蒙 OS 架构中的内核会把之前的 Linux 内核、鸿蒙 OS 微内核与 LiteOS 合并为一个鸿蒙 OS微内核，创造一个超级虚拟终端互联的世界，将人、设备、场景有机联系在一起。同时由于鸿蒙系统微内核的代码量只有 Linux 宏内核的千分之一，其受攻击概率也大幅降低。

分布式架构首次用于终端操作系统，实现跨终端无缝协同体验；确定时延引擎和高性能 IPC 技术实现系统天生流畅；基于微内核架构重塑终端设备可信安全；对于消费者而言，

HarmonyOS 通过分布式技术，让 8+N 设备具备智慧交互的能力。在不同场景下，8+N 设备配合华为手机，提供满足人们不同需求的解决方案。对于智能硬件开发者，鸿蒙 OS 可以实现硬件创新，并融入华为全场景的大生态。对于应用开发者，鸿蒙 OS 让他们不用面对硬件复杂性，通过使用封装好的分布式技术 APIs，以较小投入专注开发出各种全场景新体验。

2.5.2 系统介绍

鸿蒙 OS 是华为公司基于开源项目OpenHarmony 开发的面向多种全场景智能设备的商用版本。华为公司已于 2020 年、2021 年分两次把鸿蒙操作系统的基础能力全部捐献给开放原子开源基金会。

OpenHarmony 是由开放原子开源基金会孵化及运营的开源项目，由基金会的 OpenHarmony 项目群工作委员会负责运作，遵循 Apache 2.0 等开源协议，目标是面向全场景、全连接、全智能时代，基于开源的方式，搭建一个智能终端设备操作系统的框架和平台。

OpenHarmony 不兼容安卓。OpenHarmony 用户应用程序是一种基于服务原子化概念定义的新型应用。与传统终端用户应用程序不同，OpenHarmony 用户应用程序支持在 OpenHarmony 设备间跨端迁移、多端协同，一次开发多端部署，实现可分可合可流转。众多开发合作伙伴将以开源社区为中心，分阶段快速迭代，不断完善系统能力，逐步构建起面向万物互联时代的 OpenHarmony 生态。

2.5.3 版本更迭

2020 年 9 月 10 日，OpenHarmony 1.0 版本正式上线，支持内存为 128KB 到 128MB 的终端设备。

2021 年 6 月 1 日，OpenHarmony 2.0 Canary 版发布。在 OpenHarmony 1.1.0 的基础上，增加标准系统版本支持内存大于 128MB 设备开发。

2022 年 10 月，华为公司已向 Mate 40 Pro 和 P50 系列手机发布了新版鸿蒙 OS，版本号为 HarmonyOS 3.0.0.154。

2.5.4 鸿蒙 4.0 的背景与定位

鸿蒙系统是华为为物联网、云计算、人工智能等新兴领域量身打造的操作系统。自问世以来，鸿蒙系统以其安全性、可靠性和灵活性等特点，逐渐在各个行业领域得到广泛应用。

鸿蒙 4.0 作为鸿蒙系统的最新版本，聚焦于优化性能、降低能耗以及拓展应用场景等方面，力图在万物互联的时代中发挥更大的作用。

2.5.5 鸿蒙 4.0 的基础功能

1. 安全机制

鸿蒙 4.0 继承了华为公司对于安全性的高度重视，拥有一套完整的安全体系。通过内置的防火墙、入侵检测、行为分析等模块，有效防范各类网络攻击，确保设备及数据的安全。

2. 分布式系统

鸿蒙 4.0 进一步优化了分布式架构，使得不同设备之间能够更加高效地协同工作。无论是手机、平板还是物联网设备，都能在分布式系统中充分发挥其计算、存储、通信等方面的优势。

2.5.6　鸿蒙 4.0 的系统优化

1. 提高性能

鸿蒙 4.0 通过优化系统内核、改进内存管理机制等手段，使得系统的运行效率得到了显著提升。对比前代系统，鸿蒙 4.0 在多任务处理、应用启动速度等方面均有所提升。

2. 降低能耗

鸿蒙 4.0 采用了智能调度算法，根据任务的重要性和优先级，动态分配计算资源，以实现整体能耗的降低。实验数据显示，相比前代系统，鸿蒙 4.0 在同等电量情况下能够使用更长时间。

2.5.7　鸿蒙 4.0 的应用场景

1. 智慧医疗

鸿蒙 4.0 在医疗领域具有广泛的应用前景。例如，通过将物联网技术、人工智能与鸿蒙系统相结合，可以实现远程监控、实时诊断、智能管理等医疗场景，提升医疗服务的效率和质量。

2. 智慧城市

鸿蒙 4.0 能够为智慧城市建设提供有力支持。通过分布式的架构，鸿蒙系统可以实现各类城市设施的互联互通，提高城市管理的智能化水平。例如，借助鸿蒙系统，城市管理者可以实时掌握交通状况、环境质量等信息，为决策提供科学依据。

2.5.8　结论与展望

鸿蒙 4.0 作为华为的最新操作系统，继承了前代系统的优势，并在安全性、性能和能耗等方面进行了全面优化。

第 3 章　信息技术应用

3.1　信息技术概述

信息技术（Information Technology，IT）是管理和处理信息所采用的各种技术的总称。信息技术应用是指通过计算机科学和通信技术来设计、开发、安装和实施信息系统及应用软件。每一轮新技术的出现都带来一次新的产业革命。

根据 IBM 公司前首席执行官路易斯·格斯特纳的观点，IT 领域每隔 15 年就会迎来一次重大变革。1980 年前后，个人计算机开始普及，使得计算机进入企业和千家万户，大大提高了社会生产力，也使人类迎来了第一次信息化浪潮，Intel、IBM、苹果、微软、联想等公司的崛起是这个时期的标志。在 1995 年前后，以美国提出“信息高速公路”建设计划为重要标志，互联网开始了其大规模商用进程，互联网快速发展及延伸，加速了数据的流通与汇聚，促使数据资源体量呈指数级增长，数据呈现出海量、多样、时效、低价值密度等一系列特征。人类开始全面进入互联网时代，互联网的普及把世界变成“地球村”，每个人都可以自由徜徉于信息的海洋。由此，人类迎来了第二次信息化浪潮，这个时期也缔造了雅虎、谷歌、阿里巴巴、百度等互联网巨头。在 2010 年前后，云计算、大数据、物联网的快速发展，拉开了第三次信息化浪潮的大幕。信息化正在开启一个新的阶段，即以数据的深度挖掘与融合应用为主要特征的智慧化阶段。近年来，一批大数据应用的成功案例也激发了基于数据获取信息、萃取知识、指导实践的巨大需求。

大数据现象的出现以及数据应用需求的激增，使大数据成为全球关注的热点和各国政府的战略选择，大数据蕴藏的巨大潜力被广泛认知，正引发新一轮信息化建设热潮。随着互联网向物联网（含工业互联网）延伸并覆盖物理世界，人、机、物三元融合的发展态势已然成型。当然，第三次浪潮还刚刚开启、方兴未艾，大数据理论和技术还远未成熟，智能化应用发展还处于初级阶段。然而，聚集和挖掘数据资源，开发和释放数据蕴含的巨大价值，已经成为信息化新阶段的共识。

云计算、物联网、大数据和人工智能代表了人类 IT 技术的最新发展趋势，这 4 个技术深刻变革着人们的生产和生活。

纵观信息化发展的 3 个阶段，数字化、网络化和智能化是 3 条并行不悖的主线。数字化奠定基础，实现数据资源的获取和积累；网络化构造平台，促进数据资源的流通和汇聚；智能化展现能力，通过多源数据的融合分析呈现信息应用的类人智能，帮助人类更好地认知事物和解决问题。

3.2 大数据技术

现在的社会是一个高速发展的社会，科技发达，信息流通，人们之间的交流越来越密切，生活也越来越方便，大数据就是这个高科技时代的产物。大数据时代的悄然来临，带来了信息技术发展的巨大变革，并深刻影响着社会生产和人们生活的方方面面。随着云计算、移动互联网和物联网等新一代信息技术的广泛应用，社会信息化、企业信息化日趋成熟，多样的、海量的数据以爆炸般的速度生成，全球数据的增长速度之快前所未有。自 2011 年起，大数据的影响范围从企业领域扩展到社会领域，人们开始意识到大数据所蕴含的巨大的社会价值和商业价值。认识大数据带来的变革，并规划好大数据的发展，将是政府和业界在大数据时代的当务之急。世界各国政府高度重视大数据技术的研究和产业发展，纷纷把大数据上升为国家战略并重点推进。企业和学术机构纷纷加大技术、资金和人员投入力度，加强对大数据关键技术的研发与应用，以期在“第三次信息化浪潮”中占得先机、引领市场。

3.2.1 数据

数据（Data）是事实或观察的结果，是对客观事物的逻辑归纳，是用于表示客观事物的未经加工的原始素材。数据是信息的表现形式和载体，可以是符号、文字、数字、语音、图像、视频等。数据和信息是不可分离的，数据是信息的表达，信息是数据的内涵。数据本身没有意义，数据只有对实体行为产生影响时才成为信息。数据可以是连续的值，如声音、图像，称为模拟数据；也可以是离散的，如符号、文字，称为数字数据。在计算机系统中，数据以二进制信息单元 0、1 的形式表示。随着人类社会信息化进程的加快，我们日常生产和生活中每天都在不断产生大量的数据。数据已经渗透到当今每一个领域，成为重要的生产要素。对企业而言，从创新到所有决策，数据推动着企业的发展，并使得各级组织的运营更为高效。可以认为，数据将成为每个企业获取核心竞争力的关键因素。数据资源已经和物质资源、人力资源一样，成为国家的重要战略资源，影响着国家和社会的安全、稳定与发展，因此，数据也被称为“未来的石油”。

3.2.2 数据爆炸

人类进入信息社会以后，数据以自然方式增长，其产生不以人的意志为转移。各行各业都在疯狂产生数据，海量数据的获取、挖掘及整合，使之展现出巨大的商业价值，我们每个人都被源源不断涌现的海量数据推进了信息爆炸的时代。我们每时每刻无不在产生数据：据 IDC 发布的《数据时代 2025》报告显示，全球每年产生的数据将从 2018 年的 33ZB 增长到 2025 年的 175ZB，平均每天约产生 491EB 的数据。其中，中国数据圈以 48.6ZB 成为最大的数据圈，占全球数据圈的 27.8%。根据 Domo 公司的数据永不睡眠图表，网络中的每个人至少每 18 秒进行一次数据交互，这些交互中的许多来自全球连接的数十亿台物联网设备，预计到 2025 年将创建 90ZB 的数据。

在数据爆炸的今天，人类一方面对知识充满渴求，另一方面对数据的复杂特征感到困惑。数据爆炸对科学研究提出了更高的要求，需要人类设计出更加灵活高效的数据存储、处理和分析工具，来应对大数据时代的挑战。

3.2.3 大数据概念

大数据（Big Data）指需要通过快速获取、处理、分析以从中提取价值的海量、多样化的交易数据、交互数据与传感数据，其规模往往达到了拍字节级。麦肯锡全球研究所对大数据给出这样的定义："一种规模大到在获取、存储、管理、分析方面大大超出了传统数据库软件工具能力范围的数据集合。"大数据对象既可能是实际的、有限的数据集合，如某个政府部门或企业掌握的数据库；也可能是虚拟的、无限的数据集合，如微博、微信、社交网络上的全部信息。

大数据可以说是计算机与互联网相结合的产物，前者实现了数据的数字化，后者实现了数据的网络化，两者结合赋予大数据新的含义。

3.2.4 大数据的发展历程

这里简要回顾一下大数据的发展历程。

（1）1980 年，著名未来学家阿尔文·托夫勒在《第三次浪潮》一书中将大数据热情地赞颂为"第三次浪潮的华彩乐章"。

（2）1997 年，一篇题为《为外存模型可视化而应用控制程序请求页面调度》的文章问世，这是在美国计算机学会的数字图书馆中第一篇使用"大数据"这一术语的文章。

（3）1999 年 10 月，在美国电气和电子工程师协会（IEEE）关于可视化的年会上，设置了名为"自动化或者交互：什么更适合大数据？"的专题讨论小组，探讨大数据问题。

（4）2001 年 2 月，梅塔集团分析师道格·莱尼发布题为《3D 数据管理：控制数据容量、处理速度及数据种类》的研究报告。10 年后，3V（Volume、Variety 和 Velocity）作为定义大数据的 3 个维度而被广泛接受。

（5）2005 年 9 月，蒂姆·奥莱利发表了《什么是 Web 2.0》一文，并在文中指出"数据将是下一项技术核心"。

（6）2008 年，《自然》杂志推出大数据专刊，计算社区联盟（Computing Community Consortium）发表了报告《大数据计算：在商业、科学和社会领域的革命性突破》，阐述了大数据技术及其面临的一些挑战。

（7）2010 年 2 月，肯尼斯·库克尔在《经济学人》上发表了一份关于管理信息的特别报告《数据，无所不在的数据》。

（8）2011 年 2 月，《科学》杂志推出专刊《处理数据》，讨论了科学研究中的大数据问题。

（9）2011 年，维克托·迈尔·舍恩伯格出版著作《大数据时代：生活、工作与思维的大变革》，引起轰动。

（10）2011 年 5 月，麦肯锡全球研究所发布《大数据：下一个具有创新力、竞争力与生产力的前沿领域》，提出"大数据"时代已经到来。

（11）2012 年 3 月，美国政府发布了《大数据研究和发展倡议》，正式启动"大数据发展计划"，大数据上升为美国国家发展战略，被视为美国政府继信息高速公路计划之后在信息科学领域的又一重大举措。

（12）2013 年 12 月，中国计算机学会发布《中国大数据技术与产业发展白皮书》，系统总结了大数据的核心科学与技术问题，推动了中国大数据学科的建设与发展，并为政府部门提供了战略性的意见与建议。

（13）2014 年 5 月，美国政府发布 2014 年全球“大数据”白皮书《大数据：抓住机遇、守护价值》，报告鼓励使用数据来推动社会进步。

（14）2015 年 8 月，国务院印发《促进大数据发展行动纲要》，全面推进我国大数据发展和应用，加快建设数据强国。

（15）2017 年 1 月，为加快实施国家大数据战略，推动大数据产业健康快速发展，工业和信息化部印发了《大数据产业发展规划（2016—2020 年）》。

（16）2017 年 4 月，《大数据安全标准化白皮书（2017）》正式发布，从法规、政策、标准和应用等角度，勾画了我国大数据安全的整体轮廓。

（17）2018 年 4 月，首届“数字中国”建设峰会在福建省福州市举行。

（18）2019 年《大数据蓝皮书：中国大数据发展报告 No.3》对中国大数据发展的趋势进行了展望，主要体现在以下 10 个方面。

1）5G 商用创造数字经济发展新风口。2020 年实现全面商用，2025 年中国有望培育出 4 亿用户的全球最大 5G 市场，未来中国将创造出数字经济发展的下一个风口。

2）中国开启数字贸易规则新探索。

3）无人经济催生未来人机共生新格局。

4）数字农业带动农村经济新转型。

5）数字孪生成为智慧城市升级新方向。

6）中国加快推进《数据安全法》立法新进程。

7）大数据局成为地方政府机构改革新标配。大数据专职部门的设立，是应用现代科技手段推动国家治理体系与治理能力现代化的实践。

8）数字民主促进多元主体协商共治新模式。

9）数字评估与监督加快信用政府建设新步伐。

10）人工智能等领域搭建学科建设新体系。

（19）2023 年 1 月 4 日，第五届“数据资产管理大会”在线上举办。会上，中国信息通信研究院云计算与大数据研究所所长何宝宏发布了《大数据白皮书（2022 年）》，并进行了深度解读。

如今，中国大数据进入创新发展阶段，在这个阶段，人工智能、云计算、物联网等新技术的发展为大数据的应用提供了更多的可能性。中国大数据产业也逐渐崭露头角，涌现出一批具有创新能力和竞争力的企业。总的来说，中国大数据的发展历程经历了起步阶段、技术发展阶段、应用拓展阶段、政策引导阶段和创新发展阶段。随着技术的不断进步和应用的不断拓展，中国大数据产业正朝着更加繁荣和创新的方向发展。

3.2.5 大数据的特点

大数据其实就是海量资料、巨量资料，这些巨量资料来源于世界各地随时产生的数据，在数据时代，任何微小的数据都可能产生不可思议的价值。大数据有 4 个特点，分别是 Volume（大量）、Variety（多样）、Velocity（高速）、Value（价值），一般称为 4V。

1. 数据量大

从数据量的角度而言，大数据所采集、存储和计算的数据规模都非常大。随着互联网的广泛应用，使用互联网的人和企业等增多，数据的创造者变多，数据量呈指数级增长。近年来，随着数据维度变多、数据类型增加、数据的描述能力增强，数据可以传达的信息也越来越多，越来越准确。很显然，目前的很多应用场景中涉及的数据量都已经具备了大数据的特征。

数据最小的基本单位是bit，按顺序给出的所有单位分别是bit、Byte、KB、MB、GB、TB、PB、EB、ZB、YB、BB、NB、DB。

它们按照进率1024（2的十次方）来计算。

1 Byte =8 bit

1 KB = 1024 Byte = 8192 bit

1 MB = 1024 KB = 1048576 Byte

1 GB = 1024 MB = 1048576 KB

1 TB = 1024 GB = 1048576 MB

1 PB = 1024 TB = 1048576 GB

1 EB = 1024 PB = 1048576 TB

1 ZB = 1024 EB = 1048576 PB

1 YB = 1024 ZB = 1048576 EB

1 BB = 1024 YB = 1048576 ZB

1 NB = 1024 BB = 1048576 YB

1 DB = 1024 NB = 1048576 BB

可以将数据单位形象地比喻为：1B=一个字符/一粒沙子，1KB=一个句子/几粒沙子，1MB=一个20页的PPT/一勺沙子，1GB=书架上几米长的书/一鞋盒沙子，1TB=300小时的优质视频/一个操场的沙子，1PB=35万张数字照片/一片1.6千米长海滩的沙子，1EB=1999年全世界信息的一半/上海到香港海滩的沙子，1ZB=全世界海滩上的沙子数量的总和……

2. 数据类型繁多

大数据的种类和来源多样化，多样的数据为数据处理带来了挑战。大数据可以分为生物大数据、交通大数据、医疗大数据、电信大数据、电力大数据、金融大数据等，都呈现出“井喷式”增长，涉及的数量巨大，已经从太字节（TB）级别跃升到拍字节（PB）级别。各行各业，每时每刻，都在不断生成各种类型的数据。大数据迎接的挑战就是要针对这些结构不一、形式多样的数据，挖掘其中的相关性。而这些前所未有的、来自各个领域的、不同形式的数据，赋予了大数据强大的威力。

大数据的数据类型非常丰富，大致可以分成两大类，即结构化数据和非结构化数据：前者占10%左右，主要是指存储在关系数据库中的数据；后者大约占90%，种类繁多，主要包括邮件、音频、视频、微信、微博、位置信息、链接信息、手机呼叫信息、网络日志等。

3. 处理速度快

大数据不仅增长速度快，处理速度也快，有很强的时效性。在信息时代，人成为网络的核心，每个人每天都在制造新的数据，这些数据再被相应的机构，如政府、互联网企业、银行、电信运营商等收集，形成一个个庞大的数据体系。

面对如此庞大的数据体系，处理数据并得到结果的速度越快，数据的时效性就越强，价值就越高——而大数据和传统数据挖掘最大的区别也在于此，大数据更强调数据处理的实时性和时效性。

大数据时代的很多应用都需要基于快速生成的数据给出实时分析结果，用于指导生产和生活实践，因此，数据处理和分析的速度通常要达到秒级甚至毫秒级响应，这一点和传统的数据挖掘技术有着本质的不同，后者通常不要求给出实时分析结果。

为了达到快速分析海量数据的目的，新兴的大数据分析技术通常采用集群处理和独特的内部设计。以谷歌公司的大数据引擎 Dremel 为例，它是一种可扩展的、交互式的实时查询系统，用于只读嵌套数据的分析，通过结合多级树状执行过程和列式数据结构，它能做到几秒内完成对万亿张表的聚合查询，系统可以扩展到成千上万的 CPU 上，满足谷歌上万用户操作拍字节级数据的需求，并且可以在 2～3 秒内完成拍字节级别数据的查询。

4. 价值密度低

大数据的价值密度相对较低。数据的价值密度和数据的规模呈反向关系，数据的规模越大，数据的价值密度越低。大数据最大的价值在于从大量低价值密度数据中挖掘出对分析和预测等有价值的信息。

在大数据时代，很多有价值的信息都是分散在海量数据中的。以小区监控为例，如果没有意外事件发生，连续不断产生的数据都是没有任何价值的，当发生偷盗等意外情况时，也只有记录了事件过程的那一小段视频是有价值的。但是，为了能够获得发生偷盗等意外情况时的那一段宝贵的视频，我们不得不投入大量资金购买监控设备、网络设备、存储设备，耗费大量的电能和存储空间来保存摄像头连续不断传来的监控数据。如果这个实例还不够典型的话，那么请读者想象另一个更大的场景。假设一个电子商务网站希望通过微博数据进行有针对性的营销，为了达到这个目的，就必须构建一个能存储和分析新浪微博数据的大数据平台，使之能够根据用户微博内容进行有针对性的商品需求趋势预测。愿景很美好，但是现实代价很大，这可能需要耗费几百万元构建整个大数据团队和平台，而最终带来的企业销售利润增加额可能会比投入低许多。综上可知，大数据的价值密度是较低的。

相较于传统数据挖掘利用结构化的数据类型，大数据把目光投向了非结构化的、非抽象的、包含全体的数据类型。这为大数据带来了更多的有效信息，但同时也增加了大量无价值的，甚至是错误的信息。

3.2.6　大数据的应用

大数据已经渗透到了全世界市场中的各个领域，彰显着巨大的价值，其在各个领域的详细应用情况如下。

1. 金融领域

大数据在金融领域应用广泛，如针对个人的信贷风险评估，银行根据用户的刷卡、转账、微信评论等数据有针对性地推送广告；理财软件通过大数据为客户有针对性地推荐理财产品。总结来说，大数据在金融领域的应用可以概括为精准营销、风险控制、效率提升、决策支持。

2. 医疗领域

医疗行业拥有大量的病例、检测记录、药物记录、治疗结果记录等，这些数据中蕴含着巨大的价值，如果可以加以利用，将对医疗界产生不可估量的影响。疾病确诊和因人而异的治疗方案设定是医疗领域的重大问题，大数据可以帮助建立针对疾病特点、病人状况以及治疗方案的数据库，为人类健康贡献巨大的力量。

3. 生物领域

各国研究人员正如火如荼地推进着人类基因组计划，这促进了生物数据的爆发式增长。基因检测可以帮助人们对自己现在以及未来的健康状况有更深刻、全面的认识。因此，人类基因组计划是未来人类战胜疾病的重要工具。大数据还可以整合已有的人类基因的检测结果并进行分析，加速人类基因组研究的进程。

4. 零售与电商领域

零售行业可以利用大数据了解顾客的消费偏好和趋势，用于商品的精准营销和相关产品的精准推销，降低运营成本，提高进货管理和过期产品管理效率。大数据可以帮助零售商预测消费者需求趋势，更高效地提高供应链满足需求的能力。对大数据带来的潜在信息的挖掘和有效利用，将成为未来零售领域的必争之地。

电商行业的数据集中、数据规模大，可以利用大数据在很多方面进行有效信息的分析提取，如用户消费趋势、地域消费特点等。电商领域中的大数据应用已经颇具规模，电商也是最早利用大数据进行精准营销的行业。电商可以根据顾客消费习惯提前备货以提高商品送达效率，还可以通过对客户浏览、收藏、加入购物车和购买记录等数据的分析，对用户进行有效的商品推荐，从而提高销量。

5. 城市大数据

城市大数据是指城市运转过程中产生或获得的数据，及其与信息采集、处理、利用、交流能力有关的活动要素构成的有机系统，是国民经济和社会发展的重要战略资源。用简单、易于理解的公式可以表达为：城市大数据＝城市数据+大数据技术+城市职能。

城市大数据的数据资源来源丰富多样，广泛存在于经济、社会各个领域和部门，是政务、行业、企业等各类数据的总和。同时，城市大数据的异构特征显著，数据类型丰富、数量大、速度增长快、处理速度和实时性要求高，且具有跨部门、跨行业流动的特征。

一个 8Mbit/s 摄像头 1 个小时产生的数据量是 3.6GB，1 个月产生的数据量为 2.59TB。很多城市的摄像头多达几十万个，一个月的数据量达到数百拍字节，若需保存 3 个月，则存储的数据量会达到艾字节级别。例如，北京市政府部门的数据总量，2011 年达到 63PB，2012 年达到 95PB，2018 年达到数百拍字节。图 3-1 所示为城市设施大数据分析平台。

图 3-1 城市设施大数据分析平台

6. 工业大数据

工业大数据是指在工业领域中围绕智能制造模式，从客户需求到销售、订单、计划、研发、设计、工艺、制造、采购、供应、库存、发货和交付、售后服务、运维、报废或回收再制造等整个产品全生命周期各个环节所产生的各类数据，以及相关技术和应用的总称。

随着互联网与工业融合创新，智能制造时代的到来，工业大数据技术及应用将成为未来提升制造业创新能力的关键要素，驱动生产过程智能化、产品智能化及新业态新模式形成。

有了这些数据，企业可提炼有价值信息，有针对性地发布营销和促销信息，提出更好、更诱人的优惠。这提供了简化购物体验和互动售前支持，将客户变成购物者，大幅度提高销售额。

7. 旅游大数据

大数据在旅游行业主要应用于旅游市场细分、旅游营销诊断、景区动态监测、旅游舆情监测等方面。通过旅游大数据，对游客画像及旅游舆情进行分析，可以有效提升协同管理和公共服务能力，推动旅游服务、旅游营销、旅游管理、旅游创新等变革。

例如，2018 年广东省旅游局发布了《2018 广东旅游国庆大数据报告》，借助于“广东移动蜂巢大数据”提供的数据显示：2018 国庆黄金周，全省共接待游客 5049.6 万人次，同比增长 12.2%（按可比口径，下同），其中接待境外游客 287.8 万人次，占比 5.7%，省外游客 1474.3 万人次，占比 29.2%，省内游客（含市内）3287.5 万人次，占比 65.1%；过夜游客人数 1200.3 万人次，占比 23.8%。图 3-2 所示为访粤游客占比。

图 3-2　访粤游客占比

8. 大数据预测

（1）体育赛事预测。例如，谷歌、百度、微软和高盛等公司在世界杯期间都推出了比赛结果预测平台，其中百度预测结果最为亮眼，全程 64 场比赛，它的预测准确率为 67%，进入淘汰赛后准确率为 94%。百度北京大数据实验室的负责人张桐介绍：“在百度对世界杯的预测中，我们一共考虑了团队实力、主场优势、最近表现、世界杯整体表现和博彩公司的赔率等 5 个因素，这些数据的来源基本都是互联网，随后我们再利用一个由搜索专家设计的机器学习模型来对这些数据进行汇总和分析，进而得出预测结果。”

（2）股票市场预测。几年前，英国华威商学院和美国波士顿大学物理系的研究发现，用户通过谷歌搜索的金融关键词可以预测金融市场的走向，关于相应的投资战略预测正确的回报率收益高达 326%。

大数据投资和传统量化投资类似，二者都依靠模型，但模型里的数据变量在原有的金融结构化数据基础上成倍地增加了。社交言论、卫星监测和地理信息等非结构化数据就是增加的部分内容，将这些非结构化数据进行量化，从而让模型可以吸收。

相关业内人士表示，大数据将成为共享平台的服务，因为它对成本要求极高。因此，基金经理和分析师可以通过平台制作个性化策略。

（3）市场物价预测。市场中费用绩效指数表征已经发生的物价浮动情况，但统计的数据往往并不权威。而大数据则可帮助人们了解未来物价走向，提前预知通货膨胀或经济危机。

（4）用户行为预测。基于用户的个人资料、搜索和浏览行为、评论历史等数据，互联网业务可以洞察消费者的整体需求，进而对产品采取针对性的生产、改进和营销。《纸牌屋》选择演员和剧情，百度基于用户喜好进行精准广告营销，阿里巴巴根据天猫用户特征包下生产线定制产品，亚马逊预测用户点击行为做到提前发货……这些商业行为均受益于互联网用户行为预测。

（5）灾害灾难预测。最典型的灾害灾难预测应为气象预测，利用大数据的提前预测能力有可能有助于对地震、台风、洪涝、高温、暴雨等自然灾害的减灾、防灾、救灾、赈灾活动进行提前部署。过去的数据收集方式成本高且存在死角，物联网时代可借助廉价的传感器摄像头和无线通信网络对数据进行实时监控、收集，再利用大数据预测分析，从而做到更精准的自然灾害预测。

3.3 云计算技术

3.3.1 云计算简介

云计算（Cloud Computing）是分布式计算的一种，指的是通过网络“云”将巨大的数据计算处理程序分解成无数个小程序，然后通过多部服务器组成的系统处理和分析这些小程序，并将得到结果返回给用户。

云计算早期，简单地说就是分布式计算，解决任务分发问题并进行计算结果的合并。因而，云计算又称网格计算。通过这项技术，可以在很短的时间（几秒）内完成对数以万计的数据的处理，从而提供强大的网络服务功能。

云计算旨在通过网络把多个成本相对较低的计算实体整合成一个具有强大计算能力的完美系统，并借助先进的商业模式让终端用户可以享受这些强大计算能力的服务。如果将计算能力比作发电能力，那么从古老的单机发电模式转向现代电厂集中供电的模式，就像从现在大家习惯的单机计算模式转向云计算模式，而“云”就像发电厂，具有单机所不能比拟的强大计算能力。这意味着计算能力也可以作为一种商品进行流通，就像煤气、水、电一样，取用方便、费用低廉，以至于用户无须自己配备。与电力通过电网传输不同，计算能力是通过各种有线、无线网络传输的。因此，云计算的一个核心理念就是通过不断提高“云”的处理能力，不断减少用户终端的处理负担，最终使其简化成一个单纯的输入输出设备，并能按需享受“云”强大的计算处理能力。

物联网感知层获取大量数据信息，在经过网络层传输以后，放到一个标准平台上，再利用高性能的云计算对其进行处理，赋予这些数据智能，才能最终转换成对终端用户有用的信息。

总之，云计算不是一种全新的网络技术，而是一种全新的网络应用概念，云计算的核心概念就是以互联网为中心，在网站上提供快速且安全的云计算与数据存储服务，让每一个使用互联网的人都可以使用网络上的庞大计算资源与数据中心。

云计算是继互联网、计算机后在信息时代又一种革新，云计算是信息时代的一个大飞跃，未来的时代可能是云计算的时代。虽然目前有关云计算的定义有很多，但概括来说，云计算的基本含义是一致的，即云计算具有很强的扩展性和需要性，可以为用户提供一种全新的体验。云计算的核心是可以将很多计算机资源协调在一起，因此可使用户通过网络就可以获取到无限的资源，同时获取的资源不受时间和空间的限制。

3.3.2 云计算应用

云计算在电子政务、医疗、卫生、教育、企业等领域的应用不断深化，对提高政府服务水平、促进产业转型升级和培育发展新兴产业等都起到了关键的作用。

1. 医疗云

医疗云是指在云计算、移动技术、多媒体、5G 通信、大数据以及物联网等新技术的基础上，结合医疗技术，使用“云计算”来创建医疗健康服务云平台，实现医疗资源的共享和医疗范围的扩大。因为云计算技术的运用与结合，医疗云可提高医疗机构的效率，方便居民就医。例如，现在医院的预约挂号、电子病历、医保等都是云计算与医疗领域结合的产物。医疗云还具有数据安全、信息共享、动态扩展、布局全国的优势。医疗云可以推动医院与医院、医院与社区、医院与急救中心、医院与家庭之间的服务共享，并形成一套全新的医疗健康服务系统，从而有效地提高医疗保健的质量。

2. 金融云

金融云是指利用云计算的模型，将信息、金融和服务等功能分散到庞大分支机构构成的互联网“云”中，旨在为银行、保险和基金等金融机构提供互联网处理和运行服务，同时共享互联网资源，从而解决现有问题并且达到高效、低成本的目标。

3. 教育云

教育云可以有效整合幼儿教育、中小学教育、高等教育以及继续教育等优质教育资源，逐步实现教育信息共享、教育资源共享及教育资源深度挖掘等目标。教育云实质上是指教育信息化的一种发展。具体地说，教育云可以将所需要的任何教育硬件资源虚拟化，然后将其传入互联网中，以向教育机构和学生老师提供一个方便快捷的平台。现在流行的慕课就是教育云的一种应用。慕课指的是大规模开放的在线课程，现阶段慕课的 3 个优秀平台为 Coursera、edX 以及 Udacity，在国内，中国大学的 MOOC 也是非常好的平台。

4. 政务云

政务云上可以部署公共安全管理、容灾备份、城市管理、应急管理、智能交通、社会保障等应用，通过集约化建设、管理和运行，可以实现信息资源整合和政务资源共享，推动政务管理创新，加快向服务型政府转型。

5. 企业云

企业云能够让企业以低廉的成本建立财务、供应链、客户关系等管理应用系统，大大降低企业信息化门槛，迅速提升企业信息化水平，增强企业市场竞争力。企业云对于那些需要提升内部数据中心的运维水平和希望能使整个 IT 服务更围绕业务展开的大中型企业非常有用。

相关的产品和解决方案有 IBM 公司的 WebSphere CloudBurst Appliance、Cisco 公司的 UCS 和 VMware 的 vSphere 等。

6. 云存储系统

存储云又称云存储，是在云计算技术上发展起来的一个新的存储技术。云存储是一个以数据存储和管理为核心的云计算系统。用户可以将本地的资源上传至云端，并可以在任何地方连入互联网来获取云上的资源。大家所熟知的谷歌、微软等大型网络公司均有云存储的服务，在国内，百度云和微云则是市场占有量最大的存储云。存储云向用户提供了存储容器服务、备份服务、归档服务和记录管理服务等，大大方便了使用者对资源的管理。

云存储系统可以解决本地存储在管理上的缺失，降低数据的丢失率，它通过整合网络中多种存储设备来对外提供云存储服务，并能管理数据的存储、备份、复制和存档，云存储系统非常适合那些需要管理和存储海量数据的企业使用。

7. 虚拟桌面云

虚拟桌面云可以解决传统桌面系统高成本的问题，其利用了现在成熟的桌面虚拟化技术，更加稳定和灵活，而且系统管理员可以统一地管理用户在服务器端的桌面环境，该技术比较适合那些需要使用大量桌面系统的企业使用。

8. 开发测试云

开发测试云可以解决开发测试过程中的棘手问题，其通过友好的 Web 界面，可以预约、部署、管理和回收整个开发测试的环境，通过预先配置好（包括操作系统、中间件和开发测试软件）的虚拟镜像来快速地构建一个个异构的开发测试环境，通过快速备份/恢复等虚拟化技术来重现问题，并利用云的强大计算能力来对应用进行压力测试，比较适合那些需要开发和测试多种应用的组织和企业使用。

9. 大规模数据处理云

大规模数据处理云能对海量的数据进行大规模的处理，可以帮助企业快速进行数据分析，发现可能存在的商机和存在的问题，从而做出更好、更快和更全面的决策。其工作过程是大规模数据处理云通过将数据处理软件和服务运行在云计算平台上，利用云计算的计算能力和存储能力对海量的数据进行大规模的处理。

10. 游戏云

游戏云是将游戏部署至云中的技术，目前主要有两种应用模式：一种是基于 Web 游戏模式的，如使用 JavaScript、Flash 和 Silverlight 等技术，这种解决方案比较适合休闲游戏；另一种是为大容量和高画质的专业游戏设计的，整个游戏都将运行在云中，但会将最新生成的画面传至客户端，比较适合专业玩家。

11. HPC 云

HPC（High Performance Computing，高性能计算）云能够为用户提供可以完全定制的高性能计算环境，用户可以根据自己的需求来改变计算环境的操作系统、软件版本和节点规模，从而避免与其他用户的冲突，HPC 云还可以成为网格计算的支撑平台，以提升计算的灵活性和便捷性。HPC 云特别适合需要使用高性能计算，但缺乏巨资投入的普通企业和学校。

12. 协作云

协作云是云供应商在 IDC（Internet Data Center，互联网数据中心）云的基础上或者直接构建的一个专属的云，在这个云中搭建整套的协作软件，并将这些软件共享给用户，非常适合那些需要一定的协作工具，但不希望维护相关的软硬件和支付高昂的软件许可证费用的企业与个人。

谷歌、微软、IBM、惠普、戴尔等国际 IT 巨头纷纷投入巨资在全球范围内大量修建数据中心，旨在掌握云计算发展的主导权。我国政府和企业也都在加大力度建设云计算数据中心。内蒙古自治区提出了“西数东输”发展战略，即把本地的数据中心通过网络提供给其他省份用户使用。福建省泉州市安溪县的中国国际信息技术（福建）产业园的数据中心，是福建省重点建设的两大数据中心之一，拥有 5000 台刀片服务器。阿里巴巴集团公司在甘肃省玉门市建设的数据中心，是中国第一个绿色环保的数据中心，电力全部来自风力发电，用祁连山融化的雪水冷却数据中心产生的热量。贵州省被公认为中国南方最适合建设数据中心的地方，目前，中国移动、联通、电信三大运营商都将南方数据中心建在贵州省。

3.4　物联网技术

3.4.1　物联网概述

物联网（Internet of Things，IoT）是指通过各种信息传感器、射频识别技术、全球定位系统、红外感应器、激光扫描器等各种装置与技术，实时采集任何需要监控、连接、互动的物体或过程，采集其声、光、热、电、力学、化学、生物、位置等各种需要的信息，通过各类可能的网络接入，实现物与物、物与人的泛在连接，实现对物品和过程的智能化感知、识别和管理。物联网是一个基于互联网、传统电信网等的信息承载体，它让所有能够被独立寻址的普通物理对象形成互联互通的网络。这有两层意思：第一，物联网的核心和基础仍然是互联网，是在互联网基础之上延伸和扩展的一种网络；第二，将用户端延伸和扩展到了任何物品与物品之间，进行信息交换和通信。

把网络技术运用于万物，组成“物联网”。例如，把感应器嵌入装备到油网、电网、路网、水网、建筑、大坝等物体中，然后将“物联网”与“互联网”整合起来，可以实现人类社会与物理系统的整合。超级计算机群对“整合网”的人员、机器设备、基础设施实施实时管理控制，以精细动态方式管理生产生活，提高资源利用率和生产力水平，改善人与自然的关系。

3.4.2　物联网关键技术

简单讲，物联网是物与物、人与物之间的信息传递与控制。在物联网应用中，有以下关键技术。

1. 传感器技术

传感器技术是计算机应用中的关键技术。绝大部分计算机处理的都是数字信号。自有计算机以来就需要传感器把模拟信号转换成数字信号，计算机才能处理。

2. RFID 技术

RFID（Radio Frequency Identification，射频识别）技术也是一种传感器技术，该技术是融合了无线射频技术和嵌入式技术的综合技术，RFID 在自动识别、物品物流管理方面有着广阔的应用前景。图 3-3 为 RFID 自动贴标签机。

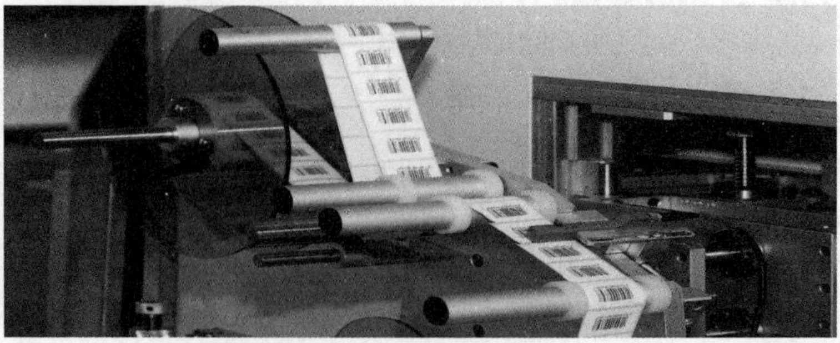

图 3-3 RFID 自动贴标签机

3. 嵌入式系统技术

嵌入式系统技术是综合了计算机软硬件、传感器技术、集成电路技术、电子应用技术的复杂技术。经过几十年的演变，以嵌入式系统为特征的智能终端产品随处可见，小到人们身边的 MP3，大到航天航空的卫星系统。嵌入式系统正在改变着人们的生活，推动着工业生产以及国防工业的发展。如果把物联网用人体进行一个简单比喻，传感器相当于人的眼睛、鼻子、皮肤等感官，网络就是神经系统，用来传递信息，嵌入式系统则是人的大脑，在接收到信息后要进行分类处理。这个例子很形象地描述了传感器、嵌入式系统在物联网中的位置与作用。

4. 智能技术

智能技术指为了有效地达到某种预期的目的，利用知识所采用的各种方法和手段，通过在物体中植入智能系统，使物体具备一定的智能性，能够主动或被动地实现与用户的沟通。这也是物联网的关键技术之一。

5. 纳米技术

纳米技术研究结构尺寸为 0.1～100nm 的材料的性质和应用，主要包括纳米体系物理学、纳米化学、纳米材料学、纳米生物学、纳米电子学、纳米加工学、纳米力学这 7 个相对独立又相互渗透的学科和纳米材料、纳米器件、纳米尺度的检测与表征这 3 个研究领域。纳米材料的制备和研究是整个纳米科技的基础，其中，纳米物理学和纳米化学是纳米技术的理论基础，而纳米电子学是纳米技术最重要的内容。使用传感器技术就能探测到物体物理状态，物体中的嵌入式智能能够通过在网络边界转移信息处理能力而增强网络的威力，而纳米技术的优势意味着物联网当中体积越来越小的物体能够进行交互和连接。电子技术的趋势要求器件和系统更快、更冷、更小。更快是指响应速度要快，更冷是指单个器件的功耗要小，更小是指集成电路的几何结构要小（但是更小并非没有限度）。纳米技术是建设者的最后疆界，它的影响将是巨大的。纳米电子学包括基于量子效应的纳米电子器件、纳米结构的光/电性质、纳米电子材料的表征，以及原子操纵和原子组装等。

3.4.3 物联网的体系架构

物联网典型体系架构分为 3 层，自下而上分别是感知层、网络层和应用层。感知层实现物联网全面感知的核心能力，是物联网中关键技术、标准化、产业化方面亟须突破的部分，关键在于具备更精确、更全面的感知能力，并解决低功耗、小型化和低成本问题。网络层主要以广泛覆盖的移动通信网络作为基础设施，是物联网中标准化程度最高、产业化能力最强、最成熟的部分，关键在于对物联网应用特征进行优化改造，形成系统感知的网络。应用层提供丰富的应用，将物联网技术与行业信息化需求相结合，制定广泛智能化的应用解决方案，关键在于行业融合、信息资源的开发利用、低成本高质量的解决方案、信息安全的保障及有效商业模式的开发。

物联网体系主要由运营支撑系统、传感网络系统、业务应用系统、无线通信网络系统等组成。

通过传感网络系统，可以采集所需的信息，顾客在实践中可运用 RFID 读写器与相关的传感器等采集其所需的数据信息。当网关终端进行汇聚后，可通过无线通信网络系统将其顺利地传输至指定的应用系统中。此外，传感器还可以运用 ZigBee 与蓝牙等技术实现与传感器网关有效通信。市场上常见的传感器大部分都可以检测到相关的参数，包括压力、湿度或温度等。一些专业化、质量较高的传感器通常还可检测到重要的水质参数，包括浊度、水位、溶解氧、电导率、藻蓝素、pH 值、叶绿素等。

运用传感器网关可以实现信息的汇聚，同时可运用通信网络技术使信息可以远距离传输，并顺利到达指定的应用系统中。

《物联网“十二五”发展规划》中提出将二维码作为物联网的一个核心应用，物联网终于从“概念”走向“实质”。二维码（2-dimensional Bar Code）是用某种特定的几何图形按一定规律在平面（二维方向上）分布的黑白相间的图形记录数据符号信息的。在代码编制上巧妙地利用构成计算机内部逻辑基础的“0”“1”比特流的概念，使用若干个与二进制相对应的几何形体来表示文字数值信息，通过图像输入设备或光电扫描设备自动识读以实现信息自动处理。二维条码/二维码能够在横向和纵向两个方向同时表达信息，因此能在很小的面积内表达大量的信息。图 3-4 所示为微信扫描二维码支付。

图 3-4　微信扫描二维码支付

3.5 人工智能

3.5.1 人工智能概述

1. 人工智能之父——艾伦·麦席森·图灵

艾伦·麦席森·图灵是英国数学家、逻辑学家，被称为“计算机科学之父”“人工智能之父”。1931 年，图灵进入剑桥大学国王学院，毕业后到美国普林斯顿大学攻读博士学位，第二次世界大战爆发后，他回到剑桥大学，后曾协助军方破解德国的著名密码系统Enigma，帮助盟军取得了二战的胜利。

图 3-5 所示为艾伦·麦席森·图灵。图灵对于人工智能的发展有诸多贡献，他提出了一种用于判定机器是否具有智能的试验方法，即图灵试验，至今每年都有关于该试验的比赛。此外，图灵提出的著名的图灵机模型为现代计算机的逻辑工作方式奠定了基础。

图 3-5　艾伦·麦席森·图灵

图灵在第二次世界大战中从事的密码破译工作涉及电子计算机的设计和研制，此项工作严格保密，直到 20 世纪 70 年代，内情才有所披露。从一些文件来看，很可能世界上第一台电子计算机不是 ENIAC，而是与图灵有关的另一台机器，即图灵在战时服务的机构于 1943 年研制成功的 CO-LOSSUS（巨人）机，这台机器的设计采用了图灵提出的某些概念。它使用了 1500 个电子管，采用了光电管阅读器；利用穿孔纸带输入；并采用了电子管双稳态线路，执行计数、二进制算术及布尔代数逻辑运算。此机构共生产了 10 台巨人机，并用它们出色地完成了密码破译工作。

战后，图灵任职于泰丁顿国家物理研究所（Teddington National Physical Laboratory），开始从事“自动计算机”（Automatic Computing Engine）的逻辑设计和具体研制工作。1946 年，图灵发表论文阐述存储程序计算机的设计。他的成就与研究 EDVAC 的约翰·冯·诺依曼不相上下。图灵的自动计算机与诺依曼的 EDVAC 都采用了二进制，都以“内存储存程序以运行计算机”打破了那个时代的旧有概念。

1945—1948 年，图灵在伦敦泰丁顿国家物理实验室负责自动计算引擎（Automatic Computing Equipment，ACE）的工作。1949 年，他成为曼彻斯特大学计算机实验室的副主任，负责最早的真正的计算机——曼彻斯特一号的软件工作。在这段时间，他继续进行一些比较抽象的研究，如“计算机械和智能”。图灵在对人工智能的研究中提出了著名的图灵试验，该试验后来成为决定一台机器是否有感觉的标准。图 3-6 所示为图灵试验示意图。

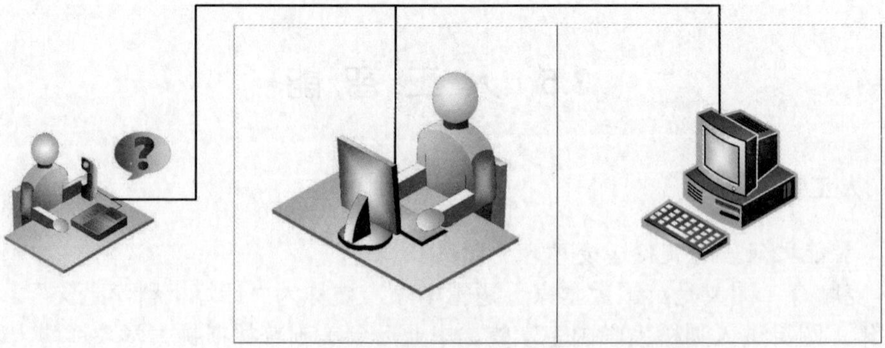

图 3-6　图灵试验示意图

图灵试验由计算机、被测试的人和试验主持人组成。计算机和被测试的人分别在两个不同的房间里。测试过程由主持人提问，由计算机和被测试的人分别做出回答。观测者能通过电传打字机与机器和人联系（避免要求机器模拟人外貌和声音）。被测人在回答问题时尽可能表明他是一个“真正的”人，而计算机也将尽可能逼真地模仿人的思维方式和思维过程。如果试验主持人听取他们各自的答案后，分辨不清哪个是人回答的，哪个是机器回答的，则可以认为该计算机具有了智能。

1950 年，图灵在名垂青史的论文《计算机器与智能》的开篇中说：“我建议大家考虑这个问题：‘机器能思考吗？’。”同年，他又发表了另一篇题为《机器能思考吗？》的论文，这篇论文成为划时代之作，也为图灵赢得了人工智能之父的桂冠。在这篇论文里，图灵第一次提出“机器思维”的概念。他逐条反驳了机器不能思维的论调，并做出了肯定的回答。他还对智能问题从行为主义的角度给出了定义，由此提出一设想：一个人在不接触对方（人或计算机）的情况下，和对方进行一系列的问答，如果在相当长时间内，他无法根据这些问答判断对方是人还是计算机，那么就可以认为这台计算机具有人类的智能，即这台计算机是能思维的。

1952 年，图灵写了一个国际象棋程序。可是当时没有一台计算机有足够的运算能力去执行这个程序，他就模仿计算机，每走一步要用半小时。他与一位同事下了一盘，结果程序输了。后来，美国新墨西哥州洛斯阿拉莫斯国家实验室的研究群根据图灵的理论，在该程序的基础上设计出世界上第一个计算机象棋程序。

图灵不但以破译密码而名闻天下，他在人工智能和计算机等领域也做出了重要贡献，他常被认为是现代计算机科学的创始人。二战结束后，在曼彻斯特大学工作的他研制了“曼彻斯特马克一号”——著名的现代计算机之一。1999 年，他被《时代》杂志评选为 20 世纪 100 个最重要的人物之一。

为了纪念他对计算机科学的巨大贡献，美国计算机协会（Association for Computing Machinery，ACM）于 1966 年设立了一年一度的图灵奖，以表彰在计算机科学中做出突出贡献的人。图灵奖被喻为“计算机界的诺贝尔奖”，这是历史对这位科学巨匠的最高赞誉。

2. 人工智能概念

1956 年，科学家约翰·麦卡锡在达特茅斯学院召集了一次会议，来讨论如何用机器模仿人类的智能，“人工智能”（Artificial Intelligence，AI）概念首次被提出。图 3-7 所示为达特茅斯会议主要参会人员。那次会议给人工智能研究提供了相互交流的机会，并为人工智能的发展起了铺垫的作用。1960 年左右，麦卡锡创建了表处理语言 LISP。直到现在，LISP 仍然在发展，它几乎成了人工智能的代名词，许多人工智能程序还在使用这种语言。

人工智能，被确立为研究、开发用于模拟、延伸和扩展人的智能的理论、方法、技术及应用系统的一门新技术科学。

人工智能企图了解智能的实质，并生产出一种新的能以与人类智能相似的方式做出反应的智能机器，该领域的研究包括机器人、语言识别、图像识别、自然语言处理和专家系统等。

人工智能自诞生以来，理论和技术日益成熟，应用领域也不断扩大。可以设想，未来人工智能带来的科技产品将会是人类智慧的“容器”。

图 3-7　达特茅斯会议主要参会人员

值得一提的是，图灵和麦卡锡都被称为人工智能之父。图灵提出了让机器拥有“思维”的人工智能全新理论，麦卡锡则提出了“人工智能”这个概念。

3.5.2　人工智能的发展历程

人工智能时代从达特茅斯会议开始，发展到现在大致可以分为 3 个阶段。

第一阶段是 20 世纪 50 年代到 20 世纪 80 年代。在这个阶段，人工智能刚刚诞生，可编程的数字计算机也已被发明出来并用于科学计算和研究，人工智能迎来了第一次繁荣期。但是，这一时期很多复杂的计算任务还不能被很好地执行，运算能力不足，计算复杂度较高，智能推理实现难度较大，建立的计算模型也存在一定的局限性。

随着机器翻译等一些项目的失败，人工智能研究经费普遍缩减，人工智能的发展很快就从繁荣陷入了低谷。

第二阶段是 20 世纪 80 年代到 20 世纪 90 年代末，人工智能又经历了一次从繁荣到低谷的过程。在进入 20 世纪 80 年代后，具备一定逻辑规则推演和在特定领域能够解决问题的专家系统开始盛行。1985 年，出现了更强的具有可视化效果的决策树模型和突破早期感知机局限的多层人工神经网络，而日本雄心勃勃的五代机计划也促成了 20 世纪 80 年代中后期 AI 的繁荣。但是，到了 1987 年，专家系统后继乏力，神经网络的研究也陷入瓶颈，LISP 机（LISP Machine）的研究也最终失败。

在这种背景下，美国政府取消了大部分的人工智能项目预算。到 1994 年，日本投入巨大的五代机项目也由于发展瓶颈最终终止，抽象推理和符号理论被广泛质疑，人工智能再次陷入技术瓶颈。

第三个阶段是 20 世纪 90 年代末至今。1997 年，IBM 公司的计算机“深蓝”（Deep Blue）战胜了国际象棋世界冠军卡斯帕罗夫，把全世界的眼光又吸引回人工智能。并且，随着互联网时代的到来和计算机性能的不断提升，人工智能开始进入复苏期。IBM 公司开始提出“智慧地球”，我国也提出“感知中国”。物联网、大数据、云计算等新兴技术的快速发展，为大规模机器学习奠定了基础。一大批在特定领域的人工智能项目开始取得突破性进展并落地，已经逐渐影响和改变人们的生活和工作。如今，一个新的时代——人工智能时代已经开启，而我们正处在人工智能爆发的风口上。

从人工智能诞生开始，研制能够下棋的程序并且战胜人类就是人工智能学家不断努力想要达成的目标，最早参与人工智能起源的达特茅斯会议的塞缪尔就是一名来自 IBM 公司的研究计算机下跳棋的人员，而另一名参会者伯恩斯坦是 IBM 公司的象棋程序研究人员。著名的人工智能学家西蒙在 1957 年曾预言十年内计算机下棋会击败人类，而一直到 1997 年，IBM 公司的计算机“深蓝”才最终击败国际象棋大师卡斯帕罗夫。

图 3-8 所示为 1996 年 IBM 公司的深蓝与卡斯帕罗夫进行对局的一张照片。实际上卡斯帕罗夫与深蓝的较量可以一直追溯到 1989 年。

图 3-8 IBM 公司的“深蓝”与卡斯帕罗夫进行对局

1987 年，一位来自中国台湾的华裔美籍科学家许峰雄设计了一款名为“芯验”（Chip Test）的国际象棋程序，并在此基础上不断改进。

1988 年，“芯验”改名为“深思”（Deep Thought），已升级到可以每秒计算 50 万步棋子变化，在这一年，“深思”击败了丹麦的国际象棋特级大师拉尔森。

1989 年，“深思”与当时的国际象棋世界冠军卡斯帕罗夫对战，但是以 0:2 失利，这时的“深思”已经达到了每秒计算 200 万步棋子变化的水平。

1990 年，“深思”进一步升级，诞生了“深思”第二代，在这期间，“深思”二代于 1990 年与前世界冠军卡尔波夫进行了多场对抗，卡尔波夫占据较大优势，战况非赢即和。

1993 年，“深思”二代击败了丹麦国家队被称为有史以来最强女棋手的小波尔加。

1994 年，德国著名国际象棋软件 Fritz 参加在德国慕尼黑举行的超级闪电战比赛，在初赛结束时，其比赛积分与卡斯帕罗夫并列第一，但在复赛中被卡斯帕罗夫以 4:1 击败。同年，另一个国际象棋程序 Genius 在英国伦敦举行的英特尔职业国际象棋联合会拉力赛中，在 25 分钟快棋战里战胜了卡斯帕罗夫并把他淘汰出局。

1995 年，卡斯帕罗夫分别在德国科隆对战 Genius，在英国伦敦对战 Fritz，均以一胜一和胜出。

1996 年，为纪念计算机诞生 50 周年，“深蓝”在美国费城与卡斯帕罗夫进行了 6 局大战，“深蓝”赢得了第一局，但最终以总比分 2:4 败北。

1997 年，“深蓝”升级为“更深的蓝”，再次与卡斯帕罗夫大战，比赛仍以 6 局定胜负。最终，“更深的蓝”以 3.5:2.5 击败了卡斯帕罗夫，其中第六局仅对战了 19 个回合，“更深的蓝”

就通过一记精妙的弃子逼迫卡斯帕罗夫认输。有人说卡斯帕罗夫犯了低级错误，最终输给了他自己，但所有的主流媒体都打出了这样的标题：电脑战胜了人脑。随后，IBM 公司宣布封存“更深的蓝”，不再与人类棋手下棋。

即使在国际象棋领域“更深的蓝”战胜了卡斯帕罗夫，这一领域依然被认为是计算机无法战胜人类的领域。围棋的规则非常简单，但是在围棋中可能存在的棋谱数量和计算量巨大。围棋的棋盘由横竖线网格组成，横竖方向分别有 19 条线，棋盘网格共生成 361 个交点，在每一个交点位置都可以放置棋子，围棋的棋子包括黑色棋子和白色棋子两种，因此网格交点可以以 3 种状态存在，即放置黑棋、放置白棋或不放置棋子，这样围棋棋盘理论上存在 3^{361}（1.74×10^{172}）种组合。

根据围棋规则，不是所有位置都可合法落子，在围棋术语中没有“气”的位置就不能落子，经过研究人员测算，排除这些不合法位置后，总共还剩大约 2.08×10^{170} 种棋局分布。目前，在全宇宙可观测到的物质原子数量才 10^{80} 个。目前世界上运算速度排名第四的中国神威·太湖之光超级计算机的运算速度是每秒 10 亿亿次，即 10^{16} 次，这个数值与 10^{170} 相比差别巨大。如果计算机使用穷举法暴力破解棋谱，是不可能实现的，这也是为什么以往人们认为计算机在围棋领域不可能战胜人类的原因。

而这一切，被谷歌公司的 AlphaGo（阿尔法狗）打破了。

韩国围棋九段棋手李世石注定将被历史铭记，既是因为他的胜利，也是因为他的失败。

2016 年 3 月 9 日，谷歌开发的人工智能围棋程序 AlphaGo 与李世石在韩国首尔的四季酒店进行五番棋大战，如图 3-9 所示。五番棋常见于围棋界的比赛，是指两位棋手对决五局，胜局多者获胜，常见的还有三番棋、十番棋等。3 月 12 日，李世石输掉了第三局比赛，而 AlphaGo 则连胜三局，意味着它已经取得了这场比赛的胜利。3 月 13 日，李世石凭借“神之一手”战胜 AlphaGo 扳回一局，但第五局的失利使其最终以 1:4 败北。

图 3-9 AlphaGo 与李世石对局

在 AlphaGo 之后，还有一个事件，虽然不如战胜李世石的影响那么大，但是在人工智能发展领域却代表了一个新的突破，这就是 AlphaGo Zero。

图 3-10 所示是 AlphaGo 的家族图。第一代 AlphaGo 被称为 AlphaGo Fan。打败李世石的是第二代 AlphaGo，其名字是 AlpahGo Lee。在 AlphaGo Lee 之后，升级出来两个第三代 AlphaGo

的新版本：一个被称为 AlphaGo Master，它依然采用人类经验棋谱样本作为学习样本；另一个是 AlphaGo Zero，AlphaGo Zero 不再学习人类棋谱，而是在学习基本的围棋规则后，自我生成棋局进行学习和对抗。

图 3-10　AlphaGo 的家族图

AlphaGo Zero 学习 3 天后，就超过了战胜李世石的 AlphaGo Lee 的棋力；在学习 40 天后，就超过了 AlphaGo Master 的棋力。而这一切没有任何人工的干预和采用任何人类已有的经验棋谱，完全依靠 AlphaGo Zero 的自我学习来实现。

无论是“更深的蓝”的胜利，还是 AlphaGo 战胜李世石，都是人工智能发展史上里程碑式的事件，标志着计算机程序在某一单一领域战胜了最优秀的人类。尤其是 AlphaGo 的胜利，意味着围棋这个以往被认为是机器无法战胜人类的领域被颠覆了，也意味着人工智能的巨大突破，它把全世界的目光聚焦到人工智能领域。各国政府纷纷出台对人工智能领域研究的支持和倾斜政策，越来越多的人工智能应用开始落地。在未来数十年，人工智能将极大地影响人类的工作、生活以及方方面面。

3.5.3　人工智能的关键技术

1. 机器学习

机器学习是人工智能的前沿，通过研究计算机怎样模拟或实现人类的学习行为，来获取新的知识或技能。其主要思想为在海量数据中寻找数据的“模式”或“规律”，在没有过多人为因素干预的情况下运用所寻找的“模式”或“规律”对未来数据或无法观测的数据进行预测。

2. 深度学习

深度学习的概念由辛顿等人于 2006 年提出。深度学习以机器学习为背景，在机器学习的基础上建立、模拟人脑进行分析学习的神经网络，通过模拟人脑的机制来解释数据，从而提高计算的准确性。深度学习是当下人工智能的尖端技术，因其灵感来源于人类大脑中的神经网络，故深度学习又称为“人工神经网络”。

3. 人机交互

人机交互主要研究人和计算机之间的信息交换，主要包括人到计算机和计算机到人的两部分信息交换，是人工智能领域重要的外部技术。人机交互是与认知心理学、人机工程学、多媒体技术、虚拟现实技术等密切相关的综合学科。传统的人与计算机之间的信息交换主要依靠交互设备进行，主要包括键盘、鼠标、操纵杆、数据服装、眼动跟踪器、位置跟踪器、数据手套、压力笔等输入设备，以及打印机、绘图仪、显示器、头盔式显示器、音箱等输出设备。人机交互技术除了传统的基本交互和图形交互外，还包括语音交互、情感交互、体感交互及脑机交互等技术。

4. 自然语言处理

自然语言处理（Natural Language Processing，NLP）是计算机科学领域与人工智能领域中的一个重要方向。它研究能实现人与计算机之间用自然语言进行有效通信的各种理论和方法。自然语言处理是一门集语言学、计算机科学、数学于一体的科学。因此，这一领域的研究会涉及自然语言，即人们日常使用的语言，它与语言学的研究有着密切的联系，但又有重要的区别。自然语言处理并不是一般地研究自然语言，而在于研制能有效地实现自然语言通信的计算机系统，特别是其中的软件系统。

自然语言处理的应用包罗万象，如机器翻译、手写体和印刷体字符识别、语音识别、信息检索、信息抽取与过滤、文本分类与聚类、舆情分析和观点挖掘等，它涉及与语言处理相关的数据挖掘、机器学习、知识获取、知识工程、人工智能研究和与语言计算相关的语言学研究等。

5. 计算机视觉

计算机视觉（Computer Vision）是一门研究如何使机器“看”的科学，进一步地说，是指用摄影机和计算机代替人眼对目标进行识别、跟踪和测量的机器视觉，并进一步做图像处理，成为更适合人眼观察或传送给仪器检测的图像。计算机视觉既是工程领域也是科学领域中的一个富有挑战性的重要研究领域。计算机视觉是一门综合性的学科，它已经吸引了来自各个学科的研究者参加到对它的研究之中，其中包括计算机科学和工程、信号处理、物理学、应用数学和统计学、神经生理学和认知科学等。根据解决的问题，计算机视觉可分为计算成像学、图像理解、三维视觉、动态视觉和视频编解码 5 类。

计算机视觉研究领域已经衍生出了一大批快速成长的、有实际作用的应用，举例如下。

（1）人脸识别：Snapchat 和 Facebook 使用人脸检测算法来识别人脸。

（2）图像检索：Google Images 使用基于内容的查询来搜索相关图片，用算法分析查询图像中的内容并根据最佳匹配内容返回结果。

（3）游戏和控制：使用立体视觉较为成功的游戏应用产品是微软 Kinect。

（4）监测：用于监测可疑行为的监视摄像头遍布于各大公共场所中。

（5）智能汽车：计算机视觉仍然是检测交通标志、灯光和其他视觉特征的主要信息来源，如图 3-11 所示。

6. 语音识别

语音识别是把语音转化为文字，并对其进行识别、认知和处理，主要关注自动且准确地转录人类语音的技术。语音识别的主要应用包括电话外呼、医疗领域听写、语音书写、计算机系统声控、电话客服等。图 3-12 所示为语音识别技术。

美国咖啡连锁巨头星巴克在该公司的移动应用 MyStarbucks 里推出一项语音助手功能，方便用户通过语音点单和支付。借助该功能，用户便可修改自己的订单，就像在现实世界中与真的咖啡师交流一样。除此之外，该公司还与亚马逊 Alexa 平台进行整合，用户可以借助 Echo 音箱或其他内置 Alexa 平台的设备购买自己喜欢的餐品。

图 3-11　智能汽车

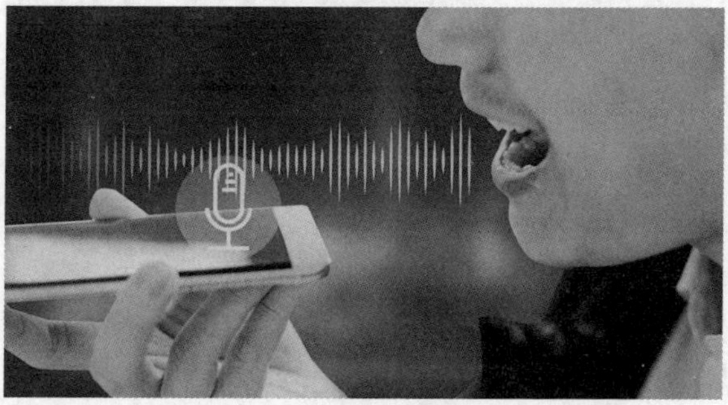

图 3-12　语音识别技术

7. 生物特征识别

在当今这个信息化时代，如何准确鉴定一个人的身份、保护信息安全，已成为一个必须解决的社会问题。传统的身份认证由于极易伪造和丢失，已经越来越难以满足社会的需求，目前最为便捷与安全的解决方案无疑就是生物识别技术。它不但简洁快速，而且利用它进行身份的认定安全、可靠、准确。同时更易于配合计算机和安全、监控、管理系统整合，实现自动化管理。由于其广阔的应用前景、巨大的社会效益和经济效益，已引起各国的广泛关注和高度重视。生物特征识别技术涉及的内容十分广泛，包括指纹、虹膜、掌纹、人脸、指静脉、声纹、步态等，其识别过程涉及图像处理、计算机视觉、语音识别、机器学习等多项技术。目前，生物特征识别作为重要的智能化身份认证技术，在金融、公共安全、教育、交通等领域得到广泛的应用。图 3-13 所示为生物特征识别技术。

8. VR/AR

虚拟现实（Virtual Reality，VR）/增强现实（Augmented Reality，AR）是以计算机为核心的新型视听技术。结合相关科学技术，在一定范围内生成与真实环境在视觉、听觉、触感等方面高度近似的数字化环境。用户借助必要的装备与数字化环境中的对象进行交互，相互影响，获得近似真实环境的感受和体验。图 3-14 所示为利用 VR 技术学习驾驶汽车。

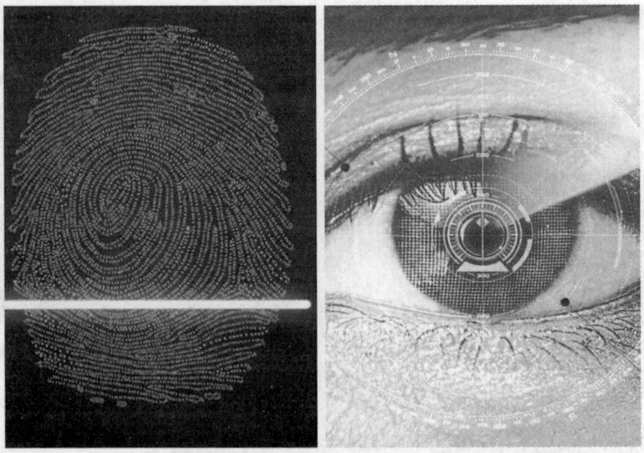

图 3-13　生物特征识别技术

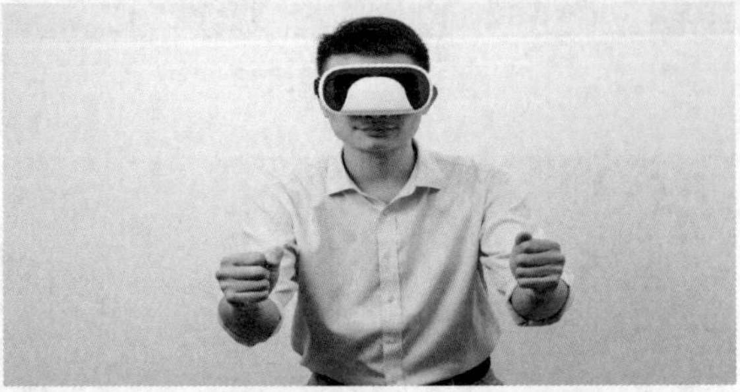

图 3-14　利用 VR 技术学习驾驶汽车

3.5.4　人工智能与物联网技术综合应用

不论是物联网，还是人工智能，都已经和我们的生活息息相关。物联网负责收集资料（通过传感器连接无数的设备和载体，包括家电产品），收集到的动态信息会被上传到云端。接下来人工智能系统将对信息进行分析加工，生成人类所需的实用技术。此外，人工智能通过数据自我学习，帮助人类达成更深层次的长远目标。

基于物联网的各种创新应用将成为新一轮创业的热点领域，而这些新的创新领域中一个重要的特点就是物联网与人工智能的深度整合。物联网与人工智能的深度整合将广泛应用于智慧城市、工业物联网、智能家居、农业物联网和各种可穿戴设备等领域，而这些领域无疑具有巨大的发展潜力。

1. 智能制造

智能制造（Intelligent Manufacturing，IM）是一种由智能机器和人类专家共同组成的人机一体化智能系统，它在制造过程中能进行智能活动，诸如分析、推理、判断、构思和决策等。通过人与智能机器的合作共事，去扩大、延伸和部分取代人类专家在制造过程中的脑力劳动。它把制造自动化的概念更新扩展到柔性化、智能化和高度集成化。智能制造对人工智能的需求主要表现在以下 3 个方面：一是智能装备，包括自动识别设备、人机交互系统、工业机器人以及数控机床等具体设备，涉及跨媒体分析推理、自然语言处理、虚拟现实智能建模及自主无人系统等关键技术；二是智能工厂，包括智能设计、智能生产、智能管理以及集成优化等具体内容，涉及跨媒体分析推理、大数据智能、机器学习等关键技术；三是智能服务，包括大规模个性化定制、远程运维以及预测性维护等具体服务模式，涉及跨媒体分析推理、自然语言处理、大数据智能、高级机器学习等关键技术。图 3-15 所示为智能制造车间。

图 3-15　智能制造车间

2. 智能家居

智能家居通过物联网技术将家中的各种设备（如音视频设备、照明系统、窗帘控制、空调控制、安防系统、数字影院系统、影音服务器、影柜系统、网络家电等）连接到一起，提供家电控制、照明控制、电话远程控制、室内外遥控、防盗报警、环境监测、暖通控制、红外转发以及可编程定时控制等多功能和手段。与普通家居相比，智能家居不仅具有传统的居住功能，兼备建筑、网络通信、信息家电、设备自动化，提供全方位的信息交互功能，而且能节约各种能源。例如，借助智能语音技术，用户应用自然语言实现对家居系统各设备的操控，如开关窗帘或窗户、操控家用电器和照明系统、打扫卫生等操作。借助机器学习技术，智能电视可以从用户看电视的历史数据中分析其兴趣和爱好，并将相关的节目推荐给用户。通过应用声纹识别、脸部识别、指纹识别等技术进行开锁等。通过大数据技术，可以使智能家电实现对自身状态及环境的自我感知，具有故障诊断能力。通过收集产品运行数据，发现产品异常，主动提供服务，降低故障率。此外，还可以通过大数据分析、远程监控和诊断，快速发现问题、解决问题，从而提高效率。图 3-16 所示为智能家居示意图。

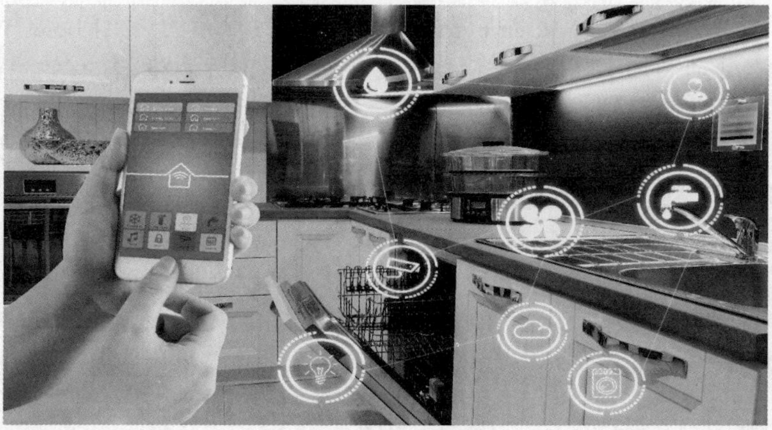

图 3-16　智能家居示意图

3. 智能金融

智能金融即人工智能与金融的全面融合，以人工智能、大数据、云计算、区块链等高新科技为核心要素，全面赋能金融机构，提升金融机构的服务效率，拓展金融服务的广度和深度，使得全社会都能获得平等、高效、专业的金融服务，实现金融服务的智能化、个性化、定制化。人工智能技术在金融业中可以用于客户服务，支持授信、各类金融交易和金融分析中的决策，并用于风险防控和监督，将大幅度改变金融现有格局，金融服务将会更加个性化与智能化。智能金融对于金融机构的业务部门来说，可以帮助获客，精准服务客户，提高效率；对于金融机构的风控部门来说，可以提高风险控制能力和安全性；对于用户来说，可以实现资产优化配置，体验到金融机构更加完美的服务。人工智能在金融领域的应用主要包括以下几个方面。

（1）智能获客。依托大数据，对金融用户进行画像，通过需求响应模型，极大地提升获客效率。

（2）身份识别。以人工智能为内核，通过人脸识别、声纹识别、指静脉识别等生物识别手段，再加上各类票据、身份证、银行卡等证件票据的 OCR（Optical Character Recognition，光学字符识别）等技术手段，对用户身份进行验证，大幅降低核验成本，有助于提高安全性。

（3）大数据风控。通过大数据、算力、算法的结合，搭建反欺诈、信用风险等模型，多维度控制金融机构的信用风险和操作风险，同时避免资产损失。

（4）智能投资顾问。基于大数据和算法能力，对用户与资产信息进行标签化，精准匹配用户与资产。

（5）智能客服。基于自然语言处理能力和语音识别能力，拓展客服领域的深度和广度，大幅降低服务成本，提升服务体验。

（6）金融云。依托云计算能力的金融科技，为金融机构提供更安全高效的全套金融解决方案。

4. 智能交通

智能交通系统是未来交通系统的发展方向，它是将先进的信息技术、数据通信传输技术、电子传感技术、控制技术及计算机技术等有效地集成运用于整个地面交通管理系统而建立的一种大范围、全方位发挥作用的，实时、准确、高效的综合交通运输管理系统。

随着社会车辆越来越普及，交通拥堵甚至瘫痪已成为城市的一大问题。对道路交通状况实时监控并将信息及时传递给驾驶人，让驾驶人及时作出出行调整，能有效缓解交通压力；高速路口设置道路自动收费系统，免去进出口取卡、还卡的时间，能提升车辆的通行效率；公交车上安装定位系统，能及时了解公交车行驶路线及到站时间，乘客可以根据搭乘路线确定出行计划，免去时间浪费。社会车辆增多，除了会带来交通压力外，停车难也日益成为一个突出问题，不少城市推出了智慧路边停车管理系统，该系统基于云计算平台，结合物联网技术与移动支付技术，共享车位资源，提高车位利用率和用户的方便程度。该系统可以兼容手机模式和射频识别模式，通过手机端 App 可以实现及时了解车位信息、车位位置，提前预定车位并实现交费等操作，很大程度上解决了“停车难、难停车”的问题。图 3-17 所示为城市智能交通定位系统。

图 3-17　城市智能交通定位系统

5. 智能安防

随着科学技术的发展与进步和 21 世纪信息技术的腾飞，智能安防技术已迈入了一个全新的领域，它与计算机之间的界限正在逐步消失。没有安防技术，社会就会不安宁，世界科学技术的发展就会受到影响。

物联网技术的普及应用使得城市的安防从过去简单的安全防护系统向城市综合化体系演变，城市的安防项目涵盖众多的对象，有街道社区、楼宇建筑、银行邮局、道路监控、机动车辆、警务人员、移动物体、船只等。一些重要场所，如机场、码头、水电气厂、桥梁大坝、河道、地铁等，引入物联网技术后，就可以通过无线移动、跟踪定位等手段建立全方位的立体防护体系。

智能安防是兼顾了整体城市管理系统、环保监测系统、交通管理系统、应急指挥系统等应用的综合体系。特别是车联网的兴起，在公共交通管理、车辆事故处理、车辆偷盗防范方面可以更加快捷准确地跟踪定位处理，还可以随时随地通过车辆获取更加精准的灾难事故、道路流量、车辆位置、公共设施安全、气象等信息。

6. 智能医疗

智能医疗是通过打造健康档案区域医疗信息平台，利用最先进的物联网技术，实现患者与医务人员、医疗机构、医疗设备之间的互动，逐步达到信息化。近几年，智能医疗在辅助诊疗、疾病预测、医疗影像辅助诊断、药物开发等方面发挥了重要作用。在不久的将来，医疗行业将融入更多人工智能、传感技术等高科技，使医疗服务走向真正意义的智能化，推动医疗事业的繁荣发展。在中国新医改的大背景下，智能医疗正在走进寻常百姓的生活。随着人均寿命的延长，现代社会人们需要更好的医疗系统。远程医疗、电子医疗（E-health）日趋重要。借助于物联网、云计算技术、人工智能的专家系统、嵌入式系统的智能化设备，可以构建起完善的物联网医疗体系，使全民平等地享受医疗服务，同时减少了由于医疗资源缺乏导致的看病难、医患关系紧张、事故频发等现象。图 3-18 所示为远程指导手术。

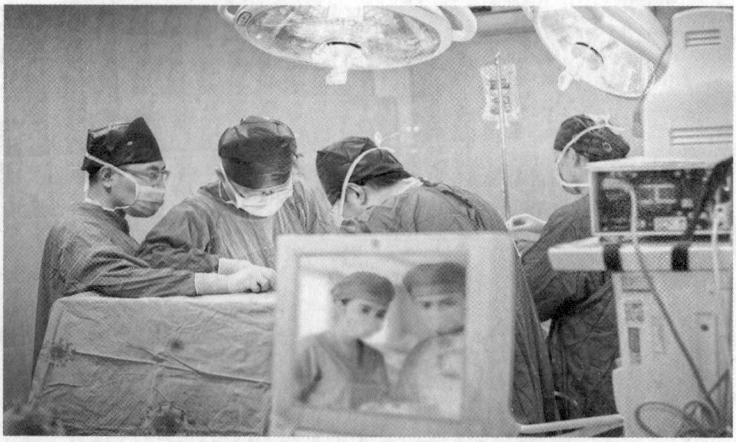

图 3-18 远程指导手术

7. 智能物流

传统物流企业在利用条形码、射频识别、传感器、全球定位系统等技术优化改善运输、仓储、配送装卸等物流业基本活动，同时也在尝试使用智能搜索、推理规划、计算机视觉以及智能机器人等技术实现货物运输过程的自动化运作和高效率优化管理，提高物流效率。例如，在仓储环节，利用大数据分析大量历史库存数据，建立相关预测模型，实现物流库存商品的动态调整。大数据也可以支撑商品配送规划，进而实现物流供给与需求匹配、物流资源优化与配置等。京东自主研发的无人仓采用大量智能物流机器人进行协同与配合，通过人工智能、深度学习、图像智能识别、大数据应用等技术，让工业机器人可以进行自主的判断和行为，完成各种复杂的任务，在商品分拣、运输、出库等环节实现自动化，大大减少了订单出库时间，使物流仓库的存储密度、搬运的速度、拣选的精度均有大幅度提升。图 3-19 所示为机器人自动分拣。

图 3-19 机器人自动分拣

8. 智能零售

人工智能在零售领域的应用已经十分广泛，无人超市、智慧供应链、客流统计等都是热门方向。例如，将人工智能技术应用于客流统计，通过人脸识别客流统计功能，门店可以从性别、年龄、表情、新老顾客、滞留时长等维度建立到店客流用户画像，为调整运营策略提供数据基础，帮助门店运营从匹配实际到店客流的角度提升转换率。图 3-20 所示为无人超市。

图 3-20　无人超市

9. 智能出行

共享单车则是结合了物联网概念与技术，形成的一种智能出行模式，此体系包含 3 个部分：手机端、单车端和云端。共享单车的实现并不复杂，其实质是一个典型的“物联网+互联网”应用。应用的一边是车（物），另一边是用户（人），通过云端的控制来向用户提供单车租赁服务。图 3-21 所示为遍布城市大街小巷的共享单车。

图 3-21　遍布城市大街小巷的共享单车

共享单车的主要工作流程如下。

（1）用户通过手机上的 App 寻找附近的单车，并进行充值、开锁和费用计算，这是物联网体系中的用户端口。

（2）单车端则可进行行程数据的收集，通过 SIM 卡，将 GPS 定位的信息和电子锁的状态传送给云端。

（3）云端则进行整个系统的调控，收集信息并下载命令，对单车终端进行控制。

3.6　新信息技术间的关系

云计算、物联网、大数据和人工智能代表了人类 IT 技术的最新发展趋势，这 4 种技术深刻变革着人们的生产和生活。在这 4 种技术中，人工智能具有较长的发展历史，在 20 世纪 50 年代就已经被提出，并在 2016 年迎来了又一次发展高潮。云计算、物联网和大数据在 2010 年迎来一次大发展，目前正在各大领域不断深化应用。前面对云计算、物联网、大数据和人工智能进行了简要的介绍，相信这 4 种技术的融合发展、相互助力，一定会给人类社会的未来发展带来更多的新变化。

下面梳理一下这 4 种技术之间的紧密关系。

3.6.1 人工智能与大数据的联系

人工智能和大数据是紧密相关的两种技术，二者既有联系，又有区别，被数据科学家和其他行业大公司视为两个“机械巨人”。许多公司认为，人工智能将给公司数据带来革命。机器学习被认为是人工智能的高级版本，各种机器可以通过它发送或接收数据，并通过分析数据学习新的概念，大数据帮助组织分析现有数据，并从中得出有意义的见解。

一方面，大数据是基于海量数据进行分析从而发现一些隐藏的规律、现象、原理等，而人工智能在大数据的基础上更进一步，人工智能会分析数据，然后根据分析结果做出行动，人工智能需要数据来建立其智能，特别是机器学习。例如，机器学习图像识别应用程序需要查看数以万计的飞机图像，以了解飞机的构成，以便将来能够识别出它们。人工智能应用的数据越多，其获得的结果就越准确。在过去，人工智能由于处理器速度慢、数据量小而不能很好地工作。今天，大数据为人工智能提供了海量的数据，使得人工智能有了长足的发展，甚至可以说，没有大数据就没有人工智能。

另一方面，大数据技术为人工智能提供了强大的存储能力和计算能力。在过去，人工智能算法都是依赖于单机的存储和算法。在大数据时代，面对海量的数据，传统的单机存储和单机算法都已经无能为力，建立在集群技术之上的大数据技术（主要是分布式存储和分布式计算）可以为人工智能提供强大的存储能力和计算能力。

人工智能将减少人类的整体干预和工作，所以人们认为人工智能具有所有的学习能力，并将创造机器人来接管人类的工作。大数据的介入是变革的关键，因为机器可以根据事实作出决定，但不能涉及情感互动，因此数据科学家可以基于大数据将情商囊括进来，让机器以正确的方式做出正确的决定。

大数据是人工智能的前提，是人工智能的重要原材料，是驱动人工智能提高识别率和精确度的核心因素。随着物联网和互联网的发展与广泛应用，人们产生的数据量呈指数级增长，平均每年增长 50%。除了数目的增加之外，数据的维度也得到了扩展。这些大体量高维度的数据使得现如今的数据更加全面，从而足够支撑起人工智能的发展。同时，人工智能的发展使得人们能够使用更加智能、更高效率的感知器获取大量信息。

3.6.2 人工智能与大数据的区别

人工智能与大数据也存在着明显的区别，人工智能是一种计算形式，它允许机器执行认知功能，如对输入起作用或做出反应，类似于人类的做法，而大数据是一种传统计算，它不会根据结果采取行动，只是寻找结果。

另外，二者要达成的目标和实现目标的手段不同。大数据的主要目的是通过数据的对比分析来掌握和推演出更优的方案。以视频推送为例，人们之所以会接收到不同的推送内容，是因为大数据根据人们日常观看的内容，综合考虑了人们的观看习惯和日常的观看内容，推断出哪些内容更可能让观众会有同样的感觉，并将其推送给特定的观众。人工智能的开发，则是为了辅助和代替人类更快、更好地完成某些任务或进行某些决定。不管是汽车自动驾驶、自我软件调整，还是医学样本检查工作，人工智能都是在完成和人类工作相同的任务，二者的区别就在于人工智能的速度更快、错误更少，它能通过机器学习的方法，掌握人们日常进行的重复性事项，并以其计算机的处理优势来高效地达成目标。

3.6.3 人工智能与云计算

云计算主要是通过互联网为用户提供各种服务，针对不同的用户，它可以提供 IaaS（Infrastructure as a Service，基础设施即服务）、PaaS（Platform as a Service，平台即服务）和 SaaS（Software as a Service，SaaS）这 3 种服务，而人工智能可简单地理解为一个感知和决策的过程，当然这个过程要追求一种合理性。人工智能的发展需要 3 个重要的基础，分别是数据、算力和算法，而云计算是提供算力的重要途径，所以云计算可以看成是人工智能发展的基础。云计算不仅是人工智能的基础计算平台，也是人工智能的能力集成到千万应用中的便捷途径。人工智能则不仅丰富了云计算服务的特性，更让云计算服务更加符合业务场景的需求，并进一步解放人力。

3.6.4 大数据与云计算

大数据的基础是物联网和云计算，可以说大数据是物联网和云计算发展的必然结果，大数据离不开云计算，云计算为大数据提供了弹性可拓展的基础设备，是产生大数据的平台之一。从技术体系结构上来看，大数据与云计算都是以分布式存储和分布式计算为基础的，只不过大数据关注数据，而云计算关注于服务。

大数据与云计算的关系就像一枚硬币的正反面一样密不可分。大数据无法用单台的计算机进行处理，必须采用分布式计算架构。它的特色在于对海量数据的挖掘，但它必须依托云计算的分布式处理、分布式数据库、云存储和虚拟化技术。它们之间的关系可这样理解：云计算技术就是一个容器，大数据正是存放在这个容器中的水，大数据要依靠云计算技术来进行存储和计算。

3.6.5 大数据、云计算、物联网和人工智能之间的关系

人工智能是程序算法和大数据结合的产物，而云计算是程序的算法部分，物联网是收集大数据的根系的一部分。可以简单认为：人工智能＝云计算＋大数据+物联网。从层次结构上来看：物联网是第一层，负责感知和操控环境；云计算位于第二层，负责为大数据和人工智能提供服务支撑；大数据位于第三层，完成数据的整理和分析；人工智能位于第四层，完成最终的智能决策。没有云计算技术作为支撑，大数据分析就无从谈起。反之，大数据为云计算提供了“用武之地”，没有大数据这个“练兵场”，云计算技术再先进，也不能发挥它的应用价值。物联网的传感器源源不断地产生大量数据，构成了大数据的重要数据来源，没有物联网的飞速发展，就不会带来数据产生方式的变革，即由人工产生阶段转向自动产生阶段，大数据时代也不会这么快就到来。同时，物联网需要借助于云计算和大数据技术，实现物联网大数据的存储、分析和处理。

大量数据输入到大数据系统，从而改善大数据系统里建立的机器学习模型。云计算提供的算力使得普通机构也可以用大数据系统计算大量数据，从而获得人工智能的能力。人工智能、

大数据、云计算是这个时代重要的创新产物，高速并行运算、海量数据、更优化的算法共同促成了人工智能发展的突破，它们具备巨大的潜能，能够不断催化经济价值和社会进步。通过物联网产生、收集的海量数据存储于云平台，再通过大数据进行分析，甚至更高形式的人工智能为人类生产的第四次工业革命进化的方向。

人工智能未来将是掌控这个实体的大脑，云计算可以看作在大脑指挥下对大数据的处理并应用，即大数据存储在云端，再根据云计算做出行为，这就是人工智能算法。可以说，云计算、大数据、物联网和人工智能四者已经彼此渗透、相互融合，在很多应用场合都可以同时看到四者的身影。在未来，这四者会继续相互促进、相互影响，更好地服务于社会生产和人类生活的各个领域。

第 4 章　文字处理软件 Word 2016

Office 2016 是由微软公司开发的一个庞大的办公软件集合，是我们日常工作中不可或缺的办公工具，主要包含用于文字处理的 Word、用于电子表格处理的 Excel、用于制作演示文稿的 PowerPoint、用于进行数据库管理的 Access、用于接收电子邮件与信息管理的 Outlook 等多个组件。各组件既可以独立完成不同的任务，又可以协同作业、共享数据。

Office 2016 的各个组件具有风格相似的操作界面，共享一般的命令、对话框和操作步骤，使用户可以非常方便地掌握各组件的使用方法。新版 Office 功能更加强大，使用更加人性化，除了在功能上得到更好的发展外，在安全策略上也有很大的改进，如加强密码的复杂性、查看下载文件的保护模式、对 Outlook 中电子邮件线程进行更好的控制等。

Word 2016 是 Office 组件中的文字处理软件，适用于制作各种文档，如信函、书刊、公文、报纸和简历等。Word 2016 集文字编辑、排版、图片、表格、Internet 等为一体，功能强大，操作简单，为用户创建各种形式、各种风格、图文并茂的文档。它具有强大的文本编辑功能，包括即点即输、增强的表格工具、中文简体与繁体的转换以及检测和修复文档等。Word 2016 在以前的版本基础上又做了相应的改进，增加了许多新功能，主要包括多窗口显示、搜索框、屏幕截图、云模块与 Office 融为一体等。

4.1　Word 2016 基本操作

4.1.1　启动 Word 2016

Windows 系统中，Word 2016 的启动方法有多种，下面介绍常用的 3 种方法。

（1）通过“开始”按钮启动。启动 Windows 系统后，单击“开始”按钮，打开“开始”菜单。按照英文字母顺序找到“Word 2016”并单击，便可启动 Word 2016，打开程序的窗口。

（2）通过快捷方式启动。如果桌面上已经建立了 Word 2016 的快捷方式，双击快捷方式图标就可启动 Word 2016 了。

（3）在文件夹中如果有“Microsoft Word 文档”，双击此文件也可以打开 Word 2016。

4.1.2　退出 Word 2016

可以选择下面任意一种方法退出 Word 2016。

（1）单击窗口右上角的“关闭”按钮。

（2）按下快捷键 Alt+F4。执行上述操作后，如果有文档修改后未保存，Word 2016 会弹出保存文件提示对话框，如图 4-1 所示。如果要保存所做的修改，则单击“保存”按钮，系统会先保存文档再退出。如果单击“不保存”按钮，Word 2016 将不保存修改内容直接退出。如果单击“取消”按钮，则回到工作窗口。

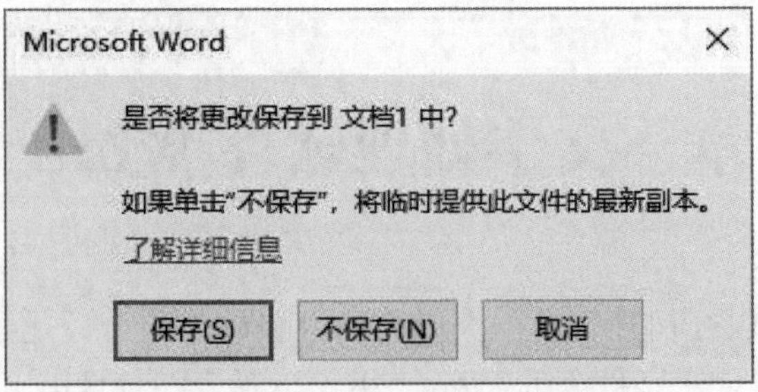

图 4-1 保存文件提示对话框

如果只想关闭文档，不退出 Word 2016，可选择“文件”选项卡中的“关闭”命令。

4.1.3 Word 2016 窗口组成

Word 2016 窗口包括快速访问工具栏、标题栏和控制按钮、状态栏、功能区、编辑区、标尺栏，如图 4-2 所示。

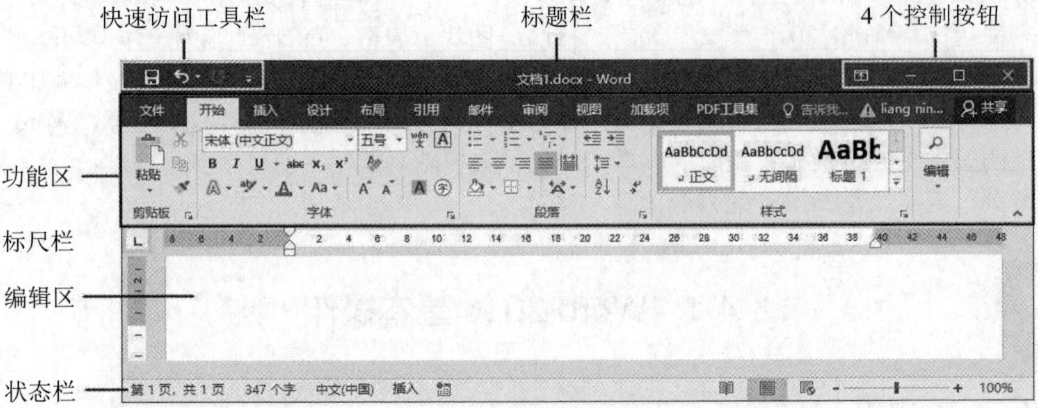

图 4-2 Word 2016 窗口

1. 快速访问工具栏

默认状态下，快速访问工具栏位于窗口的左上角。快速访问工具栏中包含了一组独立的命令按钮，使用这些按钮，操作者能够快速实现某些操作。

2. 标题栏和控制按钮

标题栏位于窗口的顶端，用于显示当前应用程序的名称和正在编辑的文档名称。标题栏右侧有 4 个控制按钮，最左侧按钮为“功能区显示选项”，后面 3 个按钮用来实现窗口的最小化、最大化（或还原）和关闭操作。

3. 状态栏

状态栏位于窗口的最底部，通常会显示页码以及字数统计等。

如果需要改变状态栏显示的信息，可以在状态栏空白处右击，将弹出“自定义状态栏”快捷菜单，如图 4-3 所示。前面有“ √ ”标志的选项内容就会显示在状态栏中。

4. 功能区

功能区是位于窗口标题栏下的带状区域，它基本包含了用户使用 Word 2016 时需要的所有功能。

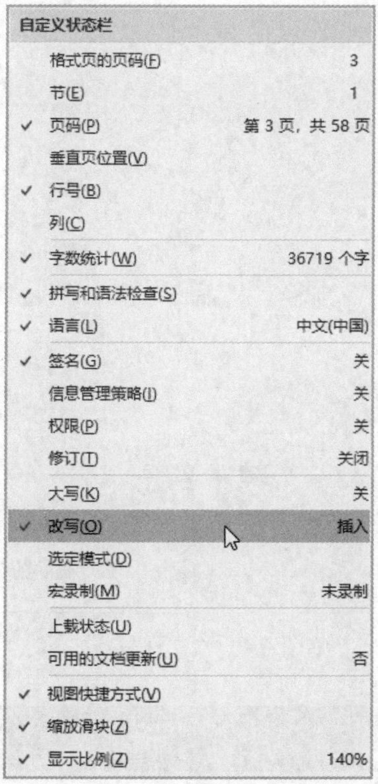

图 4-3　“自定义状态栏”快捷菜单

为了让编辑区显示更多文档内容，可根据需要将窗口上方的功能区和命令暂时隐藏，以方便对文档的查阅。隐藏或显示功能区和命令有以下几种方法。

方法一：单击功能区中的“折叠功能区”按钮 ^，即可将该功能区隐藏起来。

想要再次显示功能区，单击第一个控制按钮——“功能区显示选项”按钮，在弹出的菜单中选择“显示选项卡和命令”选项，即可将功能区再次显示出来。

方法二：在功能区的空白处，右击，在弹出的快捷菜单中选择“折叠功能区”命令，即可将功能区隐藏起来。

若要再次显示功能区，右击功能区中的任意一个选项卡标签，在弹出的快捷菜单中取消勾选“折叠功能区”选项，功能区即可重新显示。

方法三：双击选项卡，可以直接使功能区在显示和隐藏状态间切换。

功能区中有 9 个选项卡，分别为“文件”“开始”“插入”“设计”“布局”“引用”“邮件”“审阅”“视图”。

（1）“文件”选项卡。在 Word 2016 中，“文件”选项卡位于窗口的左上角。单击“文件”选项卡可以打开“文件”窗口，如图 4-4 所示。

“文件”窗口分为 3 个区域：左侧区域为命令选项区，该区域列出了与文档有关的操作命令选项；在左侧的命令选项区选择某个选项后，中间区域将显示该类命令选项的可用命令按钮；右侧区域显示与文档有关的信息，如文档属性信息、打印预览或预览模板文档内容等。

（2）“开始”选项卡。“开始”选项卡包括剪贴板、字体、段落、样式和编辑 5 个组，如图 4-5 所示。主要用于帮助用户对文档进行文字编辑和格式设置，是用户最常用的选项卡。

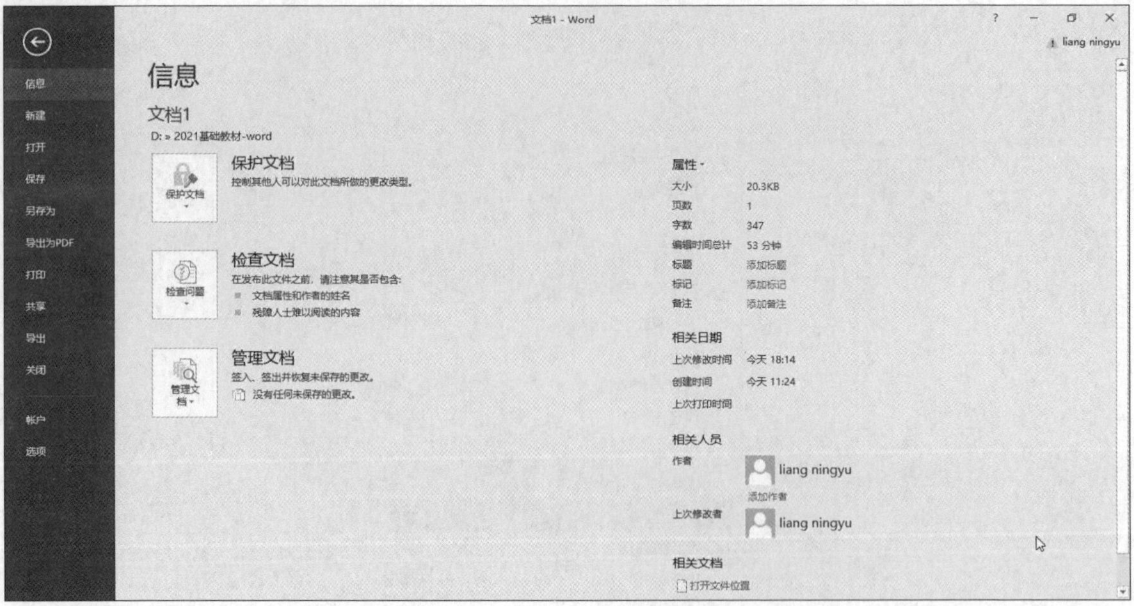

图 4-4　“文件”窗口

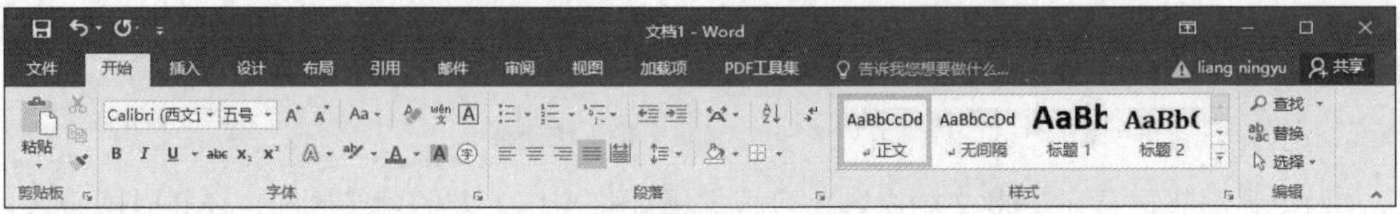

图 4-5　“开始”选项卡

（3）“插入”选项卡。“插入”选项卡包括页面、表格、插图、加载项、媒体、链接、批注、页眉和页脚、文本、符号几个组，主要用于在文档中插入各种元素。

（4）“设计”选项卡。“设计”选项卡包括文档格式和页面背景两个组，主要用于文档的格式以及背景设置。

（5）“布局”选项卡。“布局”选项卡包括页面设置、稿纸、段落和排列 4 个组，主要用于帮助用户设置文档的页面样式。

（6）“引用”选项卡。“引用”选项卡包括目录、脚注、信息检索、引文与书目、题注、索引和引文目录几个组，主要用于实现在文档中插入目录等比较高级的功能。

（7）“邮件”选项卡。“邮件”选项卡包括创建、开始邮件合并、编写和插入域、预览结果和完成几个组，该选项卡的作用比较专一，专门用于在文档中进行邮件合并方面的操作。

（8）“审阅”选项卡。“审阅”选项卡包括校对、辅助功能、语言、中文简繁转换、批注、修订、更改、比较和保护几个组，主要用于对文档进行校对和修订等操作，适用于多人协作处理长文档。

（9）“视图”选项卡。“视图”选项卡包括视图、显示、显示比例、窗口和宏几个组，主要用于帮助用户设置窗口的视图类型，以方便操作。

在功能区有些分组的右下角有一个按钮 ，将鼠标指针置于按钮上，可以显示该按钮的名称，通常与分组的名称相同。例如，“字体”对话框打开按钮如图 4-6 所示。

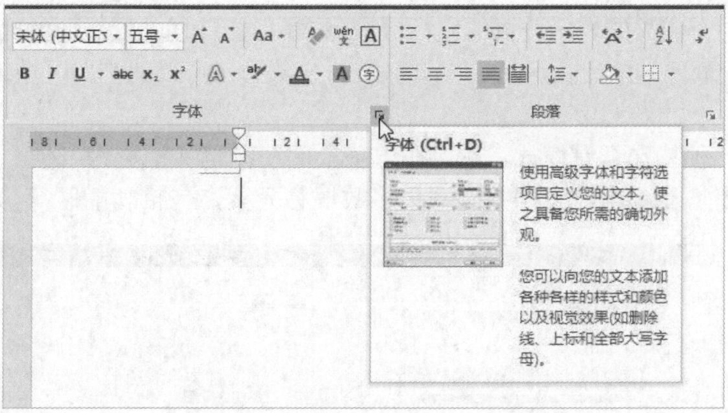

图 4-6　“字体”对话框打开按钮

5. 编辑区

编辑区是用户输入文字、插入图片的区域。在该区域中有一个不断闪烁的竖线，称为插入点光标（简称光标），输入的文字或插入的对象出现在光标后面。光标可以通过单击重新定位，也可以用键盘上的移动键在文档中移动定位。在光标处定义了字体、字号、字的颜色等，输入的文字就会以定义的方式显示。

6. 标尺栏

Word 2016 提供了水平标尺和垂直标尺。利用水平标尺可以设置制表位、改变段落缩进、调整版面边界以及调整表格栏宽等。在页面视图中可以利用垂直标尺调整页的上、下边界，表格的行高及页眉和页脚的位置。

标尺显示或隐藏的方法为：在“视图”选项卡中，选中“显示”组中的“标尺”命令，便会在编辑区的上方出现水平标尺，左侧出现垂直标尺。

4.1.4　Word 2016 文档视图方式

为了满足对各种文档编辑的需要，Word 2016 提供了 5 种在屏幕上显示文档的视图方式，即页面视图、阅读视图、Web 版式视图、大纲视图和草稿视图。

打开一个文档，切换至“视图”选项卡，可以选择所需的视图方式，如图 4-7 所示。也可以用窗口右下方的视图显示按钮进行快速切换。

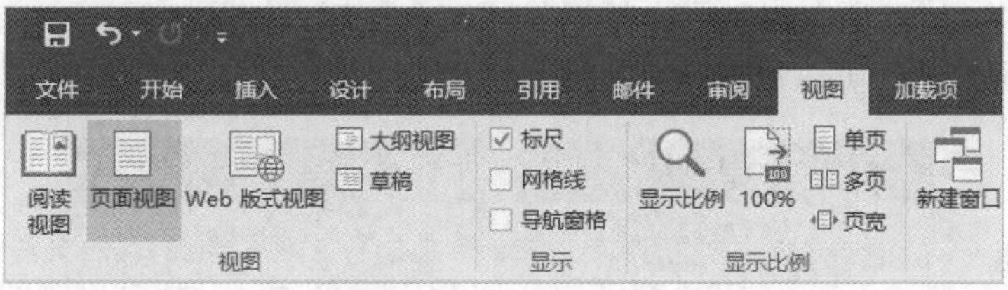

图 4-7　“视图”选项卡

1. 页面视图

页面视图是一种使用最多的视图方式。在页面视图中，可进行编辑、排版、设置页眉页脚、多栏版面显示操作，还可处理文本框、图文框或者检查文档的最后外观，具有“所见即所得”的真实效果。

在页面视图中有明显的表示分页的空白区域，将鼠标指针移动到页面的底部或顶部，变为时双击，能隐藏页面两端的空白区域。在该区域再次双击，可以使空白区域重新显示。

2. 阅读视图

阅读视图是一种特殊查看模式，使得在屏幕上阅读浏览文档更为方便，如图 4-8 所示。在激活后，阅读视图将显示当前文档并隐藏大多数屏幕元素，包括功能区等。

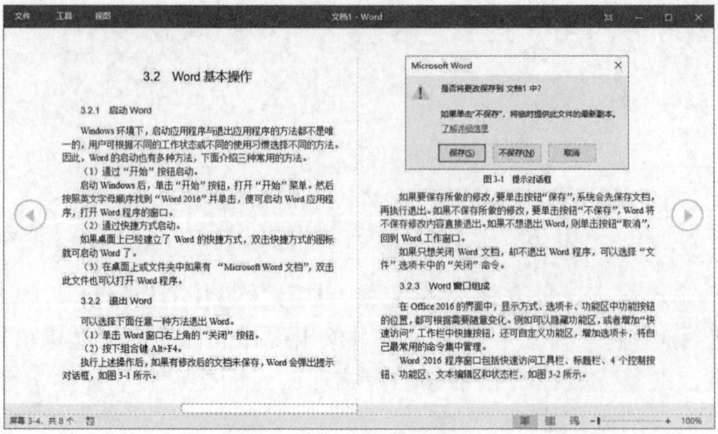

图 4-8 阅读视图

在该视图中，窗口左下角将显示当前屏数和文档能显示的总屏数。单击视图左侧的“上一屏”按钮和右侧的“下一屏”按钮，可进行屏幕显示的切换。

3. Web 版式视图

在 Web 版式视图中可以像在浏览器上一样显示页面，可以看到页面的背景、自选图片或其他在 Web 文档及屏幕上查看文档时常用的效果。当打开一个 Web 文档时，系统会自动切换到该视图。

4. 大纲视图

在建立一个较长的文档时，可以在大纲视图模式下先建立文档的大纲或标题，然后再在每个标题下插入详细内容。大纲视图可以将文档的标题分级显示，使文档结构层次分明，易于编辑。还可以设置文档和显示标题的层级结构，并且折叠和展开各种层级的文档。

利用大纲视图，移动、复制文本、重组长文档都很容易。在大纲视图下，功能区中会出现“大纲”选项卡，该选项卡提供了大纲操作的命令按钮，如图 4-9 所示。在“大纲级别”下拉列表中选择相应选项，可以更改当前标题的大纲级别。

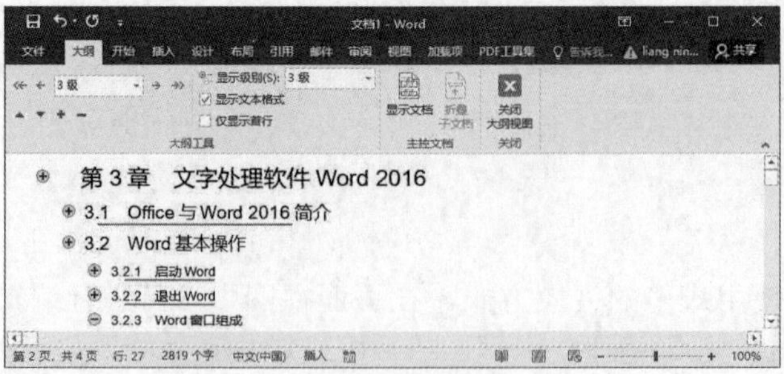

图 4-9 大纲视图

5. 草稿视图

草稿视图取消了页面边距、分栏、页眉页脚和图片等元素，仅显示标题和正文，是最节省计算机系统硬件资源的视图方式。

4.2　创建及编辑文档

4.2.1　创建新文档

启动 Word 2016 后，新建文档的默认文件名为“文档 1”。用户也可以利用 Word 2016 提供的多种模板创建所需格式的文档文件。

1. 创建空白文档

在 Word 2016 中创建空白文档有以下几种方法。

（1）启动 Word 2016 时，系统会自动打开一个空白的文档。

（2）在桌面上或文件夹中创建文档。

在计算机桌面上（或者选择需要创建文档的文件夹）右击，在弹出的快捷菜单中依次选择“新建”→“Microsoft Word 文档”命令，即可看到新建的文档图标。

（3）启动 Word 2016 后，切换到“文件”选项卡，在左侧窗格选择“新建”选项，在右侧窗格中选择“空白文档”选项。

注意：使用快捷键 Ctrl+N，也可以快速创建一个空白的文档。

2. 利用文档模板建立文档

Word 2016 将具有统一格式的文档制作成模板，在这些模板（扩展名为 DOTX）中保存了文档的格式，用户可利用 Word 2016 提供的多种文档模板快速建立文档，创建方法如下。

打开 Word 2016，依次选择“文件”→“新建”选项，在新建文件窗口中的“搜索联机模板”搜索栏中输入关键字，如“简历和求职信”，然后单击右侧的“搜索”按钮，可以联机搜索互联网上提供的模板，如图 4-10 所示。

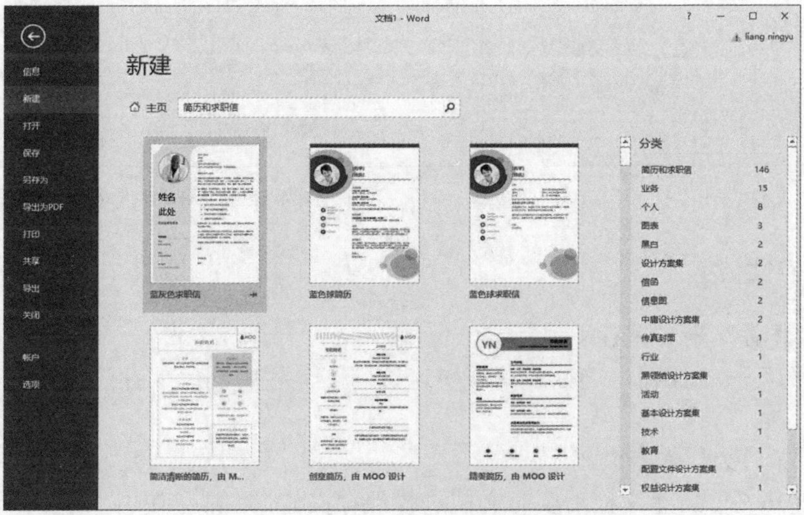

图 4-10　利用文档模板建立文档

选择需要的模板样式，如选择“蓝色球简历”模板，Word 2016 将创建一个具有“蓝色球简历”格式的新文档，单击“创建”按钮，系统将下载并打开该模板。

此外，用户也可以根据已有的文档内容制作自己的模板，并保存到模板文件夹中。

4.2.2 打开文档

1. 打开文档的基本方法

启动 Word 2016，选择“文件”→“打开”选项，如图 4-11 所示。双击“这台电脑”或单击“浏览”按钮，弹出“打开”对话框，选择要打开的文档，即可将文档打开。

2. 快速打开文档

Word 2016 会记录最近打开过的文件，可供用户选择并将其快速打开，方法如下。

启动 Word 2016，选择“文件”→“打开”选项。在“打开”页面选择“最近”选项，右侧将给出“最近打开的文档”列表，单击想要打开的文档即可将其打开。

3. 设置最近使用文档列表显示的数目

选择“文件”→“选项”选项，打开“Word 选项”对话框，如图 4-12 所示。选择“高级”选项卡，在“显示此数目的‘最近使用的文档’”微调框中输入数字，这里输入的数字将决定“最近使用的文档”列表可以显示的文档的数目。

图 4-11 选择“文件”→“打开”选项

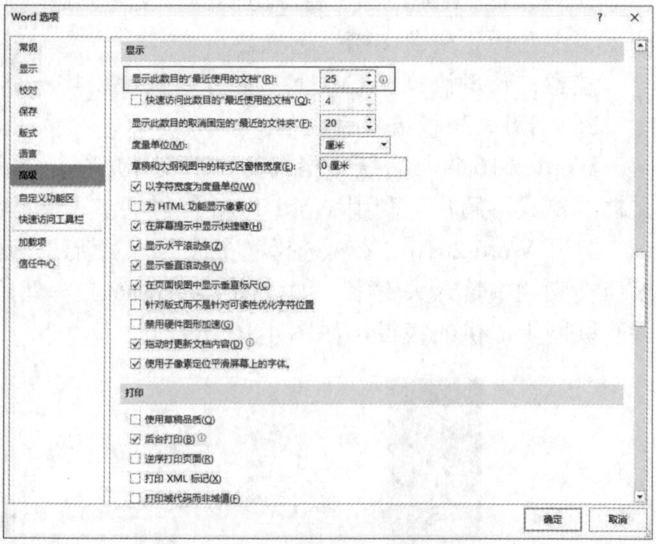

图 4-12 “Word 选项”对话框

4.2.3 保存文档

1. 使用“保存”命令保存文档

选择“文件”→“保存”选项或单击快速访问工具栏中的“保存”按钮，可以保存编辑修改过的文本。

2. 使用“另存为”保存文档

在 Word 2016 中，新建文档后要对文档进行保存操作，通常会使用“另存为”来保存文档，其方法如下。

选择“文件”→“另存为”选项，在“另存为”页面双击“这台电脑”或单击“浏览”按钮，将打开“另存为”对话框，如图 4-13 所示。选择文档要保存的位置，设置文件名以及保存类型，设置完成后单击“保存”按钮，这样保存将产生一个新文档。

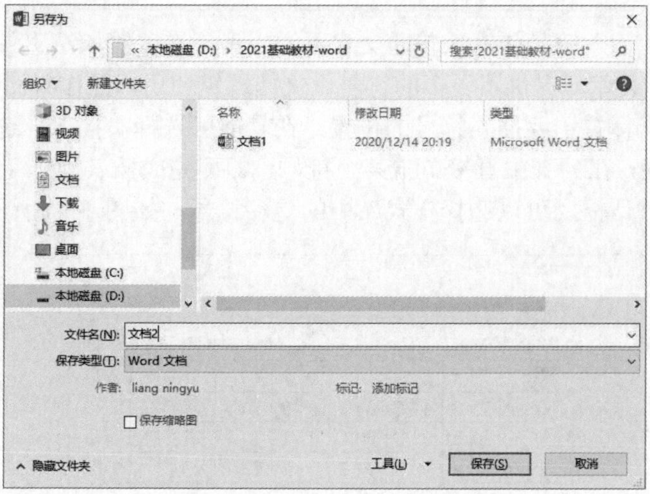

图 4-13　“另存为”对话框

3. 退出 Word 2016 或关闭窗口时保存文档

当选择“文件”→“关闭”选项或单击窗口中的“关闭”按钮时，Word 2016 都会询问用户是否保存对当前编辑文件的修改，单击“是”按钮便可保存被编辑的文档。

4. 文档的自动保存

Word 2016 允许用户设定文档的自动保存。选择“文件”→“选项”选项，会出现“选项”对话框，选择“保存”选项卡，用户可以设置“保存自动恢复时间间隔”，这样 Word 2016 就会定时自动保存正在编辑的文档。

在编辑文档过程中，应随时进行文档的保存，以免因停电或误操作使文档遭到破坏。

4.2.4　文本输入

1. 输入普通文本

创建新文档后，在编辑区闪烁的光标处就可以输入文本了。文本形式可以是中文、英文、标点、符号、数字等。如果输入的是英文字母或数字，可直接通过键盘键入。如果要输入中文，则要先选择一种中文输入法，然后进行汉字的输入。

从光标处开始输入文字，输入到所设页面的右边界时，Word 2016 自动将光标移到下一行，只有在一个段落的结尾处才需按 Enter 键，产生一个段落标记。

2. “插入”“改写”方式的切换

在 Word 2016 中，文本的输入有插入和改写两种模式。

（1）插入模式。在文档中单击，将光标放置到需要插入文字的位置，用键盘输入需要的文字，则文字插入到指定的位置。插入模式是 Word 2016 默认的输入方式。

（2）改写模式。在文档中单击，将光标放置到需要改写的文字前面，按下键盘上的 Insert 键，将插入模式变为改写模式。这时在文档中输入文字，新输入的文字将逐个替代其后的文字。

改写模式的优点在于及时替换无用文字，简化修改操作，节省时间；其缺点是有时会将有用的字替换掉，给用户带来麻烦。

再次按下 Insert 键，即可恢复为插入模式。

3. 符号的输入

在 Word 2016 中输入符号和输入普通文本不同，虽然有些输入法也带有一定的特殊符号，但是 Word 的符号样式库却提供了更多的符号供文档编辑使用，操作方法如下。

打开文档，将光标置于要插入符号的位置，在功能区选择“插入”选项卡，单击“符号”组中的“符号”按钮，在列表中直接单击某个符号，即可完成插入操作。单击“其他符号”命令，打开“符号”对话框，可以选择样式库中的更多符号，如图 4-14 所示。

图 4-14 “符号”对话框

4.2.5 编辑修改文本

文档中的内容录入后经常需要编辑、修改。在 Word 2016 中，提供了一系列便捷的工具供用户选择使用，可极大地提高工作效率。

1. 定位光标

Word 2016 具有“即点即输”的功能。在已有文本区域中移动鼠标指针后单击，就可以定位光标，进行文字输入了。

除了使用鼠标指针定位光标外，还可以使用常用的键盘命令来定位光标，见表 4-1。

表 4-1 定位光标的键盘命令

功能	键	功能	键
向上移动一行	↑	向上移动一屏	PgUp
向下移动一行	↓	向下移动一屏	PgDn
向左移动一字	←	移动到文档头	Ctrl+Home
向右移动一字	→	移动到文档末尾	Ctrl+End
移动到行首	Home	移动到本屏首	Ctrl+Alt+PgUp
移动到行末	End	移动到本屏尾	Ctrl+Alt+PgDn

2. 选定文本

在编辑文档的过程中，为了加快编辑速度，通常要进行复制、移动等操作，而这些操作的前提是要选定操作的文本对象。在 Word 2016 中，被选定的文本呈灰色底纹显示。

在文档中，对于简单的文本选取一般都是使用鼠标来完成，如进行连续单行、多行或全部文本选取等。使用鼠标选定文本的方法见表 4-2。

表 4-2　使用鼠标选定文本的方法

选定目标	操作方法
连续单行/多行选取	将光标定位到想要选取文本内容的起始位置，按住鼠标左键拖曳至该行（或多行）的结束位置，释放鼠标左键
选定图片	单击图片
选定一个单词/词语	双击该单词/词语
选定一句（以句号结束）	按住 Ctrl 键，单击句子中的任意位置
选定大块文本（尤其是跨页文本）	将鼠标指针置于选定文本的开始处，按住 Shift 键，同时单击文本末尾
选定一行文本	在选择条上单击，箭头所指的行被选中
选定一段文本	在选择条上双击，箭头所指的段落被选中，或者在段落中任意位置连续三击鼠标左键
选定整篇	在选择条中连续三击鼠标左键，或者按住 Ctrl 键单击文档选择条的任意位置

3. 移动和复制文本

在 Word 2016 中，移动和复制文本的方法很多，既可以使用工具按钮，也可以使用快捷键命令，还可以使用鼠标直接拖动。其中，前几种方法都是在选定文本的前提下，执行“剪切/Ctrl+X”（移动操作）或“复制/Ctrl+C”（复制操作）命令，然后在目标位置执行“粘贴/Ctrl+V”命令。这几种方法的共同之处在于执行了“剪切”或“复制”后，首先将被选定对象放入剪贴板中，这样移动或复制的内容可以被多次粘贴使用，同时也更适合对长距离跨页文本的操作。

而用鼠标拖动的方法实现移动或复制操作，不需要使用剪贴板，操作步骤如下。

（1）选定文本。

（2）将鼠标指针指向选定文本，按住鼠标左键并拖动到目标位置，释放鼠标左键，被选定文本就从原来位置移动到了新的位置。

如果要复制文本，在拖动鼠标的同时按住 Ctrl 键，到达目标位置后，先释放鼠标左键，再释放 Ctrl 键，选定的文本就复制到了新的位置。

4. 文本粘贴的类型与功能

粘贴就是将剪切或复制的文本粘贴到文档中其他的位置上。选择不同的粘贴文本类型，粘贴的效果将不同。粘贴的类型主要包括了保留源格式、合并格式和只保留文本 3 种，见表 4-3。

表 4-3　各种粘贴类型的功能介绍

粘贴类型	功能
保留源格式	将粘贴后的文本保留其原来的格式，不受新位置格式的控制
合并格式	不仅可以保留原有格式，还可以应用当前位置中的文本格式
只保留文本	只粘贴文本内容，应用新位置的格式

5. 删除文本

（1）删除选定文本。在文档中选择需要删除的文字，按 Delete 键或 Backspace 键即可将选择的文本删除。或者使用右键快捷菜单中的“剪切”命令，就可以删除已选定的文本内容。

（2）使用 Backspace 键，删除光标前的文字。在文档中单击，将光标放置到需要删除的文字的后面，按 Backspace 键一次，光标前面的一个字符将被删除。

（3）使用 Delete 键删除光标后的文字。

6. 字数统计

若要了解文档中包含的字数，可用 Word 2016 进行统计。Word 2016 也可统计文档中的页数、段落数和行数，以及包含或不包含空格的字符数，操作方法如下。

（1）选定要统计字数的文本，可同时选择文本的多个部分进行统计，且所选部分不需要相邻。如果不选定任何文本，Word 2016 将统计整篇文档的字数。

（2）在功能区选择“审阅”选项卡，在“校对”组中单击“字数统计”按钮，Word 2016 会显示页数、字数、段落数、行数和字符数等。若要在统计信息中添加文本框、脚注和尾注信息，可勾选“包括文本框、脚注和尾注”复选框。

7. 查找和替换

如果编辑篇幅较长的文档，发现需要查找或替换某个词，Word 2016 提供的查找和替换功能可以帮助用户进行词汇的快速查找和修改。

在功能区选择“开始”选项卡，在“编辑”组中单击“查找”按钮，打开查找的“导航”窗格，输入查找文本，在正文中会突出显示查找结果。替换文本时，在“编辑”组中单击“替换”按钮，打开“查找和替换”对话框，如图 4-15 所示，输入替换文本，即可完成替换。

图 4-15　“查找和替换”对话框

如果需要对查找的内容有进一步的要求，可以在“查找和替换”对话框中单击“更多”按钮，在“替换”选项卡中进行查找选项的设置，如图 4-16 所示。如需要区分大小写等，可以单击“格式”按钮设置必须符合各种格式的查找内容和范围，单击“特殊格式”按钮查找一些如制表符等的特殊字符。

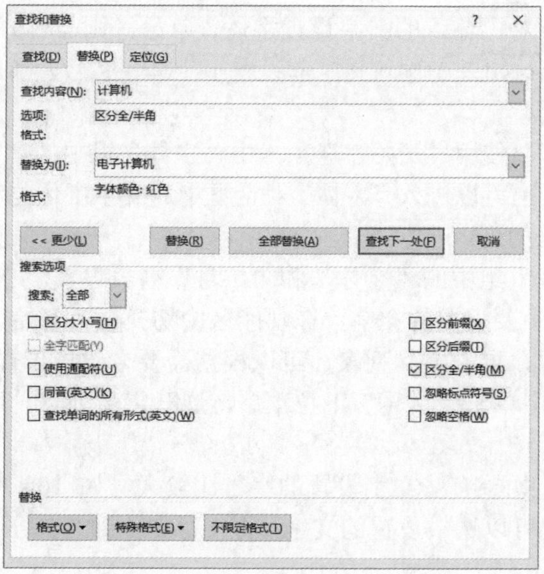

图 4-16　“替换”选项卡

8. 拼写与语法检查

Word 2016 具有对输入的英文文字进行拼写检查和中、英文文字进行语法检查的功能。对拼写可能有错误的单词用红色波浪线标出，对可能有语法错误的文字用蓝色波浪线标出。

将光标移动到文稿开始处，在功能区选择“审阅”选项卡，在“校对”组中单击“拼写和语法”按钮，将显示“拼写检查”窗格。另外，在文档中按 F7 键，也可以启动拼写和语法检查功能。

4.2.6 撤消、恢复和重复

Word 2016 在运行时会自动记录最近的一系列操作，因此在编辑文档的过程中，如果出现错误操作，可以使用撤消或恢复命令来改正错误，使用重复命令来重复有用的操作。只有执行了“撤消”命令，“恢复”命令才能成为可执行的命令。

另外，如果执行了很多步操作后发现有错误，可以单击“撤消”按钮旁的下拉箭头，在弹出的下拉列表中拖动鼠标指针选择要撤消的操作，将撤消最近的多次操作。

注意：“撤消”命令的快捷键是 Ctrl+Z。

4.3 设置文档格式

文档的排版是对字符、段落、文档的格式进行处理，包括对文字应用不同的字形或字体、改变字的大小、调整字符间距、对段落的编排、页面设置等操作。

4.3.1 设置字符格式

字符格式的设置包括选择字体和字号、加粗、倾斜、下划线、字体颜色等。

1. 设置字体和字号

字体是指文字的形体，如宋体、楷体、黑体等，它们是系统中已经安装了的字体。字号是指文字的大小。如果要对已输入的文字设置字体、字号，则需首先选定要设置字体的文字，再选定所需的字体、字号；如果在输入文字前设置了字体、字号，则按选定的字体、字号进行输入。

在 Word 2016 中，可以使用“开始”选项卡中“字体”组中的“字体”和“字号”列表来设置文字的字体与字号，也可以进入“字体”对话框中对文字字体与字号进行设置。文档中文字字体和字号的设置方法如下。

方法一：通过“字体”组中的“字体”和“字号”列表设置。

（1）打开文档，选中要设置的文字，在功能区中切换至“开始”选项卡，在“字体”组中单击“字体”下拉菜单，展开字体列表，可以根据需要来选择设置的字体。

（2）在“字体”组中单击“字号”下拉菜单，展开字号列表，用户可以根据需要来选择设置的字号。

在设置文字字号时，如果有些文字设置的字号比较大，如 100 号字。在“字号”列表中没有这么大的字号，此时可以选中设置的文字，将光标定位到“字号”框中，直接输入“100”，按 Enter 键即可。

方法二：使用“增大字体”和“缩小字体”来设置文字大小。

打开文档，选中要设置的文字，在功能区中切换至“开始”选项卡，在“字体”组中单击“增大字体”按钮 A˄，选中的文字会增大一号，单击“缩小字体”按钮 A˅，选中的文字会缩小一号。

方法三：通过“字体”对话框设置文字字体和字号。

（1）打开文档，选中要设置的文字，在功能区中切换至“开始”选项卡，在“字体”组中单击“字体”对话框打开按钮，打开“字体”对话框，如图 4-17 所示。

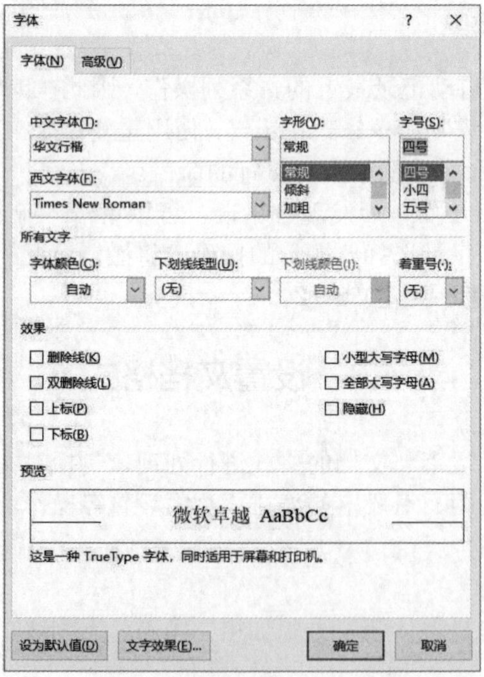

图 4-17 “字体”对话框

（2）在对话框中的“中文字体”下拉列表框中可以选择要设置的文字字体，如“华文行楷”，可以在“字号”下拉列表框中选择要设置的文字字号，如“四号”。设置完成后，单击“确定”按钮。

在“字体”对话框中除了可以设置字体、字号以外，还可以在“字形”下拉列表框中对字形进行设置；在“所有文字”栏中可用“字体颜色”“下划线线型”“下划线颜色”和“着重号”对文字进行修饰；对“效果”栏中的内容可选择性地进行设置。例如，当选择了“删除线”后，所选取的字符就会产生删除线的效果；如果选择“上标”选项，Word 2016 会把所有选取的部分设置为在基准线的上方。

字母的大小写转换功能是针对英文而言的，当选取此选项后，被选取的英文小写会转变成大写，但字体和字号不会改变。

2. 设置字形和颜色

在一些特定的情况下，有时需要对文档中文字的字形和颜色进行设置，这样可以区分该文字与其他文字的不同之处。文档中文字字形和颜色的具体设置方法如下。

方法一：通过“字体”组中的“字形”按钮和“字体颜色”列表设置。

设置文字字形。打开文档，选中要设置的文字，在功能区中切换至“开始”选项卡。如果要让文字加粗显示，可以在“字体”组中单击“加粗”按钮。如果要让文字倾斜显示，可以单击“倾斜”按钮。

如果要设置文字颜色，可以单击“字体颜色”按钮，展开字体颜色调色板，选择一种字体颜色，如蓝色，如图 4-18 所示。

如果要还原文字字形，再次单击设置的字形按钮即可。除了在字体颜色调色板中设置颜色外，用户还可以选择“其他颜色”命令，在“颜色”对话框中自行选择颜色，如图 4-19 所示。

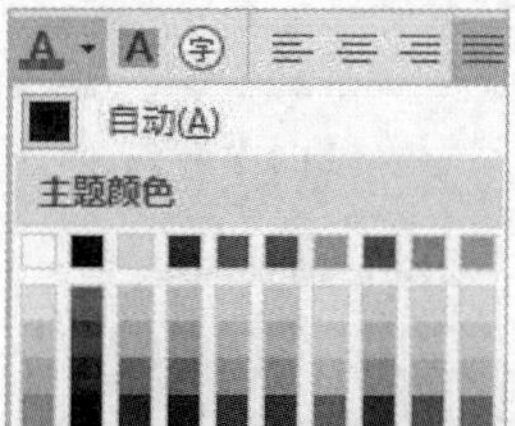

图 4-18　字体颜色调色板

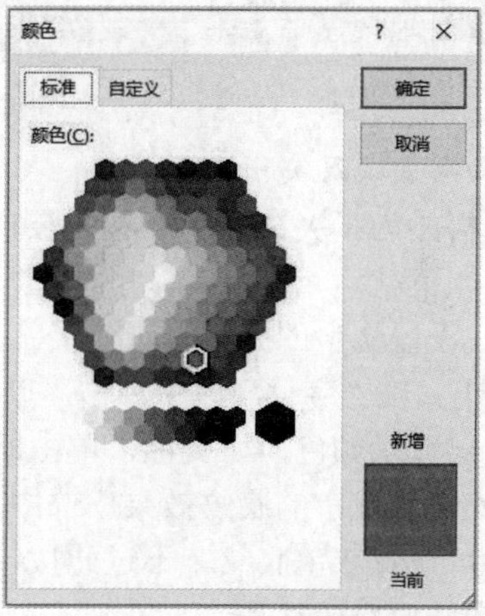

图 4-19　“颜色”对话框

方法二：通过“字体”对话框设置文字字形和颜色。

打开文档，选中要设置的文字，打开“字体”对话框。在对话框的“字形”下拉列表框中选择要设置的文字字形，如“加粗”“倾斜”。单击“字体颜色”下拉按钮，展开字体颜色调色板，从中选中要设置的字体颜色，如橙色。设置完成后，单击“确定”按钮，即可将设置应用于选中的文字。

3. 设置文字下划线

在文档中有些特殊的文字，如文档头、目录标题等，为了突出显示它们，可以为这些文字设置下划线效果。文档中文字下划线设置的方法如下。

（1）直接使用提供的下划线样式。打开文档，选中要设置的文字，在功能区中切换至“开始”选项卡，在“字体”组中单击“下划线”下拉按钮，在展开的下划线列表中，显示了 Word 2016 默认提供的下划线样式，单击其中一种样式即可将其应用于选中的文字。

（2）自定义下划线效果。选中要设置的文字，在功能区中切换至“开始”选项卡，在“字体”组中单击“下划线”按钮，在下划线展开列表（图 4-20）中可以选择线型，选择“其他下划线”选项，可以打开“字体”对话框，选择“下划线颜色”选项，可以展开下划线颜色列表。

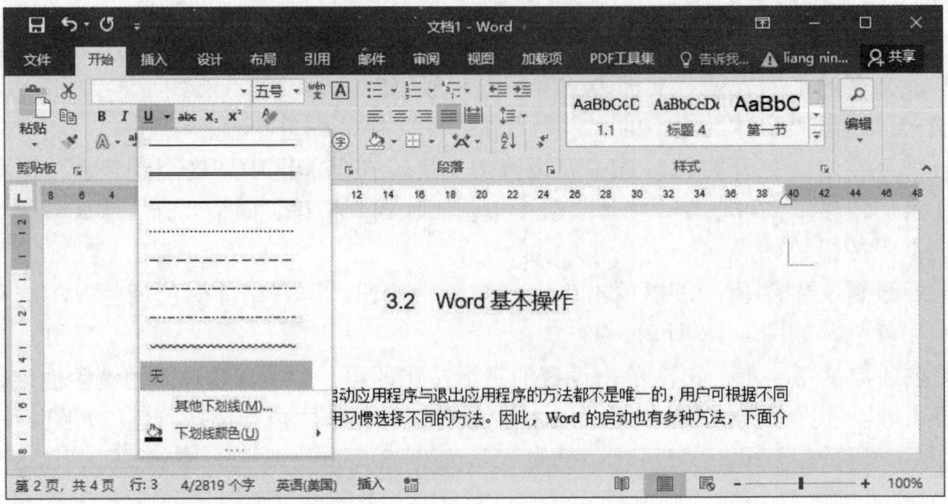

图 4-20 选择下划线样式

4. 文字底纹及突出显示

在文档中为了突出显示一些重要的文字，可以为这些文字设置突出显示或底纹效果，其设置方法如下。

（1）设置文字的突出显示效果。打开文档，选中要设置的文字，在功能区中切换至“开始”选项卡，在“字体”组中单击“以不同颜色突出显示文本”按钮，展开颜色列表，从中选择一种突出显示颜色，如黄色，单击即可应用于选中的文字，为文字添加突出显示效果。

（2）设置文字的底纹效果。选中要设置底纹的文字，在“字体”组中单击“字符底纹”按钮，即可设置灰色底纹。不过此按钮只能为文字设置灰色底纹，而无法设置其他颜色。

5. 字符间距的设置

Word 2016 中“字符间距”的设置包括字符间的水平间距、垂直间距和字符本身的扩展或收缩，3 种设置都可以在“字体”对话框的“高级”选项卡中来完成，如图 4-21 所示。

其中，“间距”指的就是字符间的水平间距，它有 3 种类型，分别是“标准”“加宽”“紧缩”，当选择了“加宽”或“紧缩”后，在右侧的“磅值”增量框中设置具体的磅值，以显示字符间距离加大或缩小的效果。磅值越小，字符间距就越小，即字符越紧缩，反之间距就越大。

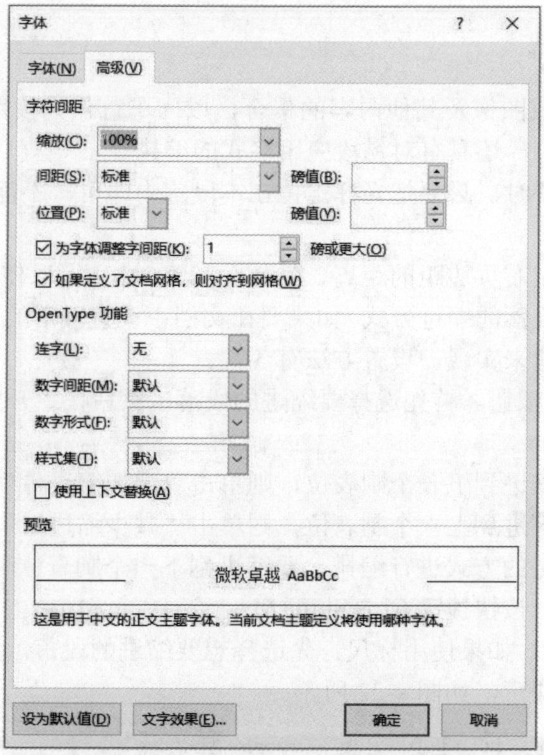

图 4-21　“字体”对话框的“高级”选项卡

“缩放”设置是对文本自身的扩展或收缩，也就是可以把文字设置为扁体字或长体字，它和功能区中“字符缩放”按钮的功能相同。在缩放的下拉列表中有不同的缩放比例，比例为100%时，是 Word 2016 默认的基准字体形状，超过 100%时将扩大字体，变成扁体字，小于100%则收缩字体，成为长体字。

“位置”是字符相对于垂直方向基准线的位置，有“标准”“提升”“降低”3 种类型，其中“标准”就是正常的基准位置，在此基础上，可以提升或降低文字的位置，并且提升或降低的多少可以通过右侧的“磅值”文本框来调整，磅值越大，字符提升或降低的位置距离标准位置就越远。

6. 格式的复制

当对一段文本的格式进行了精心设置，并希望其他文本段落也采用同样的格式时，可以使用“开始”选项卡中的“格式刷”按钮，实现方法如下。

首先选定一段具有统一格式（如字体、字形等）的文本，然后单击或双击“剪贴板”组中的“格式刷”按钮，这时鼠标指针变为一个小刷子形状，它代表了一段字符的格式设置，最后用小刷子形状的鼠标指针刷过要采用同样格式段的文本，被刷过文本的格式就变为想要的格式了。

使用格式刷时，如果单击“格式刷”按钮，格式刷使用一次就自动取消，还要使用时，需再次单击“格式刷”。如果双击“格式刷”按钮，则格式刷可以连续使用多次，也就是可以把一段文本的指定格式复制到多处文本去应用。此时，格式刷不会自动取消，只有再次单击“格式刷”按钮才能取消。

4.3.2 设置段落格式

段落是文字、图片或图像及其他内容的集合，以回车符作为段落结束的标记。段落标记不仅标识一个段落的结束，还具有对每段应用格式的编排。

对一个段落进行设置时，只要把光标定位在本段落中即可，不需要选定本段落。

1. 段落的缩进

缩进决定了段落到左右页边距的距离。在 Word 2016 中，可以使用首行缩进、左缩进、右缩进和悬挂缩进来设置段落的缩进方式。如果要在文档中设置段落的左、右缩进，可以使用“左缩进”和“右缩进”功能来实现，设置方法有 3 种。

（1）使用缩进工具按钮。首先选择要缩进的段落，然后在“开始”选项卡的“段落”组中选择下列某一操作。

- 如果要把段落缩进到下一个制表位，则单击“增加缩进量”按钮。
- 如果要把段落缩进到上一个制表位，则单击“减少缩进量”按钮。

此外，可使用快捷键的方式进行缩排，要缩进到下一个制表位时，按快捷键 Ctrl+M；若要缩进到上一个制表位，按快捷键 Ctrl+Shift+M。

（2）使用标尺缩进。如果使用标尺，先选择想要缩进的段落，然后在水平标尺上把缩进标记拖到所希望的位置即可，如图 4-22 所示。

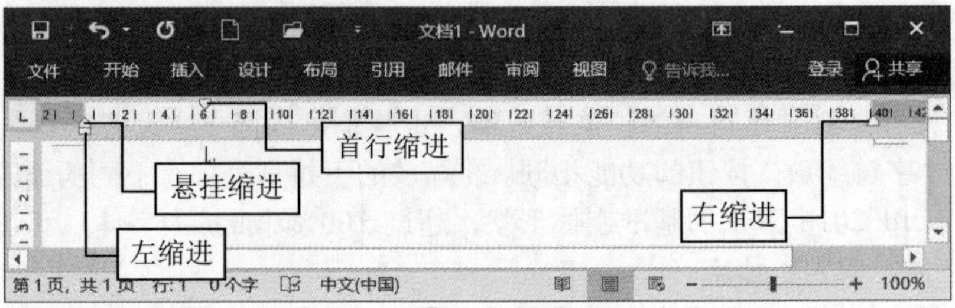

图 4-22 使用标尺缩进示意图

- 首行缩进：单击或选择段落，将鼠标指针移到首行缩进标记上，按住鼠标左键，这时从首行缩进标记向下出现一条虚线，向右拖拉到所需的位置时释放鼠标左键，首行缩进完成。
- 悬挂缩进：单击或选择段落，将鼠标指针移到悬挂式缩进标记上，按住鼠标左键，将鼠标指针拖拉到所需的位置时释放左键，这时本段落中除首行外的所有行向里缩进到游标所定的位置。
- 左缩进：单击或选择段落，将鼠标指针移到左缩进标记上，按住鼠标左键向右拖动，拖动时水平标尺左端的游标都跟着移动，拖到所需的位置时释放鼠标左键，该段所有行（包括首行）的左边都缩进到新的位置。
- 右缩进：单击或选择段落，将鼠标指针移到右缩进标记上，按住鼠标左键拖动到所需位置，这样各行的右边向左缩进到新位置。

（3）在“段落”对话框中设置左、右缩进。打开文档，将功能区切换至“开始”选项卡，在“段落”组中单击“段落”对话框打开按钮，打开“段落”对话框。在“缩进”栏“左侧”下拉列表框中设置左缩进字符，如 0 字符；在“右侧”下拉列表框中设置右缩进字符，如 2

字符；在“特殊格式”下拉列表框中选择“首行缩进”，如 2 字符，如图 4-23 所示。设置完成后，单击“确定”按钮，光标所在的段落自动进行设置的缩进。

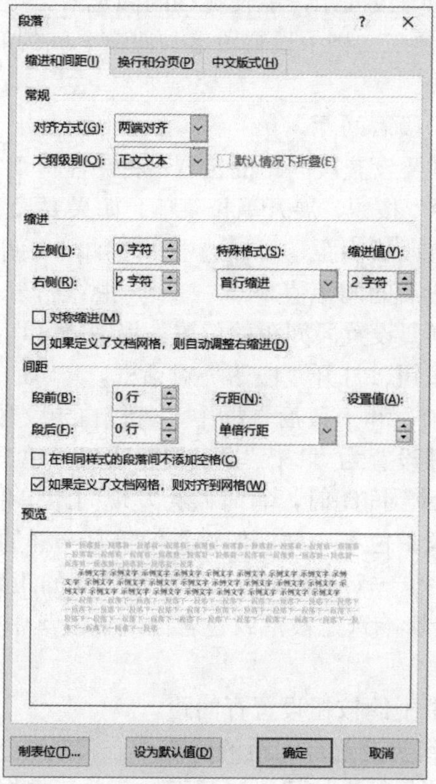

图 4-23　在“段落”对话框中设置缩进

注意：文档在排版过程中要遵循下列原则。

- 不要用空格键控制段落首行的缩进。
- 段落之间的距离不要用 Enter 键调整，否则会影响自动调整缩进和段落间的距离。

2. 段落的对齐

段落对齐指的是文本内容相对于文档左右边界是否对齐，Word 2016 提供了 5 种段落对齐的方式。

- 左对齐：文本在文档的左边界对齐。
- 两端对齐：它是最常用的段落对齐方式，尤其适用于正文的设置。该方式的文本除了最后一行外，其余行文本的左右两端分别向文档的左右边界对齐。
- 居中对齐：文本居于文档左、右边界的中间。
- 右对齐：文字向右边界对齐。
- 分散对齐：段落中每行文本在左右边距之间均匀分布。

设置对齐的方法如下。

首先选择想要进行设置的段落，然后在功能区中切换至“开始”选项卡，在“段落”组中选择其中一种对齐方式按钮。或者打开“段落”对话框，选择“缩进和间距”选项卡，打开“对齐方式”的下拉列表，从中选择适合的对齐方式。

3. 段间距和行间距

在文档中，文档头与段落之间、段落与段落之间、并不是所有行间距与段落间距都应该保持一致。有时候调整行间距与段间距，能使文档的阅览效果更好。

（1）设置段间距。如果要在文档中设置段落与段落之间的间距，可以通过设置段间距来实现，设置段间距有两种方法。

方法一：快速设置段前、段后间距。

打开文档，将光标定位到要设置段间距的位置。将功能区切换至“开始”选项卡，在“段落”组中单击“行和段落间距”按钮，展开下拉菜单。如果要设置段前间距，可以选中“增加段前间距”选项；如果要设置段后间距，可以选中“增加段后间距”选项。

方法二：自定义段前、段后的间距值。

打开文档，将光标定位到要设置段间距的位置。将功能区切换至“开始”选项卡，在“段落”组中单击“段落设置”按钮，打开“段落”对话框。

在“间距”栏下的“段前”和“段后”框中，可以自定义段前、段后的间距。例如，将“段前”和“段后”的间距都设置为“1 行”。设置完成后，单击“确定”按钮。

在设置“段前”和“段后”间距时，有时候会发现间距单位是“磅”，而不是“行”。遇到这样的情况，只是因为设置单位不一样，但设置效果是一样的。

（2）设置行距。行距是指一行底部到下一行底部之间的距离。Word 2016 的行距是以磅为单位设置的，更改行距将会影响选定段落或包含插入点段落中的所有文本行。改变行距的操作方法如下。

方法一：通过“段落”组中的按钮设置行间距。

打开文档，将光标定位到要设置行间距的段落中。将功能区切换至“开始”选项卡，在“段落”组中单击“行和段落间距”按钮，展开下拉菜单，根据需要选择对应的行距，如 1.5 倍行距（默认为 1.0 倍行距）。选中后，直接将 1.5 倍行距应用到光标所在的段落中。

方法二：通过“段落”对话框来设置行间距。

打开文档，将光标定位到要设置行间距的段落中。将功能区切换至“开始”选项卡，在“段落”组中单击“行和段落间距”按钮，展开下拉菜单，选中“行距选项”选项。

打开“段落”对话框，在“间距”栏下的“行距”下拉列表框中设置行距，如 1.5 倍行距。设置完成后，单击“确定”按钮。

行距的变化量取决于每行中文字的字体和磅值。若一行中包含一个比周围文字大的字号（如图片或公式），Word 2016 会自动增大该行行距。

4. 边框和底纹的设置

为了使段落更加醒目和美观，可以为段落或页面设置边框和底纹，其方法如下。

（1）设置边框或页面边框。首先选定段落或文字，然后在功能区中切换至“开始”选项卡。在“段落”组中单击“边框和底纹”按钮，出现“边框和底纹”对话框。在对话框中使用“边框”选项卡可以为选定的段落或文字设置边框，如设置边框为“方框”，样式为 0.5 磅直线，应用于“段落”，如图 4-24 所示。如果使用“页面边框”选项卡，则可以为整个页面设置边框。

（2）设置底纹。在对话框中选择“底纹”选项卡，如图 4-25 所示，可以为选定的段落或文字设置底纹。在“底纹”选项卡中可以设置“填充”的颜色，还可以设置“图案”的样式与颜色。

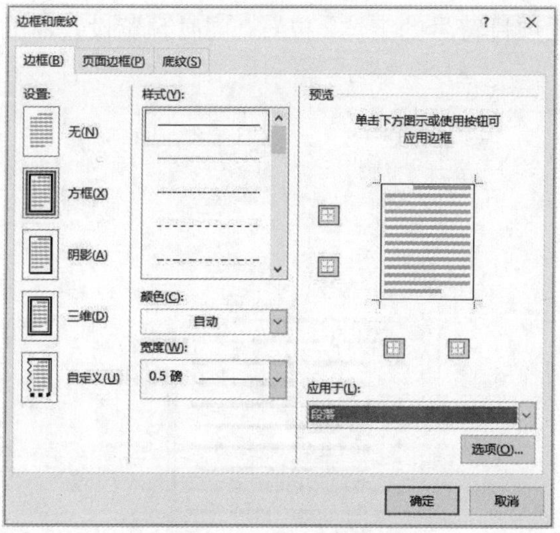

图 4-24　“边框”选项卡

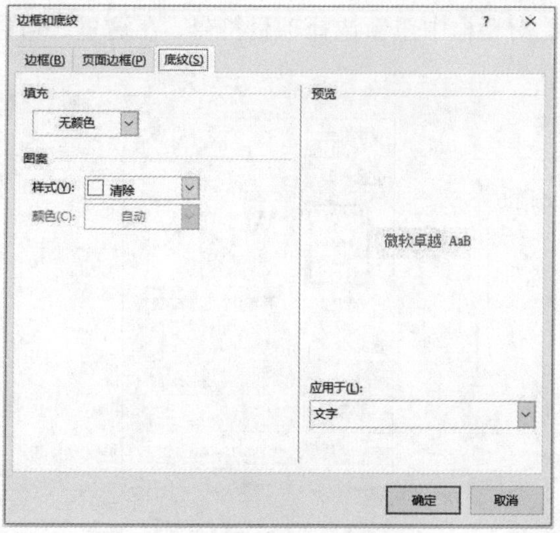

图 4-25　“底纹”选项卡

5. 创建和删除首字下沉

为了增强文章的感染力，有时会把文章开头的第一个字放大数倍，这就是首字下沉。习惯上首字下沉是一个段落的第一个字母或汉字，但也可以把首字下沉格式应用于第一个单词或一个单词中的前几个字母。Word 2016 的首字下沉包括“下沉”和“悬挂”两种方式。

方法一：通过“文本”组中的“添加首字下沉”列表设置。

打开文档，将光标放置到需要设置首字下沉的段落中。将功能区切换至“插入”选项卡，在“文本”组中单击“首字下沉”按钮，在打开的下拉列表中选择“下沉”选项，段落将获得首字下沉效果。

方法二：通过“首字下沉”对话框来设置。

在“首字下沉”下拉列表中选择“首字下沉选项”选项，打开“首字下沉”对话框，如图 4-26 所示。在对话框中首先单击“位置”栏中的选项设置下沉的方式。在“字体”下拉列表中选择段落首字的字体，在“下沉行数”增量框中输入数值设置文字下沉的行数，在“距正文”增量框中输入数值设置文字距正文的距离。

要删除下沉的首字，首先单击包含首字下沉的段落，然后“位置”栏中选择“无”。

6. 段落的项目符号与编号

（1）设置项目符号。“项目符号”是为文档中某些并列的段落所加的段落标记，这样可以使文档的层次分明，条理清楚。例如，可以在段落的段首加上一个“■”符号，作为这些段落的标记（即该段落的项目符号）。

一般来说，添加项目符号的段落与排列次序无关，可以使用 Word 2016 提供的“项目符号”列表来实现，具体实现方法如下。

打开文档，将光标定位到要设置项目符号的位置。将功能区切换至“开始”选项卡，在“段落”组中单击“项目符号”按钮，展开项目符号下拉菜单。用户可以根据需要选择对应的项目符号，选中后直接将项目符号应用到光标所在的段落前。

如果用户对预设的项目符号都不满意，还可以自己定义项目符号。方法是在“项目符号”列表中单击“定义新项目符号”按钮，打开如图 4-27 所示的“定义新项目符号”对话框，在此对话框中重新选择项目符号。在这里还可以设置项目符号的字体、位置，同时预览设置后的效果。

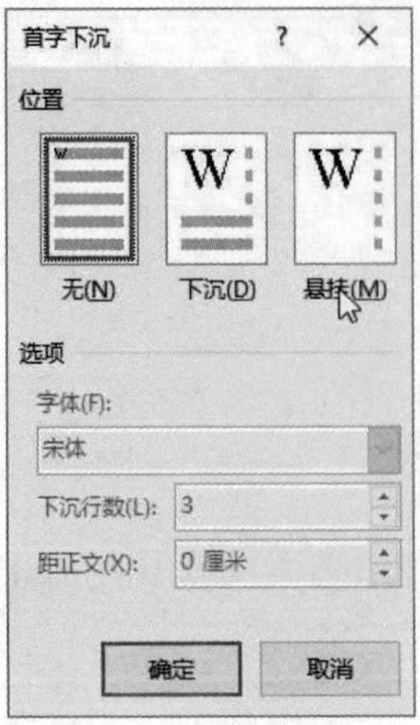

图 4-26 “首字下沉”对话框

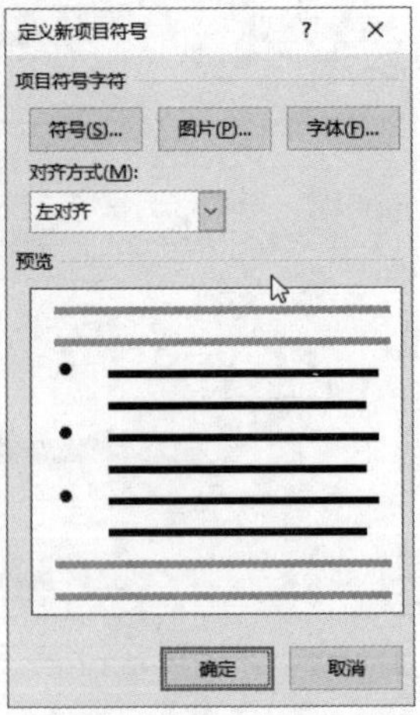

图 4-27 “定义新项目符号”对话框

（2）设置编号。对于与排列次序有关的段落，一般用添加编号的方法对选定的段落以数字、字母或有序的汉字等来标记。如果要引用编号，则可以使用 Word 2016 提供的“编号”列表来实现，其方法如下。

打开文档，将光标定位到要设置项目符号的位置。将功能区切换至“开始”选项卡，在“段落”组中单击“编号”按钮，展开编号选择下拉菜单，用户可以根据需要选择对应的编号，选中后直接将编号应用到光标所在的段落前。

除了使用“段落”组中的“项目符号”及“编号”按钮来设置项目符号和编号外，还可以在段落中右击，在弹出的快捷菜单中选中“项目符号”和“编号”命令来实现。

（3）多级编号。多级编号是给文字的编号设置多个层级，设置方法如下。

选中设置多级编号的一个或多个段落，在“开始”选项卡的“段落”组中单击“多级编号”按钮，展开编号下拉菜单，用户可以从下拉菜单中选择需要的多级编号样式。

多级编号插入后，默认为 1 级，如果想让编号变为 2 级或 3 级，需要选中编号后按 Tab 键，按一次降一级。如果要返回更高级的编号，按快捷键 Shift+Tab 即可。也可以使用“开始”选项卡“段落”组中的“增加缩进量”和“减少缩进量”按钮来调整编号的级别。

7. 设置制表位

制表符是在水平标尺上显示的一种符号，使用它可以快速实现文本的左、中、右对齐，也可以实现小数位或竖线对齐等。默认情况下，每按一次 Tab 键，光标会自动向右移动两个字符的位置，设置制表位后，按 Tab 键就可以快速地把光标移动到下一个设置的制表位处。设置制表位的方法有以下两种。

方法一：使用标尺设置。在“视图”选项卡的“显示”组中打开标尺的显示，可以看到水平标尺最左边的按钮，即制表符按钮，小方块上的图标就是制表符的类型。单击这个小方块按钮，可以根据需要选择制表符。常用的制表符有 5 种，分别是左对齐式制表符、居中式制表符、右对齐式制表符、小数点对齐式制表符、竖线对齐式制表符。

选择好制表符后，在标尺上标有数字的部位，单击所需要的位置，在标尺上就会产生相应的制表位。按 Tab 键就可以把光标移动到设置的制表位处。

在水平标尺上左右拖动制表位标记，可以移动制表符。要删除制表符，只要将制表符拖离水平标尺即可。

方法二：在“制表位”对话框中设置。如果要精确设置制表位，则可以在“制表位”对话框中进行设置。选中要设置制表位的文档，在“开始”选项卡的“段落”组中打开“段落”对话框，再单击下方的“制表位”按钮，打开“制表位”对话框，如图 4-28 所示。

在“制表位位置”文本框中输入数值确定制表位的位置，如“38 字符”；在“对齐方式”选项组中选择一种制表位对齐方式，如选择“右对齐”；“前导符”选择“5......(5)”，单击“设置”按钮，则新设置的制表位显示在制表位列表中。设置完成后，单击“确定”按钮返回文档。

将光标置于每行文字的行尾，按 Tab 键，光标会移动到设置的右对齐制表位处，并在光标前自动添加设置的引导线。应用右对齐制表位后的效果如图 4-29 所示。

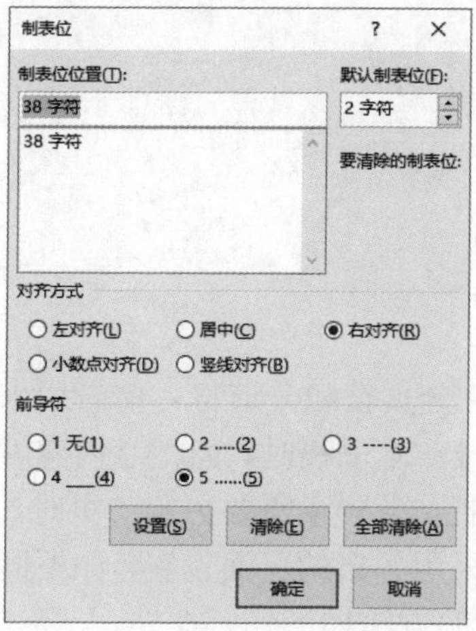

图 4-28　“制表位”对话框

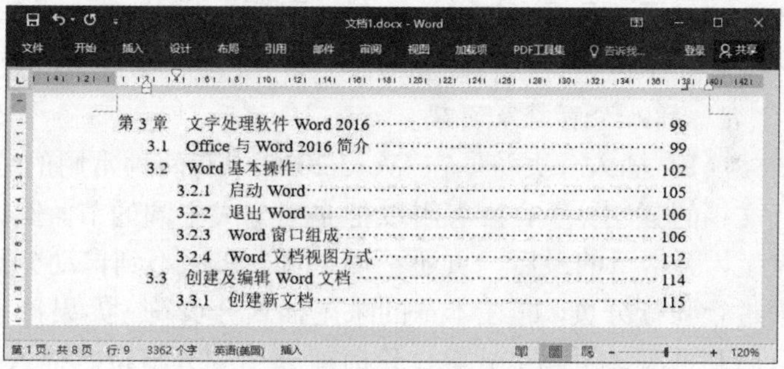

图 4-29　应用右对齐制表位后的效果

4.3.3　设置页面格式

文档最终是以页打印输出的，因此页面的美观规范显得尤为重要。输出文档之前，要进行以下页面的编辑操作。

1. 页面设置

新建文档的页面属性默认值为 A4 纸张，上、下边距为 2.54 厘米，左、右边距为 3.17 厘米，页眉为 1.5 厘米，页脚为 1.75 厘米。用户也可以根据自己的需求修改默认的页面设置数据，在创建文档之前或文档输入结束后进行均可，具体操作方法如下。

将功能区切换至“布局”选项卡，在“页面设置”组中包括“页边距”“纸张大小”“纸张方向”按钮，可以实现对页面的设置。或者单击“页面设置”按钮，打开“页面设置”对话框，如图 4-30 所示，也可以完成页面数据的设置。

在“页边距”选项卡中，可以设置上、下、左、右的页边距，即页面文字四周距页边的距离、装订线的位置、页眉页脚的位置、页面是否对称、是否拼页打印等，可以选择纸张的横向或纵向使用，在预览框中可以看到调整页边距的结果。

在“纸张”选项卡中，可以选择纸张的大小，或自定义纸张的宽度和高度。

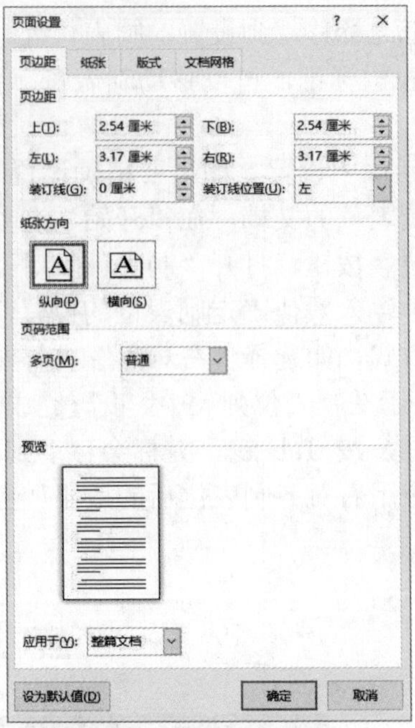

图 4-30 “页面设置”对话框

2. 插入分页符及页码

（1）插入分页符。在 Word 2016 中有两种常用的分隔符：分页符和分节符。前者用来进行文档的强制分页，后者用以把文档分成不同的节。例如，编排一本书稿时，当一章内容编排完了，而本章的最后一页还不满一页，即还不到自动分页的位置，下一章需要另起一页时，必须进行强行分页，即在本章的末尾插入分页符。如果每一章都采用各自的页面设置，如不同的页眉和页脚、页码格式等，这时就要用到分节符。插入分页符的方法如下。

把光标定位到文档中强制分页的位置，将功能区切换至“插入”选项卡，单击“页面组”组中的“分页”命令，这时，在页面视图上可以看到光标分到了下一页。

（2）插入页码。页码在文档中不可缺少，它既可以出现在页眉上，也可以出现在页脚中。插入页码的方法如下。

将功能区切换至“插入”选项卡，单击“页眉和页脚”组中的“页码”命令，打开页码列表，进行“位置”“页边距”等设置项目的选择。

如果要设置页码的格式，则可以选择页码列表中的“设置页码格式”命令，在出现的“页码格式”对话框中进行相应的设置。

要删除页码时，可以在页码列表中选择“删除页码”命令。

3. 插入页眉和页脚

在很多书籍和文档中经常在每一页的顶部出现相同的信息，如书名或每章的章名，在每一页的底端出现页码或日期时间等信息，这可以用添加页眉和页脚的方法来实现。添加的页眉和页脚可以打印出来，但只有在页面视图下才能看到。

（1）插入页眉。将功能区切换至“插入”，单击“页眉和页脚”组中的“页眉”按钮，打开“页眉”样式列表，选择一种页眉样式，然后进入页眉编辑状态，功能区显示“页眉和页脚工具” 选项卡，如图 4-31 所示。输入页眉的内容后，单击“关闭页眉和页脚”按钮。

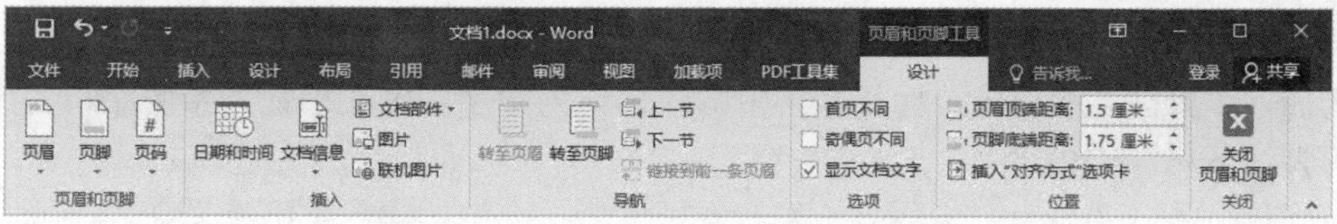

图 4-31 “页眉和页脚工具”选项卡

（2）插入页脚。方法与设置页眉类似，只要在“插入”选项卡中单击“页脚”按钮，即可完成页脚的设置。

（3）删除页眉或页脚。打开“页眉”或“页脚”样式列表，选择“删除页眉”或“删除页脚”命令，就可以将页眉和页脚删除。

（4）设置“奇偶页不同”或“首页不同”的页眉和页脚，有以下两种方法。

方法一：在“页面设置”对话框中，切换到“版式”选项卡，勾选“奇偶页不同”或“首页不同”复选框，如图 4-32 所示，则可以在文档中分别设定“首页页眉”“奇数页页眉”“偶数页页眉”。

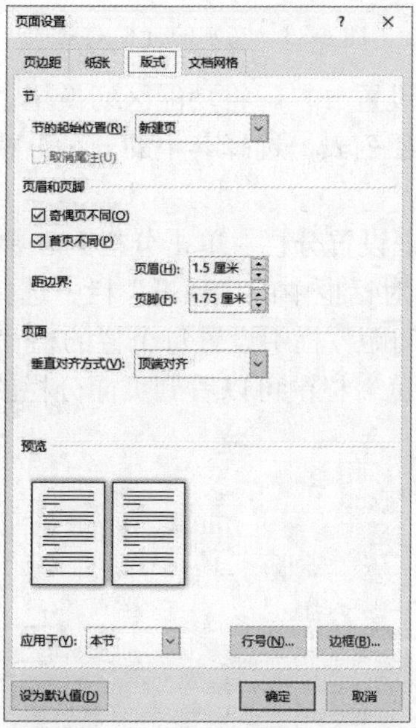

图 4-32 “版式”选项卡

方法二：在“页眉和页脚工具”选项卡的“选项”组中勾选“奇偶页不同”或“首页不同”复选框，不同页眉的切换可以用“页眉和页脚工具”功能区“导航”组中的“上一节”“下一节”按钮。

也可用同样的方法设置页脚。页眉和页脚编辑状态的切换可通过“页眉和页脚工具”选项卡“导航”组中的“转至页眉”“转至页脚”按钮来实现。

4. 插入脚注尾注

脚注和尾注一般用于文档的注释。脚注通常出现在页面的底部，作为当前页中某一项内容的注释，如对某个名词的解释。尾注出现在文档的最后，通常用于列出参考文献等。

在文档中插入脚注和尾注的方法为：把光标定位在插入注释标记的位置，然后将功能区切换至“引用”选项卡，单击“插入脚注”按钮或“插入尾注”按钮，则在光标位置以一个上标的形式插入了脚注（或尾注）标记。其中脚注标记为数字，尾注标记为希腊字母。接下来就可以输入脚注或尾注的内容了。

5. 分栏

在书籍和报纸中常常用到分栏技术，以使页面更加美观和实用。分栏可以应用于一页中的全部文字，也可以应用于一页中的某一段文字，文本的分栏效果如图 4-33 所示。设置分栏的操作方法有以下两种。

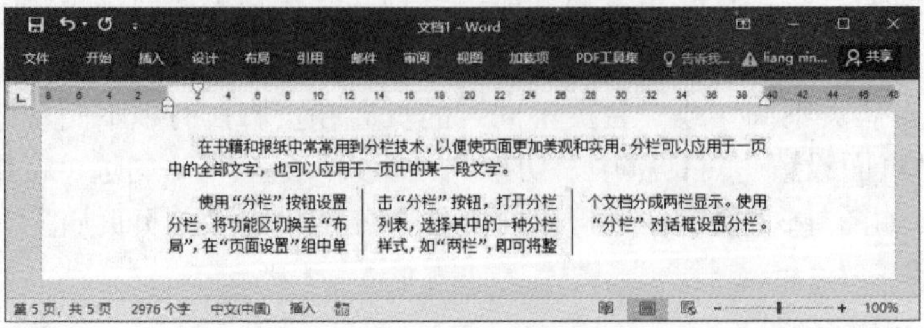

图 4-33　文本的分栏效果

方法一：使用“分栏”按钮设置分栏。将功能区切换至“布局”选项卡，在“页面设置”组中单击“分栏”按钮，打开分栏列表，选择其中的一种分栏样式，如“两栏”，即可将整个文档分成两栏显示。

方法二：使用“分栏”对话框设置分栏。单击分栏列表中的“更多分栏”按钮，出现“分栏”对话框，如图 4-34 所示。在对话框中的“预设”栏中选择希望的分栏，也可以在“栏数”增量框中选择栏数；在“宽度和间距”栏中设置每个栏的栏宽、间距；勾选“分隔线”复选框可以在栏间显示分隔线；在“预览”栏中可以看到页面分栏的情况。

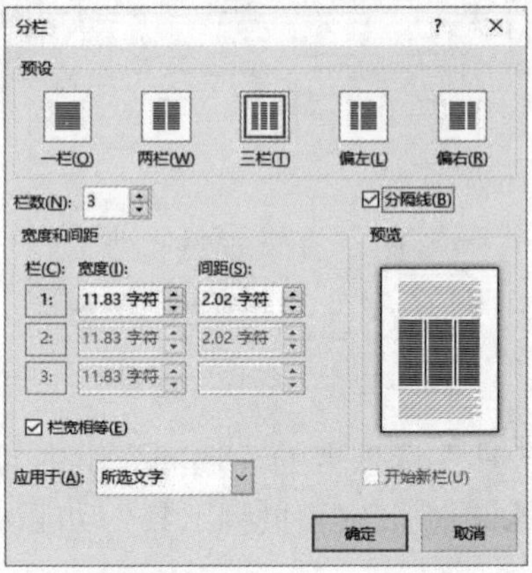

图 4-34　“分栏”对话框

如果在进入对话框前已选定了要分栏的文字段落，则在“应用于”下拉列表框中选择“所选文字”；如果在“应用于”下拉列表框中选择“插入点之后”，则从插入点开始直到文档末尾全部分栏排版。对于已经分节的文档，可以选择“本节”，即只对当前节分栏。

6. 插入批注和书签

（1）插入批注。批注是对文档进行的注释，由批注标记、连线以及批注框构成。当需要对文档进行附加说明时，就可插入批注。文档中添加批注的方法如下。

打开文档，将光标放置到需要添加批注内容的后面，或选择需要添加批注的对象。将功能区切换至“审阅”选项卡，在“批注”组中单击“新建批注”按钮，此时在文档中将会出现批注框。在批注框中输入批注内容即可创建批注，如图 4-35 所示。

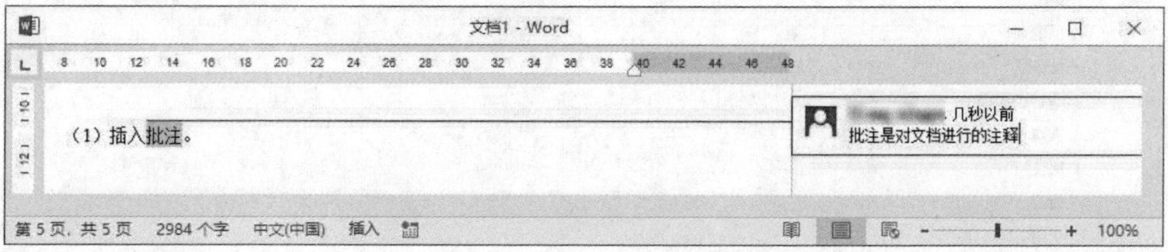

图 4-35　创建批注

将光标放置到批注框中，在“批注”组中单击“删除”按钮，当前批注将会被删除。

（2）插入书签和定位书签。书签是文档的特定标签，它可以使用户更快地找到阅读或者修改的位置。文档中书签的方法如下。

打开 Word 文档，将光标置于文档中需要添加书签的位置。将功能区切换至“插入”选项卡，单击“链接”组中的“书签”按钮，打开“书签”对话框。在对话框中的“书签名”文本框中输入书签名称，然后单击“添加”按钮，即可在书签列表中创建一个新书签。

书签创建以后，单击“链接”组中的“书签”按钮，在打开对话框的书签列表中选择一个书签，单击“定位”按钮，文档将定位到书签所在的位置。

4.3.4　应用及创建样式

样式是为了方便编辑，将字符的各种设置、段落组合与版面布局等组合在一起的一组使用唯一名字标识的格式，也就是一组存储模板或文档中有确定名称的段落格式和字符格式。

用户可以使用 Word 2016 自带的段落和字符样式，也可以创建自己的样式。段落样式包含影响段落外观的格式，如缩进、行间距、文本对齐方式等；字符样式包含影响文本字符的格式，如字体和字号、字间距及字符颜色等。

1. 应用样式设置文本格式

为了快速设置文档中的标题、正文、引用、参考等内容的格式，Word 2016 预先内置了相应的样式，用不同的名称来命名，以方便用户使用。具体操作方法如下。

打开文档，选择文本内容，或者将光标置于段落中（如应用标题样式）。将功能区切换至“开始”选项卡，在“样式”组中单击样式列表中的某个样式，如“标题 1”选项，即可将文本设置为一级标题的格式。

2. 新建样式

在文档中，除了系统提供的样式外，用户还可以将一些个性化的相同格式定义为一种样式，在需要时可以直接应用这种样式。新建样式的方法如下。

（1）打开文档，将功能区切换至“开始”选项卡，单击“样式”组中的“样式”按钮，打开“样式”窗格，如图 4-36 所示，该窗格提供了 Word 2016 内置的样式供用户使用。需要创建自己的样式时，可以单击“样式”窗格下方的“新建样式”按钮，打开“根据格式设置创建新样式”对话框，如图 4-37 所示。

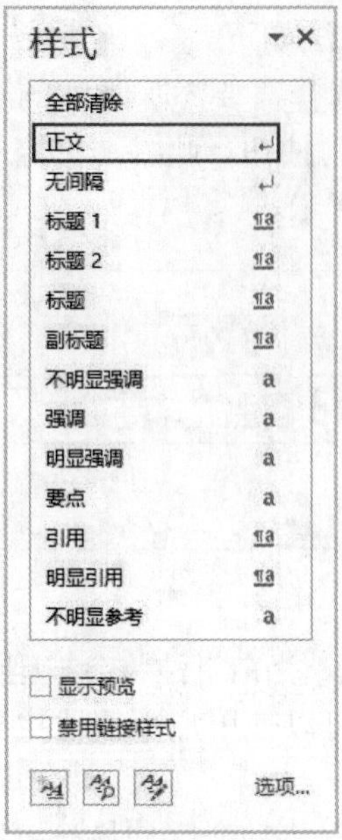

图 4-36 “样式”窗格

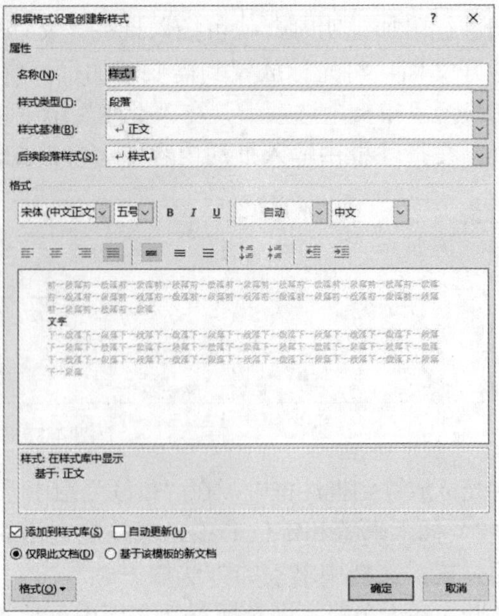

图 4-37 “根据格式设置创建新样式”对话框

（2）在“根据格式设置创建新样式”对话框中对样式进行设置。这里的“样式类型”下拉列表框用于设置样式使用的类型；“样式基准”下拉列表框用于指定一个内置样式作为设置的基准；“后续段落样式”下拉列表框用于设置应用该样式的文字的后续段落的样式。

3. 文档结构图和页面缩略图

对于已经设置好章节标题的文档，可以在 Word 2016 的“导航”窗格中查看文档结构图和页面缩略图。要在文档窗口中显示文档结构图和页面缩略图，可以按以下步骤完成。

（1）将功能区切换至“视图”选项卡，勾选“显示”组中的“导航窗格”复选框，在文档窗口左侧将打开“导航”窗格，如图 4-38 所示，在窗格中将按照级别高低显示文档中的所有标题文本。

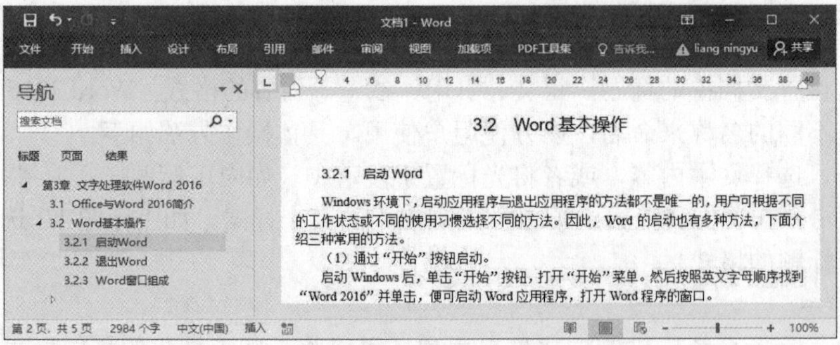

图 4-38 “导航”窗格

（2）“导航”窗格中默认显示的是文档的标题结构图，单击标题左侧的标签可以进行其下级结构的折叠和展开。

（3）在左侧的“导航”窗格中单击“页面”按钮，窗格中的文档结构图会自动关闭，同时在窗格中显示文档各页的缩略图。在窗格中单击相应的缩略图，可以切换到相应的页。

4. 创建目录

目录通常应用于书籍等出版物中，它将文档各级标题的名称以及标题的对应页码显示出来，便于对文档整体结构和内容的了解。对于已经设置好章节标题的文档，Word 2016 可以按照文档中的各级标题自动生成目录，其方法有以下两种。

方法一：使用“目录”组中的“目录”按钮设置。

在文档中单击，将光标放置在需要添加目录的位置。将功能区切换至“引用”选项卡，单击“目录”组中的“目录”按钮，在下拉列表中选择一款自动目录样式，在光标处将会获得所选样式的目录。

方法二：使用“目录”对话框进行设置。

（1）将功能区切换至“引用”选项卡，单击“目录”组中的“目录”按钮，选择下拉列表中的“自定义目录”选项。

（2）打开“目录”对话框，如图 4-39 所示。在对话框中可以对目录的样式进行设置，如制表符前导符的样式、目录显示级别等。

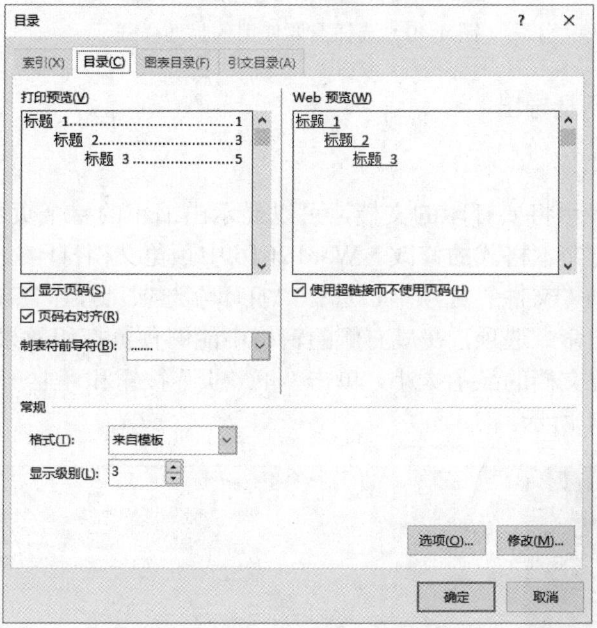

图 4-39　“目录”对话框

5. 创建封面

Word 2016 新增了文档封面生成功能，让用户可以很轻松地自定义文档的外观，各种预定义的样式可以帮助用户创建一个专业级外观的文档。同时，实时预览功能可以让用户尝试各种各样的格式选项，而不需要真正地更改文档。为文档创建封面的方法如下。

打开文档，在“插入”选项卡的“页面”组中单击“封面”按钮，在下拉列表中选择需要使用的封面样式，如图 4-40 所示。

选择的封面被自动插入文档的首页，分别在封面的不同文本框中输入相应的内容。例如，在“标题”和“副标题”文本框中单击，可以输入文档的标题和副标题。

单击封面中的图形，打开“格式”选项卡，使用选项卡中的命令可以更改图形的样式。

图 4-40　选择需要使用的封面样式

4.3.5　文档的打印及导出

1. 预览打印效果

打印预览是模拟显示将要打印的文档，可以显示出缩小的整个页面，能查看到一页或多页，检查分页符以及对文本格式的修改。Word 2016 中预览文档打印效果的方法如下。

打开文档，切换到“文件”选项卡，选择“打印”选项，打印窗口（图 4-41）中将显示所有与文档打印有关的命令选项，在最右侧的窗格中能够预览打印效果。拖动“显示比例”滚动条上的滑块能够调整文档的显示大小，单击“下一页”按钮和“上一页”按钮能够进行预览的翻页操作，如图 4-41 所示。

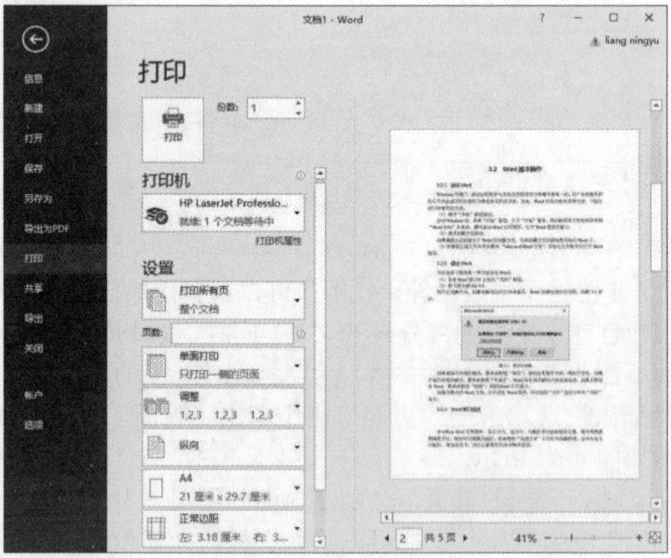

图 4-41　打印窗口

2. 文档的打印设置

可以直接在“打印”命令列表中为打印进行页面、页数和份数等设置，具体方法如下。

（1）打开需要打印的文档，切换到“文件”选项卡，选择“打印”选项，打开“打印”窗口。在中间窗格的“份数”增量框中设置打印份数，单击“打印”按钮，即可开始文档的打印。

（2）Word 2016 默认打印文档中的所有页面。单击“打印所有页”按钮，在打开的列表中选择相应的选项，可以对需要打印的页进行设置，如选择“打印当前页”等。

（3）在“打印”窗口中提供了常用的打印设置按钮，如设置页面的打印顺序、页面的打印方向以及设置页边距等。如果需要进一步的设置，可以单击“设置”按钮，打开“页面设置”对话框来进行设置。

4.4 表格处理

表格是建立文档时较常用的文字组织形式，Word 2016 提供了丰富的表格处理功能，包括创建表格、编辑修改表格、设置表格样式、表格的计算和排序等操作。

4.4.1 创建表格

表格由一个个的单元格构成，在单元格中可以插入数字、文字或图片。在 Word 2016 中可以建立一个空表，然后将文字或数据填入表格单元格中，或将现有的文本转换为表格。

1. 使用“插入表格”对话框创建表格

将功能区切换到“插入”选项卡，在“表格”组中单击“表格”按钮，在下拉菜单中选择“插入表格”命令，打开如图 4-42 所示的“插入表格”对话框，在对话框中设置要插入表格的列数和行数，单击“确定”按钮，将插入所需表格到文档中。

2. 使用“插入表格”按钮创建表格

将功能区切换到“插入”选项卡，在“表格”组中单击“表格”按钮，在其下拉菜单中拖动光标选择所需表格的行数与列数，如图 4-43 所示，释放鼠标左键，就插入了表格。

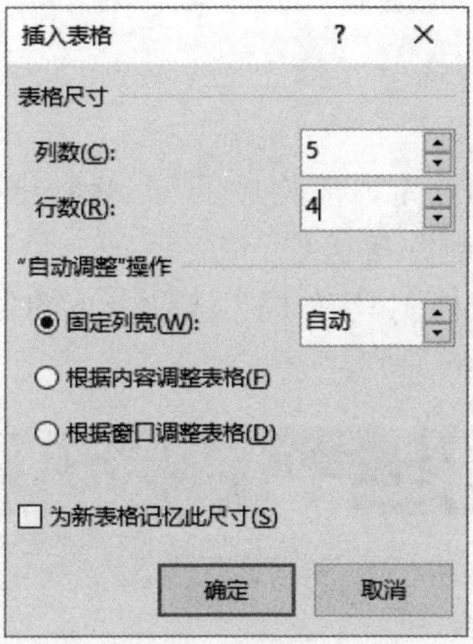

图 4-42　使用“插入表格”对话框创建表格

图 4-43　使用“插入表格”按钮创建表格

3. 绘制表格

将功能区切换到“插入”选项卡，在“表格”组中单击“表格”按钮，在下拉菜单中选择“绘制表格”命令，鼠标指针变成铅笔形状，拖动笔形鼠标指针绘制表格水平线、垂直线、斜线。使用橡皮擦工具可以将多余的行边框线或列边框线擦掉。双击文档编辑区任何位置，或取消“绘制表格”和“擦除”按钮的选定，即可结束手动制表。

4. 将文本转换为表格

Word 2016 可以将已经存在的文本转换为表格。要进行转换的文本应该是格式化的文本，即文本中的每一行用段落标记符分开，每一列用分隔符（如空格、逗号或制表符等）分开。其操作方法如下。

（1）选定添加段落标记和分隔符的文本。

（2）在“表格”组中单击“表格”按钮，在下拉菜单中选择“文本转换成表格”命令，弹出“将文字转换成表格”对话框，如图 4-44 所示。Word 2016 能自动识别出文本的分隔符，并计算表格列数，用户也可以自己选定合适的“文字分隔符”，单击“确定”按钮，即可得到所需的表格。

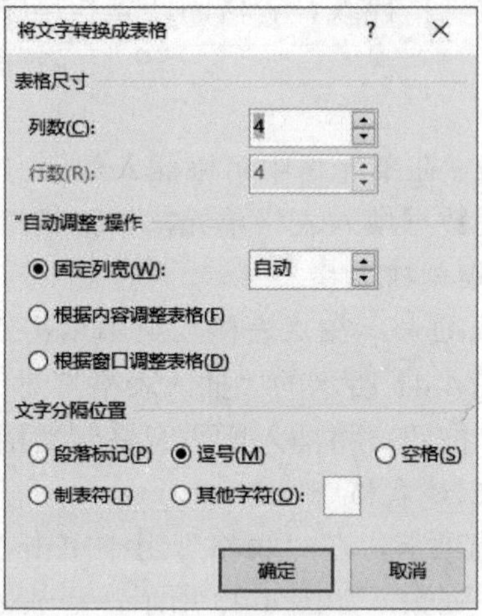

图 4-44 “将文字转换成表格”对话框

4.4.2 编辑修改表格

表格的编辑修改操作包括单元格、行、列、表格的选定，表格中的行、列、单元格的插入与删除，单元格的合并与拆分，表格的拆分、合并和删除等操作。

表格的各种编辑操作可以利用如图 4-45 所示的“表格工具-布局”选项卡下的各组按钮来实现。表格的各种操作也必须遵从“先选定，后操作”的原则。

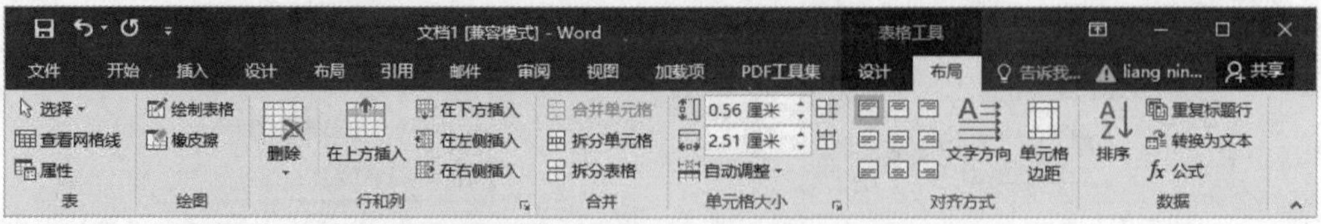

图 4-45 “表格工具-布局”选项卡

1. 表格的选取

方法一：使用“选择表格”按钮选取。将光标置于表格任意单元格中，选择“表格工具-布局”选项卡，在“表”组中单击“选择表格”按钮 选择 ，在下拉菜单中包括“选择单元格”“选择列”“选择行”“选择表格”命令，选择相应命令可以完成对行、列、单元格或者整个表格的选取。

方法二：使用鼠标操作选取。

- 选定一个单元格：把光标放到单元格左侧靠近格线的位置，鼠标指针变成黑色的箭头，按下鼠标左键可选定一个单元格，拖动可选定多个。
- 选定一行或多行：在文档左边的选择区中单击，可选中表格的一行，这时按下鼠标左键并上下拖动即可选定表格的多行乃至整个表格。
- 选定一列或多列：当鼠标指针移到表格的上方时，鼠标指针就变成了向下的黑色箭头，这时按下鼠标左键可以选择一列，按下左键并左右拖动即可选定表格的多列乃至整个表格。
- 选定整个表格：将光标置于表格任意单元格中，待表格的左上方出现了一个带方框的十字架标记 时，将鼠标指针移到该标记上，单击即可选取整个表格。

2. 插入操作

将插入点置于表格内，选择“表格工具-布局”选项卡，利用“行和列”组中的各个按钮，可以实现插入与删除行、列、单元格，以及删除表格等操作。

（1）插入行。选定表格中的一行或连续的多行，切换到“表格工具-布局”选项卡，在“行和列”组中单击“在上方插入”（或“在下方插入”）按钮，则在选定行的上方（或下方）插入了一个或多个空行，插入空行的行数与所选定的行数相同。

（2）插入列。选定表格内相邻的一列或多列，选择“表格工具-布局”选项卡，在“行和列”组中单击“在左侧插入”（或“在右侧插入”）按钮，则在所选列的左侧（或右侧）插入了同等数量的空列。

（3）插入单元格。选定多个连续单元格，如图 4-46（a）所示，切换到“表格工具-布局”选项卡，在“行和列”组中单击右侧的“插入单元格”对话框打开按钮，弹出“插入单元格”对话框，如图 4-47 所示。若选择“活动单元格右移”选项，则在所选定的单元格的左侧插入了同等数量的单元格，如图 4-46（b）所示。若选择“活动单元格下移”选项，则在所选定的单元格的上方插入了同等数量的单元格，如图 4-46（c）所示。

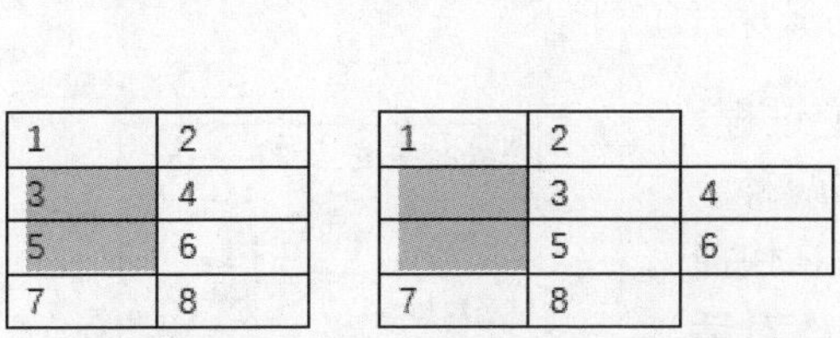

（a）单元格插入前　（b）活动单元格右移　（c）活动单元格下移

图 4-46　插入单元格示例

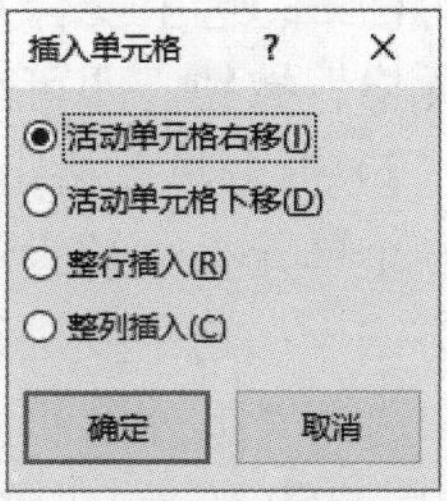

图 4-47　“插入单元格”对话框

3. 删除操作

（1）删除行或列。选定表格内一个或多个单元格，切换到“表格工具-布局”选项卡，单击“行和列”组的“删除”按钮，下拉菜单列表中包括了“删除单元格”“删除行”“删除列”“删除表格”命令。此时若选择“删除行”命令，则选定行被删除。若选择“删除列”命令，则选定列被删除。

（2）删除单元格。选定多个连续单元格，如图 4-48（a）所示。在如上所述的“删除”下拉菜单中选择“删除单元格”命令，弹出“删除单元格”对话框，如图 4-49 所示，选择“右侧单元格左移”选项，则删除所选的单元格后，其右侧的单元格依次左移，如图 4-48（b）所示。

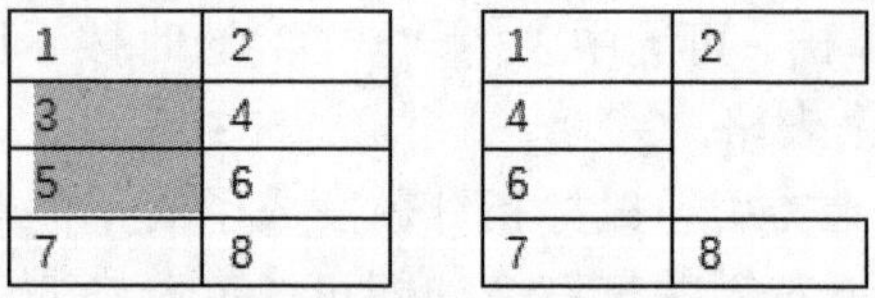

（a）单元格删除前　（b）单元格删除后

图 4-48　删除单元格示例

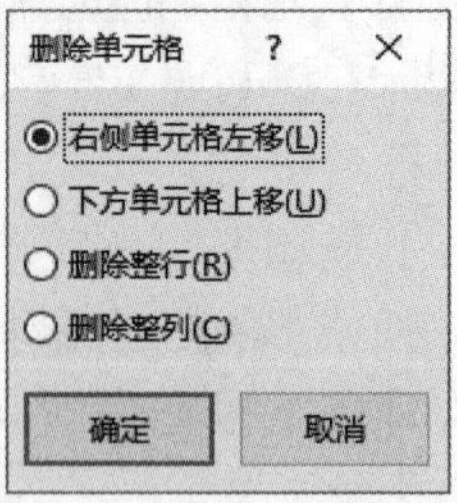

图 4-49　“删除单元格”对话框

（3）删除表格。删除表格的操作是指将整个表格及表格中的内容全部删除，操作方法有两种。

方法一：将光标置于表格内，切换到“表格工具-布局”选项卡，在“行和列”组中单击“删除”按钮，在下拉菜单中选择“删除表格”命令，则插入点所在的表格，无论内容还是框线都被删除。或者在表格中右击，在快捷菜单中选择“删除表格”命令，也同样可以实现删除表格的操作。

方法二：首先选定表格，然后按下快捷键 Ctrl+X，将表格剪切到剪贴板中，即可实现表格的删除。

（4）删除表格内容。选定整个表格，按 Delete 键，则表格内的全部内容都被删除，表格成为空表。

4. 合并与拆分单元格

（1）合并单元格。合并单元格是指选中两个或多个单元格，将它们合成一个单元格，其操作方法有两种。

方法一：选中要合并的单元格并右击，在快捷菜单中选择“合并单元格”命令，即可将多个单元格合并。

方法二：选中要合并的单元格，选择“表格工具-布局”选项卡，单击“合并”组中的“合并单元格”按钮，即可合并单元络。

（2）拆分单元格。拆分单元格是合并单元格的逆过程，是将一个单元格分解为多个单元格，其操作方法也有两种。

方法一：选中要进行拆分的一个单元格并右击，在快捷菜单中选择“拆分单元格”命令，打开“拆分单元格”对话框，如图 4-50 所示。在对话框中设置拆分后的行数或者列数，即可将单元格进行拆分。

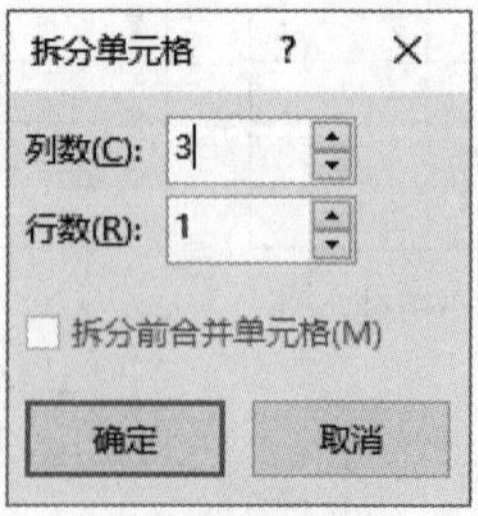

图 4-50　“拆分单元格”对话框

方法二：选中要进行拆分的一个单元格，选择“表格工具-布局”选项卡，单击“合并”组中的“拆分单元格”按钮，打开如图 4-50 所示的“拆分单元格”对话框，在其中进行相应设置即可完成拆分操作。

5. 调整表格大小、列宽与行高

（1）使用“自动调整”按钮调整表格大小。将光标置于表格内，切换到“表格工具-布局”选项卡，在“单元格大小”组单击“自动调整”按钮，弹出“自动调整”下拉菜单，其中包括“根据内容自动调整表格”“根据窗口自动调整表格”“固定列宽”3 个命令，如图 4-51 所示。选择不同的命令将使表格按不同的方式调整大小。

如果希望表格中的多列具有相同的宽度或高度，可以选定这些列或行并右击，选择“平均分布各列”或“平均分布各行”命令，列或行就自动调整为相同的宽度或高度。

（2）使用鼠标调整表格大小。

- 表格缩放：将插入点置于表格中，把鼠标指针放在表格右下角的一个小正方形上，鼠标指针就变成了一个拖动标记，按下鼠标左键并拖动鼠标，就可以改变整个表格的大小。
- 调整行宽或列宽：将光标置于表格中，把鼠标指针放到表格的框线上，鼠标指针会变成一个两边有箭头的双线标记，这时按下鼠标左键并拖动鼠标，就可以改变当前框线的位置。拖动鼠标时按住 Alt 键，在标尺上会显示具体数值，可进行精确调整。
- 调整单元格的大小：选中要改变大小的单元格，按住鼠标左键拖动它的列框线，改变的只是选定单元格的列框线的位置。

（3）使用“表格属性”命令指定单元格大小、行高或列宽的具体值。选中要改变大小的单元格、行或列并右击，选择“表格属性”命令，将弹出如图 4-52 所示的“表格属性”对话框，在这里可以设置表格、单元格的大小，或者指定的行高和列宽。

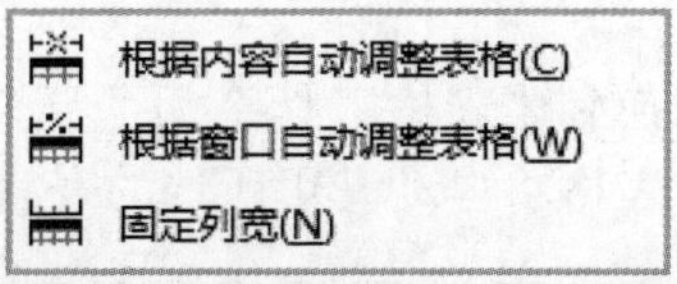

图 4-51　“自动调整”下拉菜单

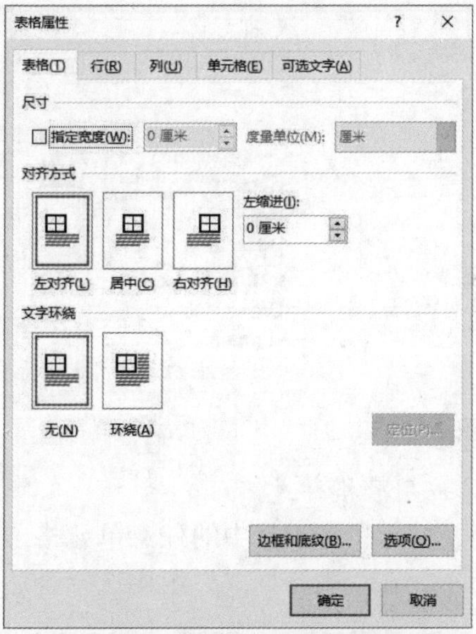

图 4-52　“表格属性”对话框

4.4.3　设置表格的格式

1. 调整表格位置

选中整个表格，将功能区切换到“开始”选项卡，单击“段落”组中的“居中”“左对齐”

“右对齐”等按钮，即可调整表格的位置。

2. 设置表格单元格中文字的对齐方式

表格单元格中的文字有两种对齐方式：水平对齐和垂直对齐。如设置水平对齐，可以将功能区切换到“开始”选项卡，通过单击“段落”组中的“居中”“左对齐”“右对齐”等按钮完成设置。如设置垂直对齐，可以选择表格内容后，切换到“表格工具-布局”选项卡，在“对齐方式”组中用9个控制按钮进行设置。

3. 为表格添加边框和底纹

选择单元格（行、列或整个表格），将功能区切换到“表格工具-设计”选项卡，在“边框”组中设置“边框样式”“笔样式”“笔划粗细”等，再从“边框”下拉列表中选择应用的范围，如图4-53所示。

也可以在“边框”下拉列表中选择“边框和底纹”选项，打开“边框和底纹”对话框，如图4-54所示。在“边框”选项卡下设置表格的每条边线的样式。若要添加底纹，可以选择“底纹”选项卡，按要求设置底纹的“填充颜色”和“图案”。

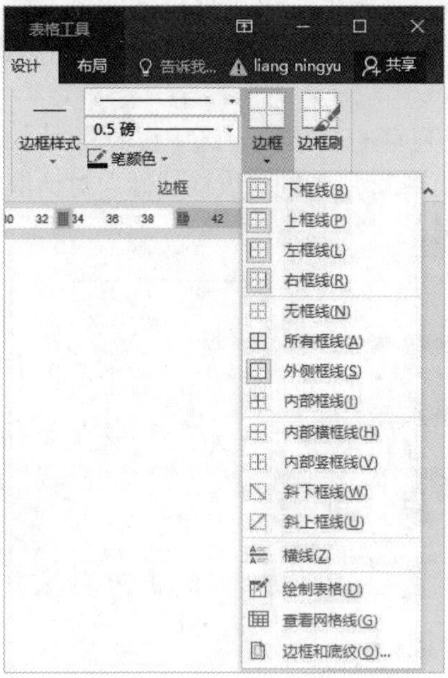

图4-53 “边框”下拉列表

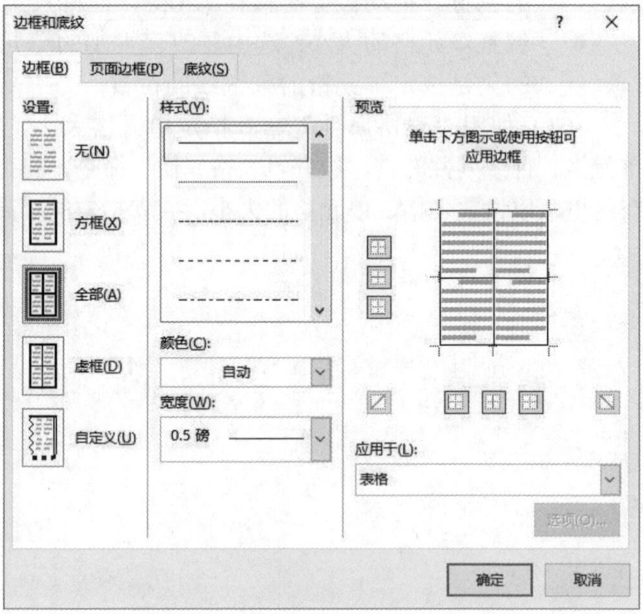

图4-54 “边框和底纹”对话框

4. 应用表格样式

将光标定位到表格中的任意单元格，并将功能区切换到“表格工具-设计”选项卡，如图4-55所示。在“表格样式”组中选择合适的表格样式，表格将自动套用所选的表格样式。

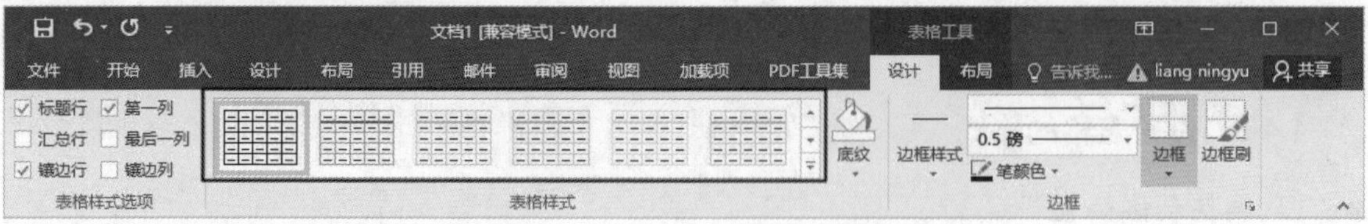

图4-55 “表格工具-设计”选项卡

4.4.4　表格的计算与排序

1. 表格的计算

Word 2016 可以快速地对表格中的行与列的数值进行各种数学运算，如加、减、乘、除以及求和、求平均值等常见运算，操作步骤如下。

（1）在准备参与数据计算的表格中单击计算结果单元格。

（2）将功能区切换至“表格工具-布局”选项卡，单击“数据”组中的“公式”按钮 fx 公式，打开“公式”对话框，如图 4-56 所示。

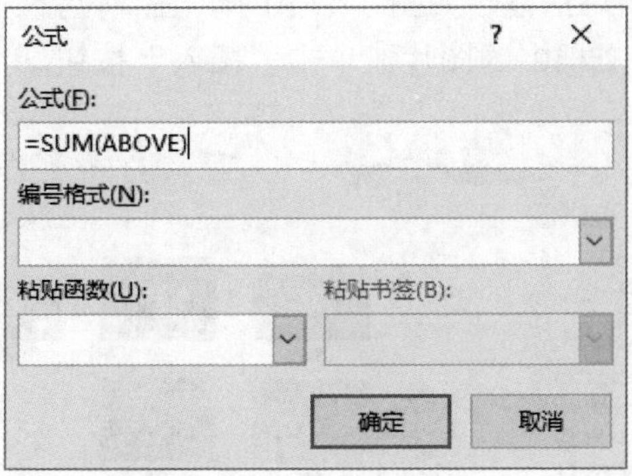

图 4-56　“公式”对话框

（3）在“公式”文本框中，系统会根据表格中的数据和当前单元格所在位置自动推荐一个公式。例如，“=SUM(ABOVE)”是指计算当前单元格上方所有单元格的数据之和。用户可以单击“粘贴函数”下拉按钮选择合适的函数，如平均值函数 AVERAGE 等。

（4）完成公式的编辑后，单击“确定”按钮，计算结果显示在单元格中。

2. 表格排序

在使用 Word 2016 制作和编辑表格时，有时需要对表格中的数据进行排序，操作步骤如下。

（1）将光标置于表格中任意位置。

（2）将功能区切换到“表格工具-布局”选项卡，单击“数据”组中的“排序”按钮，打开“排序”对话框。

（3）在对话框中的“列表”区中选择“有标题行”选项，则标题行不参与排序，如果选中“无标题行”选项，则标题行也将参与排序。

（4）单击“主要关键字”区域的关键字按钮，选择排序依据的主要关键字，然后选择“升序”或“降序”选项，以确定排序的顺序。

（5）若需次要关键字和第三关键字，则在“次要关键字”和“第三关键字”区分别设置排序关键字（也可以不设置）。设置完成后，单击“确定”按钮，完成数据排序。

4.5　图片与图形

Word 2016 不仅可以处理文字、表格，还可以进行图片的处理，使用户方便地编排出图文并茂的文档。

4.5.1 插入图片

在文档中插入图片可以使文档内容更加丰富。Word 2016 允许用户在文档的任意位置插入常见格式的图片，如 BMP、CGM、PIC、GIF、PIF、PCX、WMF 等格式的图片。

1. 插入以文件形式保存的图片

很多图片都是以文件形式保存的，如果在文档中插入这些图片，则可使用如下方法。

（1）打开文档，在需要插入图片的位置单击，将光标定位到该位置。并将功能区切换至“插入”选项卡，在“插图”组中单击“图片”按钮。

（2）打开“插入图片”对话框，如图 4-57 所示，在“位置”下拉列表中选择图片所在的文件夹，然后选择需要插入文档中的图片，单击“插入”按钮。

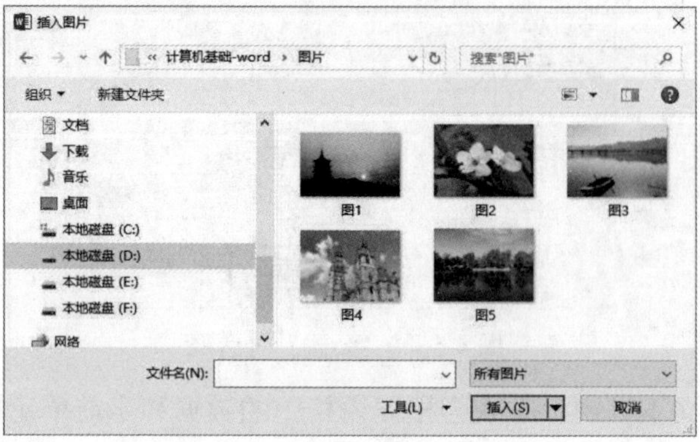

图 4-57 “插入图片”对话框

2. 插入联机图片

Word 2016 自带了大量的联机图片，搜索联机图片并插入的方法如下（此操作要在网络连接的状态下完成）。

（1）打开文档，将功能区切换至“插入”选项卡，在“插图”组中单击“联机图片”按钮，打开“联机图片”窗格。

（2）在窗格的“必应图像搜索”文本框中输入要查找的图片的类别，如“建筑”，单击“搜索”按钮。

（3）打开搜索窗格，列表框中显示所有找到的符合条件的图片，单击选中一个或多个所需的图片，单击“插入”按钮，图片被插入文档中。

3. 插入屏幕截图

利用 Word 2016 提供的屏幕截图功能和屏幕剪辑功能，可以截取屏幕中的图片。文档中插入屏幕截图的方法如下。

（1）截取整个窗口。打开文档，在功能区中切换至“插入”选项卡，在“插图”组中单击“屏幕截图”按钮。在打开的“可用的视窗”列表中将列出当前打开的所有程序窗口。选择需要插入的窗口截图，该窗口的截图将被插入到光标处。

（2）截取窗口的部分区域。单击“屏幕截图”按钮，在打开的列表中选择“屏幕剪辑”选项，将当前窗口最小化，屏幕将以灰色显示，拖动鼠标框选出需要截取的屏幕区域并单击，框选区域内的屏幕图像将插入文档中。

4.5.2　修饰图片

在文档中插入了图片之后，可以对它进行修饰，即调整它们的色调、亮度、对比度、大小等多种属性，也可以对图片进行缩放和裁剪。对图片在文档中的位置、文字对图片的环绕方式等也可以进行修改，还可以在窗口内进行编辑或给图片加边框、样式和效果。

1. *旋转图片和调整图片大小*

在文档中插入图片后，要调整图片的大小和放置角度，可以通过拖动图片上的控制柄实现，也可以通过功能区设置项进行精确设置。操作方法有以下两种。

方法一：直接使用鼠标调整图片大小及放置角度。

（1）调整大小。打开文档，选中要调整的图片，拖动图片框上的控制柄，可以改变图片的大小。

（2）调整角度。将鼠标指针放置到图片框顶部的圆形控制柄上，拖动鼠标，能对图像进行旋转操作。

方法二：通过功能区设置项进行精确设置。

（1）选择插入的图片，功能区切换至“图片工具-格式”选项卡，如图 4-58 所示。

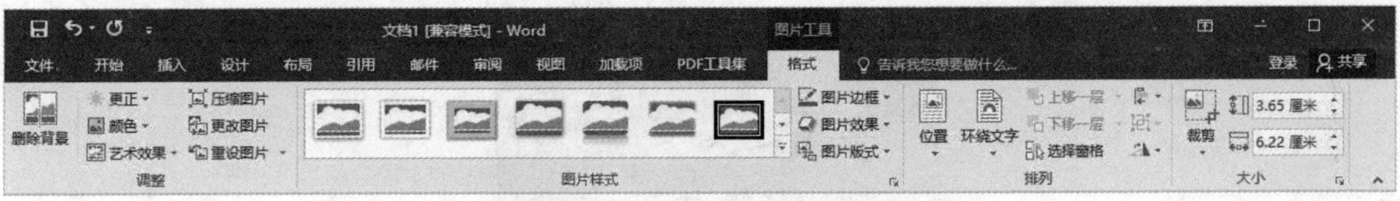

图 4-58　“图片工具-格式”选项卡

在“大小”组中的“形状高度”和“形状宽度”数值框中输入数值，可以精确调整图片在文档中的大小。

（2）在“大小”组中单击“大小”按钮，打开“布局”对话框，如图 4-59 所示。在对话框中可以修改“高度”和“宽度”的数值，调整大小。

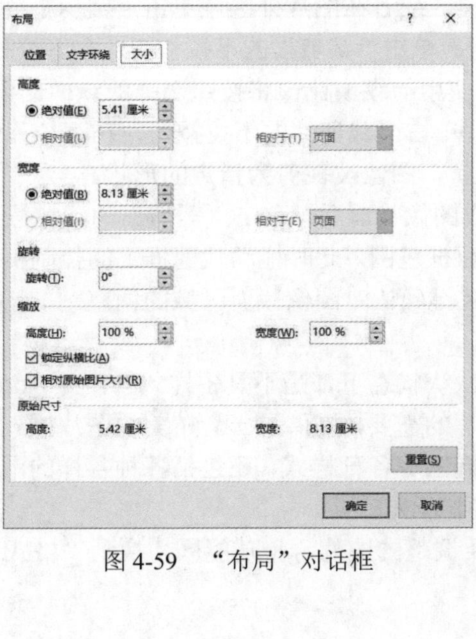

图 4-59　“布局”对话框

注意：在“布局”对话框中勾选“锁定纵横比”复选框，则无论是手动调整图片的大小还是通过输入图片宽度和高度值调整图片的大小，图片大小都将保持原始的宽度和高度比值。另外，通过在“缩放”栏中调整“高度”和“宽度”的值，将能够以与原始高度和宽度值的百分比的方式来调整图片的大小。在“旋转”数值框中输入数值，将能够设置图像旋转的角度。

2. 裁剪图片

有时，刚插入的图片并不符合使用要求，这时就需要对图片进行裁剪，Word 2016 的图片裁剪功能更为强大，其不仅能够实现常规的图像裁剪，还可以将图像裁剪为不同的形状。裁剪图片的操作方法如下。

（1）裁剪为规则形状。在文档中选中要剪裁的图片，将功能区切换至“格式”选项卡，单击“裁剪”按钮，图片四周出现裁剪框，选定某个裁剪框上的控制柄并拖动，可以调整裁剪框包围住图像的范围，如图 4-60 所示。

图 4-60　拖动裁剪框上的控制柄调整图像范围

操作完成后，按 Enter 键，或者在图片外区域单击，裁剪框外的图像将被删除。

（2）按“纵横比”裁剪。单击“裁剪”的下拉按钮，在下拉列表中选择“纵横比”选项，在下级列表中选择裁剪图像使用的纵横比，将按照选择的纵横比创建裁剪框。

（3）裁剪为指定形状。单击“裁剪”的下拉按钮，在下拉列表中选择“裁剪为形状”选项，在弹出的列表中选择形状，图像被裁剪为指定的形状。

（4）调整裁剪框。完成图像裁剪后，单击“裁剪”的下拉按钮，在下拉列表中选择“调整”选项，图像周围将被裁剪框包围，此时拖动裁剪框上的控制柄可以对裁剪框进行调整。完成裁剪框的调整后，按 Enter 键确认对图像裁剪区域的调整。

3. 为图片应用样式

在文档中插入的图片，默认状态下都是不具备样式的，而 Word 2016 作为专业排版设计工具，考虑到方便用户美化图片的需要，提供了一套精美的图片样式以供用户选择。这套样式不仅有涉及图片外观的方形、椭圆等各种样式，还包括各种各样的图片边框与阴影等效果。以下为文档中图片应用样式的操作方法。

（1）打开文档，选中要调整的图片，将功能区切换到“格式”选项卡，在“图片样式”

组中的图片样式库列表中选择某个样式，如“剪去对角，白色”样式，如图 4-61 所示。此时为图片添加一个剪裁了对角线的白色相框，完成效果如图 4-62 所示。

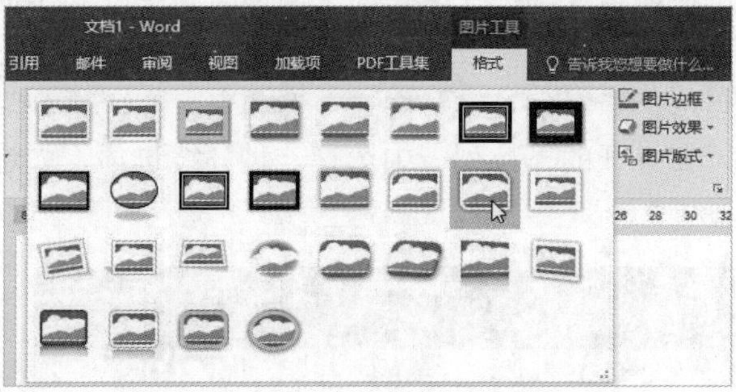

图 4-61　“剪去对角，白色”样式

图 4-62　“剪去对角，白色”完成效果

（2）为了美化相框，可以更改相框的颜色。在“图片样式”组中单击“图片边框”按钮，在展开的颜色库中可以选择图片的边框颜色和边框粗细等。

4. 设置图片效果

选择图片，单击“图片效果”按钮，选择下拉列表中的选项，可以为图片添加指定的效果。例如，这里打开“映像”选项的下级列表，在列表中给图片选择一款预设效果，如“映像变体”下的“半映像，接触”效果，如图 4-63 所示。

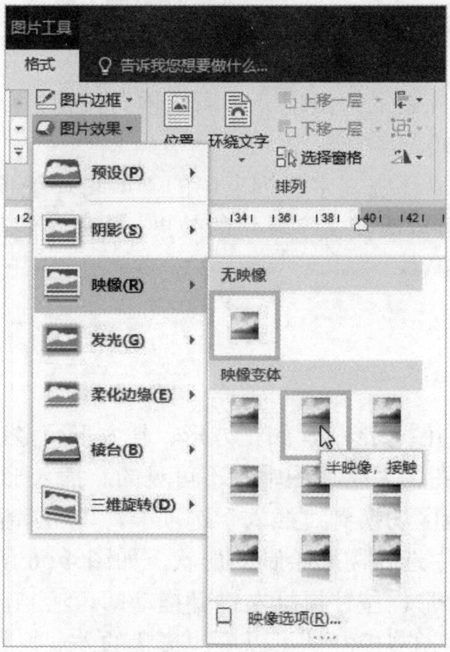

图 4-63　“半映像，接触”效果

在为图像添加效果或样式后，如果对获得的效果不满意，可以单击“调整”组中的“重设图片”按钮

，将图片恢复到插入时的原始状态。

5. 调整图片版式

图片的版式指的是图片与它周围的文字、图形之间的排列关系。在 Word 2016 中有 7 种排

列方式，分别为“嵌入型”“四周型”“紧密型环绕”“穿越型环绕”“上下型环绕”“衬于文字下方”“浮于文字上方”。选择“四周型”，图片就会被文字从各个方向包围起来；选择“上下型环绕”，图片的左右就不会有文字出现。也可把图片浮动于文字层的上面或者置于文字下面成为水印等效果。设置图片版式可以按照以下方法操作。

打开文档，选中要调整的图片，将功能区切换到“图片工具-格式”选项卡。在“排列”组中单击“环绕文字”按钮，如图 4-64 所示。在打开的下拉列表中选择一种环绕选项，如选择“紧密型环绕”，图片效果如图 4-65 所示。

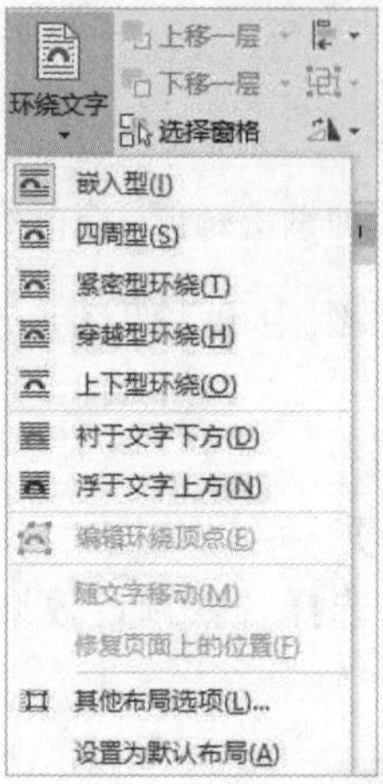

图 4-64 “环绕文字”选项列表

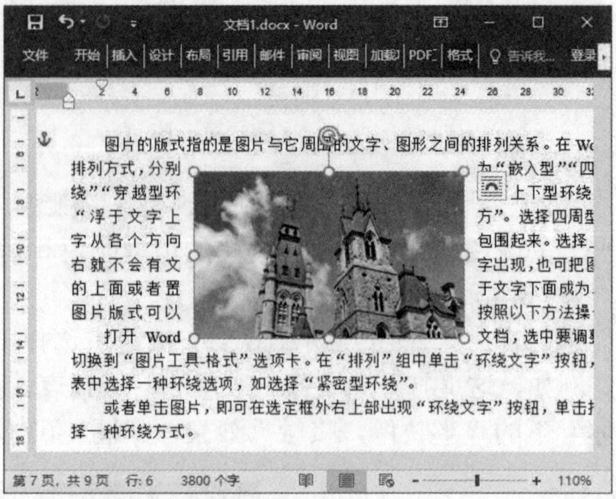

图 4-65 “紧密型环绕”图片效果

单击图片，可在选定框外右上部出现“布局选项”按钮，单击该按钮，在打开的下拉列表中也可以选择一种环绕方式。

创建环绕效果后，选择“环绕文字”列表中的“编辑环绕顶点”选项，拖动选框上的控制柄调整环绕顶点的位置，可以改变文字环绕的效果。完成环绕顶点的编辑后，在文档中单击即可取消对环绕顶点的编辑状态。

4.5.3 绘制形状

1. 插入形状

Word 2016 提供了丰富的图形形状，如正方形、长方形、多边形、直线、椭圆和图注等形状对象。形状对象在普通视图、大纲视图中是不可见的。插入形状的步骤如下。

（1）打开文档，将功能区切换到“插入”选项卡，单击“插图”组中的“形状”按钮，在打开的“形状”下拉列表中选择需要绘制的形状，如图 4-66 所示。

（2）鼠标指针变成十字形，按住鼠标左键并拖动即可绘制已选择的形状。

（3）拖动形状边框上的调节控制柄可以更改形状的外观形状，拖动形状边框上的尺寸控制柄可以调整形状的大小，拖动形状边框上的旋转控制柄可以调整形状的放置角度。

2. 编辑形状

（1）设置形状格式。选中形状，将功能区切换到“绘图工具-格式”选项卡，在“形状样式”组中打开“形状填充”“形状轮廓”“形状效果”下拉列表，对形状进行修改。还可以单击“设置形状格式”按钮，打开“设置形状格式”窗格进行详细设置，如图 4-67 所示。

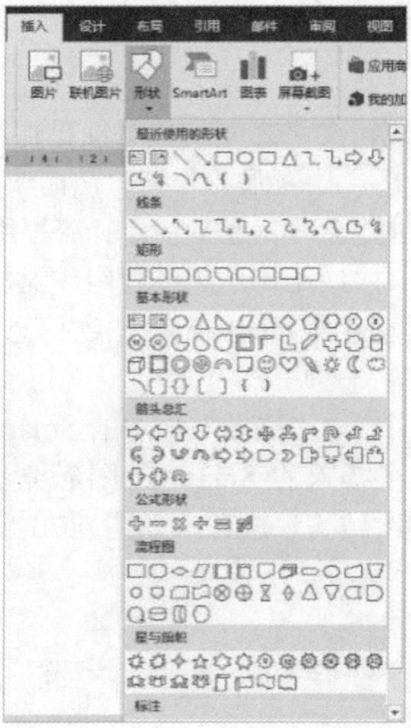

图 4-66　“形状”下拉列表

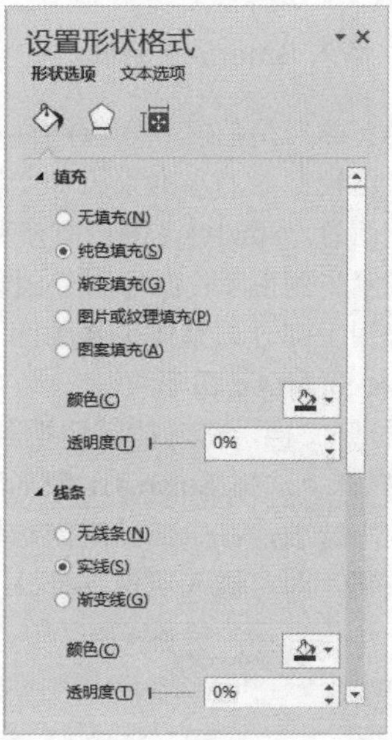

图 4-67　“设置形状格式”窗格

（2）在形状中添加文字。右击形状，在弹出的快捷菜单中选择“添加文字”命令，即可在形状上输入文字，并可设置文字的字体格式。

（3）设置形状版式。选中形状，将功能区切换到“绘图工具-格式”选项卡，在“排列”组中从“环绕文字”下拉列表中选择版式。

（4）形状的叠放层次。多个形状叠加在一起时，后绘制的形状会遮挡前面的形状。要改变形状间的叠放层次，可以在“绘图工具-格式”选项卡的“排列”组中，用“上移一层”“下移一层”按钮来完成，还可以打开按钮列表，执行“置于顶层”“置于底层”“浮于文字上方”“衬于文字下方”等操作。例如，用“上移一层”按钮，让添加文字为“合作”的形状上移，如图 4-68 所示。

（5）多个形状的组合。当文档中有多个形状时，容易出现选择和移动的混乱和不便，这时为了排版方便，可以将多个形状组合成一个整体，使之成为一个对象。组合形状的方法为：选中所有要组合的形状后（选择多个形状时按 Shift 键），右击形状，在快捷菜单中选择“组合”命令，则所选的多个形状组合为一个对象，如图 4-69 所示。

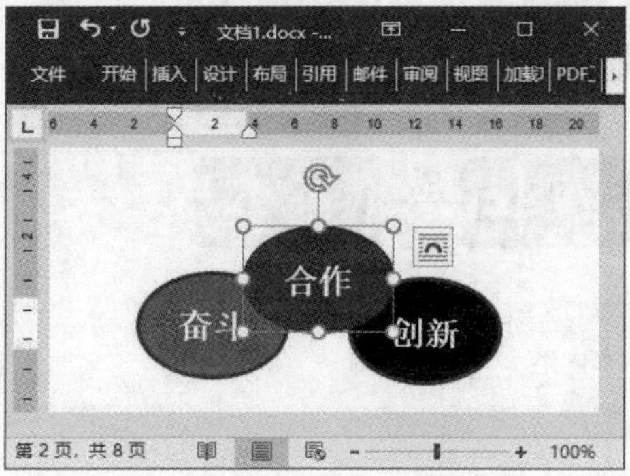

图 4-68　“合作”形状上移

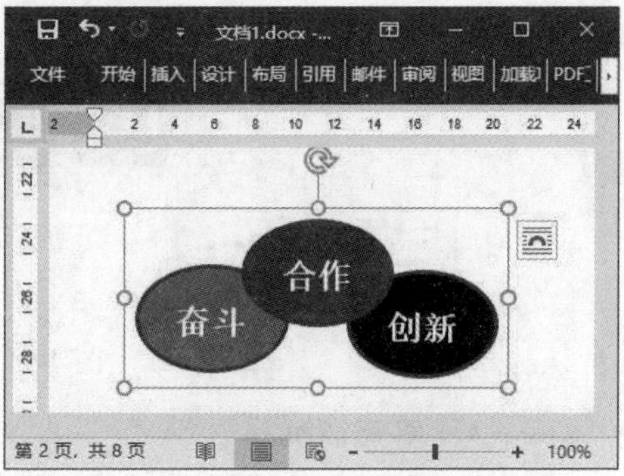

图 4-69　将多个形状组合为一个对象

4.5.4 插入 SmartArt 图形

SmartArt 图形是信息和观点的视觉表示形式，可以使得文字之间的关联性更加清晰、更加生动，能以比较专业的水准来设计文档，使效果别具一格，让人眼前一亮，从而快速、轻松、有效地传达信息。SmartArt 图形有多种类型：列表用于创建无序信息的图示；流程用于创建工作过程中演示步骤图示；循环用于创建持续循环的图示；层次结构用于创建组织结构、关系的图示；矩阵用于部分与整体关系的图示；棱锥图用于创建各部分比例或者层次信息。

1. 插入 SmartArt 图形

（1）打开文档，将功能区切换到“插入”选项卡，单击“插图”组中的 SmartArt 按钮。

（2）打开“选择 SmartArt 图形”对话框，选择需要插入的 SmartArt 图形类型，如选择“层次结构”选项，在中部的层次结构中选择“水平层次结构”选项，如图 4-70 所示，单击“确定”按钮，即可插入所选图形。

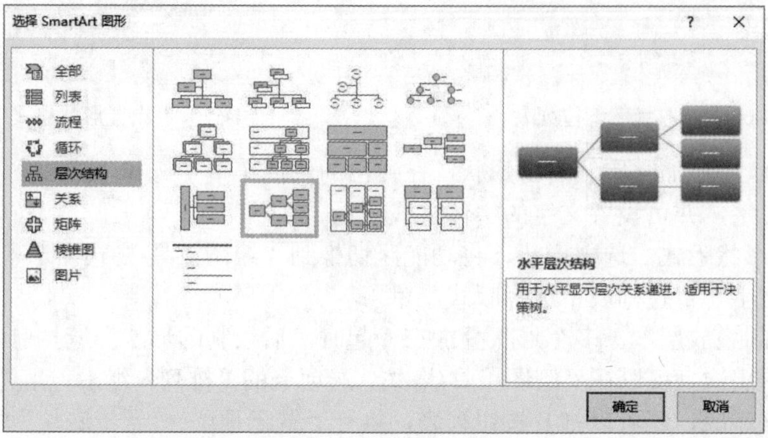

图 4-70 插入 SmartArt 图形

（3）在文档中插入了 SmartArt 图形后，单击标识为“文本”的文本框，输入相应的文本内容，或者打开“在此处键入文字”的文本窗格中输入文本内容，如图 4-71 所示。

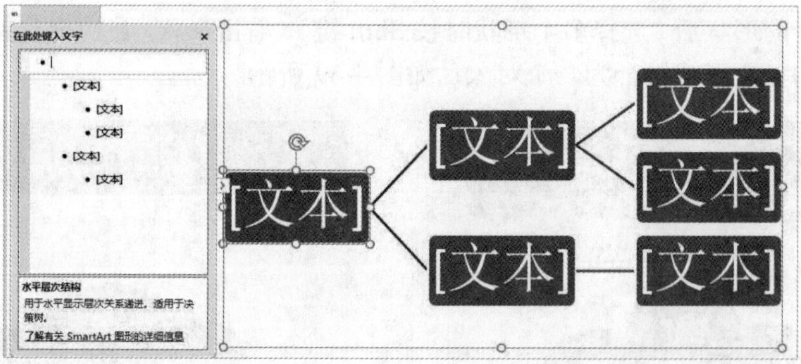

图 4-71 输入文本内容

2. SmartArt 图形的编辑

（1）形状的添加与删除。有时，默认的图形格式自带的文本框不够，用户还可以自行添加。添加方法是切换到“SmartArt 工具-设计”选项卡，如图 4-72 所示。在“创建图形”组中单击“添加形状”按钮，在下拉列表中选择要添加形状的位置。如选择“在后面添加形状”选项，就会在当前图形下方自动加上一个文本框。

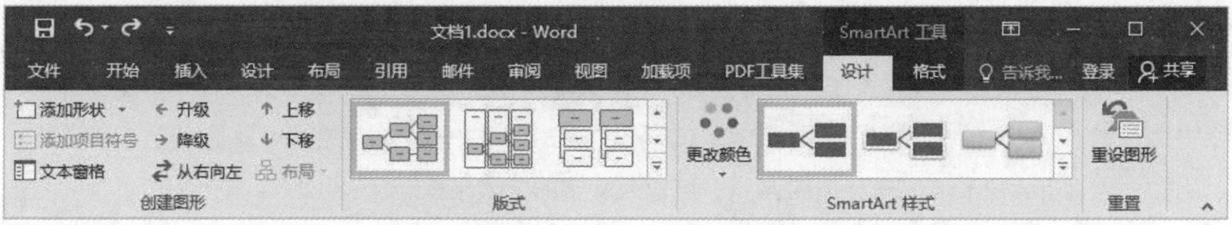

图 4-72　“SmartArt 工具-设计”选项卡

要删除形状，可以先选中形状，然后按键盘上的 Delete 键或 Backspace 键。

注意：在“在此处键入文字”的文本窗格中可以添加新行或删除行，也可以进行形状的添加和删除。

（2）形状的升降与移位。要调整形状在本级别中的上下位置关系，可以在“创建图形”组中单击“上移”“下移”按钮；要调整形状在不同级别间的位置，可以在“创建图形”组中单击“升级”“降级”按钮。

3. 为 SmartArt 图形应用样式和颜色的操作方法

（1）选中要进行美化的 SmartArt 图形，在“SmartArt 工具–设计”选项卡下单击“SmartArt 样式”组中的“其他”按钮，在展开的样式库中选择一种样式，使图形看起来更具有美感。

（2）单击“SmartArt 样式”组中的“更改颜色”按钮，在展开的样式库中选择一种颜色方案，如选择“彩色”组中的“彩色-个性色”，可以更改图形的颜色。

4.5.5　插入艺术字

在文档编辑过程中，为了生动、醒目地突出某些文字，需要对文字进行一些修饰处理，如弯曲、倾斜、旋转、扭曲等，这些效果可以应用 Word 2016 提供的艺术字功能实现。

Word 2016 将艺术字作为图形对象来处理，而不是作为文字。

1. 插入艺术字

（1）将功能区切换至“插入”选项卡，在“文本”组中单击“艺术字”下拉按钮，弹出艺术字样式下拉列表，如图 4-73 所示。

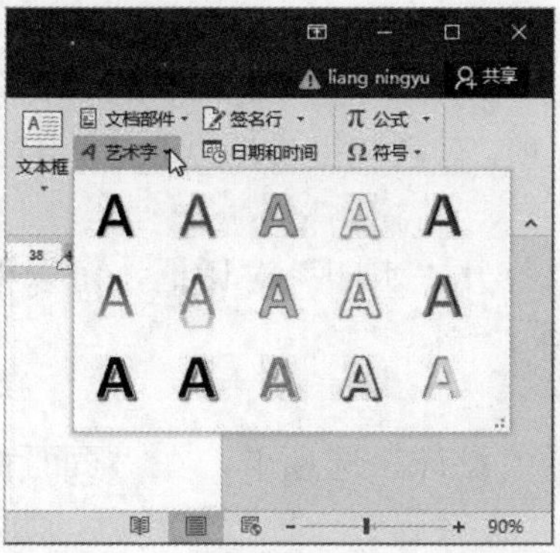

图 4-73　艺术字样式下拉列表

（2）从艺术字样式下拉列表中选择所需的样式，在编辑区即出现可输入文字的艺术字框，如图 4-74 所示。输入文字内容后，在艺术字框外部单击，结束输入。

图 4-74　可输入文字的艺术字框

2. 编辑艺术字

插入艺术字以后，还可以对它进行各种修饰，操作方法如下。

单击选中艺术字，将功能区切换至“绘图工具-格式”选项卡，如图 4-75 所示。通过选项卡的各个组，可以对艺术字进行各种编辑操作。例如，在“形状样式”组里，可以修改艺术字的样式，为形状修改填充颜色、边框样式及形状的效果；在“艺术字样式”组里，可以修改艺术字的样式、填充颜色、形状等；在“排列”组里，可以对艺术字的位置、环绕方式、文字旋转等进行设置。

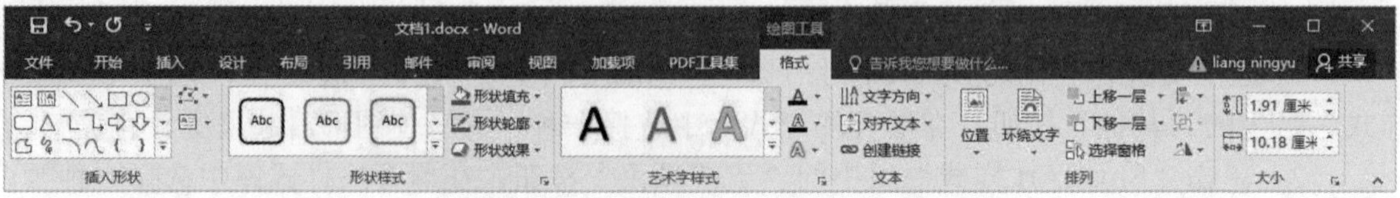

图 4-75　“绘图工具-格式”选项卡

在“绘图工具-格式”选项卡的“排列”组中单击“位置”按钮，在下拉列表中选择“其他布局选项”，打开“布局”对话框，在此可以进行艺术字的“位置”“文字环绕”“大小”等内容的设置。

4.5.6　水印和页面颜色

1. 创建及编辑水印

在排版中，经常需要以一层淡淡的图画作为背景，以增加文档的感染力。在 Word 2016 中，可以设置出这样的效果，这种效果称为水印。

在 Word 2016 中，创建水印的方法如下。

打开文档，将功能区切换至“设计”选项卡，单击“页面背景”组中的“水印”按钮，在下拉列表中显示水印的相关选项，有系统提供的默认水印样式列表，还有“自定义水印”“删除水印”等命令。

选择“自定义水印”命令，打开“水印”对话框，可以根据需要选择“图片水印”或者“文字水印”。

2. 设置页面背景颜色

打开文档，将功能区切换至“设计”选项卡，在“页面背景”组中单击“页面颜色”按钮，展开“页面颜色”下拉列表。直接选中一种背景颜色，如浅蓝，即可将其应用于文档页面背景中，此时页面背景的颜色为单色。

如果要设置页面背景为双色效果，或者是纹理、图案、图片的效果，可以在“页面颜色”下拉列表中选择“填充效果”命令，打开“填充效果”对话框，如图 4-76 所示。这里设置页面背景为“渐变”选项卡下“预设”效果中的“红日西斜”。还可以在“底纹样式”中设置渐变方向。

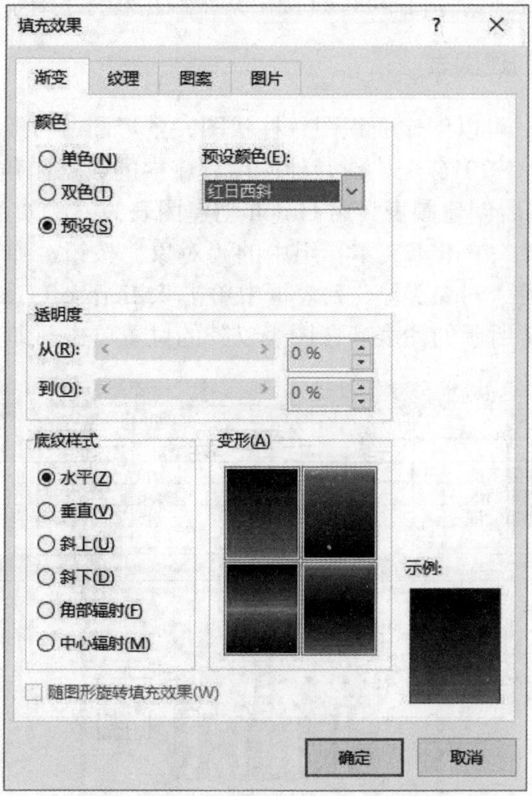

图 4-76　“填充效果”对话框

4.5.7　插入文本框

通过使用文本框，用户可以将文本很方便地放置到页面的指定位置，而不必受到段落格式、页面设置等因素的影响。文本框有两种：一种是横排文本框，另一种是竖排文本框。Word 2016 内置有多种样式的文本框供用户选择使用。

1. 插入文本框

在“插入”功能区的“文本”组中单击“文本框”按钮，选择文本框类型，然后在要插入文本框的位置拖动文本框的大小，即可完成空文本框的插入，在文本框中可以输入文本内容或者插入图片。

2. 设置文本框格式

在文本框中处理文字就像在一般页面中处理文字一样，可以在文本框中设置文本框的文字环绕方式、文字方向、文本框大小等。

要设置文本框格式，可以右击文本框边框，在快捷菜单中选择“设置形状格式”命令，打开“设置形状格式”窗格，在窗格中主要可完成填充与线条、效果、布局属性等设置。

4.6 在文档中插入对象

文档中的对象除了可以是前面讲的图片、图形、艺术字等内容以外，还可以是一个图表、一个公式或者一个 Excel 表格。对象可以直接由某个应用程序新建，也可以由文件创建。

4.6.1 利用 Graph 创建图表

使用图表工具 Graph 可以创建面积图、柱状图、条形图、折线图、饼图以及其他类型的图表。可以用已有的 Word 2016 表格或其他应用程序中的数据创建图表，也可以打开 Graph 在数据表中输入数据，然后创建图表。用 Graph 创建图表的方法如下。

选择“插入”选项卡，单击“文本”组中的“对象”按钮，弹出“对象”对话框，选择其中的“新建”选项卡，在“对象类型”列表框中单击“Microsoft Graph 图表”按钮，单击“确定”按钮，出现如图 4-77 所示的图表。在图表以外的位置单击，即在文档中插入了图表。

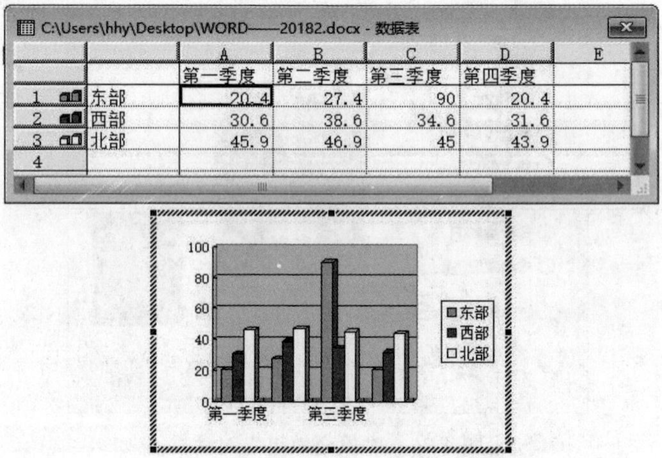

图 4-77 利用 Graph 创建的图表样例

4.6.2 插入数学公式

毕业论文、数学试卷等文档中常常需要创建一些数学公式，如积分公式、求和公式等，在 Word 2016 中，可以直接选择并插入所需公式，使用户快速地完成文档的制作。

插入数学公式的方法有以下两种。

方法一：切换到“插入”选项卡，在“符号”组中单击“公式”下拉列表，从“内置”公式列表中选择一个公式，如选择“二次公式”，如图 4-78 所示。插入后的公式可以像普通文字一样调整字体、字号等文字格式。

$$x = \frac{-b \pm \sqrt{b^2 - 4ac}}{2a}$$

图 4-78 插入“二次公式”

方法二：将插入点置于公式插入位置，在“插入”选项卡的“符号”组中单击“公式”

按钮，在下拉列表中选择“插入新公式”命令，则插入一个公式编辑框，同时自动切换到“公式工具-设计”选项卡，如图 4-79 所示。

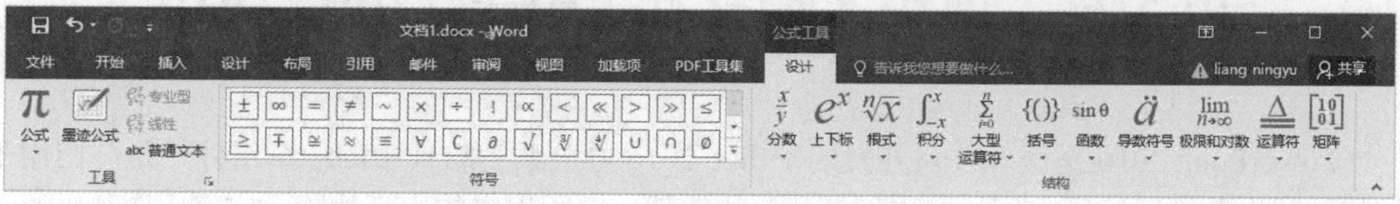

图 4-79 “公式工具-设计”选项卡

Word 2016 的“公式工具-设计”选项卡中集合了许多符号和模板，单击相应按钮，可以很方便地在编辑框中编辑公式。

4.6.3 插入 Excel 图表

Word 2016 可以很容易地在所编辑的文档中插入 Excel 图表，并且能把创建的 Excel 文件直接放入文档中。Word 2016 中插入图表的方法如下。

（1）将光标定位到文档中的适当位置。

（2）选择“插入”选项卡，在“插图”组中单击“图表”下拉按钮，弹出“插入图表”对话框，如图 4-80 所示。选择适当的图表类型，单击“确定”按钮，就会把 Excel 图表插入所编辑的文档中，如图 4-81 所示。

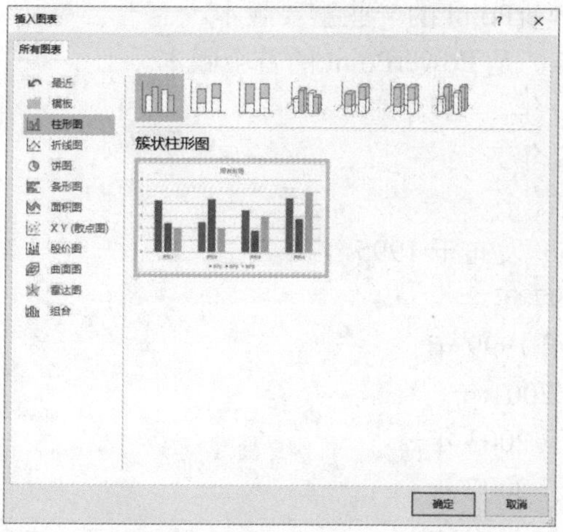

图 4-80 “插入图表”对话框

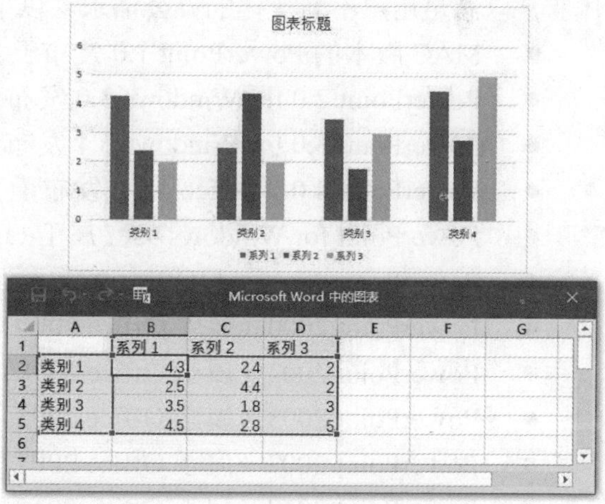

图 4-81 插入 Excel 图表

（3）插入图表后，只要在数据表上编辑修改文字或数据，图表上的相应内容也会自动修改。

4.6.4 邮件合并

“邮件合并”功能是在批量处理邮件文档时使用的。就是在邮件文档（主文档）的固定内容中，合并与发送信息相关的一组通信资料（如 Excel 图表、Access 数据表等），从而批量生成需要的邮件文档，大大提高工作的效率。合并邮件需要主文档和数据源两部分文件：主文档中包含成批文档中固定的内容；数据文件中包含主文档所需要的特定的信息。

第 5 章　演示文稿软件 PowerPoint 2016

PowerPoint 2016 是微软公司开发的 Office 2016 办公系列软件中的一个组件，是专门用于编辑、制作并管理演示文稿（俗称幻灯片）的软件。它所生成的幻灯片除了文字、图片外，还可以包含表格、SmartArt 图形、动画、声音及视频剪辑等多种对象。PowerPoint 2016 广泛应用于制作各类会议、产品展示、学校教学、毕业答辩、公司培训、成果发布、专题讨论、网页、商业规划、项目管理等场合需要的幻灯片，能让观众在短时间内清晰、直观、准确地了解演讲者的思想观点。

本章基于 PowerPoint 2016，系统介绍幻灯片的基本概念、基本功能与制作方法。

5.1　概　述

5.1.1　历史版本

PowerPoint 经历多个版本的更新，在每个版本中，微软公司都致力于改进产品功能和用户体验，以满足用户不断变化的办公需求。以下是 PowerPoint 的一些重要版本。

- MAC 版本的 PowerPoint 1.0 发布于 1987 年，是 PowerPoint 的首个版本。
- PowerPoint 2.0 for Windows 3.0 发布于 1990 年。
- PowerPoint 3.0 for Windows 3.1 发布于 1992 年。
- PowerPoint 4.0（Office 4.x）发布于 1993 年。
- PowerPoint for Windows 95（属于 Office 95）发布于 1995 年。
- PowerPoint 97（属于 Office 97）发布于 1997 年。
- PowerPoint 2000（属于 Office 2000）发布于 1999 年。
- PowerPoint 2002（属于 Office XP）发布于 2001 年。
- PowerPoint 2003（属于 Office 2003）发布于 2003 年。
- PowerPoint 2007（属于 Office 2007）发布于 2007 年。
- PowerPoint 2010（属于 Office 2010）发布于 2010 年。
- PowerPoint 2013（属于 Office 2013）发布于 2012 年。
- PowerPoint 2016（属于 Office 2016）发布于 2015 年。
- PowerPoint 2019（属于 Office 2019）发布于 2018 年。
- PowerPoint 2021（属于 Office 2021）发布于 2021 年。

目前，也有大量用户在使用 Microsoft 365（2020 年 3 月）提供的 Microsoft PowerPoint。

5.1.2　PowerPoint 2016 窗口组成

单击“开始”按钮，打开“开始”菜单，依次选择“所有程序”→Microsoft Office→Microsoft PowerPoint 2016，即可启动 PowerPoint 2016，并出现主题选择窗口，如图 5-1 所示。

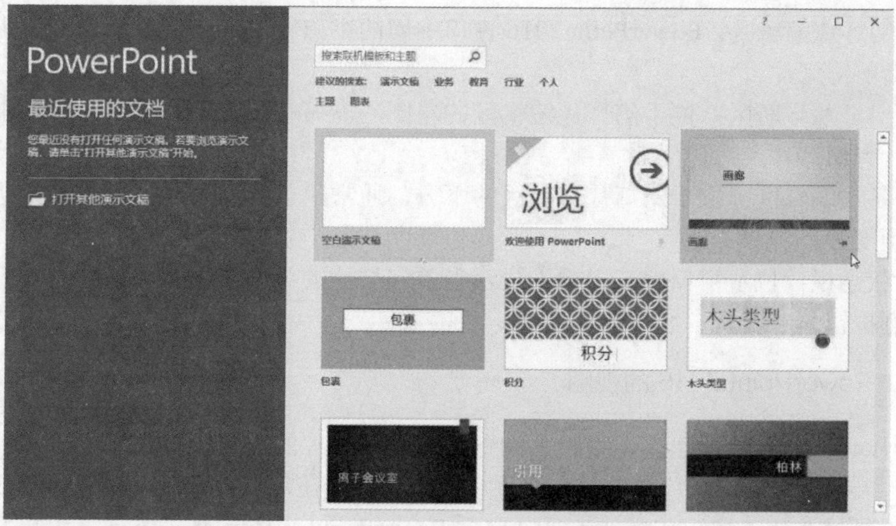

图 5-1　PowerPoint 2016 主题选择窗口

在其中选择一种主题，进入普通视图窗口。PowerPoint 2016 的窗口主要由快速访问工具栏、标题栏、功能区、幻灯片编辑区、幻灯片导航区、备注编辑区和状态栏等几个部分组成，如图 5-2 所示。

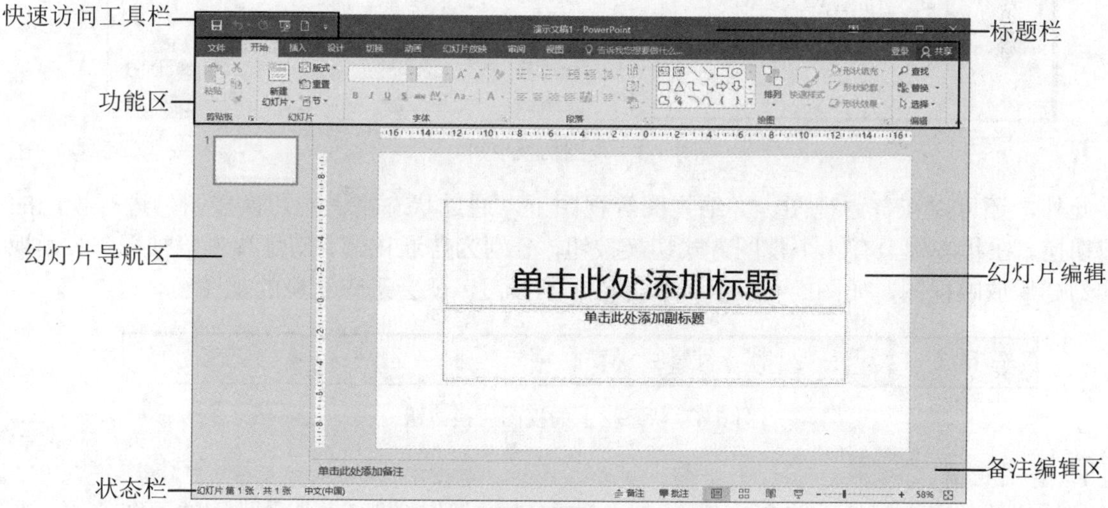

图 5-2　PowerPoint 2016 窗口

PowerPoint 2016 的窗口元素介绍如下。

（1）快速访问工具栏。窗口左上角为快速访问工具栏，用于显示常用的工具。默认情况下，快速访问工具栏中包含了“保存”“撤消”“恢复”“从头开始”4 个快捷按钮，用户还可以根据需要进行添加。单击某个按钮，即可实现相应的功能。

（2）标题栏。标题栏主要由标题和窗口控制按钮组成。标题用于显示当前编辑的演示文稿名称，控制按钮由“最小化”“最大化/还原”“关闭”按钮组成。

（3）功能区。PowerPoint 2016 的功能区由多个选项卡组成，每个选项卡中包含了不同的工具按钮。选项卡位于标题栏下方，单击各个选项卡名称，即可切换到相应的选项卡。

（4）幻灯片编辑区：PowerPoint 2016 窗口中间的空白区域为幻灯片编辑区，主要用于显示和编辑当前幻灯片。

（5）幻灯片导航区：位于幻灯片编辑区的左侧，以缩略图或者大纲的形式显示当前演示文稿中的所有幻灯片。

（6）备注编辑区：位于幻灯片编辑区的下方，通常用于为幻灯片添加注释说明，如幻灯片的内容摘要等。

（7）状态栏：位于窗口底部，用于显示当前幻灯片的页面信息。状态栏右端为视图按钮和缩放比例按钮。

5.1.3 PowerPoint 2016 的视图

PowerPoint 2016 根据建立、编辑、浏览、放映幻灯片的需要，提供了 5 种视图方式，分别为普通、大纲视图、幻灯片浏览、备注页和阅读视图。在每种视图中，都包含该视图特定的工作区、工具栏及相关按钮和其他工具。熟悉 PowerPoint 2016 的视图方式，可以高效地创建和修改演示文稿。要切换视图，可以打开“视图”选项卡，在“演示文稿视图”组中单击相应的视图切换按钮来完成，如图 5-3 所示。

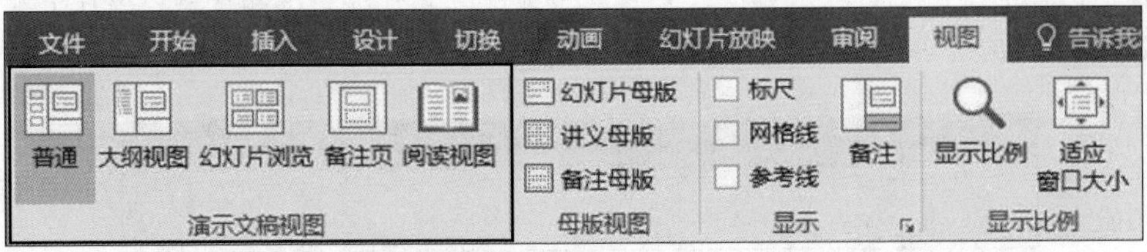

图 5-3 视图切换按钮

此外，还可以在普通视图、大纲视图等视图下，通过状态栏上的切换按钮，进行视图的快速切换。在状态栏上有 4 个视图方式切换按钮，分别为普通视图、幻灯片浏览视图、阅读视图和幻灯片放映视图，如图 5-4 所示，单击相应的按钮，就会进入相应的视图窗口。

图 5-4 状态栏上的视图切换按钮

1. 普通视图

幻灯片的普通视图是系统启动 PowerPoint 2016 的默认视图，也是最常用的视图方式。在该视图下，可以进行添加幻灯片、为幻灯片添加文本和其他对象、对幻灯片的内容进行编排与格式化、查看整张幻灯片内容、改变幻灯片的显示比例等操作。

普通视图下的窗口由幻灯片导航区、幻灯片编辑区和备注编辑区 3 个区域组成，如图 5-5 所示。拖动窗格的分界线，可以调整各个窗格的大小。

（1）幻灯片导航区。在普通视图窗口下，幻灯片导航区使用缩略图的形式按顺序显示每张幻灯片，方便用户快速查看、查找和定位幻灯片，观看设计效果，以及添加、删除或重新排列幻灯片。通过该窗格右侧的上下滚动箭头，可滚动显示幻灯片缩略图的全部内容。但在该区域中不能对幻灯片的具体内容进行编辑和修改。

图 5-5　普通视图下的窗口

（2）幻灯片编辑区。在普通视图窗口中，右侧上部面积最大的窗格是幻灯片编辑区，在此窗格中显示演示文稿中的当前幻灯片。该窗格是制作、编辑幻灯片的主要区域，用户可以进行查看幻灯片的内容和外观、向幻灯片中添加多种元素（如文本、图片、表格、图表、文本框、视频和声音）、创建超级链接以及添加动画等操作。当演示文稿包含多张幻灯片时，窗格右侧的滚动条可以在不同幻灯片之间进行切换。

（3）备注编辑区。在普通视图窗口中，右侧下部较小的窗格是备注编辑区。在该窗格中，用户可以输入相应幻灯片的注解、说明、提示和注意事项等内容，以便用户对幻灯片做进一步了解，其内容在幻灯片放映时并不显示，但可以打印输出。编辑备注时，还可以切换到备注页视图方式，在更大的窗口中进行。如果需要在备注中插入图形、图片等元素，必须在备注页视图中进行。

2. 大纲视图

大纲视图与普通视图的窗口类似，也是由幻灯片导航区、幻灯片编辑区和备注编辑区 3 个区域组成。

与普通视图不同的是大纲视图的导航区。在大纲视图的导航区中，以大纲形式按顺序显示每张幻灯片的标题、文本内容和文本的层次结构，可以使我们看到整个版面中各张幻灯片的主要内容，并可以重新组织和修改文本内容，但是幻灯片的其他对象（如图形、表格、图表等）则不在该处显示。大纲视图窗口如图 5-6 所示。

3. 幻灯片浏览视图

在幻灯片浏览视图中，将演示文稿中的多张幻灯片以缩略图的形式显示在屏幕上，因此在该视图中，能比较快速地查看到整个演示文稿，便于调整幻灯片的播放顺序，添加、删除、复制和移动幻灯片，还可以查看幻灯片是否设置了动画效果、切换效果和排练计时时间等内容。幻灯片浏览视图窗口如图 5-7 所示。

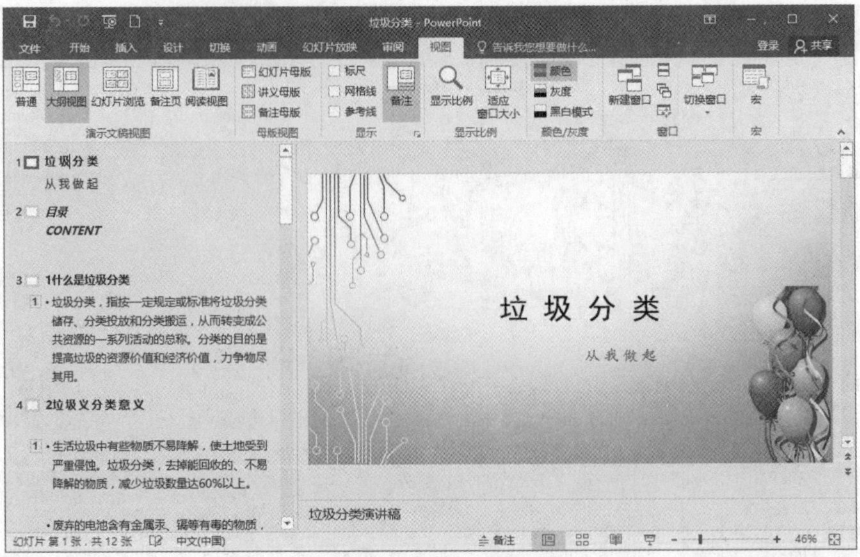

图 5-6　大纲视图窗口

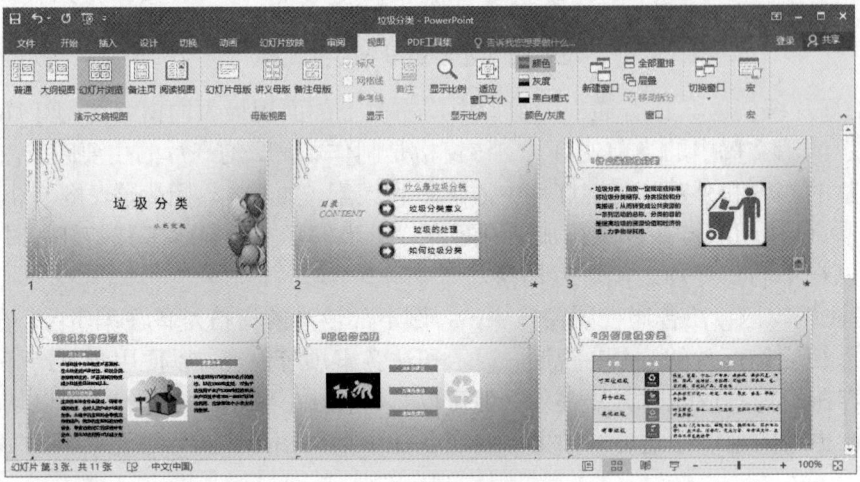

图 5-7　幻灯片浏览视图窗口

4. 备注页视图

备注页视图与普通视图相比，没有了幻灯片导航窗格。窗口的上半部分显示该幻灯片的缩略图，但是在此并不能对其进行编辑。在此可以选中缩略图，改变其大小或者将其删除，但并不是删除了该幻灯片，而是将它从备注页中移除，以便留出更多的空间编辑备注页信息。窗口的下半部分是备注页编辑区，在这里除了可以输入编辑文字，也可以插入图形、图片、表格等对象。备注页视图窗口如图 5-8 所示。

备注页视图方式在状态栏上没有切换按钮，需要打开“视图”选项卡，在“演示文稿视图”组中单击“备注页”按钮。状态栏上的“备注”按钮用于“显示”或“隐藏”备注中的内容。

5. 阅读视图

在阅读视图中，仅显示标题栏、阅读区和状态栏，幻灯片将按窗口大小进行放映。阅读视图窗口如图 5-9 所示。阅读视图用于简单快速地审阅幻灯片。

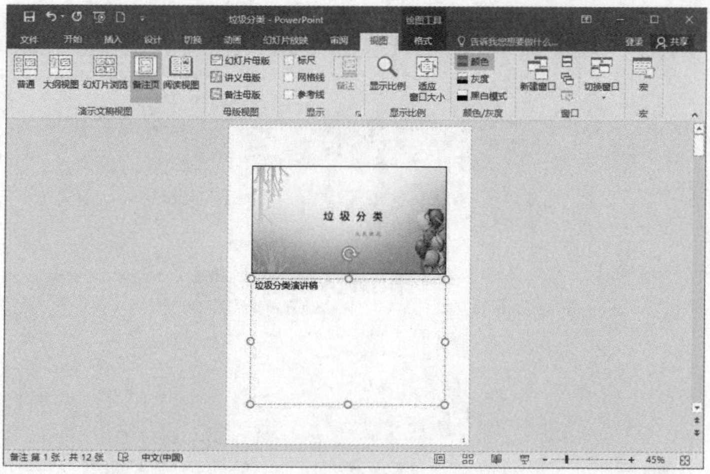

图 5-8　备注页视图窗口

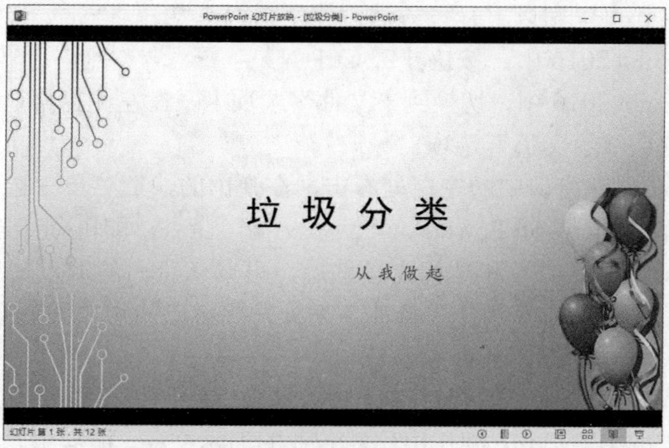

图 5-9　阅读视图窗口

阅读视图是播放式的，播放时可以单击窗口跳到下一页的幻灯片。如果想退出，直接按 Esc 键即可。

5.2　PowerPoint 2016 基本操作

5.2.1　创建演示文稿

演示文稿是由若干张幻灯片按一定的排列顺序组成的文件。除了可以新建空白演示文稿之外，还可以通过模板、主题等方式创建演示文稿。

1. 创建空白演示文稿

创建空白演示文稿是最常用的文稿创建方法，操作方法如下。

启动 PowerPoint 2016，在主题选择窗口中选择“空白演示文稿”选项，系统会自动创建一个名为“演示文稿 1”的空白演示文稿，并添加第一张幻灯片，幻灯片版式为“标题幻灯片”，如图 5-10 所示。

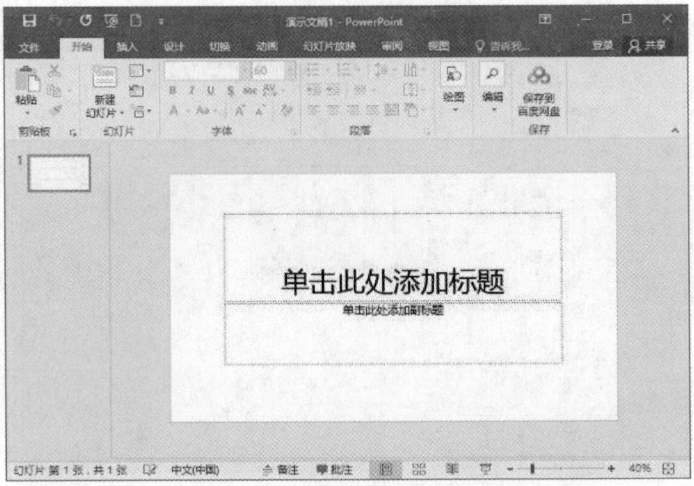

图 5-10　创建空白演示文稿

除了上述方法，还可以用以下几种方法创建空白演示文稿。

（1）在 PowerPoint 2016 中，按快捷键 Ctrl+N。

（2）在 PowerPoint 2016 中，切换到“文件”选项卡，在左侧窗格选择“新建”选项，在右侧窗格中选择“空白演示文稿”选项。

（3）在桌面或文件夹窗口中的空白处右击，在弹出的快捷菜单中选择“新建”命令，在弹出的子菜单中选择“Microsoft PowerPoint 演示文稿”命令，即可创建一个空白演示文稿。

如果用户对演示文稿的内容和结构比较熟悉，可以从空白的演示文稿开始进行设计，这样能自由地使用颜色、版式和一些样式特性，充分发挥自己的想象和创造力。

2. 根据现有主题创建演示文稿

幻灯片的背景设计和配色是幻灯片设计的基本操作，如果想要合理、快速地配色，可以使用内置的多种不同的主题风格，制作出比较专业的演示文稿。根据主题创建演示文稿的操作方法如下。

（1）启动 PowerPoint 2016，打开主题选择窗口，如图 5-11 所示。

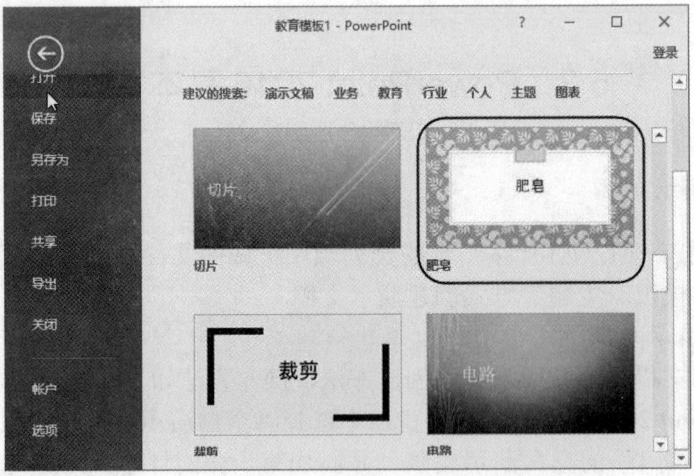

图 5-11　主题选择窗口

（2）选择一种主题，在随后打开的主题预览对话框中查看主题效果。

（3）确定使用该主题后，单击“创建”按钮，系统将根据该主题创建一个新的演示文稿。

3. 搜索联机模板和主题创建演示文稿

除了利用 PowerPoint 2016 提供的本机中的主题，用户还可以联机搜索更多的设计模板和主题，从而创建多种风格的演示文稿。打开新建演示文稿窗口，在“搜索联机模板和主题”搜索栏中输入关键字，然后单击右侧的“搜索”按钮。在搜索结果中选择需要的主题模板样式，单击“创建”按钮，系统开始下载该主题模板（下载时需保持计算机联网），下载完成后，则根据该模板创建新的演示文稿，完成效果如图 5-12 所示。

图 5-12　根据搜索的模板创建演示文稿

5.2.2　管理幻灯片

1. 更改幻灯片的显示比例

在窗口右下角的状态栏上显示文档当前的显示比例，单击“+”或“−”按钮，或拖动缩放比例滑块，可调整显示比例。单击最右侧按钮，可以使幻灯片显示比例自动适应当前窗口的大小。

此外，还可以使用以下方法更改幻灯片的显示比例。

（1）将光标放在幻灯片编辑区中，按住 Ctrl 键的同时上、下滑动鼠标滚轮，可以增大、减小显示比例。

（2）单击窗口右下角的比例显示数值，在打开的“缩放”对话框中选择显示比例，如图 5-13 所示。

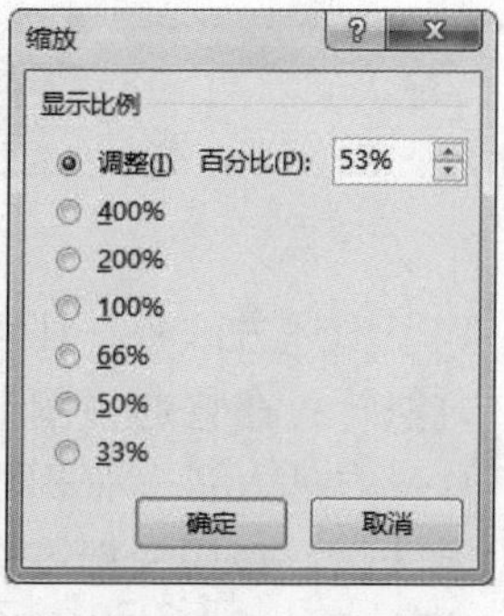

图 5-13　“缩放”对话框

2. 插入幻灯片

新建空白演示文稿时，演示文稿中只有一张幻灯片，通常作为演示文稿的标题页，要添加其他内容，就需要在演示文稿中插入新的幻灯片。插入新幻灯片的操作方法如下。

在普通视图的幻灯片导航区选定某张幻灯片后，在“开始”选项卡的“幻灯片”组中单击“新建幻灯片”按钮，则在该幻灯片后面插入一张幻灯片；或者单击“新建幻灯片”下拉按钮，在展开的版式选择列表中选择一种幻灯片的版式，即可在所选幻灯片的后面添加一张选定版式的新幻灯片，如图 5-14 所示。

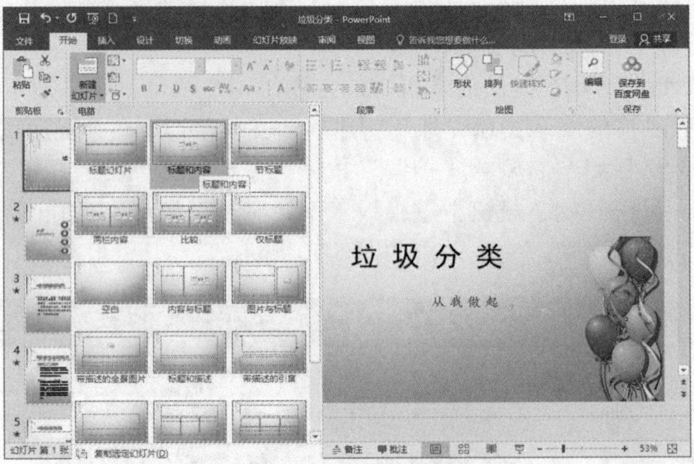

图 5-14　选择幻灯片版式

新插入的幻灯片的位置也可以由光标决定。在普通视图方式下的幻灯片导航区中（或者在幻灯片浏览视图中）单击两张幻灯片缩略图中间的空白处，会出现一条光标，如图 5-15 所示。单击“新幻灯片”按钮，即可在光标处插入一张幻灯片。

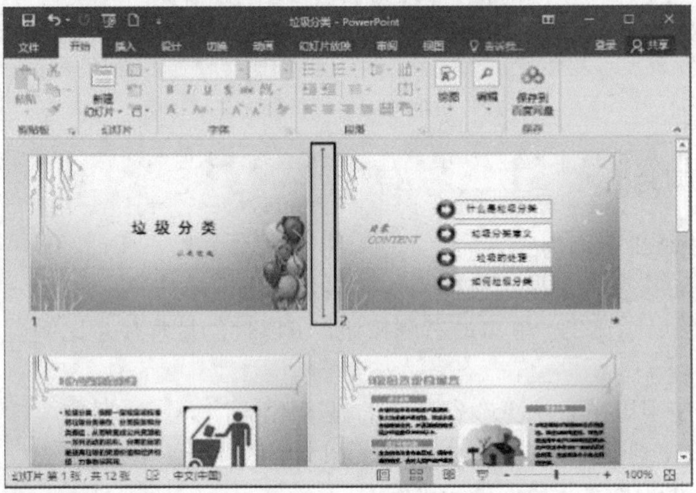

图 5-15　选择插入新幻灯片的位置

除了上述方法外，还可通过以下几种方法添加新幻灯片。

方法一：在普通视图下，单击左侧幻灯片导航区下的某张幻灯片，再按 Enter 键，则在该幻灯片下方插入了一张幻灯片。

方法二：使用快捷键 Ctrl+M 在当前幻灯片后插入一张新幻灯片。

方法三：在普通视图的幻灯片导航区（或者在幻灯片浏览视图下）右击某张幻灯片，在弹出的快捷菜单中选择“新建幻灯片”命令，也可以在当前幻灯片的后面添加一张幻灯片。

3．选择幻灯片

对幻灯片进行管理操作前，需要先选定幻灯片，选择幻灯片的操作在普通视图、大纲视图和幻灯片浏览视图中都可以进行。

（1）选择单张幻灯片。在幻灯片浏览视图（或在普通视图）的幻灯片导航区中单击某张幻灯片的缩略图，即可选中该幻灯片。

（2）选择多张幻灯片。

- 选择多张连续的幻灯片。先选中第一张幻灯片，之后按住 Shift 键不放，再单击最后一张幻灯片，即可选中第一张和最后一张幻灯片之间的所有幻灯片。
- 选择多张不连续的幻灯片。选中第一张幻灯片，然后按住 Ctrl 键不放，依次单击选择其他幻灯片。

（3）选择全部幻灯片。在幻灯片浏览视图或在普通视图中按快捷键 Ctrl+A，即可选中当前演示文稿中的全部幻灯片。

选定幻灯片后，单击任意空白处，就可以取消之前对幻灯片的选定。

4. 删除幻灯片

在编辑演示文稿的过程中，对于多余的幻灯片，可将其删除，操作方法如下。

选定一张或多张要删除的幻灯片，按键盘上的 Delete 键或 Backspace 键，就可以将幻灯片删除。或者选择幻灯片后右击，在弹出的快捷菜单中选择“删除幻灯片”命令，也可以实现删除操作。

5. 移动与复制幻灯片

在编辑演示文稿时，可将某张幻灯片复制或移动到同一演示文稿的其他位置或其他演示文稿中，从而加快制作幻灯片的速度。

（1）移动幻灯片。在整理幻灯片时，如果需要调整幻灯片的顺序，可通过下面几种方法对演示文稿中的幻灯片进行移动操作。

- 在幻灯片导航区或“幻灯片浏览”视图中选择需要移动的幻灯片，按住鼠标左键不放并拖动鼠标，将其拖动到需要的位置后释放鼠标。
- 选中要移动的幻灯片，单击剪贴板中的“剪切”按钮，在目标位置定位后，再单击“粘贴”按钮。也可以通过快捷键 Ctrl+X（剪切）、Ctrl+V（粘贴），或者使用快捷菜单中的剪切、粘贴命令来进行幻灯片的移动。

（2）复制幻灯片。编辑幻灯片时，如果下一张幻灯片的设计和当前编辑的幻灯片有很多相似的地方，就可以复制一份幻灯片，然后再进行修改。

复制幻灯片有两种方法。

方法一：选择需要复制的幻灯片，按住 Ctrl 键，拖动幻灯片的缩略图，将幻灯片复制到目标位置。

方法二：选定要复制的幻灯片后，单击“复制”按钮，再在目标位置单击“粘贴”按钮。

5.2.3　幻灯片的版式

幻灯片的版式是指幻灯片中的内容在幻灯片上的排列方式，版式由若干个占位符组成。新建幻灯片时，可以先选择幻灯片的版式。已经建立的幻灯片，如果需要修改当前采用的版式，可以在“开始”选项卡的“幻灯片”组中单击“版式”按钮，从打开的下拉列表中选择需要的版式，如图 5-16 所示。

占位符是幻灯片中带有虚线或影线标记的方框，它分为标题占位符和内容占位符两类。在内容占位符中单击文字提示，能直接输入文本，也可以单击方框中的图形符号，插入相应内容，图形符号包括插入表格、图表、SmartArt 图形、图片、联机图片和视频文件，如图 5-17 所示。

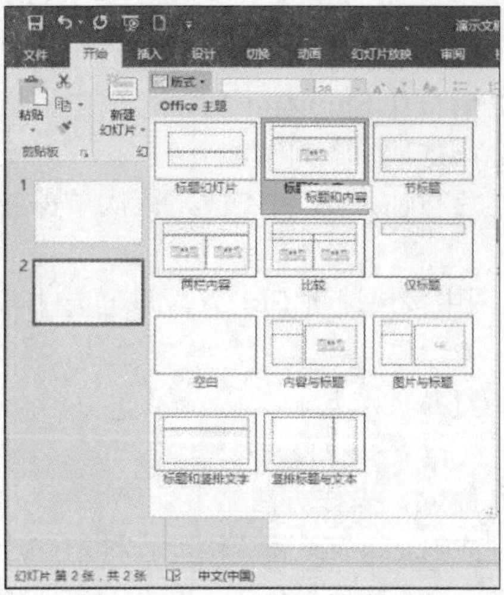

图 5-16 “版式”下拉列表

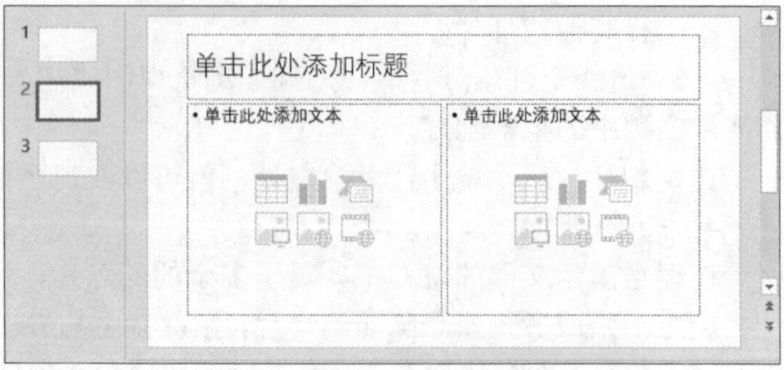

图 5-17 占位符中的图形符号

5.2.4 幻灯片中文本的操作

文本对象是演示文稿的基本组成部分，合理地组织文本对象，可以使幻灯片更好地传达信息。

1. 在占位符中输入文本

在“版式”下拉列表中选择含有标题或内容的版式，幻灯片内会出现“单击此处添加标题”或“单击此处添加文本”的提示，占位符中经预设了文字的属性和样式，在虚线框中单击就可以输入文字。PowerPoint 2016 将按显示的字体格式处理输入的文字，虚线框的范围为输入文字显示的范围，当输入的文字超出占位符宽度时，超出部分会自动转到下一行，按 Enter 键将开始输入新的文本行。输入文本行数超出占位符范围时，文本会溢出占位符，此时需要手动调节范围的大小或重新设置字号的大小。单击占位符外的空白区域，可以结束输入。

在文字输入过程中，如需要移动、复制、删除文本，其操作方法与 Word 2016 文字编辑方法相同。

2. 在大纲视图中输入文本

在编辑演示文稿的过程中，运用大纲视图则可以很方便地观察演示文稿中前后文本内容的连贯性，在大纲视图的幻灯片导航区中可以快速输入文本，如图 5-18 所示。

3. 在文本框中输入文本

幻灯片屏幕的空白区域是不能直接输入文字的，如果幻灯片版式不能满足要求，需要在幻灯片上其他位置插入文本，则需要添加文本框。插入文本框的操作方法如下。

选择“插入”选项卡，在“文本”组中单击“文本框”下拉按钮，在下拉菜单中选择文本框类型，如图 5-19 所示。

将鼠标指针移动到要插入文本框的位置并单击，或拖动出一个矩形框，文本框就插入到幻灯片中了，可以在其中直接输入文本，如图 5-20 所示。

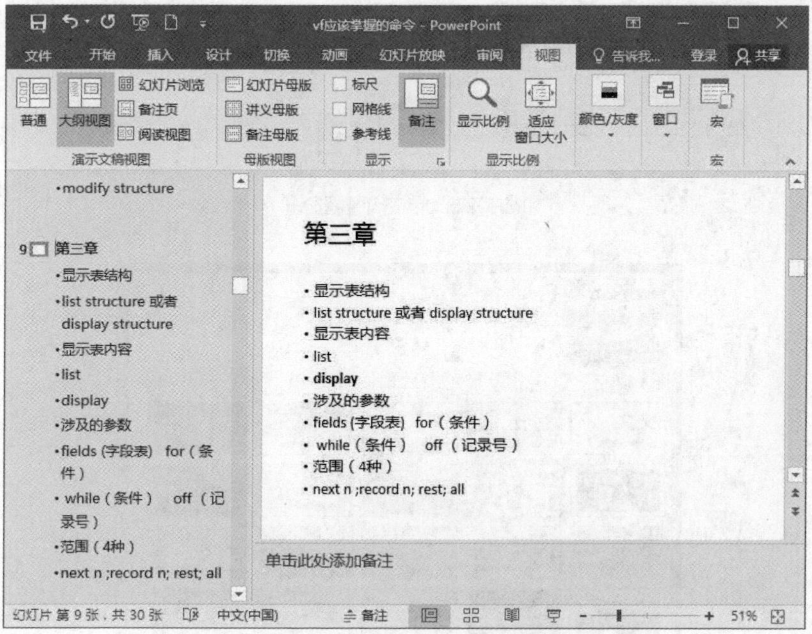

图 5-18　幻灯片的大纲视图

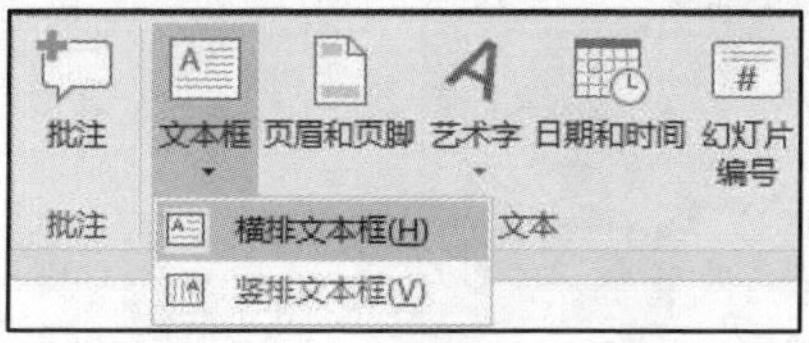

图 5-19　“文本框”下拉菜单

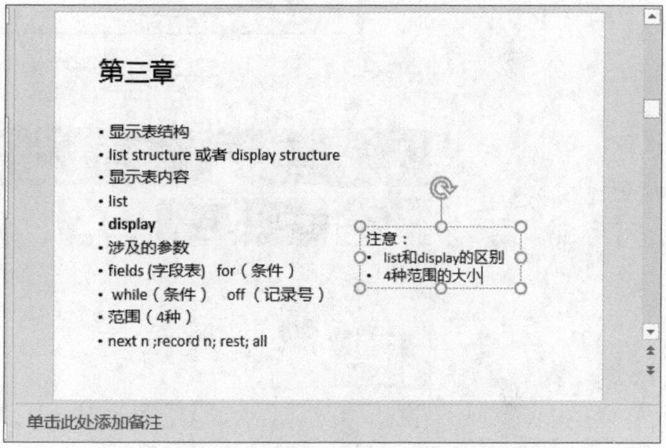

图 5-20　幻灯片中插入文本框

5.2.5　应用主题

PowerPoint 2016 提供了大量的主题样式，一个主题拥有一组统一的设计元素，包括颜色、字体样式和对象样式，用户可以根据不同的需求选择相应的主题应用于演示文稿。

1. *应用内置主题*

在创建演示文稿时，可以先选择一种主题应用于幻灯片，也可以在演示文稿创建后，再选择主题或更改主题。在已创建的演示文稿中使用内置主题的操作方法如下。

（1）切换到“设计”选项卡，单击“主题”组右侧的下拉按钮，如图 5-21 所示。

（2）所有主题会以缩略图的方式显示在“主题样式”下拉列表中，如图 5-22 所示。选择某一种主题，如“平面”，即可将该主题应用于当前的演示文稿，如图 5-23 所示。

图 5-21　单击下拉按钮

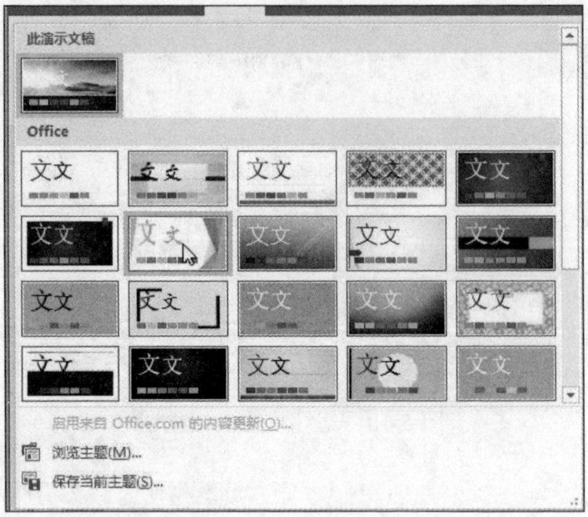

图 5-22　“主题样式”下拉列表

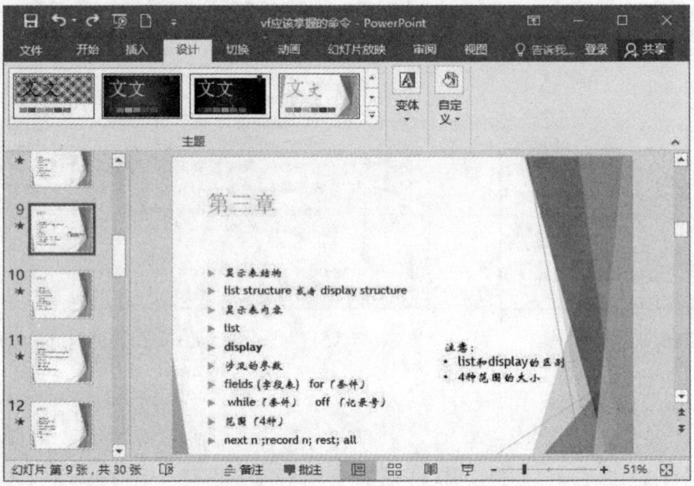

图 5-23　应用“平面”主题效果

（3）在“设计”选项卡的“变体”组中选择一种变体效果，可以更改主题的部分颜色与背景；单击“变体”右侧的下拉按钮，在弹出的下拉列表中可以进一步修改颜色、字体、效果、背景样式，如图 5-24 所示。

2. 演示文稿应用不同主题

为了使整个演示文稿的风格统一，通常一个演示文稿只应用一种主题。但如果有需要，也可以为一个演示文稿中的不同幻灯片设置不同的主题，操作方法如下。

（1）选择一张幻灯片，在“设计”选项卡的“主题”组中打开“主题样式”下拉列表。

（2）右击“主题样式”列表中的某一主题，在弹出的快捷菜单中选择“应用于选定幻灯片”命令，则该主题仅用于选定的当前幻灯片，如图 5-25 所示。

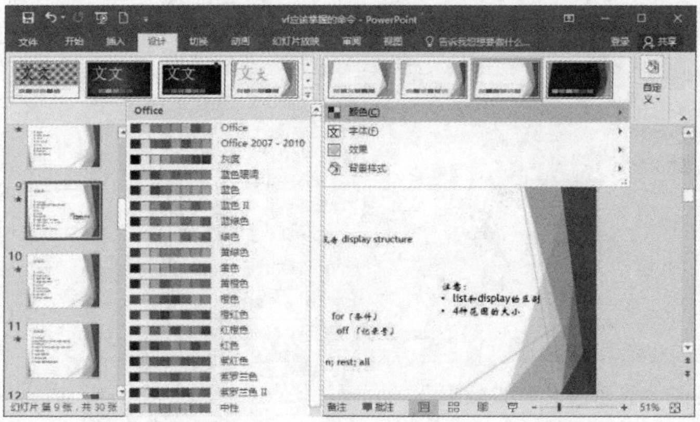

图 5-24　“变体”下拉列表

图 5-25　设定主题应用范围

3. 设置幻灯片的背景

空白幻灯片的背景默认为白色，应用了主题的幻灯片的背景默认为主题颜色，如果要更改幻灯片的背景，可用如下方法。

（1）单击“设计”选项卡“自定义”组中的“设置背景格式”按钮，打开“设置背景格式”窗格，如图 5-26 所示。

（2）在设置背景格式的“填充”选项组下，有“纯色填充”“渐变填充”“图片或纹理填充”“图案填充”选项，每一种填充方式都有相应的设置选项。

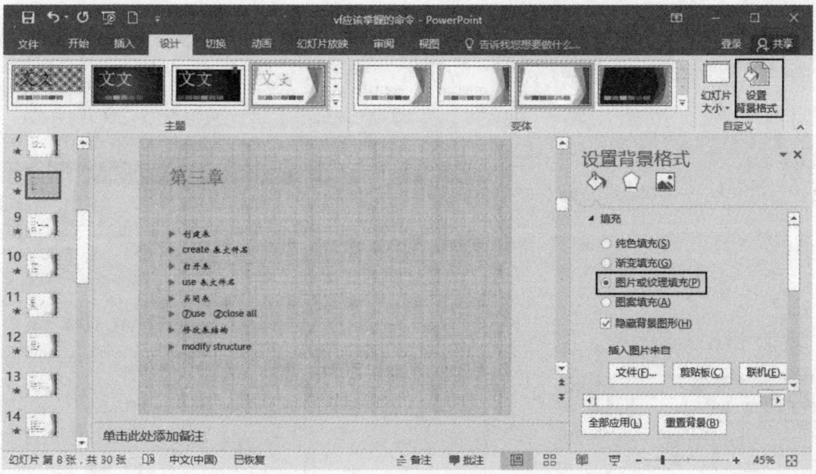

图 5-26　“设置背景格式”窗格

（3）选择“图片或纹理填充”选项，然后单击“插入图片来自”下的“文件”按钮，打开“插入图片”对话框。选择作为背景的图片，单击“插入”按钮，则该图片作为“背景”插入当前幻灯片中。为了画面美观，可在“设置背景格式”窗格勾选“隐藏背景图形”复选框。设置图片背景效果如图 5-27 所示。

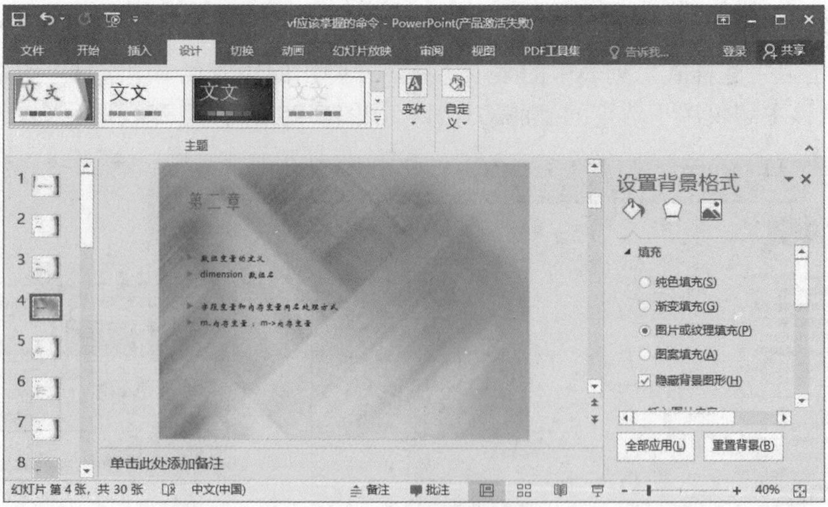

图 5-27 设置图片背景效果

5.2.6 幻灯片母版的使用

1. 母版

母版用来为所有幻灯片设置默认的版式和格式信息，这些信息包括字体格式与文本位置、占位符大小和位置、背景设计和配色方案、通用的图形表格等对象的设置。使用母版可以对所有幻灯片的相关内容统一进行修改，减少重复性工作，提高工作效率。演示文稿中所有幻灯片的最初格式都是由母版决定的。

PowerPoint 2016 提供了 3 种母版：幻灯片母版、讲义母版和备注母版。

2. 幻灯片母版的编辑

（1）打开母版编辑窗口。在演示文稿中切换到“视图”选项卡，在“母版视图”组中显示可编辑的母版类型，如图 5-28 所示。

单击“幻灯片母版”按钮，转换到幻灯片母版编辑窗口，如图 5-29 所示。

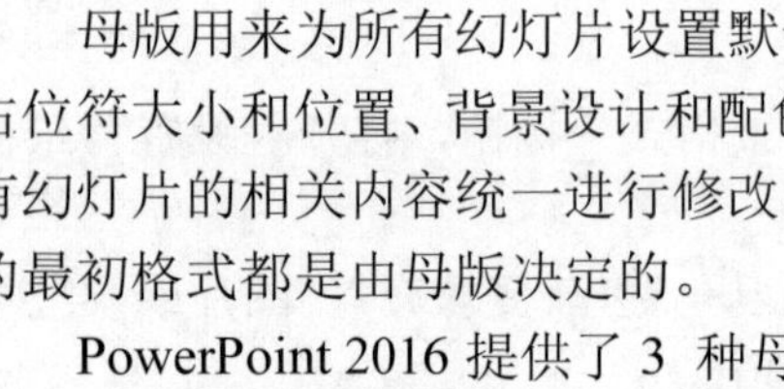

图 5-28 “母版视图”组

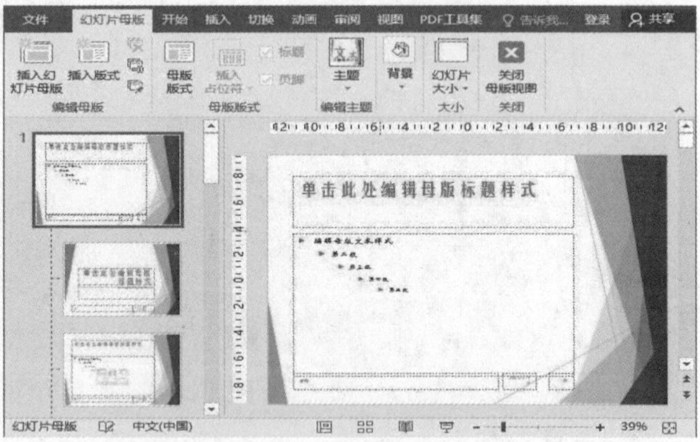

图 5-29 幻灯片母版编辑窗口

（2）编辑母版内容。母版编辑区包括母版标题样式区、母版文本样式区、日期区、页脚区和数字区。单击不同的区域，可以重新设置文本样式，如字体、字号、文字的颜色等，还可以通过“插入”选项卡在母版中插入图形、图像等元素。例如，在如图 5-30 所示的母版中修改了标题文字的字体字号，并在母版的右下角插入一个标志图片。

编辑好母版后，单击工具栏上的“关闭母版视图”按钮，返回普通视图，则应用了该母版的所有幻灯片的相关内容都会自动发生变化，修改母版后的幻灯片效果如图 5-31 所示。当插入新幻灯片时，PowerPoint 2016 会按新的母版样式设置幻灯片。

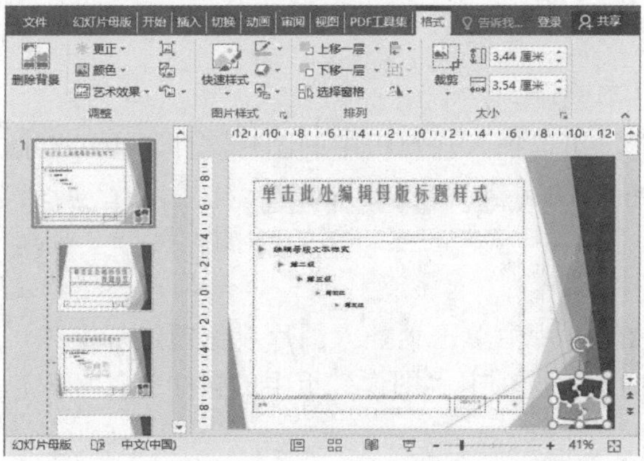

图 5-30　编辑幻灯片母版

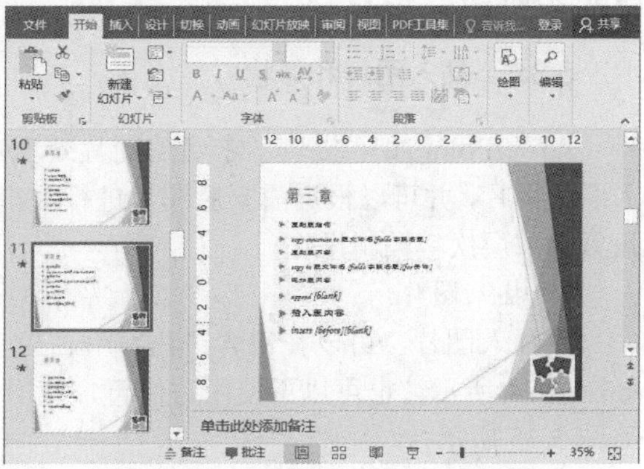

图 5-31　修改母版后的幻灯片效果

3. 讲义母版

讲义母版设置了按讲义的格式打印演示文稿的方式，在“每页幻灯片数量”下拉列表中可以选择打印时每个页面包含幻灯片的数目，可以为 1、2、3、4、6 或 9 张幻灯片。讲义母版视图如图 5-32 所示。

4. 备注母版

备注母版用来控制备注窗格中文本的格式和位置。备注母版视图如图 5-33 所示。

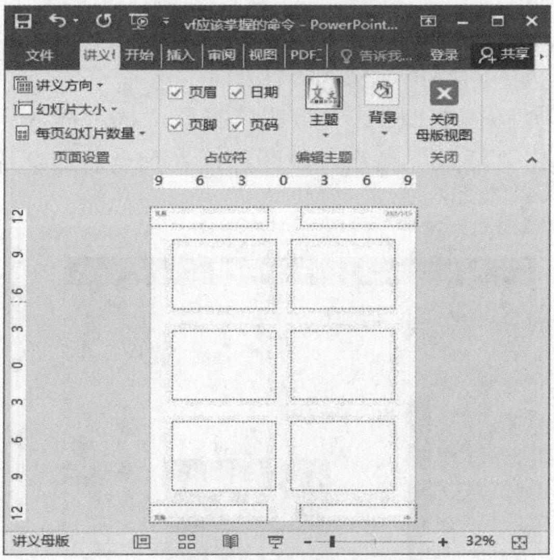

图 5-32　讲义母版视图

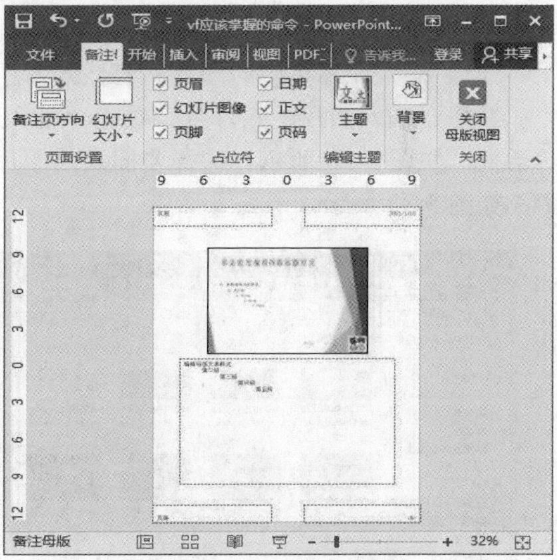

图 5-33　备注母版视图

5.3 插入对象

在制作的幻灯片中，图形、图片、表格、图表等对象是必不可少的元素。图文并茂的幻灯片更能表达演讲者的想法，也可以更准确、更直观地表达事物之间的关系，使整个演示文稿更富有感染力。

5.3.1 插入图片和形状

PowerPoint 2016 提供了丰富的图片处理功能，可以插入计算机中的图片文件，也可以插入联机图片，并可以根据需要对图片进行大小和位置的调整、颜色效果设置、样式设置、剪裁、设置叠放层次等编辑操作。

1. 插入图片

要插入图片，可以在包含“内容”占位符的幻灯片中单击“插入图片”按钮进行操作，如图 5-34 所示。也可以不使用占位符，使用“插入”选项卡“图像”组中的按钮直接插入，如图 5-35 所示。

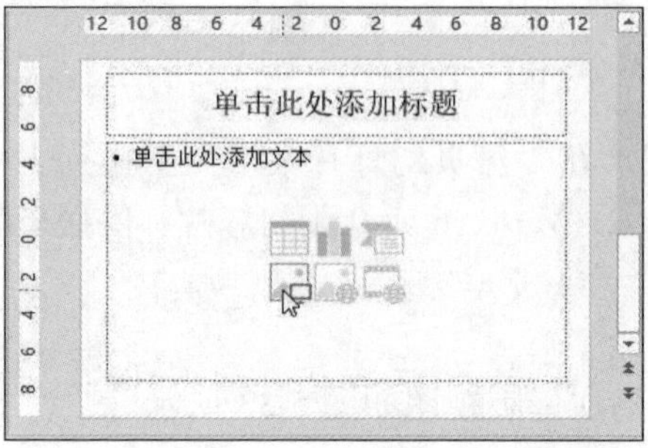

图 5-34 单击“插入图片”按钮

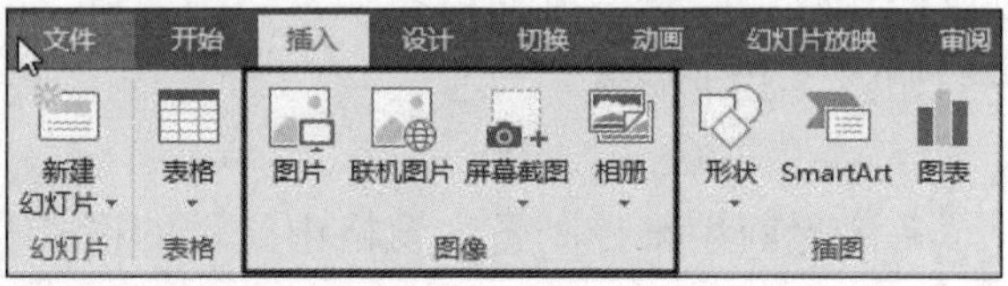

图 5-35 “插入”选项卡“图像”组

（1）插入计算机中的图片。要插入本地计算机中的图片，操作方法如下。

选择要插入图片的幻灯片，单击“插入”选项卡中的“图片”按钮，打开“插入图片”对话框，如图 5-36 所示。选择要插入的图片，单击“插入”按钮，则图片插入到当前幻灯片中，如图 5-37 所示。

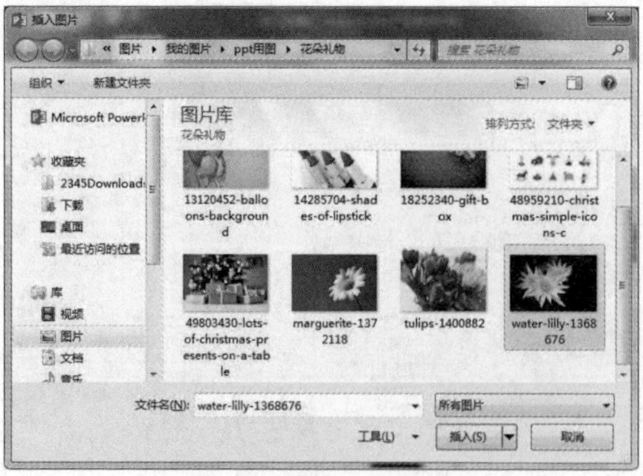

图 5-36 “插入图片”对话框

图 5-37 插入本机图片

（2）插入联机图片。打开幻灯片，在保持网络连接的前提下，单击“插入”选项卡中的“联机图片”按钮，打开“插入图片”对话框，如图 5-38 所示。在“必应图像搜索”文本框中输入图片的类型文字，如“宠物”，单击“搜索”按钮，则搜索窗口中显示该类型的图片，联机图片搜索结果如图 5-39 所示。

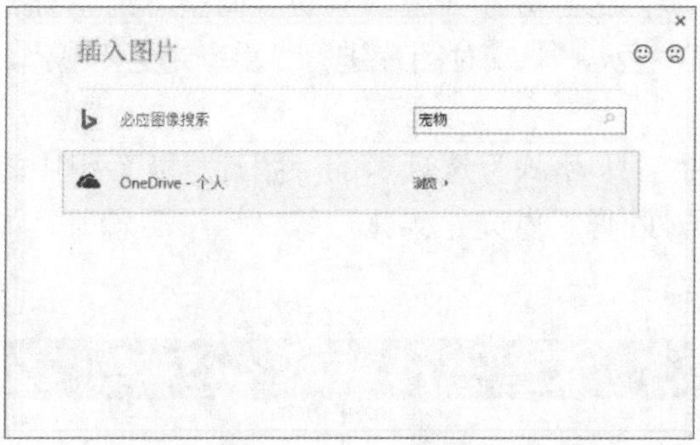

图 5-38　联机“插入图片”对话框

图 5-39　联机图片搜索结果

选择要插入的图片，单击“插入”按钮，则自动下载图片并插入幻灯片中。

（3）图片的编辑。选中图片，切换到“图片工具-格式”选项卡，如图 5-40 所示。

1）调整图片大小与位置。插入图片后，图片以默认的大小显示在幻灯片上。单击并拖动图片，可移动图片的位置；选中图片，按住鼠标左键并拖动 8 个控制点，可改变图片的大小。如果要精确设置图片的大小，可以在“格式”选项卡的“大小”组中输入图片大小的具体数值。

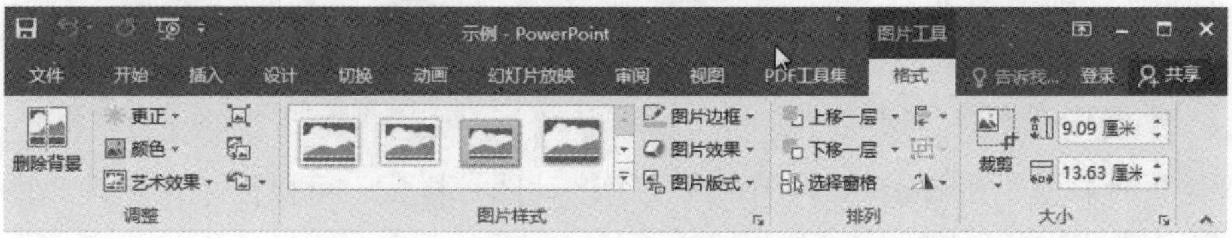

图 5-40　“图片工具-格式”选项卡

2）图片裁剪。选中图片，单击“格式”选项卡“大小”组中的“裁剪”按钮，此时图片四周的控制点变成线条，四个角的控制点变成直角形状，如图 5-41 所示。按住鼠标左键拖动控制点，就可以裁剪图片。

除了自定义裁剪外，还可以将图片裁剪成一定的形状，操作方法为：单击“裁剪”下拉按钮打开形状列表，从“裁剪为形状”中选择一种形状，则图片被裁剪为指定的形状，如图 5-42 所示。

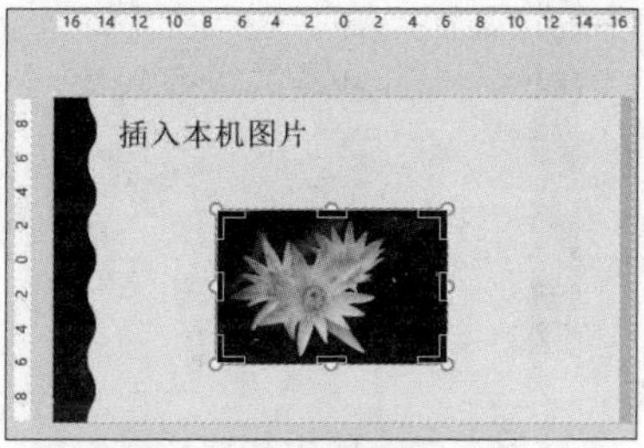

图 5-41　裁剪图片

图 5-42　图片被裁剪为指定的形状

3）图片的叠放层次。若幻灯片中有多张图片重叠放置，下层图片会被上层图片遮住。要调整图片的叠放层次，可以使用“格式”选项卡“排列”组中的按钮，单击“下移一层”或“上移一层”按钮进行调整。

（4）图片的美化。

1）调整颜色饱和度和色调。选中图片，在“图片工具-格式”选项卡的“调整”组中打开“颜色”下拉列表，可以调整图片的“颜色饱和度”“色调”，或对图片进行“重新着色”操作，如图 5-43 所示。

2）设置图片的特殊效果。选中图片，在“图片工具-格式”选项卡的“图片样式”组中打开“图片效果”下拉列表，图片的特殊效果有阴影、映像、发光、柔化边缘、三维旋转等，如图 5-44 所示。

图 5-43　调整图片颜色

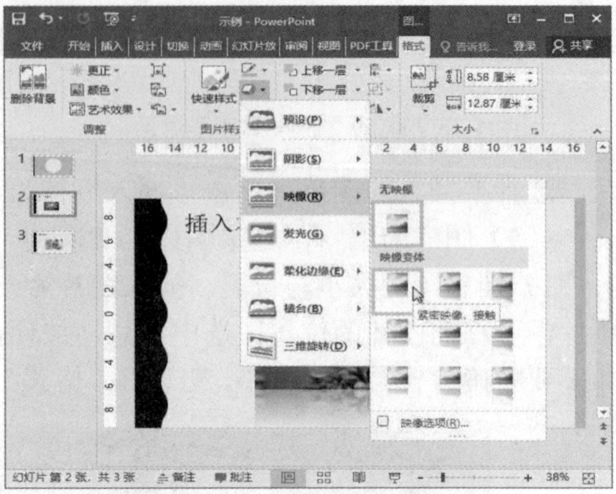

图 5-44　设置图片效果

3）应用图片样式。PowerPoint 2016 内置了多种图片样式，可以简单快捷地为图片设置边框、阴影、三维等效果，操作方法如下。

选择图片，在“图片工具-格式”选项卡下打开“快速样式”下拉列表，如图 5-45 所示。单击选择一种快速样式，则将快速样式的效果应用于当前图片，如图 5-46 所示。

图 5-45　“快速样式”下拉列表

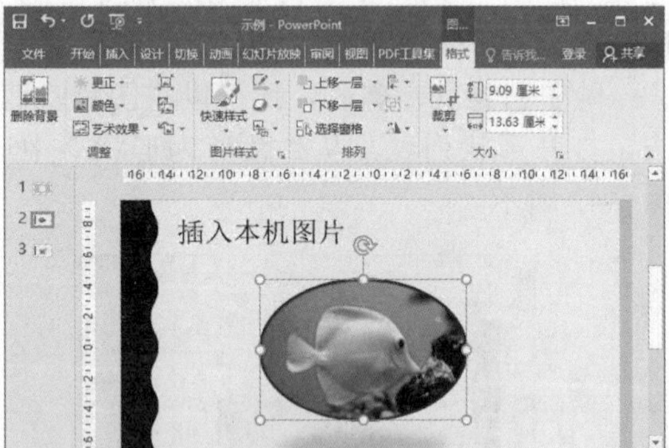

图 5-46　应用快速样式效果

2. 插入形状

插入形状工具位于“插入”选项卡的“插图”组中，如图 5-47 所示。

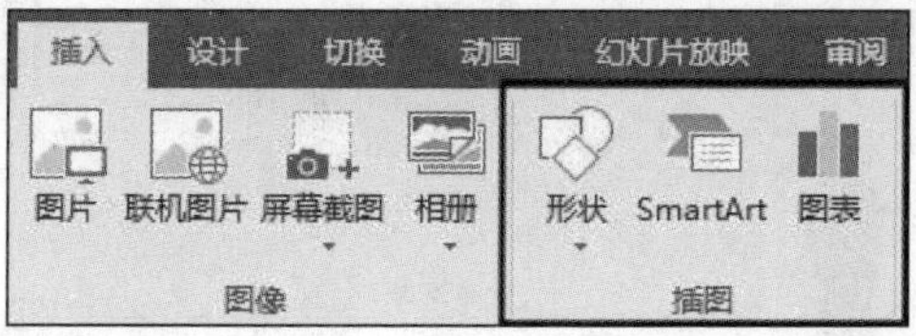

图 5-47　“插入”选项卡的“插图”组

（1）插入形状。PowerPoint 2016 提供了多种形状供用户直接调用，包括线条、基本形状、箭头汇总、公式形状、流程图、星与旗帜、标注及动作按钮等。

打开幻灯片，切换到“插入”选项卡，在“插图”组中单击“形状”下拉按钮，打开“形状”下拉列表，如图 5-48 所示。

选择需要的图形，鼠标指针变成十字形状，按住鼠标左键在幻灯片上拖动，即可插入形状，如图 5-49 所示。

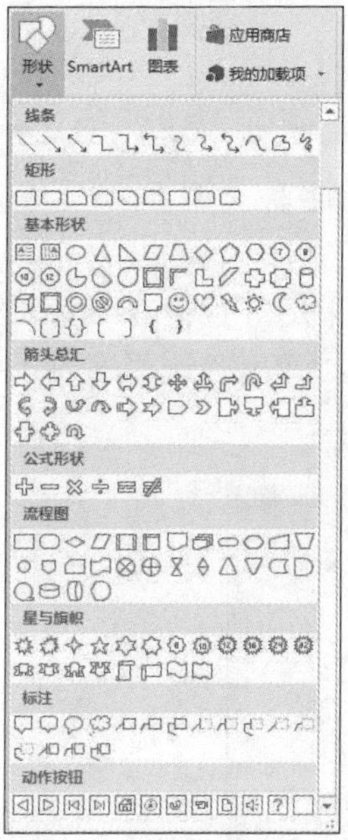

图 5-48　“形状“下拉列表

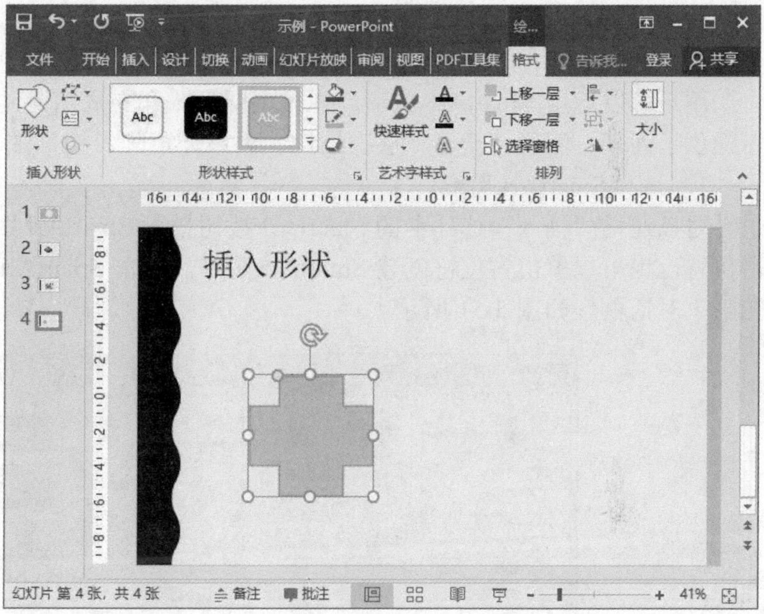

图 5-49　在幻灯片上插入形状

注意：在拖动鼠标绘制形状时，按住 Ctrl 键可以从中心点开始绘制，按住 Shift 键可以绘制规则形状。

（2）编辑形状。

1）设置形状效果。形状绘制好后，可以进一步为形状设置填充颜色和特殊效果，如阴影、发光、映像、棱台等，如图 5-50 所示。

2）在形状上添加文字。在绘制的形状上可以添加文字，操作方法为：在形状上右击，在弹出的快捷菜单中选择“编辑文字”命令，形状中会出现闪烁的光标，可以直接输入文字。插入的文字可以通过“字体”工具调整格式。

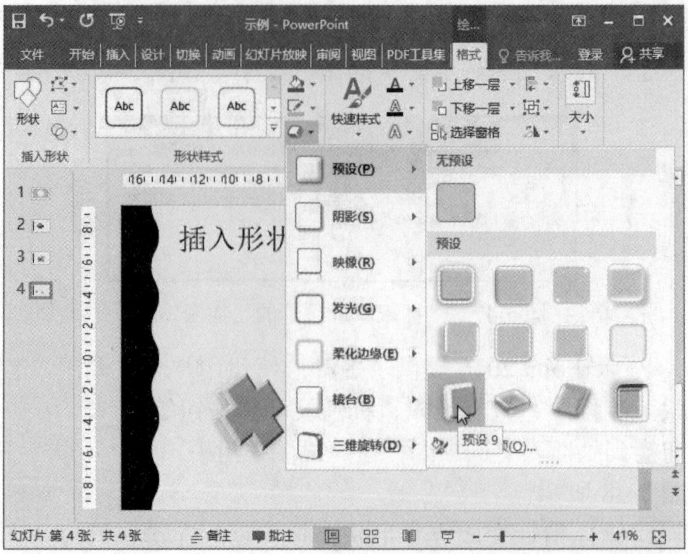

图 5-50　设置形状效果

5.3.2　SmartArt 图形应用

用户可以应用 SmartArt 图形，通过不同形式和布局清楚地表达各种关系。SmartArt 图形库提供了列表、流程、循环、层次结构、关系、矩阵、棱锥图、图片等多种类型。

1．插入 SmartArt 图形

可以通过“插入”选项卡的 SmartArt 按钮插入 SmartArt 图形，如果幻灯片中有 SmartArt 占位符，也可以单击占位符创建 SmartArt 图形。单击 SmartArt 按钮后，弹出“选择 SmartArt 图形”对话框，如图 5-51 所示。

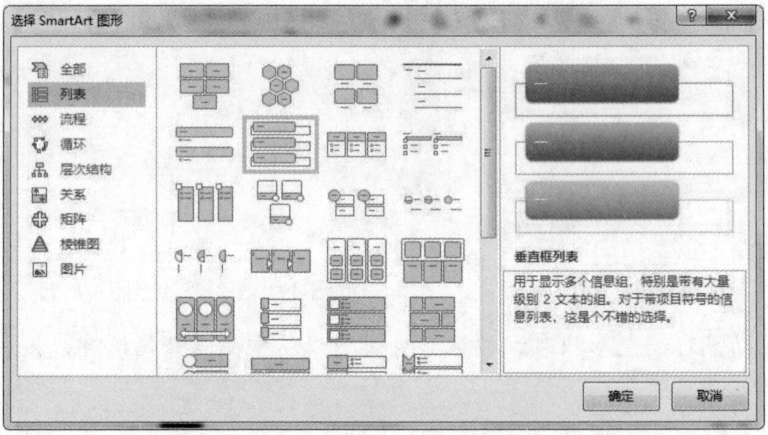

图 5-51　“选择 SmartArt 图形”对话框

在左侧列表中选择一种分类，如“循环”，在中间选择一种图形样式，如“基本循环”，单击“确定”按钮，在幻灯片上将生成一个循环结构图，如图 5-52 所示。单击某个形状，可以在光标处输入文字，也可以单击“创建图形”组中的“文本窗格”按钮，在信息文本框中输入文字，如图 5-53 所示。

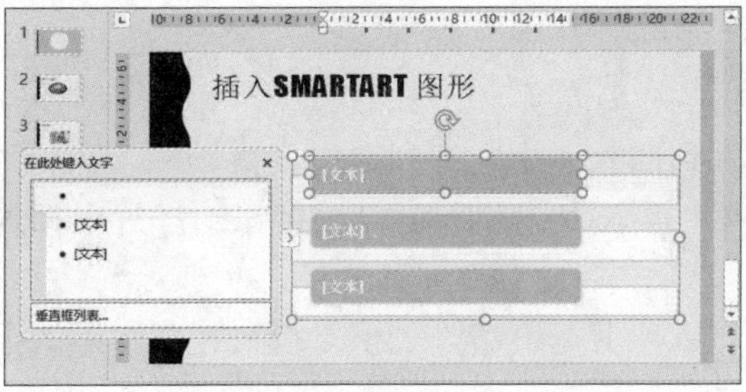

图 5-52　插入循环结构图

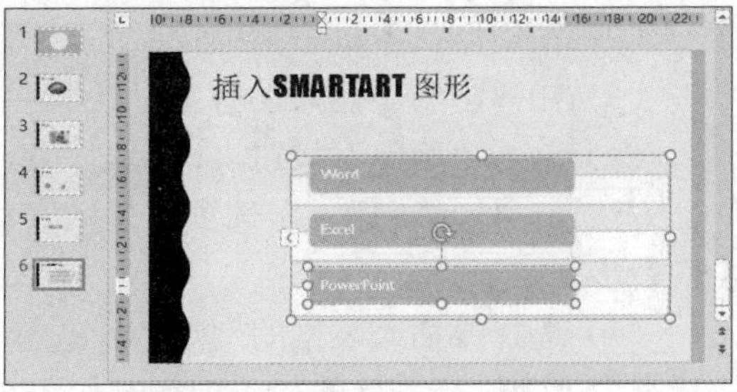

图 5-53　在信息文本框形中输入文字

2. 编辑 SmartArt 图形

可以对已经插入的 SmartArt 图形进行添加形状、删除形状、修改图形的版式、设置 SmartArt 图形的样式等编辑操作。

要编辑 SmartArt 图形，可以在幻灯片中选中图形之后，切换到“SmartArt 工具-设计”选项卡，在对应的工具栏中进行操作，如图 5-54 所示。

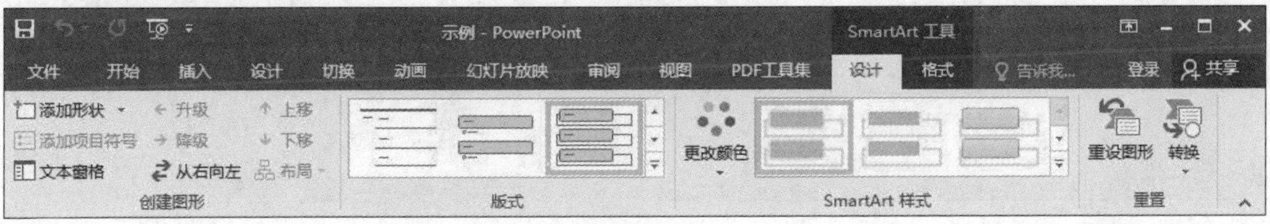

图 5-54　“SmartArt 工具-设计”选项卡

（1）添加、删除、移动形状。在插入 SmartArt 图形后，可以对包含的形状进行增加或删除，操作方法如下。

- 添加形状：选中形状，如文字为 PowerPoint 的形状，在“设计”选项卡的“创建图形”组中单击“添加形状”按钮，则在当前形状后面添加一个新形状。
- 删除形状：选中要删除的形状，按键盘上的 Delete 键，形状即被删除。
- 移动形状位置：选中要移动的形状，如新添加的无文字形状，单击工具栏中“创建图形”组中的“上移”按钮，形状将“上移”一个位置。

（2）更改版式。选择 SmartArt 图形，单击打开“版式”组中的版式布局列表，选择一种新版式即可。

5.3.3　幻灯片中表格的创建与编辑

在幻灯片中，当信息和数据比较繁多时，采用表格的形式将数据分门别类地放入表格中，可以使数据内容清晰明了。

1. 插入表格

在幻灯片中输入和编辑表格主要有两种方法：第一种方法是创建带有内容版式的幻灯片，在包含表格的占位符中插入表格；第二种方法是使用“插入”选项卡上的“表格”按钮插入表格。其操作方法如下。

方法一：在占位符中插入表格。

（1）创建幻灯片，选择带有“内容”的版式。

（2）在幻灯片中单击占位符中的“插入表格”按钮，如图 5-55 所示。

（3）在弹出的“插入表格”对话框中输入表格的“行数”和“列数”。

（4）单击“确定”按钮，返回幻灯片，可以看到插入了指定行列数的表格。

方法二：使用“插入”选项卡插入表格。使用“插入”选项卡可以直接在幻灯片中插入表格，步骤如下。

（1）选择要插入表格的幻灯片，选择“插入”选项卡，单击“表格”按钮，在弹出的下拉列表中拖动选择表格的行、列数，如图 5-56 所示。

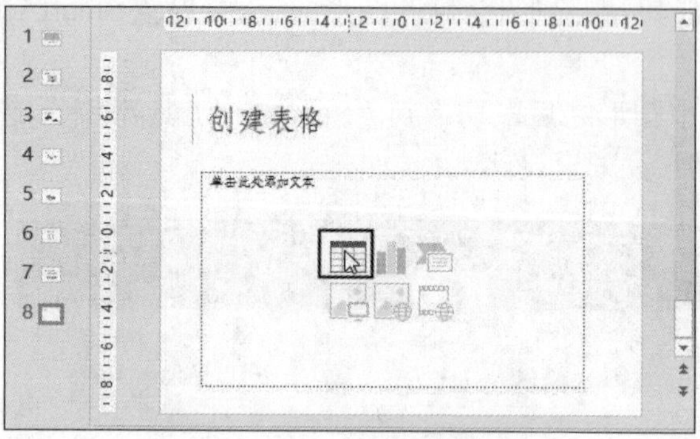

图 5-55　在占位符中插入表格

图 5-56　使用“插入”选项卡创建表格

（2）确定行列后单击，则可将表格插入幻灯片。

创建表格后，将光标定位到单元格中，就可以在表格中直接输入文字。

2. 编辑表格

对表格的编辑操作，可以通过“表格工具-布局”选项卡完成，选项卡工具内容如图 5-57 所示。

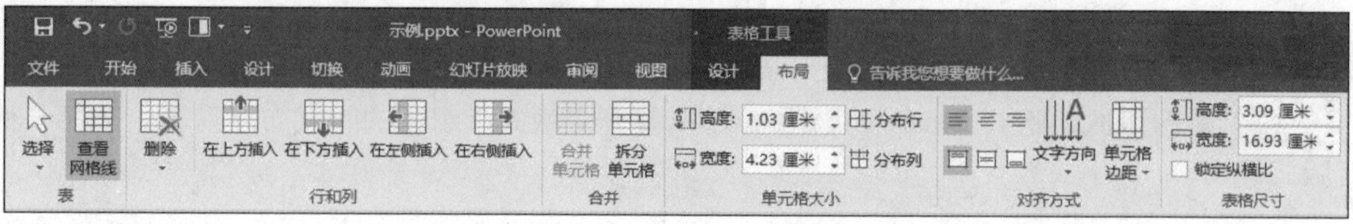

图 5-57　“表格工具-布局”选项卡

（1）选择行或列。对表格进行编辑前，需要先选定表格对象。选择行和列的方法有以下两种。

方法一：用“表格工具-布局”选择。将光标定位在任意单元格内，切换到“表格工具-布局”选项卡，在“表”组中单击“选择”按钮，打开下拉列表，可以选择“行”“列”及“表格”。

方法二：用鼠标选择。将光标移动到表格边框的左侧，当光标变成➡形状时，单击可选择该行。将光标移动到表格边框的上边线，当光标变成⬇形状时，单击可选择该列。

此外，用鼠标在表格中拖动，可以选择任意单元格。

（2）添加、删除行与列。在表格中的插入行与列的操作方法如下。

1）将光标定位在要插入行或列的单元格内。

2）切换到“表格工具-布局”选项卡，在“行和列”组中执行相应操作，如“在下方插入”。

3）操作完成后，在表格当前行的下方添加一新行，也可以插入多行。

（3）文字对齐。表格中的文字默认在单元格中左对齐，要改为其他对齐方法，操作方法如下。

1）选择要设置对齐方式的单元格。

2）在“表格工具-布局”选项卡“对齐方式”组中执行相应操作，如设置整个表格中的文字为“居中”和“垂直居中”。

3. 美化表格

（1）应用表格设定样式。在默认情况下，在插入表格时，表格已经应用了系统自带的表格样式。创建表格后，也可以更改表格样式，操作方法如下。

选择要修改样式的表格，打开“表格工具-设计”选项卡，在“表格样式”组中单击“其他”按钮，打开“表格样式”下拉列表，选择一种表格样式，设置完成。

（2）设置表格边框。表格的边框可以根据需要设置成不同线条大小、不同颜色以及不同样式。修改表格边框的操作如下。

1）选中表格，打开“表格工具-设计”选项卡，在“绘制边框”组中分别设置“笔样式”“笔划粗细”“笔颜色”，如图 5-58 所示。

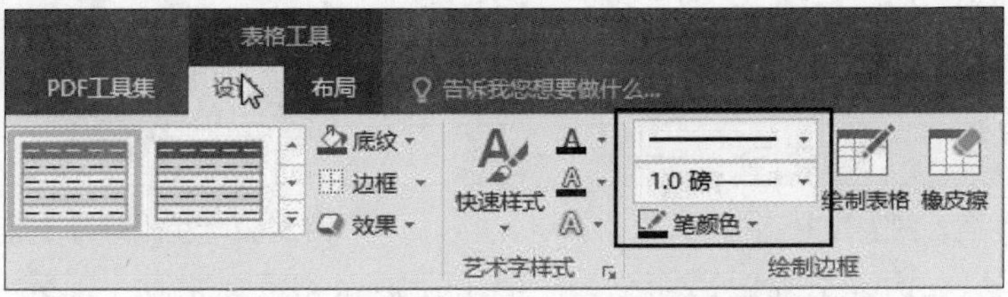

图 5-58　在“绘制边框”组中设置边框样式

2）边框笔选择完成后，在“表格样式”组的“边框”下拉列表中选择要应用的边框范围，如图 5-59 所示。例如，将“2.25 磅”的直线用于表格的上下框线，完成效果如图 5-60 所示。

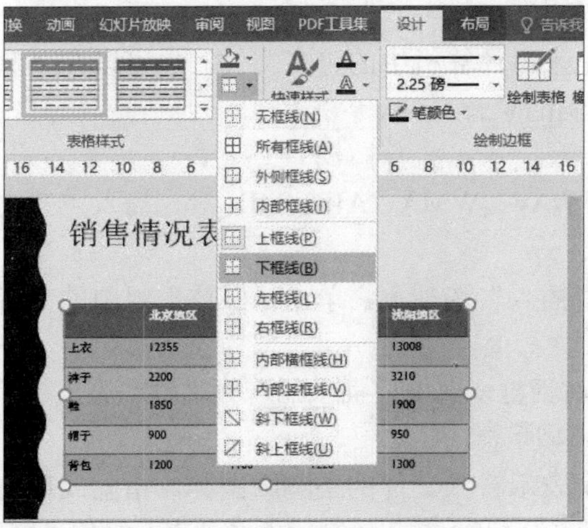

图 5-59　选择边框应用范围

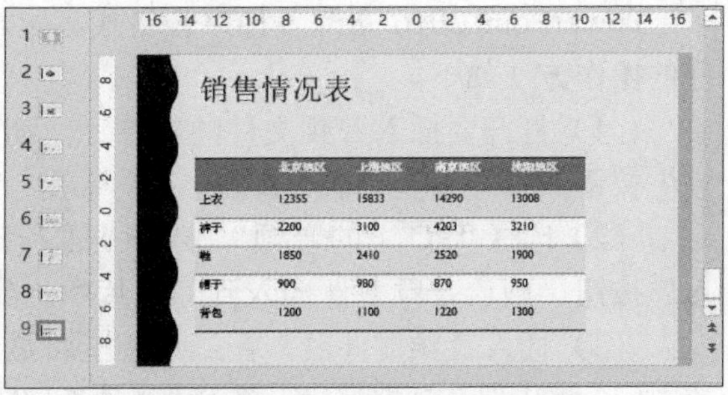

图 5-60　设置上下框线效果

5.3.4 幻灯片中图表的插入

图表是以图形的方式显示表格中的数据的，同其他图形对象一样，图表能比文字更直观地展现数据。

在幻灯片中插入图表的操作方法如下。

（1）选择要插入图表的幻灯片，单击“插入”选项卡“插图”组中的“图表”按钮，弹出“插入图表”对话框，如图 5-61 所示。

（2）在对话框左侧选择图表类型，如“柱形图”，在右侧选择图表样式，如“簇状柱形图”，单击“确定”按钮，系统自动启动 Excel，并在幻灯片上显示图表，如图 5-62 所示。

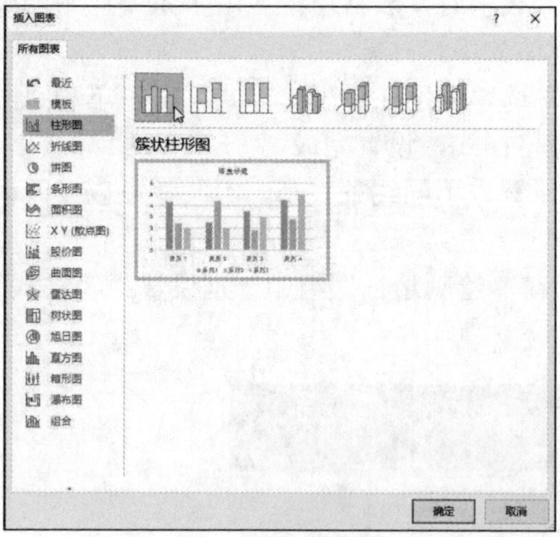

图 5-61 “插入图表”对话框

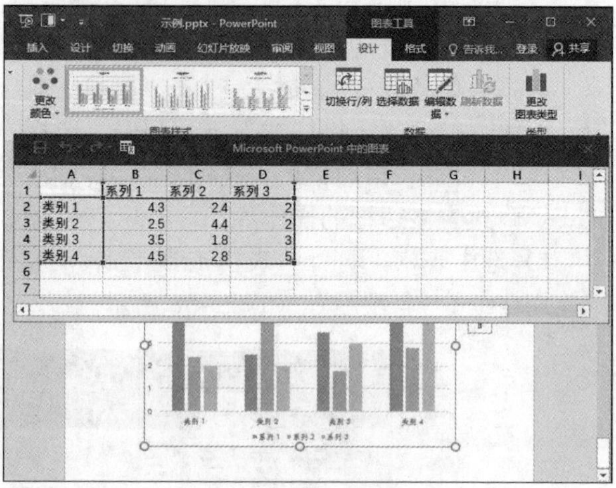

图 5-62 在幻灯片上显示图表

（3）修改示例数据表中的数据和文字，图表的形状和内容也随之变化。

5.3.5 插入声音文件

为了让幻灯片更加生动，可以在幻灯片中插入音频文件，还可以对音频文件进行编辑，如为音频添加书签、剪辑音频和设置音频播放选项等。

在 PowerPoint 2016 中添加的音频文件，可以是来自计算机中的声音文件，也可以在“联机音频”中查找所需的音频文件，还可以是自己录制的录音文件。

1. 插入计算机中的声音文件

PowerPoint 2016 支持多种声音格式，如 MP3、WAV、WMA、AIF、MDI 等，插入声音文件的操作方法如下。

（1）打开要插入音频文件的幻灯片，切换到“插入”选项卡，单击“媒体”组中的“音频”按钮，打开下拉列表，如图 5-63 所示。

（2）选择“PC 上的音频”，打开“插入音频”对话框，选中要插入的音频文件。单击“插入”按钮，则该音频文件插入到幻灯片中，如图 5-64 所示。

（3）插入音频文件后，在幻灯片上将显示一个表示音频文件的小喇叭图标，指向或单击该图标，将出现音频控制栏。单击“播放”按钮，可播放声音，并在控制栏中看到声音播放进度。

图 5-63　插入“音频”

图 5-64　在幻灯片中插入音频文件

2. 为幻灯片添加录制音频

PowerPoint 2016 可以进行录音，并将录音文件插入到幻灯片中，以便在放映时进行播放，操作方法如下。

（1）打开幻灯片，在“插入”选项卡下单击“媒体”组中的“音频”按钮，从下拉列表中选择“录制音频”选项。

（2）弹出“录制声音”对话框，如图 5-65 所示。在“名称”文本框中输入该录音的名称，单击“录音”按钮，就可以通过麦克风进行录音。音频录制完成后，按“停止”按钮结束录制，单击“播放”按钮可收听录制的声音。确认无误后，单击“确定”按钮，录制的音频将插入到幻灯片中。

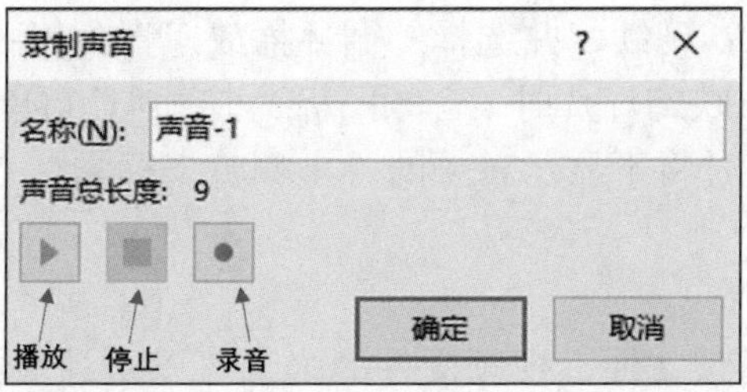

图 5-65　“录制声音”对话框

3. 编辑声音

如果添加到幻灯片的整段音频只需要播放其中的一部分，可以用剪裁音频功能，将不需要的部分剪裁掉，方法如下。

选择要编辑的音频，切换到“音频工具-播放”选项卡，如图 5-66 所示。

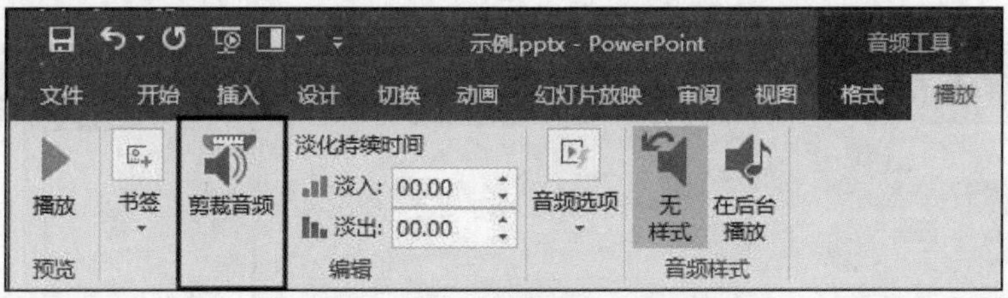

图 5-66　“音频工具-播放”选项卡

单击“剪裁音频”按钮，弹出“剪裁音频”对话框，如图 5-67 所示，分别拖动进度条两端的绿色滑块和红色滑块，设置音频的开始时间和结束时间，按“播放”按钮收听效果，设置好后，单击“确定”按钮，完成声音的裁剪。

注意：如果剪裁后的声音文件听起来比较突兀，可以在“编辑”组中为音频设置一定的“淡入”和“淡出”时间，这样能使声音的播放效果比较自然。

4. 设置播放选项

在幻灯片上选择音频文件，单击“音频工具”选项卡中的“音频选项”按钮，打开播放选项列表，如图 5-68 所示。

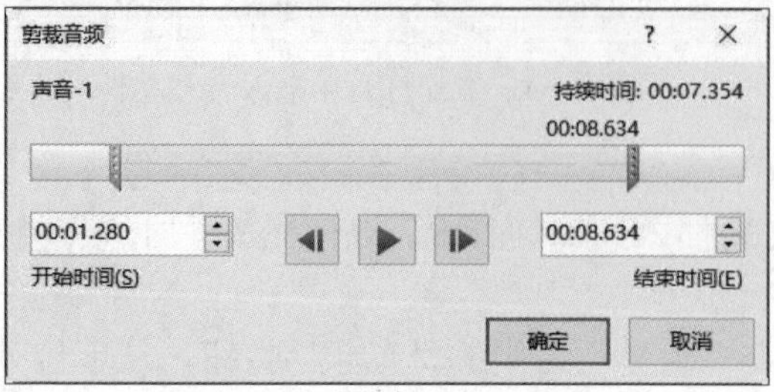

图 5-67 “剪裁音频”对话框

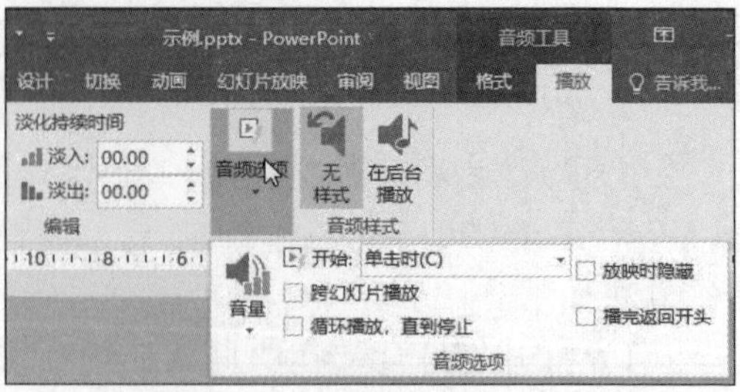

图 5-68 设置“音频选项”

常用的播放设置如下。

（1）开始方式。在“开始”列表中可选择声音是在“单击时”播放还是在进入幻灯片时“自动”开始播放。

（2）跨多张幻灯片播放声音。如果希望幻灯片放映时一直有音乐背景衬托，需要勾选“跨幻灯片播放”复选框使得声音延续，并选择“循环播放，直到停止”选项。

（3）隐藏声音图标。放映幻灯片时，音频图标“小喇叭”可能会影响页面效果，勾选“放映时隐藏”复选框，则放映时将不显示音频的“小喇叭”标志。

5.3.6 插入视频文件

在幻灯片中可以插入视频文件，视频文件的来源可以是计算机中已有的视频文件，也可以是在联机视频中查找到的文件。

1. 插入计算机中的视频

PowerPoint 2016 支持多种视频文件格式，如 AVI、MPEG、ASF、WMV 和 MP4 等。插入视频的操作方法如下。

（1）选择要插入视频的幻灯片，在“插入”选项卡下单击“媒体”组中的“视频”按钮，从下拉列表中选择“PC 上的视频”，如图 5-69 所示。

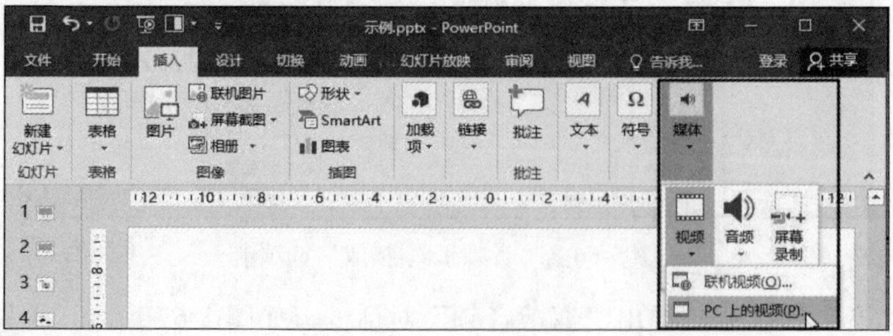

图 5-69 插入媒体操作

（2）打开“插入视频文件”对话框，如图 5-70 所示。

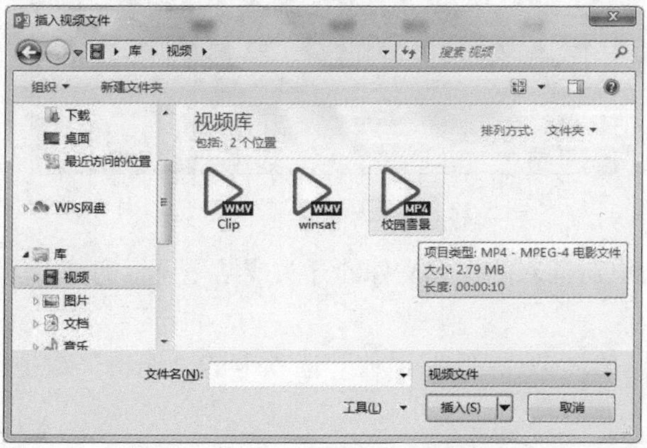

图 5-70　“插入视频文件”对话框

（3）选择要插入的视频文件，单击“插入”按钮，该视频被插入到当前幻灯片中，如图 5-71 所示。单击视频控制栏上的“播放”按钮，就可以播放该视频了。

图 5-71　插入视频效果

2. 编辑视频

视频文件插入幻灯片后，以默认设置显示。用户可以根据需要对视频进行编辑和设置，主要内容如下。

（1）移动视频位置与设置视频大小。有以下两种方法。

方法一：用鼠标拖动操作。

将鼠标指针移到视频上，鼠标指针变成十字箭头状，拖动鼠标移动视频的位置，选中视频文件，将鼠标指针移到视频控制点上拖动，可以改变视频的大小。

方法二：用选项卡命令操作。

选中视频文件，切换到“视频工具-格式”选项卡，在“大小”组中用微调按钮或输入视频文件的大小数值调整大小，如图 5-72 所示。

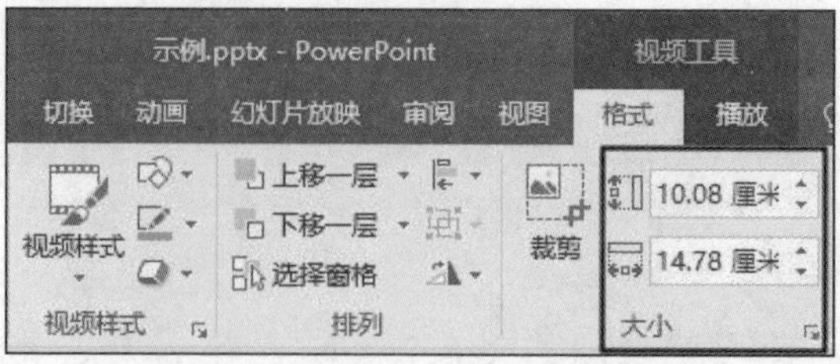

图 5-72 “视频工具-格式”选项卡

（2）剪裁视频。可以对插入的视频文件的开头或结尾进行剪裁，但不能剪裁视频中间部分。操作方法如下。

选择要操作的视频，在“视频工具-播放”选项卡的“编辑”组中单击“剪裁视频”按钮，如图 5-73 所示。

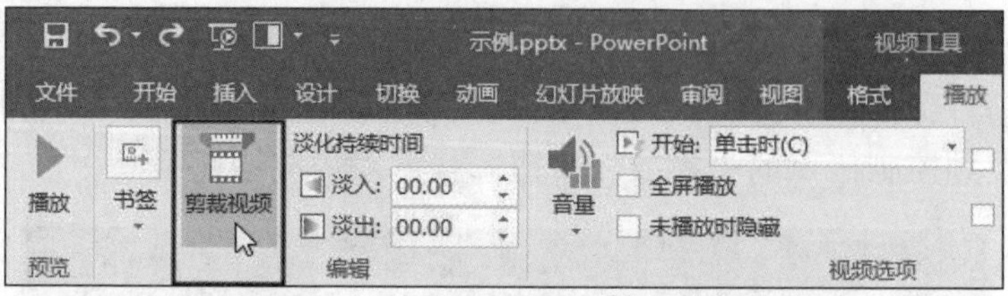

图 5-73 单击“剪裁视频”按钮

在随后弹出的“剪裁视频”对话框（图 5-74）中拖动控制条上的滑块，设置视频的开始时间、结束时间，然后单击“确定”按钮，完成操作。

图 5-74 “剪裁视频”对话框

（3）设置视频边框。视频插入到幻灯片中时默认是无边框的，用户可以根据需要设置美观的边框，方法如下。

选中视频文件，在“视频工具-格式”选项卡的“视频样式”组中单击“视频样式”按钮，打开下拉列表，如图 5-75 所示。

图 5-75　“视频样式”下拉列表

选择一种边框样式，视频添加边框的效果如图 5-76 所示。

图 5-76　视频添加边框的效果

5.3.7　使用相册功能

使用 PowerPoint 2016 的相册功能可以自动建立多张幻灯片，并可以指定每张幻灯片中插入图片的数目，操作方法如下。

（1）启动 PowerPoint 2016，创建空白演示文稿，切换到“插入”选项卡，单击“图像”组中的“相册”按钮，打开“相册”下拉菜单，如图 5-77 所示。

（2）选择“新建相册”命令，弹出“相册”对话框，如图 5-78 所示。

（3）在“相册”对话框的“相册内容”栏中单击“文件/磁盘”按钮，选择从本地磁盘中插入图片，在随后弹出的“插入新图片”对话框中选择要插入相册的图片，可以选择一张或多张图片，如图 5-79 所示。

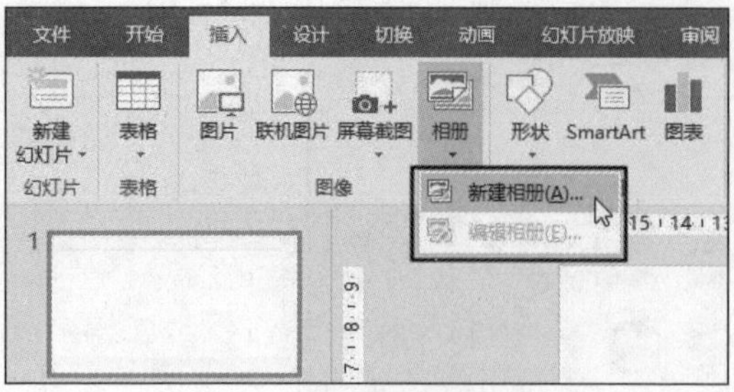

图 5-77 “相册”下拉菜单

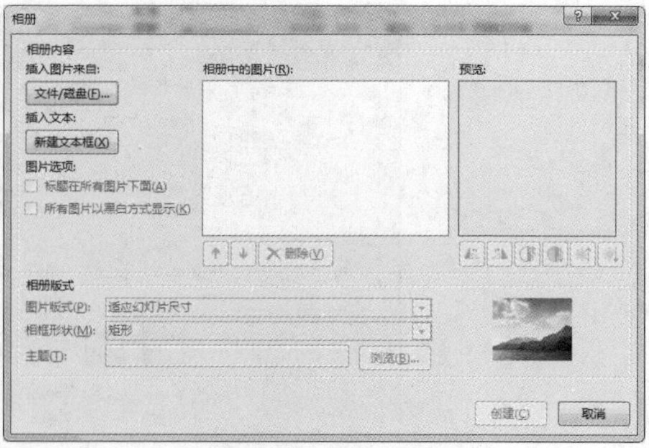

图 5-78 “相册”对话框

图 5-79 “插入新图片”对话框

（4）单击“插入”按钮，返回“相册”对话框，在“相册中的图片”列表中，显示添加到相册的所有图片，使用列表下方的上、下方向箭头可调整图片的排列顺序。

（5）在“相册版式”栏中设置“图片版式”和“相册形状”，再单击“主题”文本框右侧的“浏览”按钮，打开“选择主题”对话框，选择主题。“相册”对话框设置如图 5-80 所示。

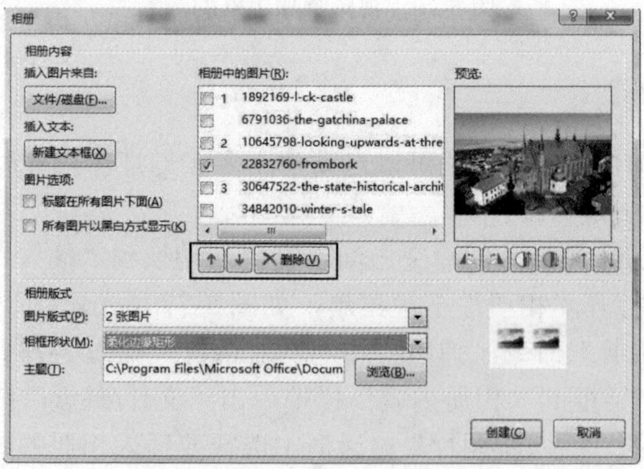

图 5-80 “相册”对话框设置

（6）单击“创建”按钮，则生成相册演示文稿。相册演示文稿的浏览视图如图 5-81 所示。

图 5-81 相册演示文稿浏览视图

5.3.8 插入页眉和页脚

（1）打开演示文稿，在“插入”选项卡中单击“文本”组中的“页眉和页脚”按钮，如图 5-82 所示。

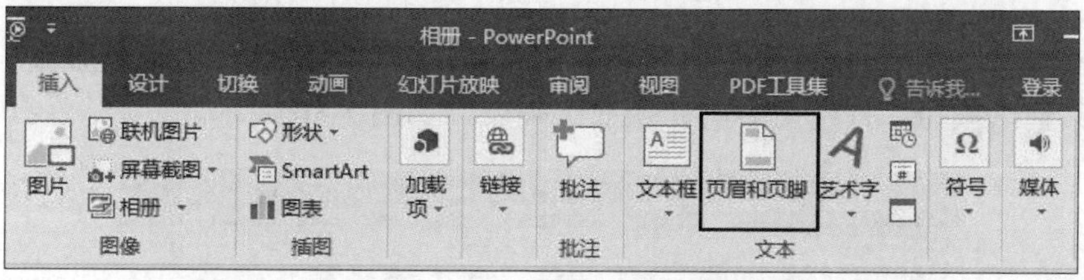

图 5-82 单击“页眉和页脚”按钮

（2）在弹出的“页眉和页脚”对话框中可以分别选择“幻灯片”和“备注和讲义”选项卡来设置页眉和页脚，如图 5-83 所示。选择“幻灯片”选项卡，在“幻灯片包含内容”栏下勾选“日期和时间”复选框，则在幻灯片上显示日期和时间，日期和时间可以设置为固定的值，也可以设置为“自动更新”；勾选“幻灯片编号”复选框，则在每页幻灯片上显示页码数字；勾选“页脚”复选框，可以设置每页显示的页脚文字。

（3）单击“应用”按钮，设置内容用于当前幻灯片；单击“全部应用”按钮，设置用于所有幻灯片。返回幻灯片，如果要调整文字格式，可以在幻灯片母版中设置。添加“页眉和页脚”的幻灯片效果如图 5-84 所示。

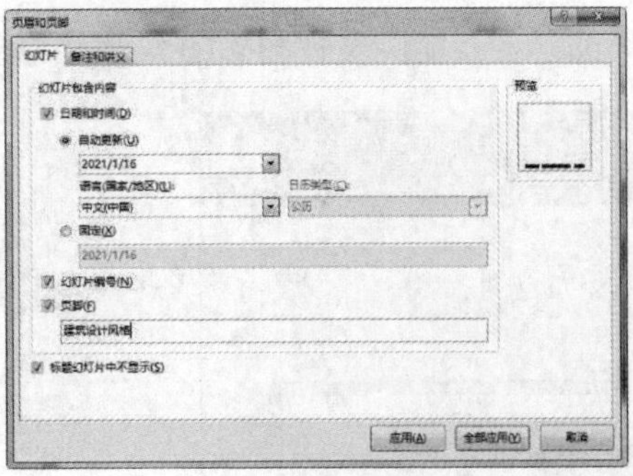

图 5-83 “页眉和页脚”对话框

图 5-84 添加“页眉和页脚”的幻灯片效果

5.4 设置幻灯片的动态效果

5.4.1 应用幻灯片的切换效果

幻灯片切换效果是指在放映幻灯片时，从一张幻灯片转到另一张幻灯片的过渡效果。PowerPoint 2016 应用程序中提供了多种切换效果，用户可以根据需要方便地进行选择。

1. 添加切换效果

（1）选择要设置切换效果的幻灯片，转换到“切换”选项卡，如图 5-85 所示。

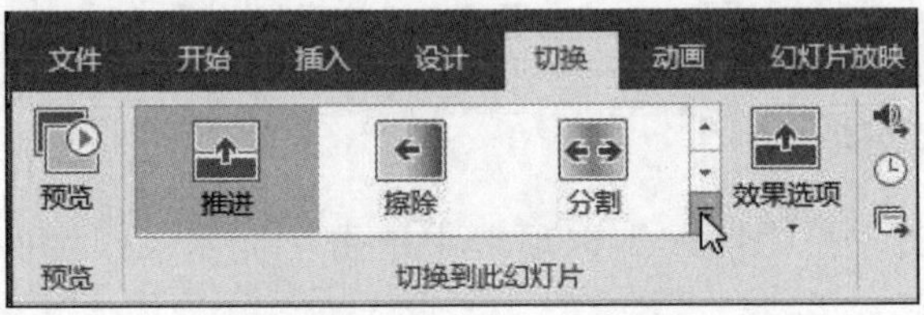

图 5-85 “切换”选项卡

（2）在“切换到此幻灯片”组的列表框中单击，就可以选择一种切换效果。也可以单击列表框的“其他”按钮，打开更多的切换效果列表，如图 5-86 所示。

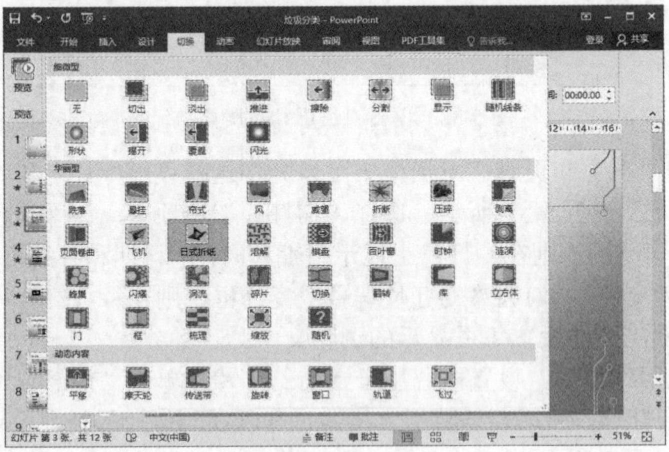

图 5-86 切换效果列表

（3）选择一种效果，如“日式折纸”，则该效果应用到当前幻灯片上，如图 5-87 所示。

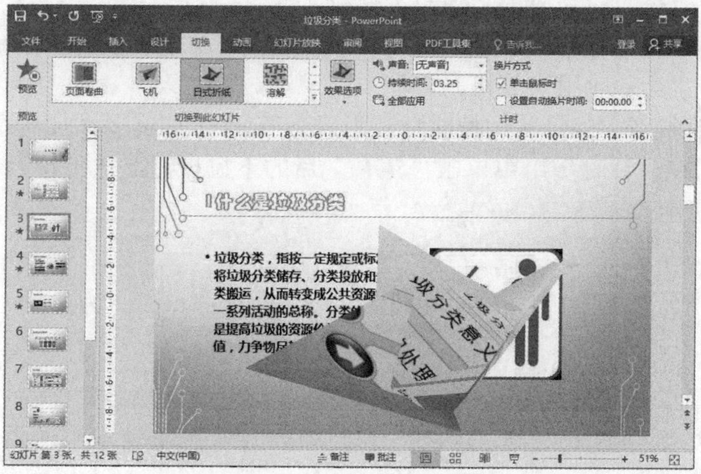

图 5-87　应用切换效果

2. 设置切换效果

添加到幻灯片上的切换效果以默认的设置显示，用户可以对切换效果进行更改，如设置显示方向、持续时间以及声音效果等。

（1）选择效果方向。选择设置了切换效果的幻灯片，单击“切换到此幻灯片”组中的“效果选项”按钮，在打开的选项列表中进行选择，如由“向左”修改为“向顶部”，如图 5-88 所示。

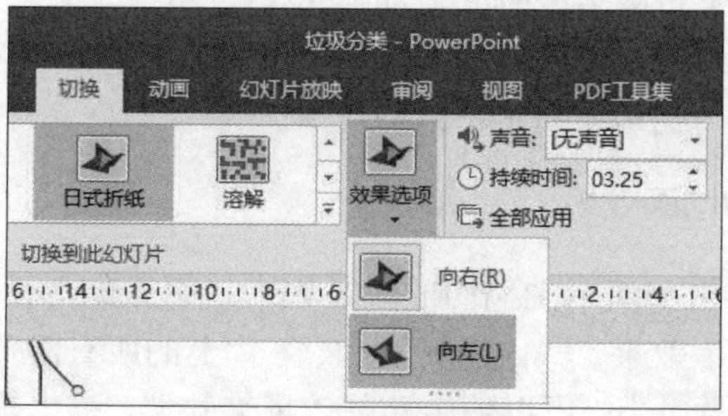

图 5-88　切换效果选项

（2）设置持续时间。在“切换”选项卡的“计时”组中可修改持续时间，如由 02.50 秒修改为 04.00 秒，如图 5-89 所示。

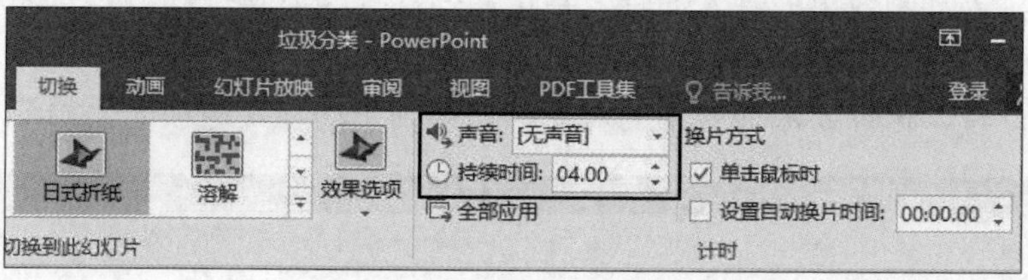

图 5-89　设置持续时间

返回幻灯片，单击“预览”按钮，可以看到切换时间的变化。

（3）向所有幻灯片添加同一切换效果。单击“计时”组中的“全部应用”按钮，就可以将当前选择的切换效果应用到演示文稿的所有幻灯片。

如果要删除所有幻灯片的切换效果，可以在幻灯片的切换效果列表中选择“无”，然后在“计时”组中单击“全部应用”按钮。

（4）设置切换声音。幻灯片切换时默认为“无声音”，如需要添加声音效果，方法如下。

选择幻灯片，在“计时”组中单击“声音”后的下拉按钮，从下拉列表中选择一种声音效果，如图 5-90 所示。

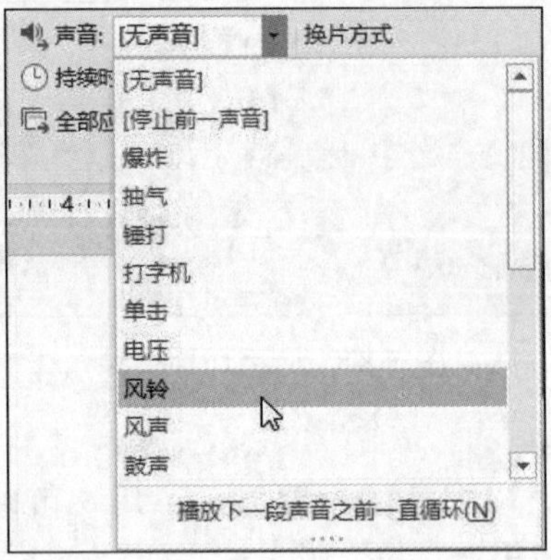

图 5-90　设置切换声音

（5）设置换片方式。幻灯片的换片方式有两种：鼠标“单击时”和“设置自动换片时间”。其中，鼠标“单击时”为默认方式；也可以勾选“设置自动换片时间”复选框，在右侧的数值框中输入具体数值，以决定每隔多少时间自动换片。

注意：如果在换片方式中，同时勾选了鼠标“单击时”和“设置自动换片时间”复选框，则表示满足其中一个条件，就切换到下一张幻灯片。

5.4.2　应用幻灯片的动画效果

幻灯片的动画效果是指在演示文稿的放映过程中，每张幻灯片上的文本、图形、图表等对象进入屏幕时的动画显示效果。默认情况下，幻灯片上的所有对象都是同时出现、同时退出的，为了增加演示文稿的吸引力，可以使用动画效果来强调、突出重点或控制信息显示，还可以为动画设置伴随的声音。

1. 添加对象的进入、强调及退出的动画效果

PowerPoint 2016 提供了多种进入动画、强调动画和退出动画的效果。

（1）对象进入动画效果。进入动画，是指在幻灯片的放映过程中，文本和图形等对象进入屏幕的动画显示方式，设置方法如下。

1）打开幻灯片，选择要添加效果的对象，切换到“动画”选项卡，如图 5-91 所示。

图 5-91　“动画”选项卡

2）在“动画”组的动画效果列表框中单击，就可以选择一种动画效果。选择效果后，幻灯片会自动播放该效果，也可以单击左侧的“预览”按钮，查看设置的效果。单击动画效果列表框的“其他”按钮，会打开动画效果下拉列表，如图 5-92 所示。如果想在更多的效果中选择，可以选择动画效果列表下方的“更多进入效果”选项，打开“更改进入效果”对话框，如图 5-93 所示。在对话框中，对象的进入效果分为 4 组，分别是“基本型”“细微型”“温和型”“华丽型”，可以根据幻灯片的需要进行选择。

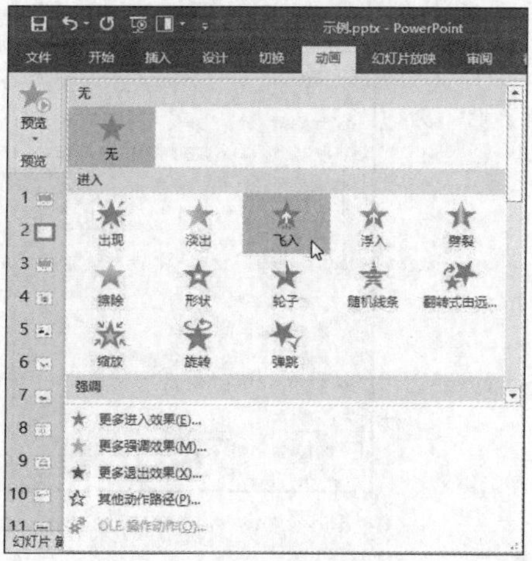

图 5-92　动画效果下拉列表

图 5-93　“更改进入效果”对话框

当“预览效果”复选框被勾选时，单击一种效果，幻灯片就会立即显示该效果，用户可以预览每个动画方案，并能在各种选项间进行选择。

（2）强调动画效果。强调动画是指在放映中，为已经显示的对象设置额外的强调或突出显示的动画效果。强调动画设置方法如下。

选择对象，在“动画”选项卡的“动画”组中单击效果列表框的“其他”按钮，从弹出的“强调”动画效果列表中进行选择，如图 5-94 所示。或者选择下方的“更多强调效果”选项，打开“更改强调效果”对话框，在详细列表中进行选择，如图 5-95 所示。

图 5-94　“强调”动画效果列表

图 5-95　“更改强调动画”对话框

（3）对象退出动画效果。退出动画是在幻灯片放映中已经显示的对象离开屏幕的动画效果。操作方法与前两种类似，可以在动画效果列表框中选择设置，如图 5-96 所示。也可以打开“更改退出效果”对话框，进行更多效果的选择，如图 5-97 所示。

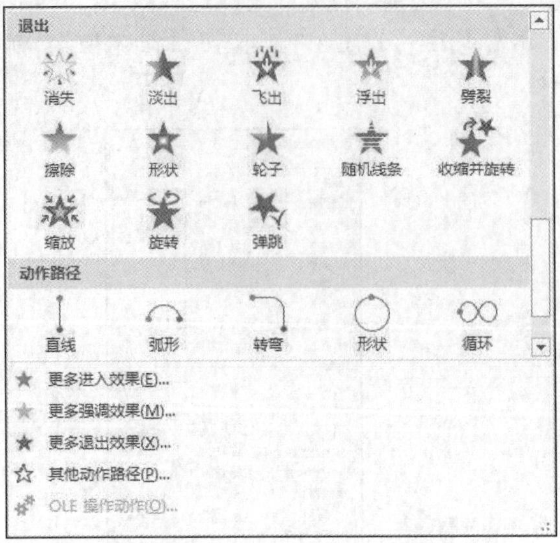

图 5-96　动画效果列表框

图 5-97　“更改退出效果”对话框

（4）为对象设置动作路径。PowerPoint 2016 内置了多种动作路径，用户可以根据需要选择或绘制对象的运动路径，操作方法如下。

选择设置对象，打开“动作路径”列表框，如图 5-98 所示，选择一种动作路径，如“形状”。进入幻灯片预览状态，可以看到对象在指定的路径上运动，可以对单击显示为虚线的路径进行编辑，如图 5-99 所示。

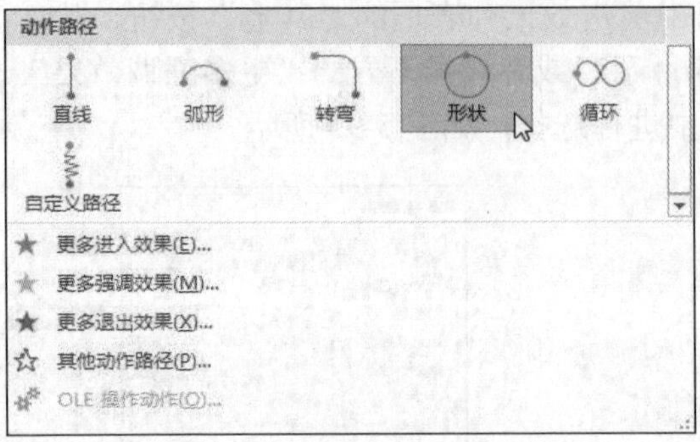

图 5-98　“动作路径”列表框

图 5-99　应用动作路径

（5）设置动画效果选项。设置了动画效果的对象以系统默认的效果形式显示动画，如果要选用该动画的其他效果，可以使用“效果选项”进行设置，操作方法如下。

选择设置了动画效果的对象，单击“动画”组中的“效果选项”按钮，在弹出的下拉列表中选择该动画的其他效果。

注意：为对象设置不同的动画效果，“效果选项”下拉列表也会不同。例如，动画效果选择为“方向”，其效果选项如图 5-100 所示；动画效果选择为“形状”，其效果选项如图 5-101 所示。

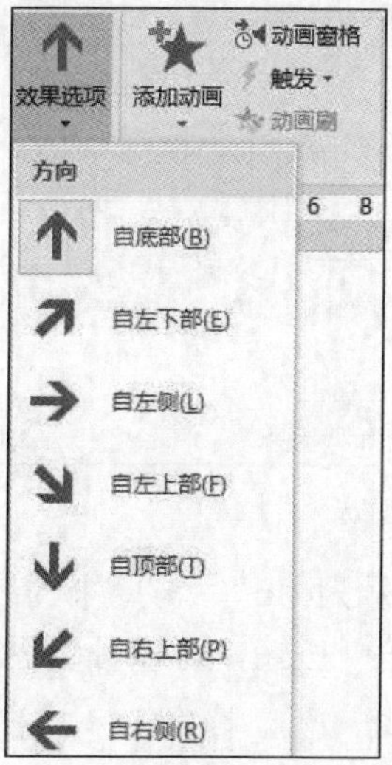

图 5-100　“方向”的效果选项

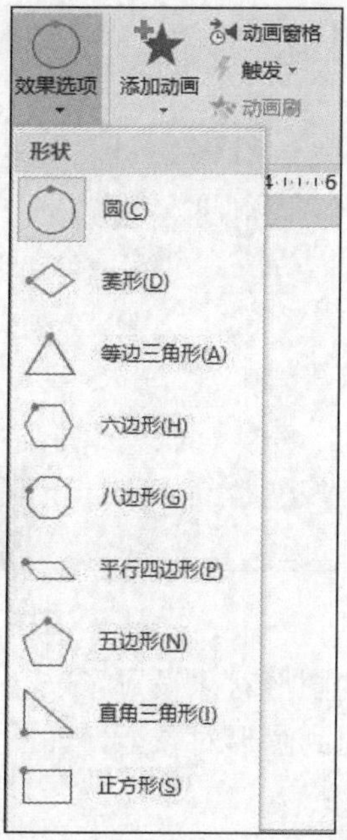

图 5-101　“形状”的效果选项

2. 动画效果的高级设置

（1）为同一对象添加多个动画。为一个对象设置动画后，如果再将“动画”组中的动画效果添加到这个对象上，新的动画效果就会覆盖已有的动画。让一个对象同时具有多个动画效果，如既有进入效果动画，也有退出效果动画，就要使用“高级动画”组中的设置来完成，操作方法如下。

1）在幻灯片中选择已添加动画效果的对象，如图 5-102 所示幻灯片中右侧的图片对象，该对象已经添加了进入动画效果“飞入”。

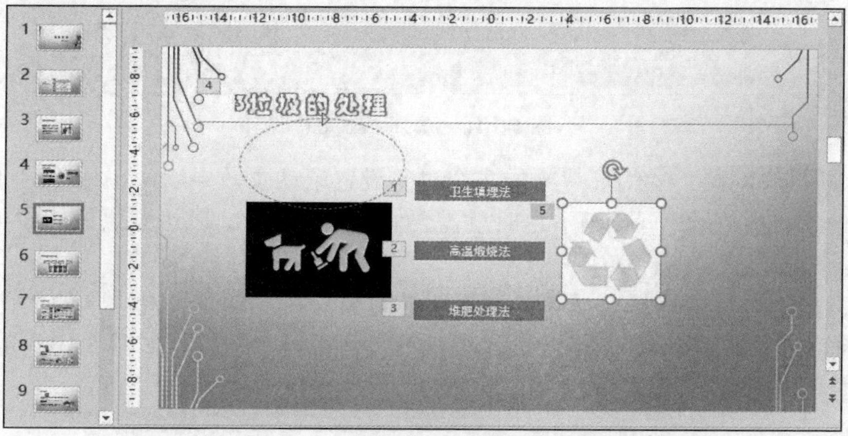

图 5-102　选择已添加动画效果的对象

2）在“动画”选项卡的“高级动画”组中单击“添加动画”按钮。

3）在展开的动画样式列表中选择一种动画效果，如“退出”组中的“擦除”，如图 5-103 所示。

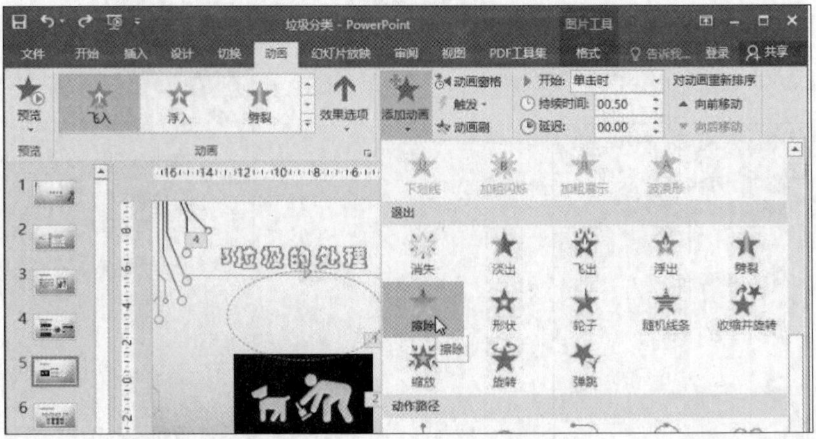

图 5-103　选择“擦除”动画效果

此时，为图形对象设置了一个新的动画效果，动画编号为“6”，与原来的编号为“5”的动画同时应用到图形对象上，如图 5-104 所示。单击“预览”按钮，可以预览图形的两种动画效果。

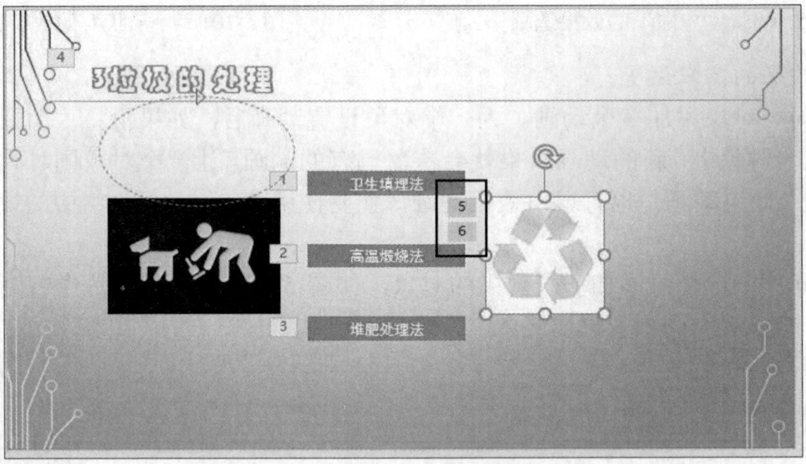

图 5-104　添加动画效果

（2）重新排序动画。为幻灯片中的多个对象设置了动画效果后，在预览幻灯片时，可能会发现某些动画的播放顺序不合理，这时就需要修改播放顺序，以达到更好的效果，操作方法有以下两种。

方法一：在幻灯片中选择要调整动画次序的对象，在“动画”选项卡的“计时”组中单击“向前移动”或“向后移动”按钮，就可以改变动画的播放次序，如图 5-105 所示。调整后，幻灯片上对象的动画编号随之变化。

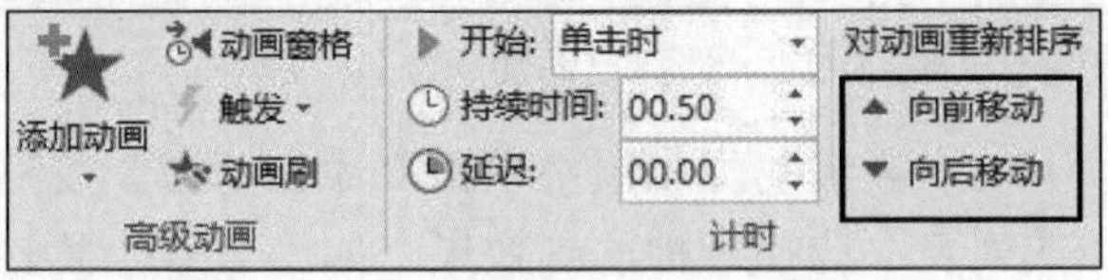

图 5-105　使用按钮改变动画的播放次序

方法二：单击“高级动画”组中的“动画窗格”按钮，打开“动画窗格”。

在“动画窗格”中选择要修改播放次序的动画，按上下移动按钮，或用鼠标拖动，改变播放次序，如将标题对象的播放次序向上调整为“1”。调整后的播放次序如图 5-106 所示。

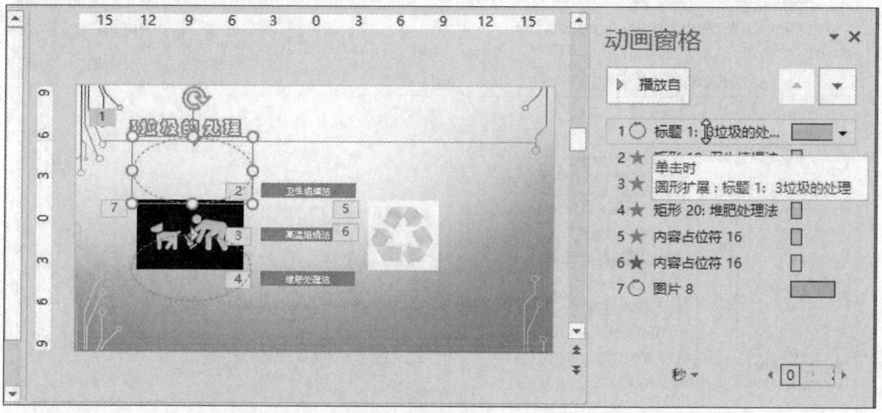

图 5-106　在“动画窗格”中调整播放次序

（3）设置动画计时与开始。系统预设的每种动画效果，都有默认的持续时间，要修改时间，可以在“动画”选项卡的“计时”组中调整“持续时间”的大小，如图 5-107 所示。

每个动画效果出现的开始时间，系统默认为鼠标“单击时”。可以根据需要，单击“开始”后的下拉按钮，在下拉列表中修改为“与上一动画同时”或“上一动画之后”，如图 5-108 所示。

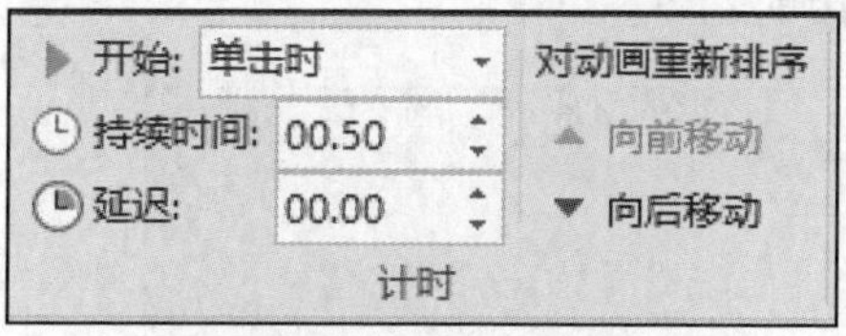

图 5-107　调整“持续时间”

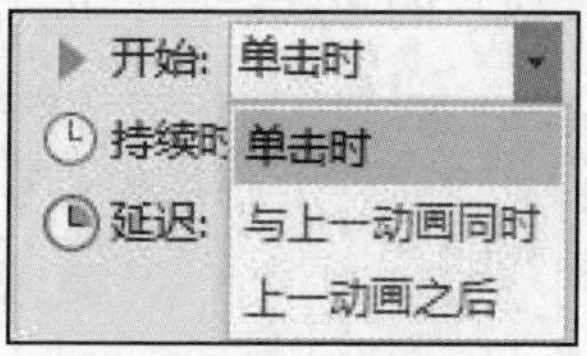

图 5-108　设置动画开始时间

5.4.3　添加超链接和动作按钮

在 PowerPoint 2016 中利用超链接，可以很方便地实现在同一个演示文稿的不同幻灯片之间跳转，也可以从一张幻灯片跳转到不同文稿中的另一张幻灯片，或者转跳到网页或文件。文本或对象（图片、图形）都可以创建超链接。

1. 创建同一个演示文稿中幻灯片的超链接

（1）打开要创建链接的幻灯片，选中链接对象，如文本。切换到“插入”选项卡，在“链接”组中单击“超链接”按钮，如图 5-109 所示。

图 5-109　单击“超链接”按钮

（2）在打开的“插入超链接”对话框中，从左侧的“链接到”区域中选择“本文档中的位置”选项，在“请选择文档中的位置”列表中选择要链接到的幻灯片，如图 5-110 所示。

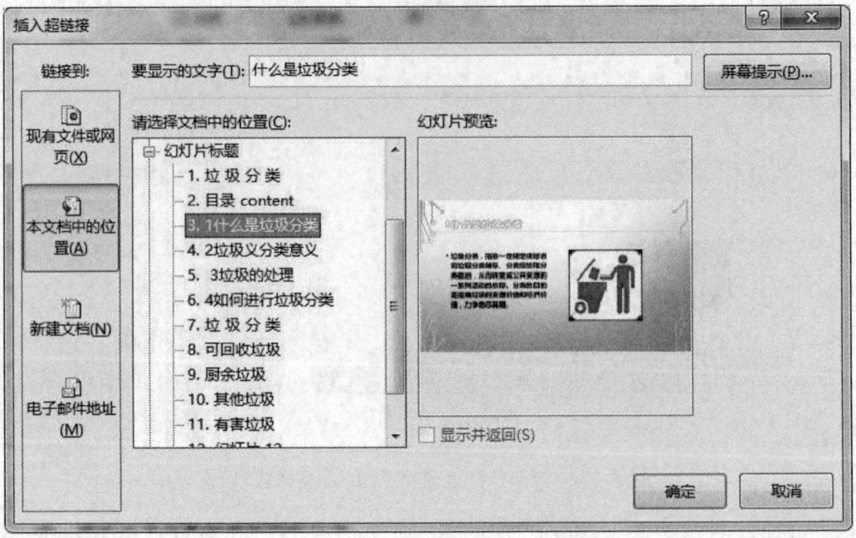

图 5-110 “插入超链接”对话框

（3）单击“确定”按钮，回到幻灯片中，可以看到设置了超链接的文字颜色发生了变化，并且添加了下划线，如图 5-111 所示。当播放这张幻灯片时，将鼠标指针移动到超链接的文字上，指针会变成的形状，此时单击就会转跳到链接的幻灯片上。

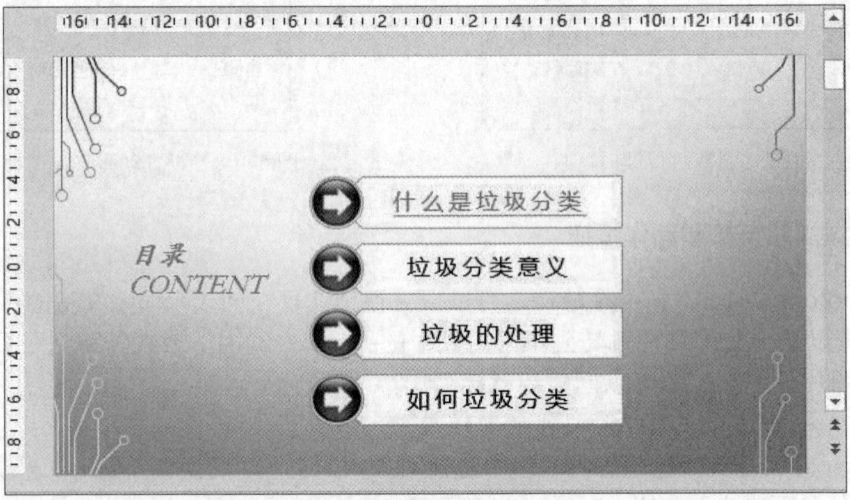

图 5-111 设置了超链接的文字

2. 创建到其他文件的链接

利用超链接也可以关联到其他文件，其操作方法与创建同一个演示文稿中幻灯片的超链接相类似，只是在“链接到”区域中选择“现有文件或网页”选项，在“当前文件夹”列表中查找并选择要链接的目标文件。

返回并播放幻灯片，单击链接文字，就会打开链接的文档。

3. 添加动作按钮

动作按钮是一组预先定义好、用特定形状表示、包含各种动作意义的按钮集，将动作按钮插入到幻灯片中，可以方便形象地定义超链接。常用的动作按钮有第一张、上一张、下一张等。添加动作按钮的操作方法如下。

（1）选择要设置动作按钮的幻灯片，在“插入”选项卡的“插图”组中单击“形状”按钮，在弹出的下拉列表中找到“动作按钮”组，如图 5-112 所示。

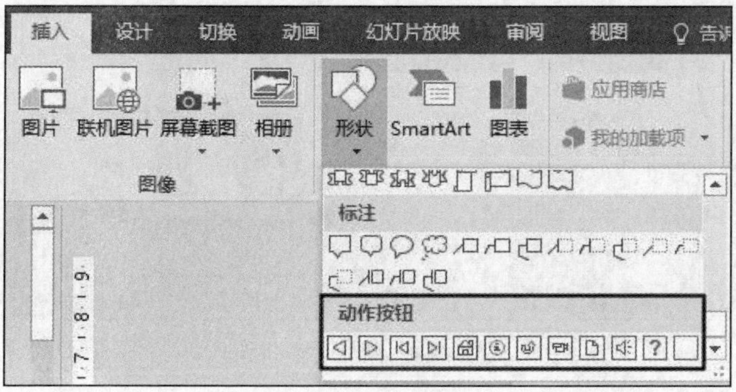

图 5-112 “动作按钮”组

（2）选择合适的动作按钮，在幻灯片中按住鼠标左键，拖动绘制出该按钮的大小与形状，释放鼠标后，自动弹出“操作设置”对话框。

（3）在“操作设置”对话框中打开“超链接到”的下拉列表，选择要链接的幻灯片，如图 5-113 所示。如果要链接到演示文稿的其他幻灯片，可选择“幻灯片”选项，在弹出的“超链接到幻灯片”列表中进行选择。

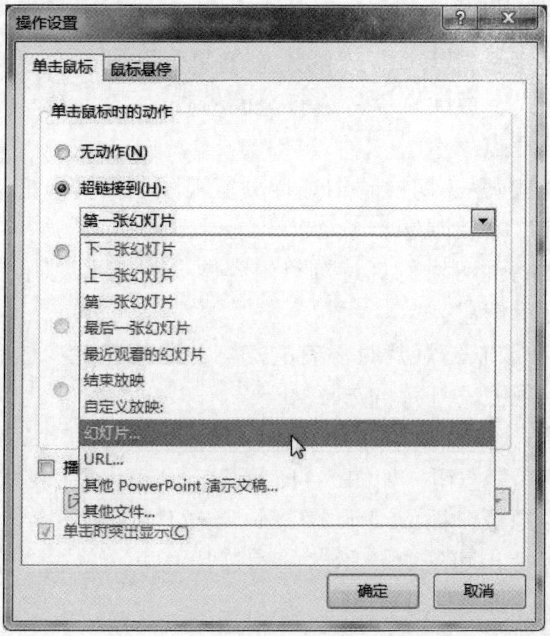

图 5-113 选择要链接的幻灯片

（4）单击“确定”按钮，则在幻灯片上添加了动作按钮，如图 5-114 所示。单击添加的动作按钮，四周有 8 个尺寸控制点，可以拖动调整动作按钮的大小和位置。播放幻灯片时，单击动作按钮，就可以跳转到链接的幻灯片上。

图 5-114　添加动作按钮

5.5　幻灯片的放映与发布

幻灯片的放映和发布是检验幻灯片成果的方式。PowerPoint 2016 提供了多种放映幻灯片和控制幻灯片的方法，如正常放映、计时放映、跳转放映等，用户可以选择适当的放映速度与放映方式，使幻灯片的放映结构清晰、节奏明快、过程流畅。

5.5.1　幻灯片放映前的准备

通常来说，幻灯片是用来向大众展示的，应该避免出现错误，因此在幻灯片放映之前，要对各幻灯片的内容、形式、放映顺序等进行全面检查。

准备工作主要有以下几点。

（1）调整幻灯片播放顺序。切换到幻灯片浏览视图，在其中拖动要改变顺序的幻灯片至合适位置，即可改变幻灯片播放顺序。

（2）添加备注。使用备注可对幻灯片重点内容做一些提示说明。切换到普通视图，在“幻灯片备注”窗口中输入提示信息。

（3）隐藏幻灯片。在放映幻灯片时，有的幻灯片不想在此次放映时显示，可以在放映前将这些幻灯片隐藏起来。隐藏幻灯片的方法如下。

在幻灯片浏览视图下，选定要隐藏的一张或多张幻灯片，在“幻灯片放映”选项卡的“设置”组中单击“隐藏幻灯片”按钮，如图 5-115 所示，则可以看到幻灯片的序号上添加了一条斜线，表示该幻灯片已经隐藏，播放演示文稿时，该幻灯片将不会出现。

如果要取消隐藏幻灯片，可选择已隐藏的幻灯片，再次单击“隐藏幻灯片”按钮，该幻灯片序号上的斜线被取消，即解除了隐藏命令。

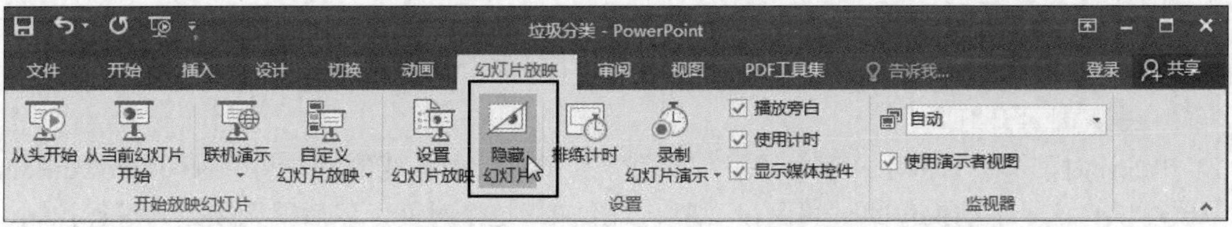

图 5-115　单击“隐藏幻灯片”按钮

5.5.2　设置幻灯片的放映

1. 设置幻灯片的方式

（1）切换到“幻灯片放映”选项卡，在“设置”组中单击“设置放映方式”按钮，弹出“设置放映方式”对话框，如图 5-116 所示，在其中可进行“放映类型”“放映选项”“放映幻灯片”“换片方式”等项目的设置。

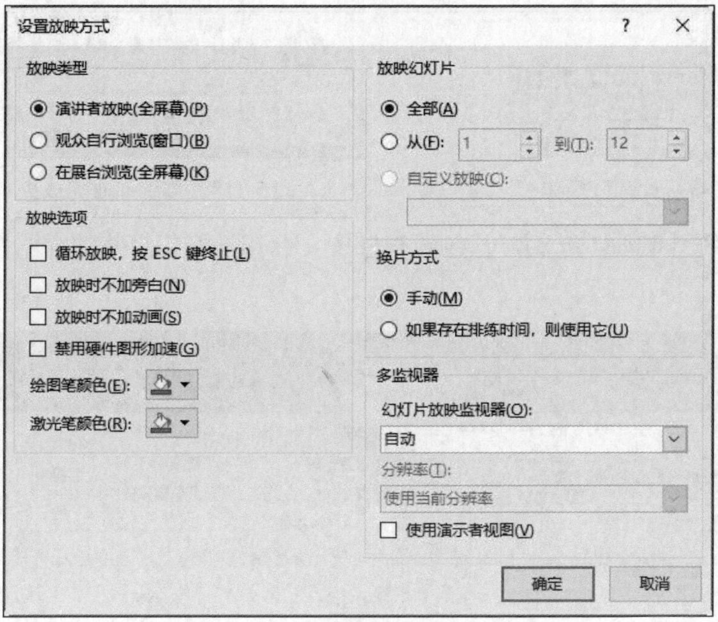

图 5-116　“设置放映方式”对话框

（2）在“设置放映方式”对话框中可以做如下选择，完成设置后单击“确定”按钮。

1）演讲者放映（全屏幕）：幻灯片设置成在窗口中全屏幕放映方式。放映过程中，演讲者可以控制幻灯片的放映过程。

2）观众自行浏览（窗口）：适用于将演示文稿分发给同事等。

3）在展台浏览（全屏幕）：幻灯片设置成在全屏幕中自动放映的方式，放映过程中，演讲者不可以控制幻灯片的放映过程，只能按 Esc 键结束放映。

4）循环放映，按 ESC 键终止：幻灯片在“演讲者放映”全屏幕中自动循环放映。放映过程中，演讲者随时按 Esc 键结束放映。

5）放映时不加旁白/放映时不加动画：即使录制了旁白也不播放；如果选择“放映时不加动画”，则不出现动画效果。

另外，还可以设置哪些幻灯片播放，哪些幻灯片不播放。如果播放一定范围的幻灯片，则可以在“从……到……”数值框中设置好范围。

2. 设置排练计时

排练计时能够设置演示文稿放映过程中每一张幻灯片所需要的时间和总时间，PowerPoint 2016 可以将这个手动换片的时间保存下来。如果应用这个时间，以后就无须人为进行控制，演示文稿能按照这个时间自动播放。设置方法如下。

（1）在“幻灯片放映”选项卡的“设置”组中单击“排练计时”按钮。

（2）进入排练计时后，幻灯片处于全屏放映状态，同时窗口上出现“录制”工具栏，如图 5-117 所示，并在“幻灯片放映时间”框中开始计时。单击或按 Enter 键可切换幻灯片。

（3）到达幻灯片末尾，排练计时完成，会出现如图 5-118 所示的提示信息对话框。单击“是”按钮，保留排练时间，下次播放时按记录的时间自动播放。

图 5-117 “排练计时”操作

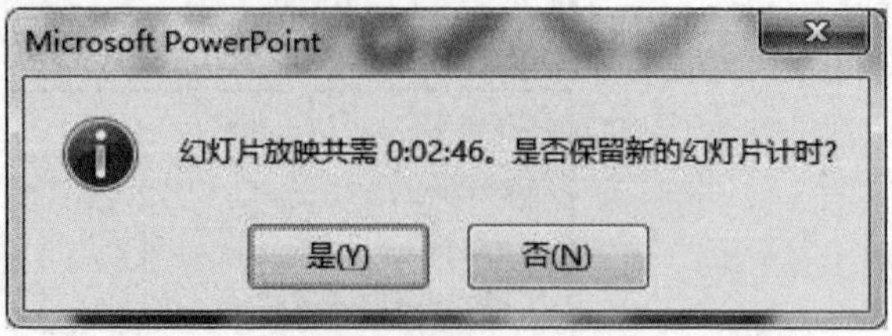

图 5-118 排练计时完成提示信息对话框

（4）保存排练计时后，在幻灯片浏览视图中，会在每张幻灯片的缩略图下显示排练计时的时间，如图 5-119 所示。

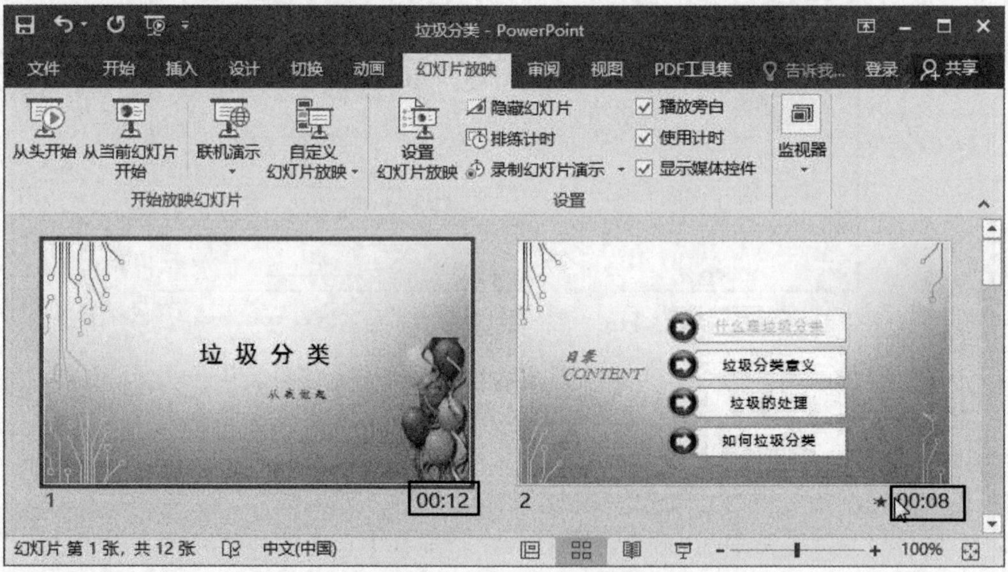

图 5-119 显示排练计时时间

（5）如果要删除已经保存的排练计时，可以在“幻灯片放映”选项卡的“设置”组中单击“录制幻灯片演示”按钮，在下拉列表中选择“清除”中的“清除所有幻灯片中的计时”选项，如图 5-120 所示。

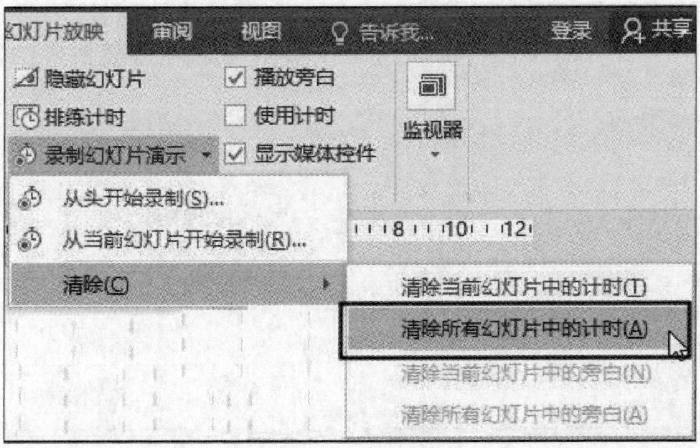

图 5-120　清除幻灯片的计时

5.5.3　控制放映

1. *启动放映*

幻灯片的放映方式主要有 4 种，分别是从头开始、从当前幻灯片开始、联机演示和自定义放映。

（1）从头开始。从第一张幻灯片开始依次放映演示文稿，可以用以下两种方法实现。

方法一：切换到“幻灯片放映”选项卡，如图 5-121 所示，单击“开始放映幻灯片”组中的“从头开始”按钮。

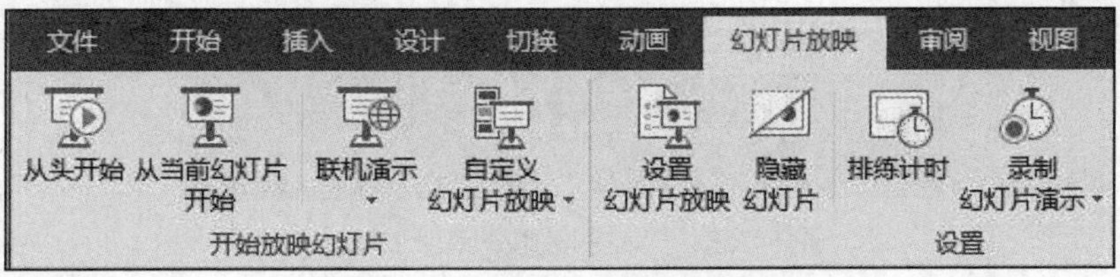

图 5-121　“幻灯片放映”选项卡

方法二：按快捷键 F5，系统从第一张幻灯片开始放映。

（2）从当前幻灯片开始。系统从当前幻灯片开始放映。

（3）联机演示。需要 Microsoft 账户才能启动联机演示文稿，可以向 Web 浏览器中观看并下载内容的人员演示，这是一项免费的服务。

（4）自定义放映。自定义放映是指用户自己选择演示文稿中要放映的幻灯片而创建的一个放映方案，操作方法如下。

1）在“幻灯片放映”选项卡“开始放映幻灯片”组中单击“自定义幻灯片放映”按钮。

2）在弹出的“自定义放映”对话框中单击“新建”按钮，打开“定义自定义放映”对话框，如图 5-122 所示。在“幻灯片放映名称”文本框中输入放映名称，从左侧“在演示文稿中的幻灯片”列表框中勾选要添加的幻灯片，单击“添加”按钮，将其添加到右侧“在自定义放映中的幻灯片”列表框中。完成后，单击“确定”按钮。

3）要应用自定义放映，可以在“设置放映方式”对话框中“放映幻灯片”的“自定义放映”下拉列表中选择设置的放映方案。

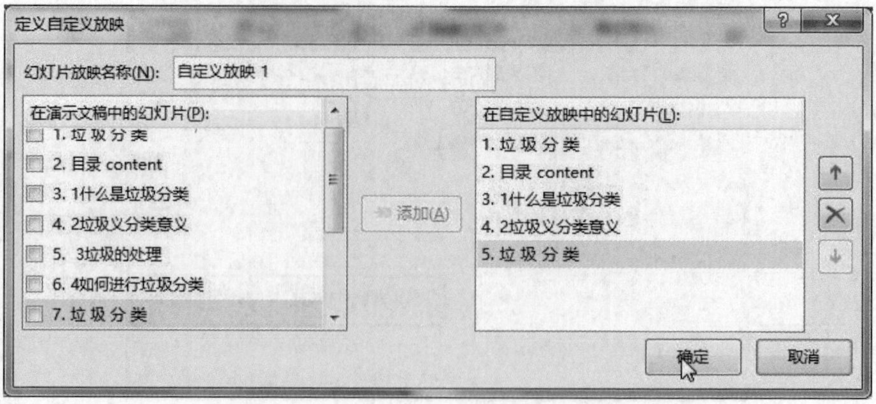

图 5-122 “定义自定义放映”对话框

2. 切换幻灯片

切换幻灯片是指从当前幻灯片转换到下一张或上一张幻灯片。

（1）切换到下一张幻灯片有以下 6 种方法。

方法一：单击。

方法二：按空格键。

方法三：按 Enter 键。

方法四：按键盘上的↓键。

方法五：将鼠标指针移动到屏幕左下角，在出现的“控制放映过程”工具栏（图 5-123）中单击“下一张”按钮。

图 5-123 “控制放映过程”工具栏

注意：“控制放映过程”工具栏中按钮的功能从左到右依次为上一张、下一张、绘图笔、查看所有幻灯片、放大和控制菜单。

方法六：右击幻灯片，在弹出的快捷菜单中选择“下一张”命令。

（2）切换到上一张幻灯片有以下 4 种方法。

方法一：按 Backspace 键。

方法二：按键盘上的↑键。

方法三：单击“控制放映过程”工具栏上的“上一张”按钮。

方法四：右击幻灯片，在弹出的快捷菜单中选择“上一张”命令。

3. 结束放映

最后一张幻灯片放映完后，屏幕顶部会出现“放映结束，单击鼠标退出”字样。这时单击就可以结束放映。

如果想在放映过程中结束放映，则可以用以下两种方法。

方法一：在快捷菜单中选择“结束放映”命令。

方法二：按 Esc 键。

5.5.4　保存幻灯片

保存制作的演示文稿，可以单击“文件”选项卡，选择“保存”或“另存为”命令，打开“另存为”对话框，如图 5-124 所示。

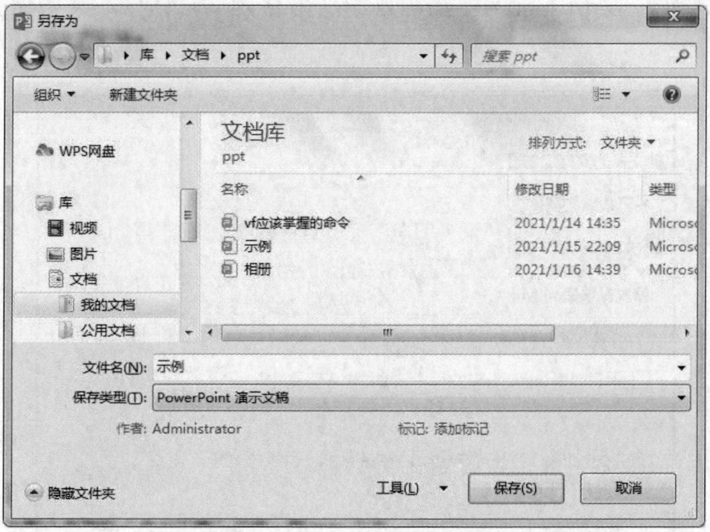

图 5-124　“另存为”对话框

如果要保存为其他类型的文件，单击打开“保存类型”下拉列表，如图 5-125 所示。

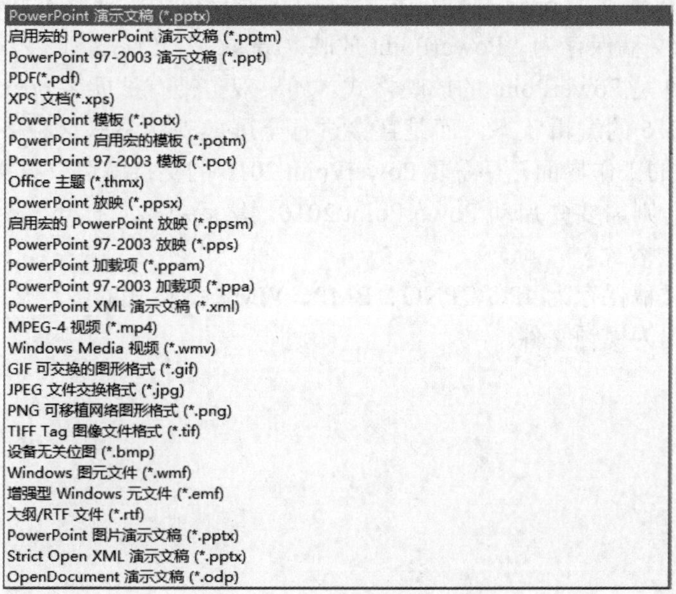

图 5-125　“保存类型”下拉列表

（1）将演示文稿保存为.pptx 文件。初次保存演示文稿，在“另存为”对话框中选定保存位置，输入演示文稿的文件名，单击“保存”按钮，就保存为默认类型的“演示文稿”文件，即.pptx 文件。

在演示文稿的编辑过程中，通过按快捷键 Ctrl+S，或单击快速访问工具栏上的“保存”按钮，可随时保存编辑内容。

在“另存为”对话框中单击右下方的“工具”按钮，在弹出的下拉列表中选择“常规选项”选项，打开“常规选项”对话框，如图 5-126 所示，在“打开权限密码”或“修改权限密码”文本框中输入密码，单击“确定”按钮返回“另存为”对话框，然后保存文档，即可对演示文稿进行加密。

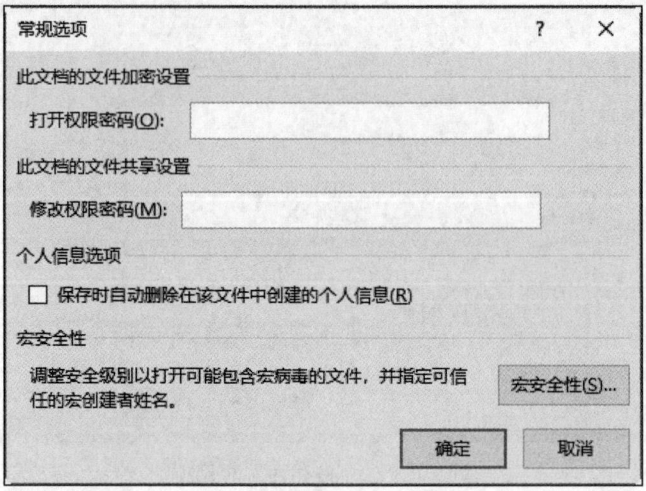

图 5-126　“常规选项”对话框

（2）将演示文稿保存为.ppsx 文件。在“另存为”对话框中将保存类型设置为“PowerPoint 放映”，即可将演示文稿保存为“PowerPoint 放映（.ppsx）”文件。

这种格式的文件是 PowerPoint 的放映格式。如果双击带有扩展名.ppsx 的文件，将不会进入到 PowerPoint 2016 的编辑状态，而是直接进行全屏放映状态。这种格式的优点是不用进入 PowerPoint 2016 的工作界面，不需要 PowerPoint 2016 的支持就可以直接放映。但如果要修改这种格式的文件，则需要先启动 PowerPoint 2016，然后单击“打开”命令，才能以编辑方式打开修改文件的内容。

还可以将演示文稿保存为 JPG、PNG、BMP、WMF 等格式的图片文件，输出为 PDF 格式的文档，或者输出为视频文件。

第 6 章　电子表格软件 Excel 2016

Excel 2016 是微软公司推出的办公系列软件 Office 2016 中的一个组件，是一款功能强大的电子表格软件。直观的界面、出色的计算功能和图表工具，再加上成功的市场营销，使 Excel 2016 成为最流行的个人计算机数据处理软件之一。利用 Excel 2016 可以完成复杂的数值计算，制作出功能齐全的电子表格、打印出各种报表和漂亮的数据统计图表。

6.1　Excel 2016 的基本概念与操作

6.1.1　Excel 2016 的窗口组成

Excel 2016 中的文件通常被称为工作簿，Excel 2016 的所有操作都是在工作簿中完成的。默认情况下，Excel 2016 工作簿的文件扩展名为 XLSX。启动 Excel 2016，一个空白工作簿的窗口如图 6-1 所示。

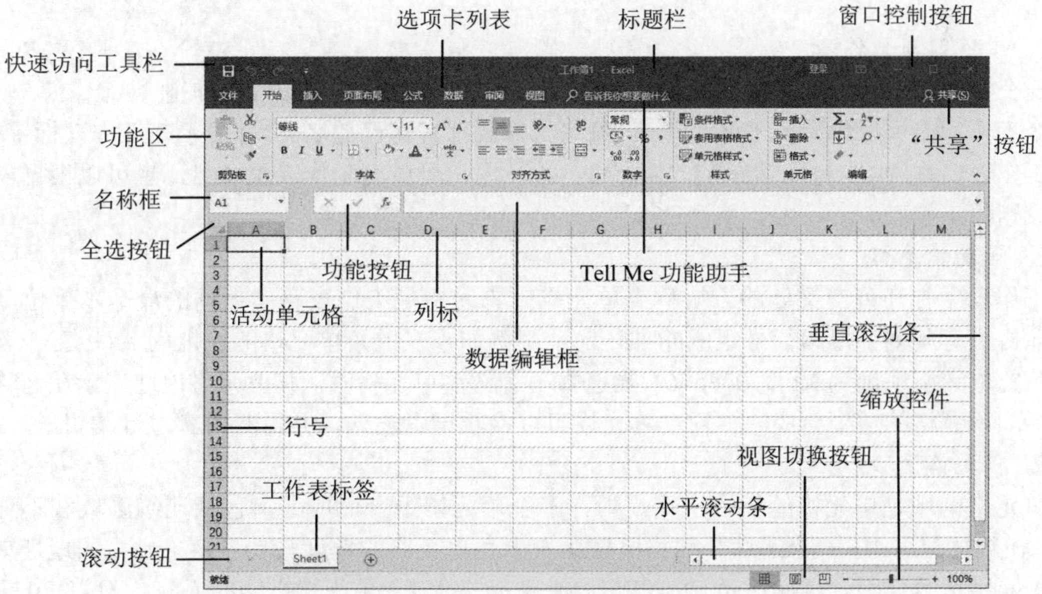

图 6-1　Excel 2016 窗口

Excel 2016 窗口主要由标题栏、快速访问工具栏、功能区、工作表编辑区及状态栏等部分组成，下面介绍 Excel 2016 窗口中的主要组成部分。

（1）功能区：是 Excel 2016 的控制中心，功能区中主要包括“开始”“插入”“页面布局”“公式”“数据”“审阅”“视图”等选项卡。功能区中的“文件”选项卡的功能是打开 BackStage 视图，其中包含用于处理文档和设置 Excel 2016 的选项。

（2）Tell Me 功能助手：通过在“告诉我你想要做什么”文本框中输入关键字，可以快速检索 Excel 2016 功能及快速执行 Excel 2016 命令，这个助手非常适合初学者使用。

（3）“共享”按钮：用于快速共享当前工作簿的副本到云端，以便实现协同工作。

（4）编辑栏：用于显示和编辑当前活动单元格中的数据或公式，由名称框、功能按钮和数据编辑框组成。

- 名称框：主要用于显示当前选中的单元格地址或显示正被选中的对象。
- 功能按钮：由“取消”按钮、“输入”按钮和“插入函数”按钮组成，主要在编辑单元格内容时使用。
- 数据编辑框：主要用来显示单元格中输入或编辑的内容，并可直接在其中编辑数据。

（5）工作表编辑区：用于处理数据的主要场所，包括行号、列标、活动单元格、水平/垂直滚动条及工作表标签和滚动按钮等部分。

- 行号：工作表区域左侧的数字（1～1048576），每个数字对应于工作表中的一行。可以单击行号选择一整行单元格。
- 列标：工作表区域上方的英文字母（A～XFD）为列标，每个列标对应于工作表 16384 列中的一列，可以单击列标选择一整列单元格。
- 工作表标签/滚动按钮：工作表标签用于切换不同的工作表，滚动按钮用于浏览工作表标签。

6.1.2 Excel 2016 的基本概念

1. 工作簿与工作表

一个 Excel 2016 文件就是一个工作簿，默认工作簿名字为工作簿 1、工作簿 2、工作簿 3……在一个工作簿内可以包含若干张工作表。每张工作表都有自己的名字，并显示在工作表标签上，默认工作表名称为 Sheet1、Sheet2、Sheet3、……用户可以为工作表重命名，也可以根据需要添加或删除工作表。

2. 活动单元格

工作表中行和列交叉处的方格称为单元格，单元格是工作表存储数据的最基本单位。每个单元格具有其列字母和行号组成的唯一地址。例如，左上角单元格的地址为 A1，工作表最右下角的单元格地址为 XFD1048576。当选中一个活动单元格时，其单元格地址显示在名称框中，活动单元格的边框会加深，活动单元格可以接收键盘输入，并对其内容进行编辑。

3. 单元格区域

单元格区域是单元格的集合，即是由许多个单元格组合而成的，包括连续区域和不连续区域。在数据运算中，一个连续单元格区域由左上角单元格的地址与右下角单元格的地址来表示，中间用冒号分隔。例如，(A1:E4)表示 A1 单元格到 E4 单元格之间的 4 行 5 列共 20 个单元格。不连续的单元格区域则需要使用逗号分隔。例如，(A1:B2,C4,J10)表示该区域包含从 A1 到 B2 的 4 个单元格，以及 C4 单元格和 J10 单元格共 6 个单元格。

6.1.3 创建工作簿

创建工作簿，即新建 Excel 2016 文档。可以新建空白工作簿，或根据模板创建工作簿。

1. 新建空白工作簿

方法一：启动 Excel 2016，在窗口中选择“空白工作簿”选项。

方法二：在“文件”选项卡的 BackStage 视图中选择“新建”→“空白工作簿”选项，如图 6-2 所示。

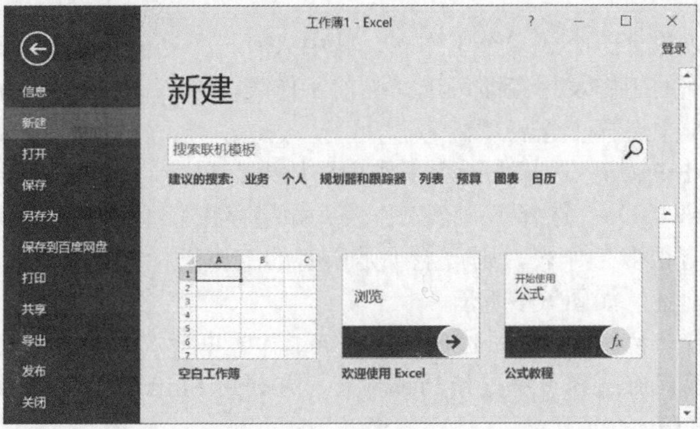

图 6-2　通过“文件”选项卡新建工作簿

方法三：按快捷键 Ctrl+N，可快速新建空白工作簿。

2. 根据模板新建工作簿

Excel 2016 中提供了许多工作簿模板，这些工作簿的格式和所要填写的内容都是已经设计好的，它可以保存占位符、宏、快捷键、样式和自动图文集等信息。此外，在“新建”窗口中还有一些教程类模板（如公式教程、欢迎使用 Excel 等），非常便于初学者学习。

在 Excel 2016 的“新建”窗口采用了网页的布局形式和功能，其中“搜索”栏下包含了“业务”“个人”“列表”“图表”“日历”等常用的工作簿模板链接。此外，用户还可以在“搜索”文本框中输入需要搜索模板的关键字进行搜索，查找更多类别的工作簿模板。

（1）在“文件”选项卡中选择“新建”命令，在右侧单击需要的链接类型，如“教育”链接。

（2）在打开的窗口中展示出与“教育”有关的表格模板，选择所需要的模板，如选择“课程表”模板创建一个“课程表”工作簿，如图 6-3 所示。

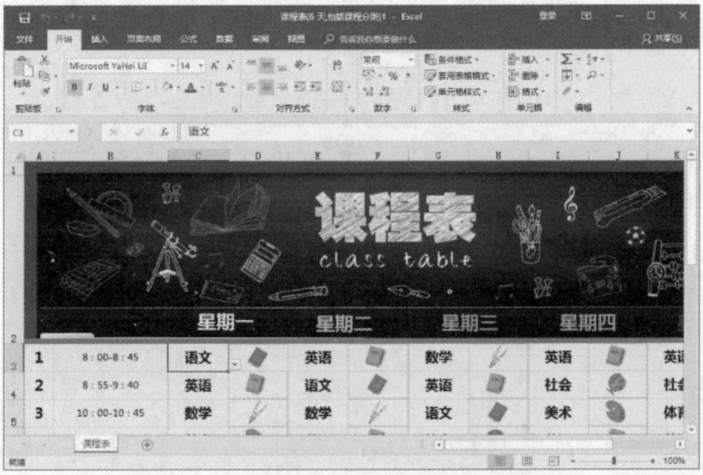

图 6-3　根据模板创建的“课程表”工作簿

6.1.4 工作表操作

1. 选定工作表

每个工作簿可以包含一个或多个工作表，其中只有一个当前工作表（活动工作表），只需单击工作簿窗口底部的工作表标签即可选择当前工作表，当前工作表标签用白底绿字显示。也可以使用以下快捷键来选择工作表。

- 快捷键 Ctrl+PgUp：选择上一个工作表（如果存在）。
- 快捷键 Ctrl+PgDn：选择下一个工作表（如果存在）。

如果工作表中有很多工作表，则可能不是所有的工作表标签都可见，使用滚动按钮，可以滚动显示工作表标签，如图 6-4 所示。

注意：当右击滚动按钮时，Excel 2016 会显示工作簿中所有工作表的列表，可从该列表中快速选定工作表。要同时选择多个连续的工作表，可使用 Shift 键；要同时选择多个不连续的工作表时，可使用 Ctrl 键。

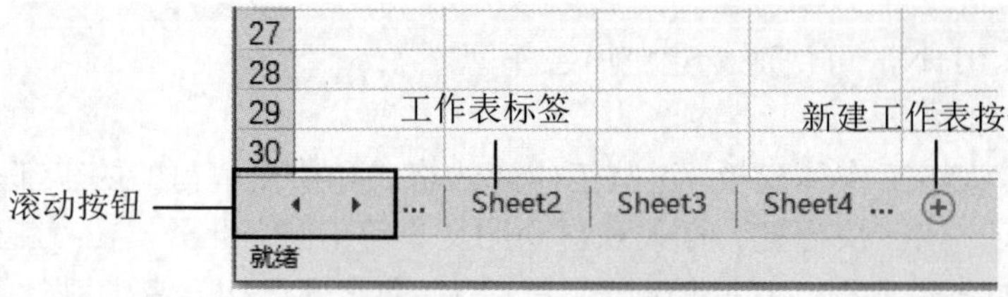

图 6-4 滚动按钮、工作表标签和新建工作表按钮

2. 插入新工作表

可以使用以下方法向工作簿中添加新工作表。

方法一：单击“新建工作表”按钮⊕（图 6-4），将在当前（活动）工作表之后插入一个新工作表。

方法二：按快捷键 Shift+F11，可在当前工作表之前插入新工作表。

方法三：右击工作表标签，弹出如图 6-5 所示的快捷菜单，选择“插入”命令，弹出“插入”对话框，在“常用”选项卡中选择“工作表”图标，然后单击“确定”按钮，将在当前工作表之前添加新工作表。

图 6-5 工作表标签的快捷菜单

方法四：使用功能区，选择“开始”→“单元格”→“插入”→“插入工作表”命令。

使用后 3 种方法，当选择多个连续工作表时，可实现插入多个空白工作表操作。

3. 删除工作表

对于工作簿中不再需要的工作表，可以将其删除。首先选择要删除的工作表，然后可通过以下方法删除。

方法一：右击其工作表标签，然后从快捷菜单中选择“删除”命令。

方法二：使用功能区，选择“开始”→“单元格”→“删除”→“删除工作表”命令。

如果工作表中包含任何数据，那么 Excel 2016 会要求用户确认是否要删除工作表。

提示：工作表被删除后，将是永久删除。工作表删除是 Excel 2016 中无法撤消的少数几个操作之一。

4. 移动和复制工作表

在工作簿中可以改变各个工作表的顺序，也可以将工作表从一个工作簿移到另一个工作簿，以及复制工作表（在同一个工作簿或不同工作簿中）。通过以下方法可移动或复制工作表。

方法一：选择要移动或复制的工作表，按住鼠标左键，沿着工作表标签行拖动到指定的位置。拖动时，鼠标指针会变为一个缩小的工作表图标，并会使用一个小箭头▼引导操作。要复制工作表，在按住 Ctrl 键的同时拖动工作表标签到所需位置即可。另外，要将工作表移动或复制到不同的工作簿，则第二个工作簿必须已打开，并且未最大化。

方法二：右击“工作表”标签，然后选择“移动或复制”命令，打开“移动或复制工作表”对话框，如图 6-6 所示，在对话框中指定所需操作的工作表位置。复制工作表时，应勾选“建立副本”复选框。

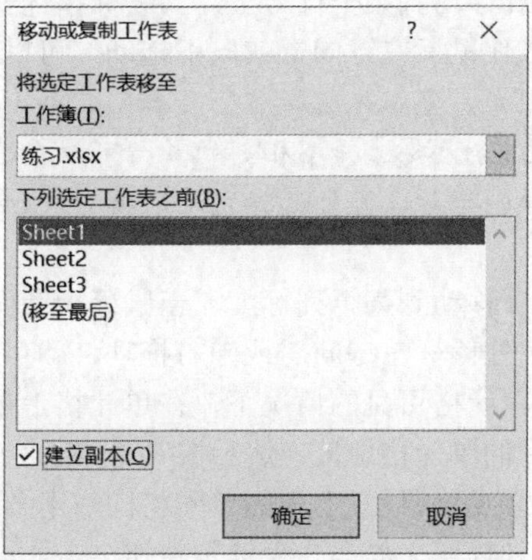

图 6-6　“移动或复制工作表”对话框

方法三：使用功能区，选择“开始”→“单元格”→“格式”→“移动或复制工作表”命令，打开“移动或复制工作表”对话框，完成相应操作。

如果在将工作表移动或复制到某个工作簿时，其中已经包含同名的工作表，那么 Excel 2016 会更改工作表名称，使其唯一。例如，Sheet1 会变为 Sheet1(2)。

5. 重命名工作表

Excel 2016 中所使用的默认工作表名称是 Sheet1、Sheet2 等，这些名字不具有说明性。为了更容易在多个工作表的工作簿中找到数据，可以给工作表起一个更具说明性的名字。

重命名工作表可以通过以下方法。

方法一：双击工作表标签，Excel 2016 会在标签上突出显示名称，修改名称即可。

方法二：右击“工作表”标签，然后选择“重命名”命令。

方法三：使用功能区，选择“开始”→“单元格”→“格式”→“重命名工作表”命令。

工作表名称最多可包含 31 个字符，但是不能包含冒号（:）、斜线（/）、反斜线（\）、方括号（[ ]）、问号（?）、星号（*）。

6. 隐藏或取消隐藏工作表

如果不想让他人看到工作表，可以将其隐藏起来，即在工作表标签处不显示其工作表名称。注意，不能隐藏工作簿中的所有工作表，必须至少保留一个工作表可见。

要隐藏工作表，首先选中要隐藏的一个或多个工作表，右击其工作表标签，然后选择“隐藏”命令。要取消已隐藏的工作表，可右击任意工作表标签，然后选择“取消隐藏”命令，打开“取消隐藏”对话框，其中列出了所有已隐藏的工作表，选择要重新显示的工作表并单击“确定”按钮即可。当取消隐藏工作表后，它将出现在工作表标签以前所在的位置。

6.1.5 行、列与单元格

在工作表的编辑过程中，经常需要对表格的行、列和单元格进行操作，包括选择、插入、移动、复制、删除等操作。

1. 选定行、列与单元格

要对于行、列或单元格进行相应的操作，需要选择要操作的行、列或单元格。

（1）选中行。将鼠标指针移动到某个行号上，当鼠标指针变成向右的黑色箭头➡时，单击即可选择该行；在行号处按住鼠标左键向上或向下拖动，可以选定连续的多行。

注意：如果选择的范围较大，可以先选择首行（首列或第一单元格），然后按住 Shift 键，同时选择最后一行（列或单元格）。要选择不相邻的多行可以在选择某行后，按住 Ctrl 键不放的同时依次单击其他需要选择的行号，直到选择完毕后释放 Ctrl 键。选择多列、多个不连续的单元格方法与此相似。

（2）选中列。将鼠标指针移动到某个列标上，当鼠标指针变成向下的黑色箭头⬇时，单击即可选择该列；在列标处按住鼠标左键向左或向右拖动，即可选定连续的多列。

（3）选中单元格。在该单元格可见的情况下，在单元格上单击，即可选中该单元格。也可通过在名称框中输入要选择的单元格地址，然后按 Enter 键来选中单元格。选择单元格区域时，一般是按住鼠标左键从选定区域最左上角的单元格向右下角单元格拖动。

（4）全选：单击行号与列标交叉处的“全选”按钮◢，即可选择工作表中的所有单元格，还可使用快捷键 Ctrl+A 来全选所有单元格。

（5）取消选定：要取消选定的区域，单击任意单元格即可。

2. 插入和删除行、列与单元格

Excel 2016 允许用户在工作表中插入或删除单元格、区域、行或列，表中所有的数据会自动迁移，腾出插入空间或弥补删除空间。

（1）插入行（或列）。

方法一：在行号/列标处操作：选择一或多行（列）并右击，在弹出的快捷菜单中选择“插入”命令。

方法二：在功能区中操作：选择一或多行（列），选择“开始”→“单元格”→“插入”命令，在弹出的下拉菜单中选择“插入工作表行”（或“插入工作表列”）命令。Excel 2016 会在选中的行（列）前面插入行（列）。当选中多行（列），则插入多行（列）。

（2）插入单元格、单元格区域。

方法一：选择单元格或单元格区域，右击选中的单元格，在弹出的快捷菜单中选择“插入”命令，打开“插入”对话框，如图 6-7 所示。

方法二：选择单元格或单元格区域，选择“开始”→“单元格”→“插入”命令，在弹出的下拉菜单中选择“插入单元格”命令，打开“插入”对话框。

在对话框中选择“活动单元格”移动的方向，也可以移动整行或整列，单击“确定”按钮即可完成单元格插入。

（3）删除行、列、单元格或单元格区域。行、列、单元格及单元格区域的删除与插入操作相似，可以使用快捷菜单中的“删除”命令或功能区“开始”→“单元格”→“删除”命令，在弹出的下拉菜单中选择相应的删除命令完成操作。删除单元格时，会打开“删除”对话框，如图 6-8 所示。

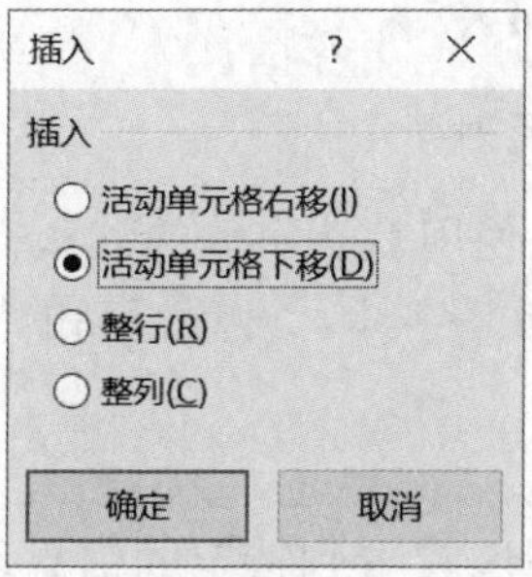

图 6-7　“插入”对话框

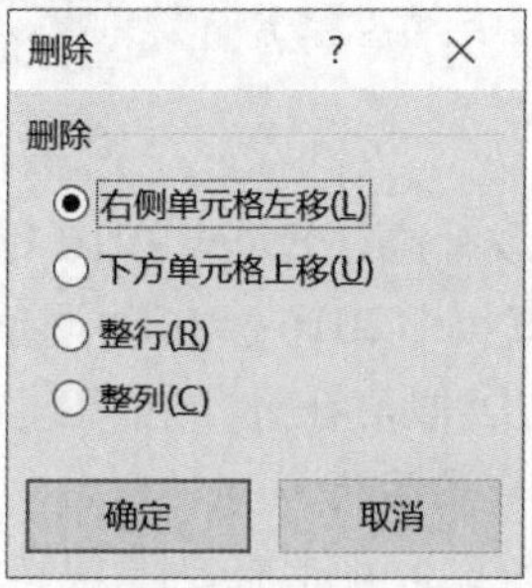

图 6-8　“删除”对话框

3. 移动和复制行、列与单元格

数据的移动和复制可以在不同的工作表或工作簿之间进行，有两种方法：一种是使用鼠标拖动，另一种是利用剪贴板。

方法一：使用鼠标拖动实现工作表内数据的移动和复制。

首先选择要移动或复制的行、列、单元格或单元格区域，然后将鼠标指针放置于区域边框上（不要放置于填充柄上），此时鼠标指针变成 4 个方向的箭头，按住鼠标左键，拖动鼠标到目标位置，释放鼠标，则原来的数据被移动至新位置，原来位置上的数据消失。

注意：拖动鼠标指针到目的处时按 Ctrl 键，此时鼠标指针变成带小加号的箭头，释放鼠标则可以复制数据，即将数据复制到新位置，原来区域数据不变。按住 Shift 键，则可以实现插入移动的数据。

方法二：使用剪贴板实现移动和复制。

使用剪贴板移动或复制数据的步骤如下：选择需要移动（复制）的单元格或区域（源区域），并将其剪切（复制）到剪贴板，再选择目标位置粘贴剪贴板中的内容。

4. 设置列宽与行高

一般情况下，每个单元格的列宽与行高是固定的，但在实际编辑过程中，有时会在单元格中输入较多内容，导致数据不能完全地显示出来或以“#”填充，则表示列宽不足以容纳该单元格中的信息，这时可通过适当调整行高和列宽来解决此类问题。

（1）更改列宽。Excel 2016 列宽以符合单元格宽度的等宽字体字数来衡量，默认情况下，每一列的宽度为 8.38 个字符单位，相当于 72 像素（px）。

- 用鼠标拖动列的右边框，鼠标指针变成↔，并在指针左上角显示当前列宽，如图 6-9 所示，当拖动到所需位置时释放鼠标即可。
- 双击列标右边框，Excel 2016 将自动调整列宽至合适的宽度（或选择“开始”→“单元格”→“格式”→“自动调整列宽”命令）。
- 选择要调整的列，选择“开始”→“单元格”→“格式”→“列宽”命令，并在“列宽”对话框中输入数值（新的列宽），单击“确定”按钮即可。

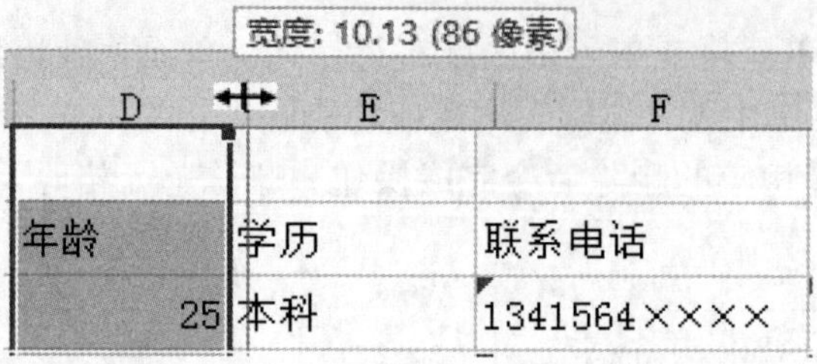

图 6-9　鼠标拖动列标右边框设置列宽

（2）更改行高。Excel 2016 行高以点数（pt）衡量，使用默认字体的默认行高为 14.25pt 或 19 像素。Excel 2016 会自动调整行高以容纳该行中的最高字体。设置行高的操作方法与设置列宽的方法类似，在此不再赘述。

5. 隐藏与显示行或列

某些情况下，可能需要隐藏特定的行或列。如不希望用户看到特定的信息，或者需要打印工作表概要信息而不是详细信息时，则隐藏行或列的功能非常有用。

要隐藏工作表中的行，首先选择要隐藏的行，然后右击，并从快捷菜单中选择“隐藏”命令。另外，也可以在功能区选择“开始”→“单元格”→“格式”→“隐藏和取消隐藏”→“隐藏行”命令。隐藏工作表的列，操作方法与隐藏行相似。

隐藏的行（列）实际上是将行高（列宽）设置为“0”，所以也可以通过拖动行号或列标的边框以隐藏行或列。

Excel 2016 会为隐藏后的行（列）显示非常窄的行标题（列标题），可以拖动行标题（列标题），使其重新可见来取消隐藏行或列，如图 6-10 所示。也可以在隐藏的行号（列标）上右击，并从快捷菜单中选择“取消隐藏”命令。或在功能区选择“开始”→“单元格”→“格式”→“隐藏和取消隐藏”→“取消隐藏行（列）”命令。

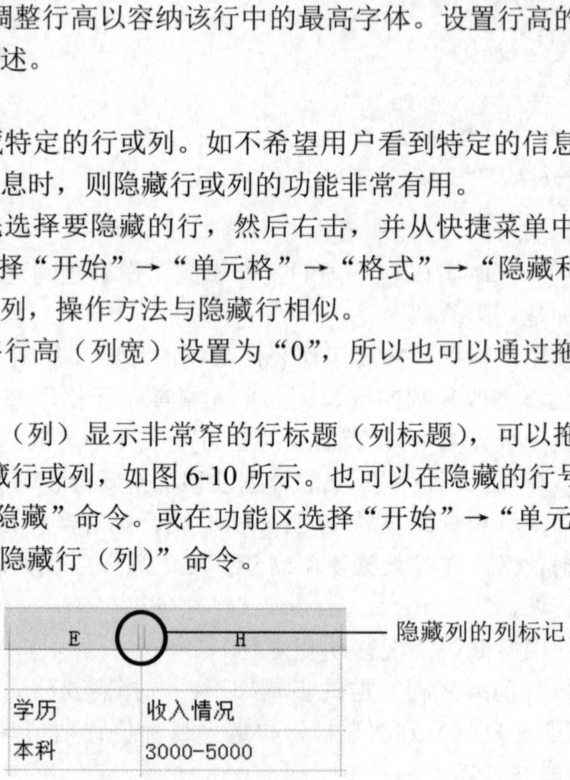

图 6-10　隐藏列的列标

6.2　数据的编辑与格式化

在工作表中输入和编辑数据是用户最基础的操作之一。工作表中的数据都保存在单元格内，单元格内输入和保存的数据可以是文本串、数值或一个公式。

6.2.1　数据输入、修改

1. 输入数据

单击某个单元格将其设置为活动单元格，此时状态栏中显示“就绪”，等待用户输入数据。此时可直接输入数据。数据会同时出现在单元格和编辑框中，单元格内会出现闪烁的光标，状态栏中显示“输入”，编辑框左侧出现 3 个工具按钮 ✕ 、✓ 、 fx 。如果数据输入完毕，按 Enter 键，活动单元格下移一格，也可以单击 ✓ 按钮，活动单元格保持不变。

2. 修改数据

对于已存入数据的单元格，可以使用下面的方法修改内容。单击单元格，直接输入新内容，同时原来的内容被删除。如果按 Delete 键，则删除单元格内的数据。

双击单元格，单元格中会出现光标，可以使用方向键、Backspace 键或 Delete 键修改单元格中的原有数据，或在编辑框中编辑新的内容。修改数据后，可按 Enter 键或 ✓ 键确定修改，也可通过按 Esc 键或 ✕ 按钮取消修改。

6.2.2　数据类型

Excel 2016 中的数据可以分为两种类型：常量和公式。常量有数值类型（包括数字型、日期型、时间型、货币型）、文本型、逻辑型等。

1. 数字型

数字型数据包括数字字符（0～9）和特殊字符（+、−、(、)、/、$、￥、%、E、e），数字前面的“+”号被忽略，表示负数时，可以在数字前冠以“−”号或用圆括号括起来。当数字的长度超过单元格的宽度时，Excel 2016 将自动使用科学记数法来表示。

输入分数时，以混分数方式处理，也就是它的左边一定要有数字。例如，$\frac{1}{2}$ 应写成 0 1/2，否则 Excel 2016 会自动认为是日期型数据“1 月 2 日”。

显示数字型数据时，Excel 2016 默认在单元格内靠右对齐。

以下均为正确的数字型格式。

1234	整数
10,000,000	千位分隔样式
1234.567	实数
−123、(123)	负数
60%	百分比
$1,000.00、￥1,000.00	货币形式
3 2/3	分数 $3\frac{2}{3}$
1.23E+5	科学记数法表示的数字 1.23×10^5

2. 日期型、时间型

Excel 2016 将日期和时间型数据视为特殊的数字型数据。Excel 2016 通过使用一个序号系统来处理日期。其最早日期是 1900 年 1 月 1 日，该日期的序号是 1。1900 年 1 月 2 日的序号是 2，以此类推。使用小数形式的天来处理时间。例如，2021 年 10 月 1 日的序号为 44470，而 2021 年 10 月 1 日中午 12:00 的序号为 44470.5。

日期型和时间型数据在单元格内默认靠右对齐。日期型和时间型数据输入有以下规则。

（1）输入日期时，需要使用“/”或“-”分隔年、月、日（其中符号均为英文半角）。

（2）输入时间时，需要使用“:”分隔时、分、秒。时间既可按 12 小时制输入，也可按 24 小时制输入。如果按 12 小时制时间，应该在时间数字后面空一个格，并输入字母“A”或者“AM”（表示上午），“P”或者“PM”（表示下午）。

（3）按快捷键 Ctrl+;（分号），可输入系统当前日期；按快捷键 Ctrl+Shift+;（分号），可输入系统当前时间。

3. 文本型

任何输入到单元格中的字符集，只要不被系统解释成数字、日期、时间、逻辑值、公式，Excel 2016 一律将其视为文本型数据。

文本型数据，Excel 2016 默认在单元格内靠左对齐。

在单元格中输入硬回车（换行输入数据），可以按快捷键 Alt +Enter。

对于全部由数字字符（0～9）组成的文本数据，如邮政编码、电话号码、身份证号等，为了区别于数字型数据，在输入字符前添加半角单引号“'”，如“'21012320211001××××”。

4. 逻辑型

逻辑型数据有两个：TRUE 表示“真”，FALSE 表示“假”。对于逻辑型数据，Excel 2016 默认在单元格中居中对齐。

注意：一般情况下，Excel 2016 默认的单元格宽度为 8 个字符。若输入的文本型数据超过单元格宽度，其显示方式由右边相邻单元格来决定：若右边相邻单元格为空白，则超出宽度的字符将在右侧相邻单元中显示；若右侧相邻单元格不为空白，则超出宽度的字符将不显示。若输入数字型数据超出单元格宽度，Excel 2016 会改为科学记数法显示数据。其余类型数据超出宽度时，则会显示为若干个“#”字符串。可以通过调整单元格宽度来显示数据。

6.2.3 快速输入

工作表的编辑经常需要输入大量数据，掌握一些实用技巧可以简化输入数据的过程，从而使工作更加快捷。

1. 输入数据前选择单元格区域

在输入数据之前，首先选择要输入数据的区域，之后可以使用表 6-1 所示的按键，确定数据输入并移动光标到下一个单元格。

表 6-1 在选定的区域中选定活动单元格的按键

按键	作用	按键	作用
Enter	下移一个单元格	Tab	右移一个单元格
Shift+Enter	上移一个单元格	Shift+Tab	左移一个单元格

当选定了单元格区域后，按 Enter 键会自动将单元格指针移动到区域内的下一个单元格。如果选择多行区域，输入一列的最后一个单元格数据后按 Enter 键，则会将指针移动到下一列的起始单元格中。而要跳过一个单元格，只需要按 Enter 键而不输入任何内容即可。

注意：不能单击单元格，也不能使用方向键，否则区域的选定将被解除。

2. 使用快捷键 Ctrl+Enter 同时在多个单元格中输入相同数据

如果需要在多个单元格中输入相同的数据，可以使用如下方法。

（1）选择要输入相同数据的所有单元格。

（2）输入数值、文本、公式等数据。

（3）按快捷键 Ctrl+Enter，输入的数据将被插入到所有选定的单元格中。

3. 使用记忆式输入功能自动完成数据录入

通过 Excel 2016 的记忆式输入功能，可以很方便地在同列的单元格中输入相同的文本型数据。只需要在单元格中输入本列已有内容匹配的前部分字符，Excel 2016 就会自动显示全部文本，按 Enter 键即可完成全部内容的输入，如图 6-11 所示。如果记忆内容与输入首字符匹配的条目较多，可以在单元格中右击，在快捷菜单中选择“从下拉列表中选择”命令（或按快捷键 Alt+↓），此时会显示一个下拉列表，中间有所有记忆的文本条目，如图 6-12 所示，只需单击所需的条目即可。

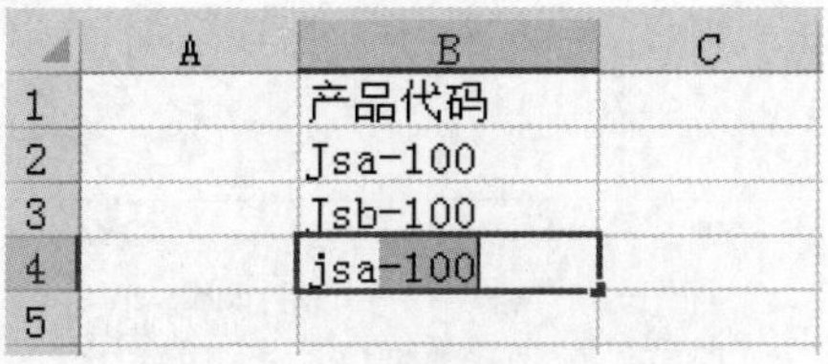

图 6-11　使用自动记忆功能输入

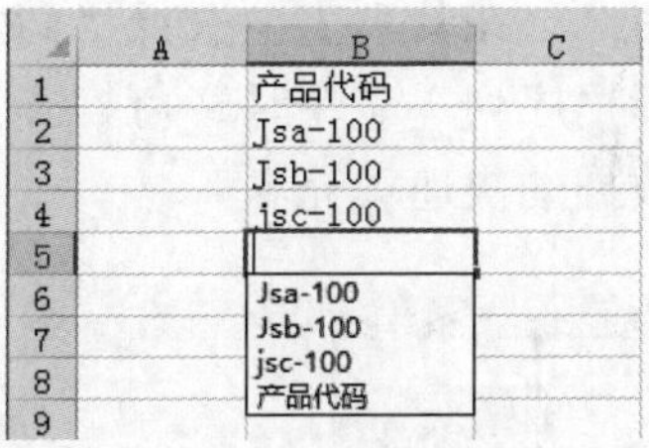

图 6-12　从下拉列表中选择输入

注意：记忆式输入功能只在连续的单元格中有效，如果中间有一个空白行，则记忆输入功能只能识别空白行下方的单元格内容。

如果不需要记忆输入功能，则可以在“Excel 选项”对话框的“高级”选项卡中将其关闭。

4. 使用填充柄输入数据

在活动单元格的粗线框的右下角有一个小方块，称为填充柄，如图 6-13 所示，当鼠标指针移到填充柄上时，鼠标指针会变为“+”，此时按住鼠标左键不放，向上、下或向左、右拖动填充柄，即可插入一系列数据或文本。

（1）复制数据。当单元格中数据为文本型（不包含数字字符）或数字型时，拖动填充柄数据会被复制到相应的单元格中。例如“辽宁”、10，填充后的结果如图 6-14 所示。

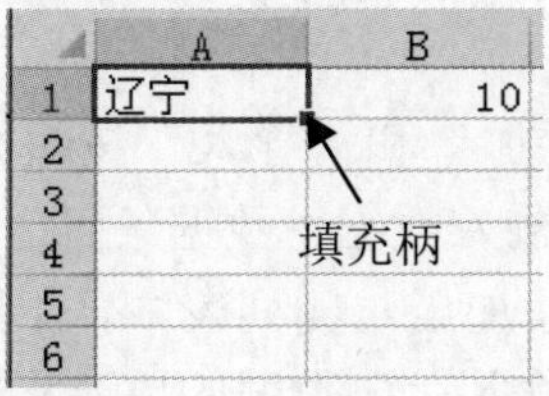

图 6-13　活动单元格的填充柄

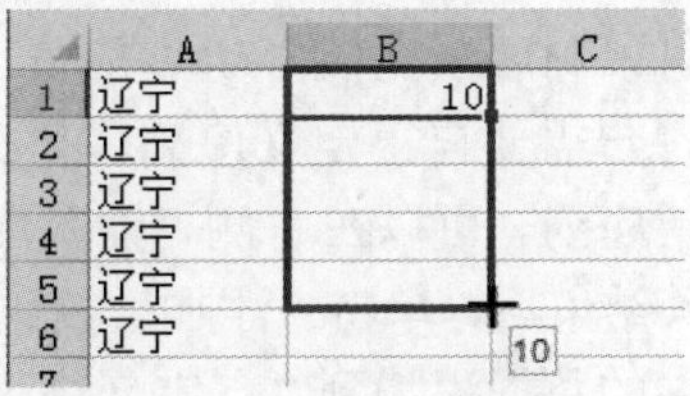

图 6-14　拖动填充柄复制数据

（2）递增填充。当单元格中的数据为数字和字符或纯数字组成的字符串时，如“图 1”“001”等，拖动填充柄时实现递增填充，如图 6-15 所示。

（3）等差填充。当两个相邻的单元格中均为数值型数据时，选择两个单元格区域，拖动填充柄可以实现等差序列的填充，如图 6-16 所示。

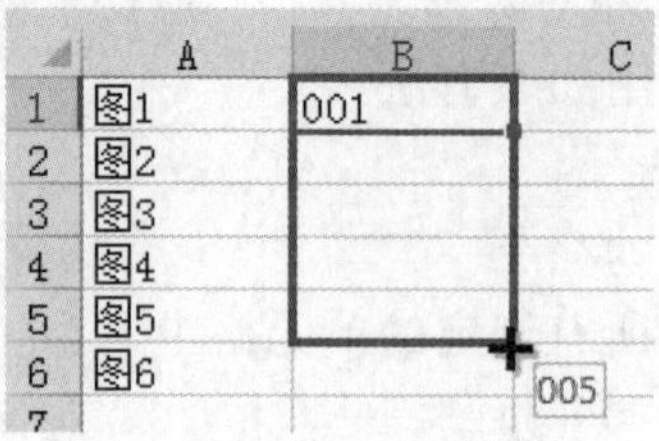

图 6-15　拖动填充柄递增填充

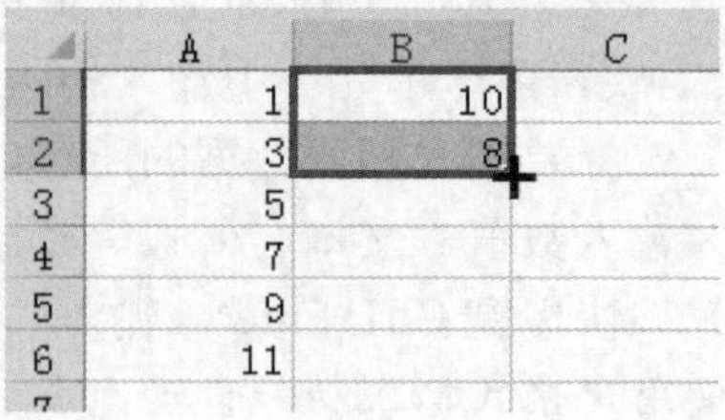

图 6-16　拖动填充柄按等差序列填充

当拖动填充柄到指定的位置时，在填充数据的右下角会显示一个图标，称为填充选项按钮，单击该按钮会展开填充选项列表，用户可从中选择所需的填充项，如图 6-17 所示。

5. 使用填充命令输入数据

数据的填充还可以使用功能区中的“填充”命令，具体的操作步骤如下。

在单元格中输入起始数据，选择要填充的连续单元格区域，选择“开始”→“编辑”→“填充”命令，在其列表中选择“向上”“向下”“向左”“向右”来实现向指定方向的复制填充。当选择“序列”命令时，可打开“序列”对话框，如图 6-18 所示，可以选择特定的填充方式实现数据的快速填充。

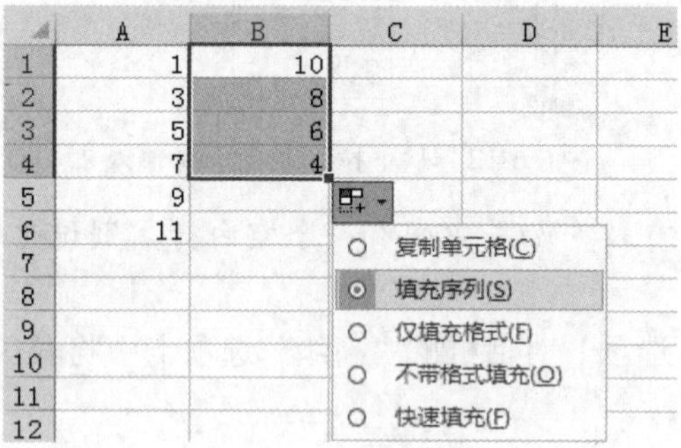

图 6-17　填充选项按钮

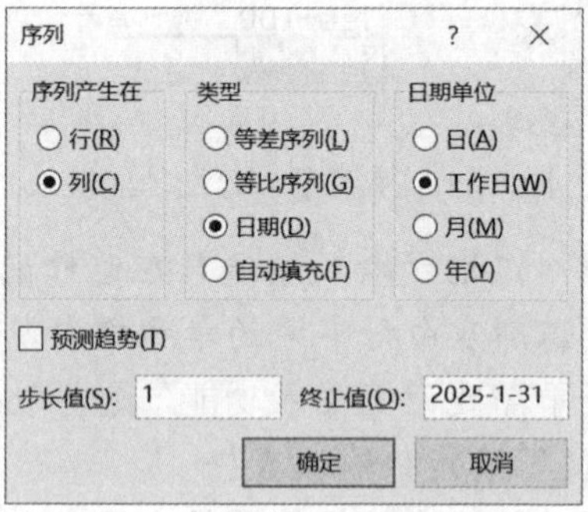

图 6-18　“序列”对话框

6. 自定义序列输入数据

在 Excel 2016 中内置了一些特殊序列，用户可以通过选择“文件”→“选项”命令打开“Excel 选项”对话框，选择“高级”选项，在右侧的“常规”栏中单击“编辑自定义列表”按钮，打开“自定义序列”对话框，如图 6-19 所示。在对话框左侧栏中显示的为已定义的序列，用户可以利用填充柄自动填充序列数据。

如果用户需要自己定义序列，可通过对话框中的“添加”和“导入”按钮来向自定义序列中添加新序列。可以在右侧“输入序列”列表框中依次输入数据，数据条目之间用 Enter 键分隔，输入结束后，单击“添加”按钮，即可将数据序列添加至左侧列表中。如果要将已输入至工作表中的数据添加到“自定义序列”中，可以选取或输入存放数据的单元格区域地址，再单击其右侧的“导入”按钮，来实现数据序列的添加。

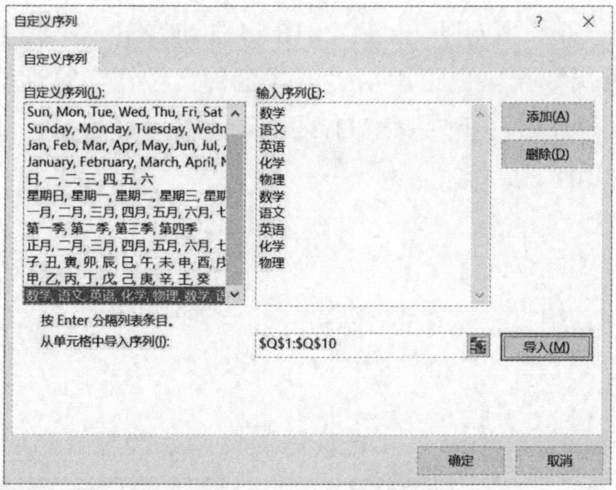

图 6-19　“自定义序列”对话框

6.2.4　编辑数据

1. 清除单元格数据

当不再需要单元格中输入的数据时，可以将其清除。要删除单元格中的内容，只需选定单元格，然后单击 Delete 键即可；或在选定单元格上右击，在弹出快捷菜单中选择“清除内容”命令来实现。这样只删除单元格中的内容，不会删除应用于该单元格的任何格式。

为了更好地控制所删除的内容，可以单击“开始”→“编辑”→“清除”按钮，打开“清除”下拉列表，其中有 6 个选项，如图 6-20 所示。

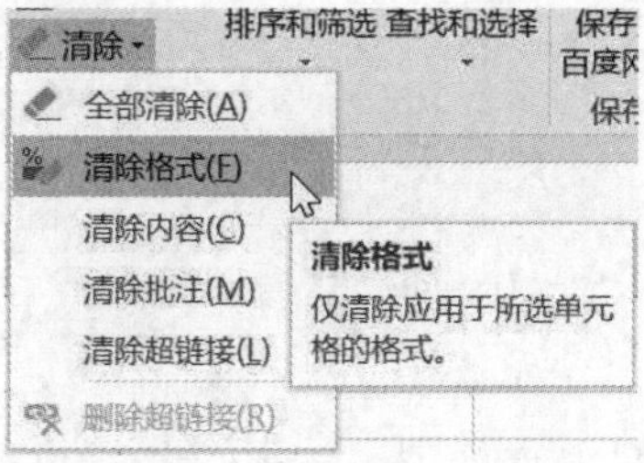

图 6-20　“清除”下拉列表

- 全部清除：清除单元格中的一切内容，包括其内容、格式及批注（如果有的话）。
- 清除格式：仅清除单元格的格式，保留数值、文本或公式等数据内容。
- 清除内容：仅清除单元格的内容，保留格式（与按 Delete 键效果一致）。
- 清除批注：清除单元格附加的批注。
- 清除超链接：删除选定单元格中的超链接，内容和格式仍保留，所以单元格看上去仍像一个超链接，但不再作为超链接工作。
- 删除超链接：删除选定单元格中的超链接，包括单元格格式。

2. 查找和替换

数据表的特点是数据非常多，“查找”和“替换”是编辑工作表时经常使用的操作，使用查找操作时，可以使查找到的单元格自动成为活动单元格。在 Excel 2016 中，除了可以查找和替换文字、数值数据之外，还可以查找公式、批注、格式等。查找和替换操作可以在一个选定区域或整个工作表中进行。

查找和替换的具体操作如下。

（1）在功能区单击“开始”→“编辑”→“查找和选择”按钮，在下拉列表中选择“查找”选项或按快捷键 Ctrl+F，将弹出“查找和替换”对话框，如图 6-21 所示，在“查找内容”文本框中输入查找内容。

（2）单击“查找下一个”按钮，Excel 2016 将自动将下一个找到的内容设置为活动单元格。以此类推，可逐个查找数据。也可单击“查找全部”按钮，对话框下方将列出所有查找到的内容及位置，如图 6-22 所示，在列表中直接单击查找到的条目，在工作表中该条目所在的单元格被指定为活动单元格。

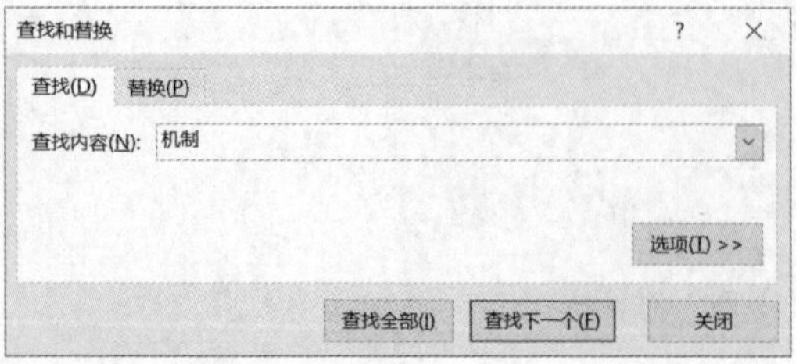

图 6-21 “查找和替换”对话框

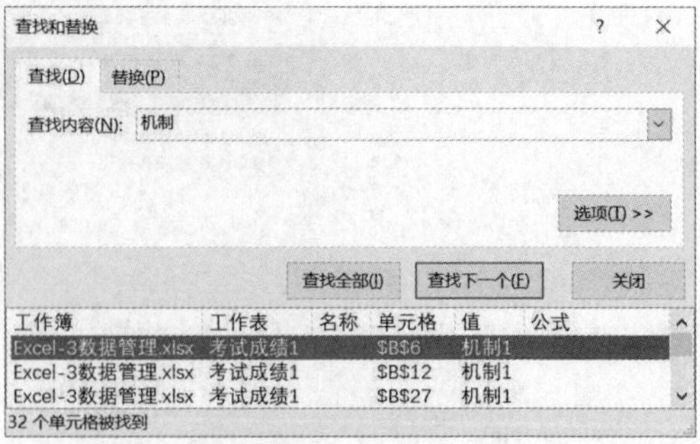

图 6-22 所有查找到的内容及位置

（3）在对话框中单击“选项”按钮，可以为查找和替换设置格式和查找条件。对于查找到的内容，如果需要替换成其他内容和格式，可以选择“替换”选项卡（图 6-23），在“替换为”文本框中输入新的内容，单击“替换”或“全部替换”按钮来替换找到的一个或全部内容。

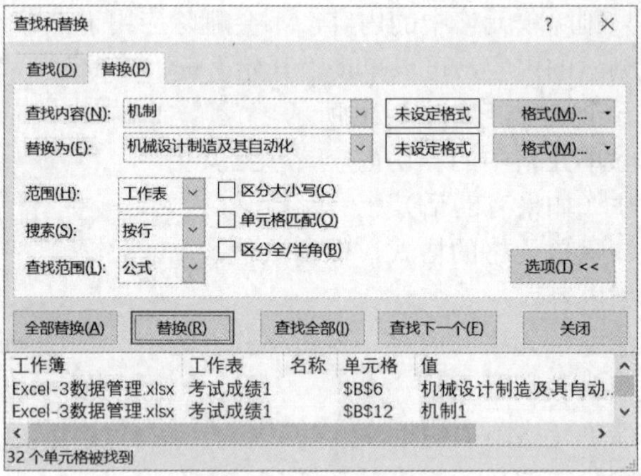

图 6-23 “替换”选项卡

3. 给单元格加批注

如果用一些文档资料来解释工作表中的元素，将会对用户很有帮助。向单元格添加批注可以实现这一功能。当需要对特定的数据进行描述或对公式的运算进行解释时，此功能非常有用。

（1）添加批注。要向单元格添加批注，首先选择单元格，然后执行以下任意一种操作。

- 选择“审阅”→“批注”→“新建批注”命令。
- 右击单元格，从快捷菜单中选择“插入批注”命令。
- 按快捷键 Shift+F2。

Excel 2016 将向活动单元格插入一个批注文本框，在该文本框中输入批注内容，输入完毕后，单击批注框外部区域即可，如图 6-24 所示。此时有批注的单元格的右上角会出现一个红色小三角的批注记号。将鼠标指针移到含有批注的单元格上时，就会显示批注。

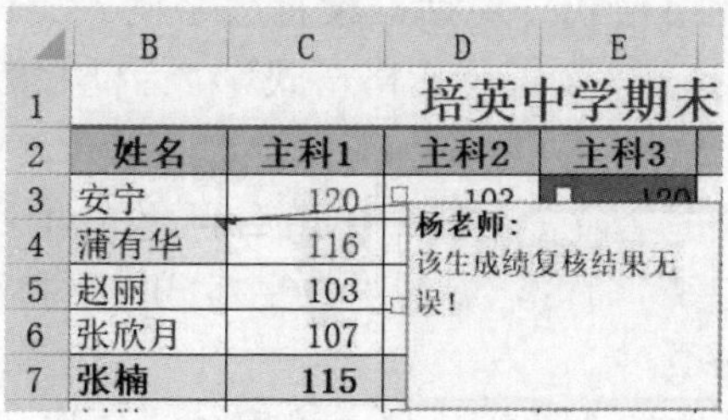

图 6-24　插入单元格批注

（2）显示和隐藏批注。如果要显示所有单元格的批注（而无论单元格指针的位置），可选择“审阅”→“批注”→“显示所有批注”命令。该命令是可切换命令，再次选择它即可隐藏所有单元格批注。

要切换显示单个批注，首先需要选择单元格，然后选择“审阅”→“批注”→“显示/隐藏批注”命令。

（3）编辑批注。要编辑修改批注，需要右击单元格，然后从快捷菜单中选择“编辑批注”命令。也可以先选中单元格，然后按快捷键 Shift+F2。

（4）删除批注。要删除单元格批注，首先需要选中含有批注的单元格，然后选择“审阅”→“批注”→“删除”命令。也可以右击要删除的单元格批注，然后从快捷菜单中选择“删除批注”命令。

6.2.5　格式化工作表

格式化工作表可以完成单元格的数字格式设置、对齐、字体、表格的填充和边框设置等多种对工作表的修饰操作，可以使工作表更规范、更有条理、更美观和更有吸引力，从而达到锦上添花的效果。

在 Excel 2016 中单元格格式可在以下 3 个位置获得。

- 功能区中的“开始”选项卡。
- 右击区域或单元格时出现的浮动工具栏。
- “设置单元格格式”对话框。

1. 设置数字格式

设置数字格式是指更改单元格中数值的外观的过程。Excel 2016 提供了丰富的数字格式选项，所应用的格式将对选定的单元格有效。因此，需要在应用格式之前选择单元格（或单元格区域）。此外，更改数字格式不会影响基础值，设置数字格式只会影响外观。设置数字格式有以下 3 种方法。

方法一：通过功能区设置数字格式。功能区“开始”选项卡“数字”组中包含一些控件，可用于快速应用常用的数字格式，如图 6-25 所示。“数字格式”下拉列表中包含 11 种常用的数字格式，如图 6-26 所示。“数字”组的其他选项包括“会计数字格式”下拉列表 （用于选择货币格

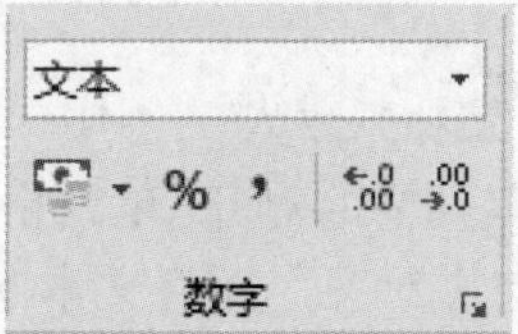

图 6-25　“开始”选项卡中的“数字”组

式），“百分比样式”按钮、“千位分隔样式”按钮、增加小数位数和减少小数位数按钮。

方法二：使用“设置单元格格式”对话框设置数字格式。在此对话框中可以访问更多的用于控制数字格式的命令。要打开“设置单元格格式”对话框，应选择要设置格式的单元格（或区域），然后执行下列操作之一。

- 选择“开始”→“数字”命令，然后单击右下角的对话框启动器按钮。
- 选择“开始”→“数字”命令，展开“数字格式”下拉列表，然后从下拉列表中选择“其他数字格式”选项。
- 右击单元格，然后从快捷菜单中选择“设置单元格格式”命令。
- 按快捷键 Ctrl+1。

“设置单元格格式”对话框的“数字”选项卡中显示了 12 类数字格式。当从左侧列表框中选择一个类别时，选项卡的右侧就会发生变化以显示适用于该类别的选项，如图 6-27 所示。

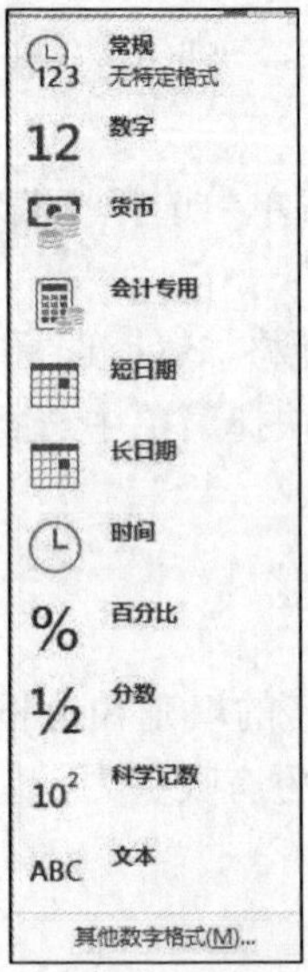

图 6-26　11 种常用数字格式

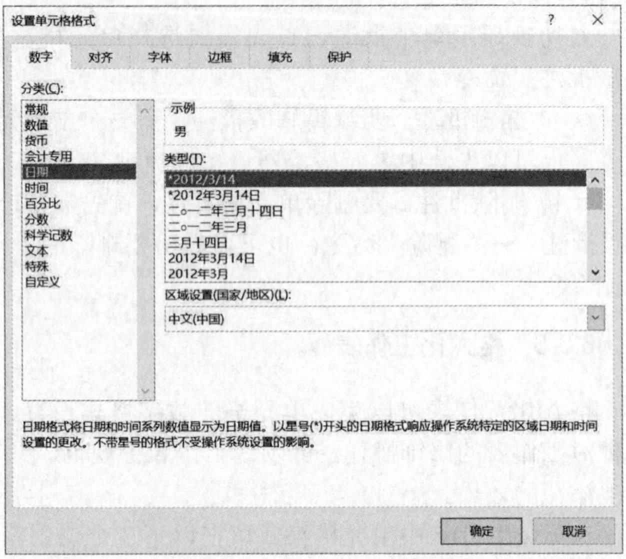

图 6-27　“数字”格式设置

方法三：使用浮动工具栏，右击单元格或选中区域时，会显示快捷菜单。此时，会在快捷菜单的上方或下方出现一个浮动工具栏，如图 6-28 所示。用于设置单元格格式的浮动工具栏中包含了功能区“开始”选项卡中最常用的控件，直接单击相关设置按钮即可完成设置。

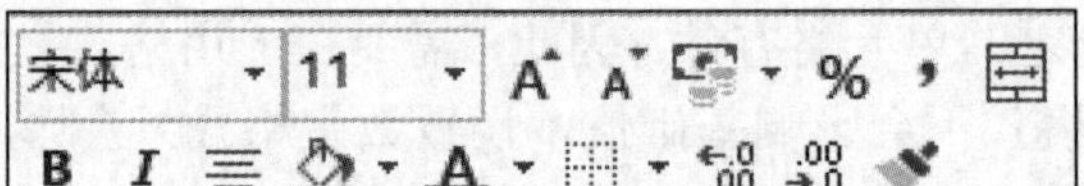

图 6-28　浮动工具栏

2. 设置对齐方式

（1）单元格的对齐。单元格中的内容可以在水平和垂直方向对齐。默认情况下，Excel 2016 会将数字向右对齐，而将文本向左对齐，所有单元格默认使用底端对齐。

最常用的对齐命令位于功能区的“开始”选项卡的“对齐方式”组中。“设置单元格格式”对话框中的“对齐”选项卡提供了更多的选项，如图 6-29 所示。

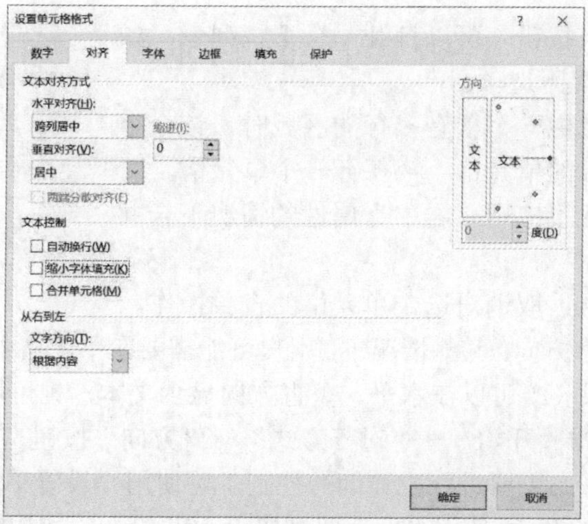

图 6-29　“设置单元格格式”对话框的“对齐”选项卡

1）水平对齐方式：用于控制单元格内容在水平宽度上的分布，包括以下选项。

- 常规：默认对齐方式，数字向右对齐，文本向左对齐，逻辑及错误值居中分布。
- 靠左：将单元格内容向单元格左侧对齐。
- 居中：将单元格内容向单元格中心对齐。
- 靠右：将单元格内容向单元格右侧对齐。
- 填充：重复单元格内容直到单元格被填满。
- 两端对齐：将文本向单元格的左侧和右侧两端对齐。只有在将单元格格式设置为自动换行并使用多行时，该选项才适用。
- 跨列居中：将文本跨选中列居中对齐。该选项适用于将标题跨越多列精确居中。
- 分散对齐：均匀地将文本在选中的列中分散对齐。

如果选择“靠左”“靠右”“分散对齐”选项，则可以调整“缩进”设置。

2）垂直对齐方式：用于控制单元格内容在垂直方向上的分布。垂直对齐方式只有当行高远高于普通行高时，该设置才有用。下面介绍垂直对齐方式中的两端对齐和分散对齐。

- 两端对齐：在单元格中将文本在垂直方向上两端对齐。只有在将单元格格式设置为自动换行并使用多行时，该选项才适用。此设置可用于增加行距。
- 分散对齐：在单元格中将文本在垂直方向上均匀分散对齐。

（2）自动换行或缩小字体以填充单元格。如果文本长度太宽，超出了列宽，但又不想让它们溢入相邻的单元格，那么就可以使用“自动换行”或“缩小字体填充”选项来容纳文本。

（3）合并单元格。Excel 2016 允许将两个或多个相邻单元格合并为一个单元格。可以合并任意数量的单元格。除左上角的单元格之外，要合并的其他单元格区域必须为空，否则 Excel 2016 将显示警告。如果继续合并，将删除左上角的单元格之外的所有数据。

功能区（或浮动工具栏）上的“合并后居中”按钮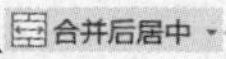使用起来更简单。单击这个按钮，选中的单元格将会被合并，并且左上角单元格的内容将会被水平居中对齐。“合并后居中”按钮可以实现切换功能。要取消单元格合并，可以选中已合并的单元格，然后再次单击“合并后居中”按钮。

合并单元格之后，可以将对齐方式更改为除“居中”外的其他选项。

单击“合并后居中”按钮，可以打开一个下拉列表，如图 6-30 所示，其中包含以下选项。

- 跨越合并：当选中一个含有多行的区域时，该命令将创建多个合并的单元格——每行一个单元格。
- 合并单元格：在不应用“居中”属性的情况下合并选定的单元格。
- 取消单元格合并：取消对选定单元格的合并操作。

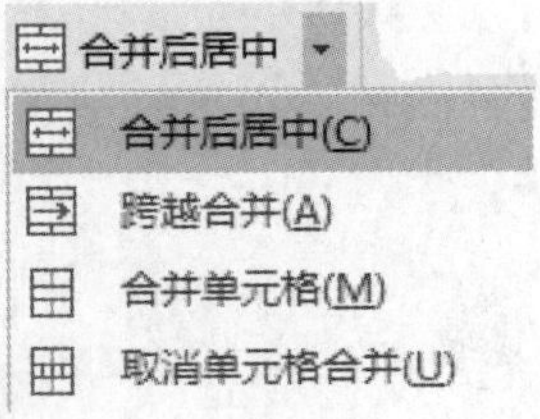

图 6-30　“合并后居中”下拉列表

（4）文本方向和文字方向。某些情况下，用户可能需要在单元格中以特定的角度显示文本，以便实现更好的视觉效果（既可以在水平、垂直方向显示文本，也可以+90° 和−90° 之间的任一角度上显示文本）。单击“开始”→“对齐方式”→“方向”按钮，打开下拉列表，在其中可以选择常用的文本角度。如果要进行更详细的控制，可使用“设置单元格格式”对话框的“对齐”选项卡。在该对话框中，可使用“度”微控按钮，或拖动仪表中的指针设置文本显示方向。

“文字方向”选项是对所使用的语言选择适当的阅读顺序。

3. 设置边框、填充效果及工作表背景

（1）设置边框。边框通常用于分组含有类似单元格的区域，或确定行或列的边界。Excel 2016 提供了 13 种预置的边框样式，可以在“开始”→“字体”→“边框”下拉列表中看到这些边框样式，如图 6-31 所示。该下拉列表中的选项对选中的单元格或区域起作用，并且允许用户指定对所选区域的每一条边框所使用的边框样式。

用户还可以使用该下拉列表中的“绘制边框”或“绘制边框网格”选项自行绘制边框，选择其中一个选项后，可以通过拖动鼠标的方式来创建边框。可以使用“线条颜色”和“线型”选项更改边框线的颜色和样式。当完成边框绘制后，可按 Esc 键取消边框绘制模式。

另一种应用边框的方式是使用“设置单元格格式”对话框中的“边框”选项卡，如图 6-32 所示。在打开对话框之前，选择要为其添加边框的单元格或区域。在打开的对话框中，首先选择一种“线条样式”和“颜色”，然后单击其中一个“边框”图标（这些图标可切换），为“线条样式”选择边框位置。

图 6-31　13 种预置边框样式

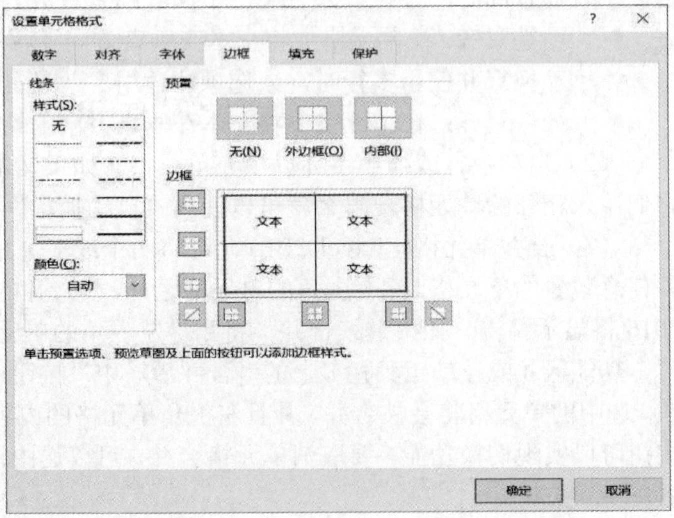

图 6-32　“设置单元格格式”对话框的“边框”选项卡

（2）填充单元格背景。填充是对单元格（或区域）的背景颜色和填充效果进行定义。在选定单元格（或区域）后，可在功能区中单击“开始”→“字体”（或浮动工具栏）中的“填充颜色”按钮设置单元格或区域的背景颜色。

也可通过“设置单元格格式”对话框的“填充”选项卡来填充单元格背景，如图 6-33 所示，单击其中的“填充效果”按钮，可以打开“填充效果”对话框，设置“渐变”填充。也可以在“图案颜色”和“图案样式”下拉列表中设置单元格或区域的背景图案。

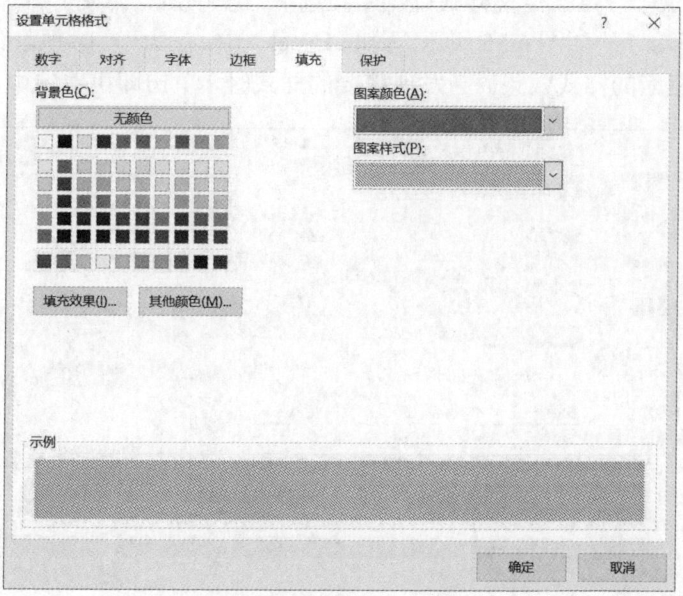

图 6-33　“填充”选项卡

（3）设置工作表背景。某些情况下，用户可能需要使用图片文件作为工作表的背景，如图 6-34 所示，其效果与在 Windows 系统的桌面上显示的墙纸相似。要向工作表添加背景，可以单击“页面布局”→“页面设置”→“背景”按钮。Excel 2016 将打开一个选择图片文件的对话框，其中可以支持所有常用的图形文件格式。选择好某个图片文件后，单击“插入”按钮，Excel 2016 就会将图片平铺到整个工作表中。此时，“背景”命令切换为“删除背景”按钮，可单击该按钮取消工作表背景设置。

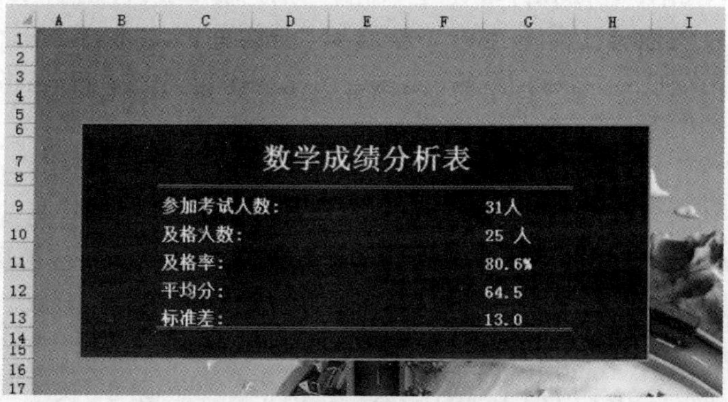

图 6-34　添加工作表背景图片

注意：工作表中的图片背景只会在屏幕上显示，打印工作表时不会打印图片背景。

4. 应用单元格样式

单元格样式可以很容易地对单元格或区域应用一组预定义的格式选项。一种样式最多由 6 种不同属性的设置组成：数字格式、对齐（垂直及水平方向）、字体（字形、字号及颜色）、边框、填充和单元格保护（锁定及隐藏）。当更改样式的组成部分时，所有使用该样式的单元格会自动发生更改。

Excel 2016 提供了一组预定义样式以供用户选择，在单击“开始”→“样式”→“单元格样式”按钮时会展开显示，如图 6-35 所示。此时 Excel 2016 会以“实时预览”的方式在选中的单元格区域中观察到相应的样式效果。当发现需要的样式时，单击即可对选中区域应用相应样式。

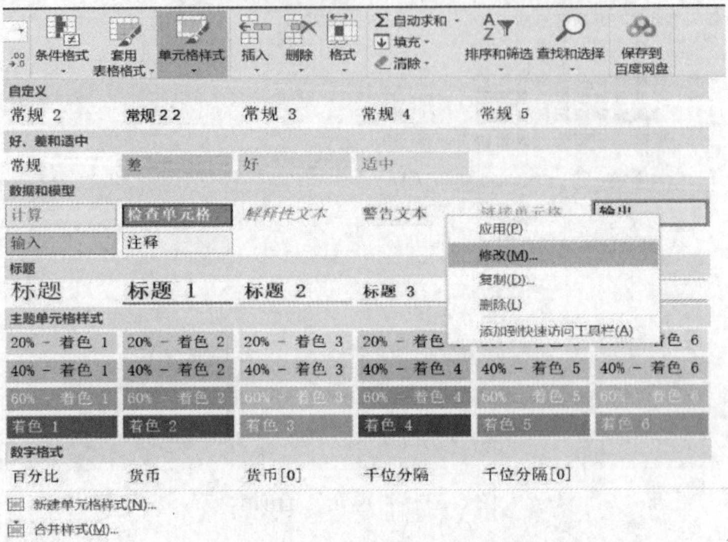

图 6-35　Excel 2016 预定义的单元格样式示例

此外，也可以对已有的单元格样式进行修改，或创建新的单元格样式，具体操作略。

5. 套用表格格式

为了更快速地制作表格，Excel 2016 提供了预置的套用表格格式，用户可以直接在自己的表格中应用这些样式。单击功能区中的“开始”→“样式”→“套用表格格式”按钮，将展开显示样式列表，如图 6-36 所示，这些表格样式分为 3 类：浅色、中等深浅色和深色。当在这些表格格式之间移动鼠标指针时，会显示实时的预览。当发现所需要的表格格式后，只需单击就可以应用该样式。应用套用表格格式后，功能区会出现“表格工具”选项卡，用户可通过此选项卡修改表格格式。

6. 条件格式设置

条件格式可以根据单元格内容对单元格应用不同的格式标记，从而使单元格的外观更加可视化和醒目。例如，将不及格科目数不为 0 的单元格自动显示为浅红色填充深红色字体。此外，按条件格式设置后，再根据颜色筛选功能进行筛选，可增强数据分析能力。

在如图 6-37 所示的学生成绩表中，后 5 列数据区域分别应用了不同的条件格式规则。根据单元格中数值的大小，分别应用了“数据条”“图标集”“色阶”“突出显示单元格规则”等条件格式突出显示。

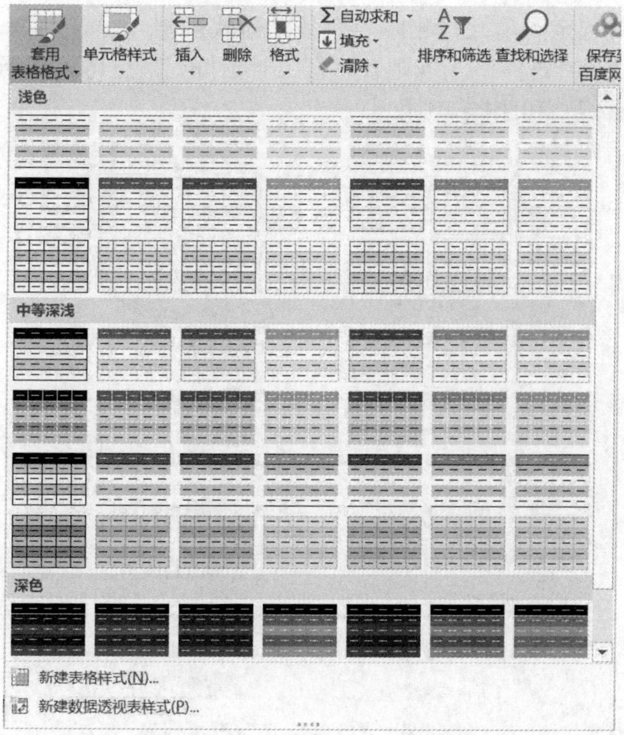

图 6-36　Excel 2016 预定义的套用表格格式

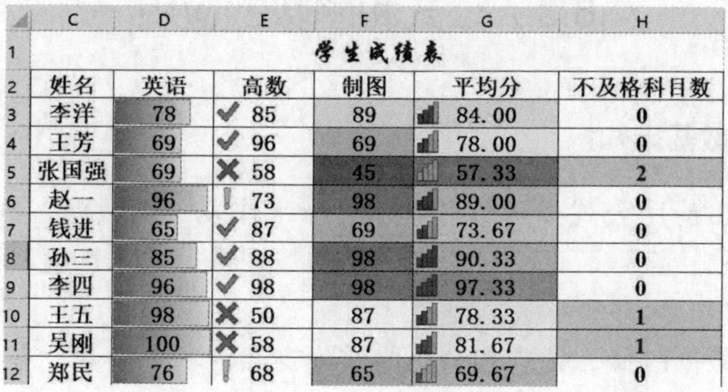

	C	D	E	F	G	H
1				学生成绩表		
2	姓名	英语	高数	制图	平均分	不及格科目数
3	李洋	78	85	89	84.00	0
4	王芳	69	96	69	78.00	0
5	张国强	69	58	45	57.33	2
6	赵一	96	73	98	89.00	0
7	钱进	65	87	69	73.67	0
8	孙三	85	88	98	90.33	0
9	李四	96	98	98	97.33	0
10	王五	98	50	87	78.33	1
11	吴刚	100	58	87	81.67	1
12	郑民	76	68	65	69.67	0

图 6-37　应用了条件格式的学生成绩表

要应用条件格式，应选择要应用或定义条件格式的单元格（或区域），单击“开始”→“样式”→“条件格式”按钮，在其下拉列表中选择要应用的规则，如图 6-38 所示。可以选择的规则如下。

- 突出显示单元格规则：如突出显示大于某值、介于两个值之间，以及包含特定文本字符串、包含日期的单元格或重复的单元格。
- 项目选取规则：如突出显示前 10 项、后 20%的项，以及高于平均值的项等。
- 数据条：按照单元格值的比例直接在单元格中应用图形条。
- 色阶：按照单元格值的比例应用背景色。
- 图标集：在单元格中直接显示图标，具体所显示的图标取决于单元格的值。
- 新建规则：允许用户指定其他条件格式规则。

- 清除规则：对选定的单元格删除所有条件格式规则。
- 管理规则：显示“条件格式规则管理器”对话框，用户可以使用该对话框新建条件格式规则、编辑规则和删除规则。

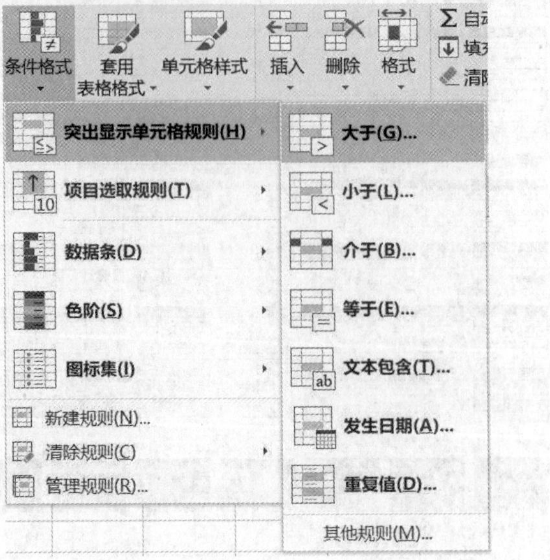

图 6-38 “条件格式”下拉列表

6.3 公式和函数的应用

6.3.1 公式和函数基础知识

在 Excel 2016 中，应用公式和函数有助于分析工作表中的数据。例如，对产品销售表中的数据进行加、减、乘、除等运算，对成绩表中的数据进行求平均值、最高分、排名等运算。

1. 公式的组成

公式是用户根据数据统计、处理和分析的实际需要，利用函数、单元格引用、常用参数，通过运算符号连接起来，完成计算功能的一种表达式。函数是 Excel 2016 内置的一段程序，用于完成预定的计算功能，或者说是一种内置的公式。

Excel 2016 中的公式必须以等号“=”开头，后面由数据和运算符组成。数据可以是常量、单元格引用、函数等。函数的结构以函数名开始，括号里面是函数的参数。公式的示例及组成如图 6-39 所示。

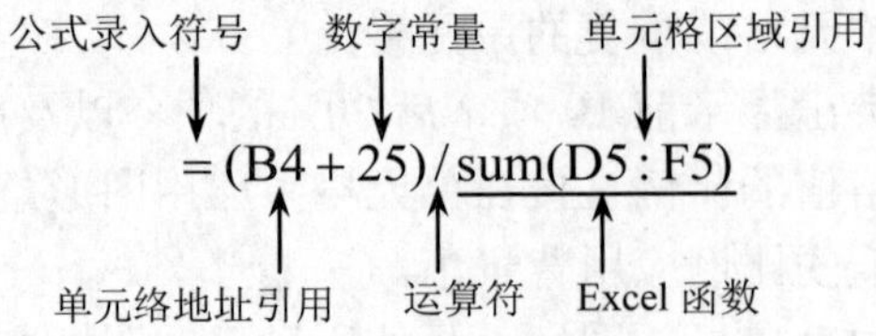

图 6-39 公式的示例及组成

2. 运算符

在 Excel 2016 中运算符分为 4 种类型，按运算的优先级别从高到低排列依次是引用运算符、算术运算符、文本运算符和比较运算符。可以通过添加括号改变公式中运算符的优先级别，而且括号可以多层嵌套，左括号和右括号要配对出现。优先级相同的情况下，按从左到右的顺序运算。各种运算符及其功能说明见表 6-2。

表 6-2　各种运算符及其功能说明

运算符类型	运算符名称	功能	示例
引用运算符	:（英文冒号） 区域运算符	对包括在两个引用之间的所有单元格的引用	A1:C5
	,（英文逗号） 联合运算符	将多个引用合并为一个引用	SUM(B1,F1,D1:D5)
	（空格） 交叉运算符	产生同时属于两个引用的单元格区域的引用	=COUNT(A1:B2 B1:C5)，只有 B1 和 B2 同时属于两个引用 A1:B2 和 B1:C5
算术运算符	^	乘方运算	2^3，结果为 8
	* 、 /	乘、除运算	B1*2、10/2
	+、−	加、减运算	2+3−5
文本运算符	&（连字符）	将两个文本连接起来产生连续的文本	"辽宁省"&"沈阳市"，结果为"辽宁省沈阳市"
比较运算符	=、<>	等于、不等于比较	2<>3，结果为 true
	>、>=	大于、大于或等于比较	3>3，结果为 false 3>=3，结果为 true
	<、<=	小于、小于或等于比较	"A"<"a"，结果为 true "男"<="女"，结果为 true

3. 单元格引用

单元格的引用就是单元格地址的引用，作用是指明公式中所用的数据在工作表中的位置。单元格引用通常分为相对引用、绝对引用和混合引用。默认情况下使用的是相对引用。

（1）相对引用。相对引用是指单元格的引用会随公式所在单元格位置的变更而改变。在如图 6-40 所示的数据表中，当把 J3 中的公式复制到 J4 单元格时，公式所在行发生了变化，相对引用地址 H3、I3 变更为 H4、I4，即向下复制公式时，相对地址中行号发生了变化。

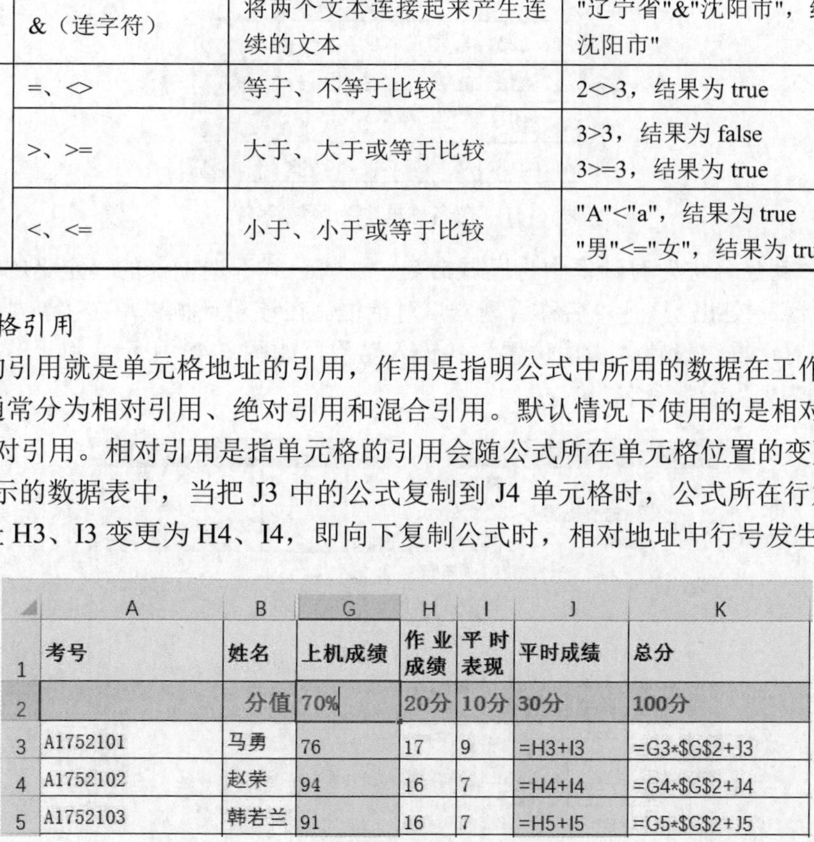

	A	B	G	H	I	J	K
1	考号	姓名	上机成绩	作业成绩	平时表现	平时成绩	总分
2		分值	70%	20分	10分	30分	100分
3	A1752101	马勇	76	17	9	=H3+I3	=G3*$G$2+J3
4	A1752102	赵荣	94	16	7	=H4+I4	=G4*$G$2+J4
5	A1752103	韩若兰	91	16	7	=H5+I5	=G5*$G$2+J5

图 6-40　相对引用与绝对引用举例

（2）绝对引用。绝对引用是指复制公式时，无论如何改变公式的位置，其引用的单元格地址始终不变。绝对地址的行列标号前加“$”符号，如“$G$2”。在图 6-40 所示的数据表中，当把 K3 中的公式复制到 K4、K5 单元格时，公式所在行发生了变化，公式中的单元格地址$G$2 不变。

（3）混合引用。混合引用是指相对引用与绝对引用同时存在于一个单元格的地址引用中。其地址形式如 H$1、$G2，列标或行号前有“$”符号则为绝对引用，没有“$”符号的为相对引用。如果公式所在单元格的行或列变更时，相对引用部分会改变，而绝对引用部分不变。

4. 单元格区域命名

在工作簿中，可以为单元格区域定义一个名称。在公式中可以使用该名称代替单元格区域的引用。单元格区域名称在使用范围内必须保持唯一。命名时第一个字符必须是字母、汉字、下划线或反斜杠，后面可以有数字。

（1）在名称框中为区域命名。首先选中要命名的区域，然后在名称框中输入自定义的区域名称，最后按 Enter 键完成区域命名，如图 6-41 所示。

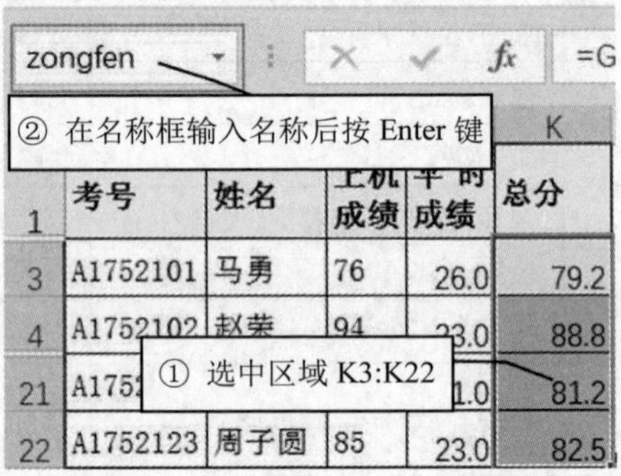

图 6-41 在名称框中为区域命名

（2）在“新建名称”对话框中为区域命名。在“公式”选项卡的“定义的名称”组中单击“名称管理器”按钮，打开“名称管理器”对话框。在该对话框中单击“新建”按钮，打开“新建名称”对话框，设置“引用位置”并输入名称，如图 6-42 所示，将“计算机成绩”表中 H2:H22 区域以“cj2”命名。

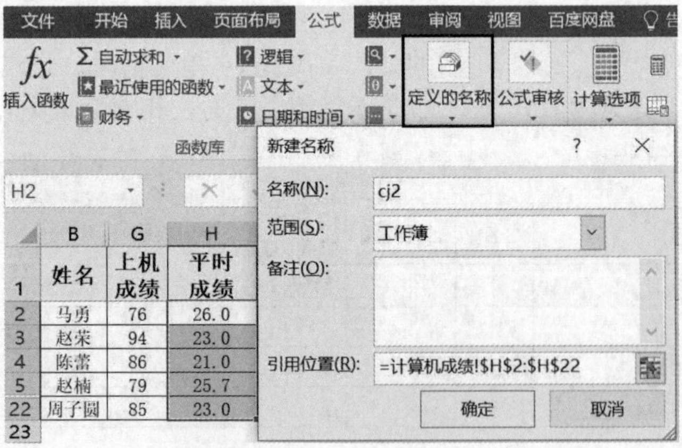

图 6-42 在“新建名称”对话框中为区域命名

（3）管理名称。在“公式”选项卡的“定义的名称”组中单击“名称管理器”按钮，打开“名称管理器”对话框，如图 6-43 所示。在该对话框中也可以完成新建名称，编辑、删除已经定义的名称等操作。

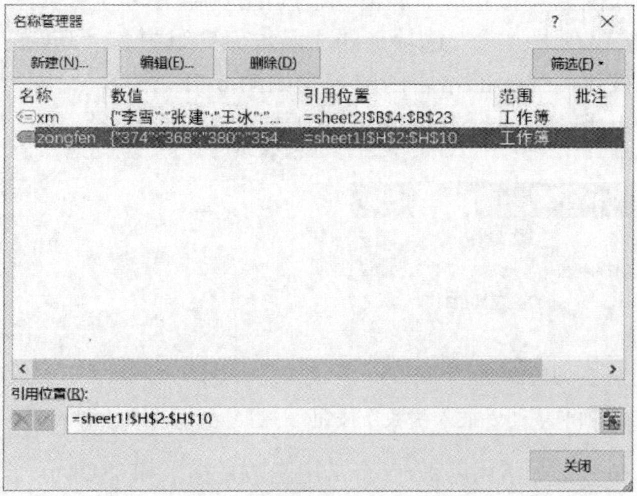

图 6-43　“名称管理器”对话框

6.3.2　公式和函数的使用

1. 输入公式

输入公式时，首先选中一个要存放公式结果的单元格，必须先输入等号“=”，才能进入公式编辑状态，之后在公式编辑状态采用键盘输入和单击引用单元格地址相结合的方式输入公式的所有内容。输入完成后，按 Enter 键确认，则在该单元格中显示公式的结果。输入公式时，要注意以下问题。

（1）选中存放公式结果的单元格后，可以在插入点处输入公式，也可以在编辑栏输入或编辑公式。

（2）在英文符号及半角状态下输入公式中的字母和符号。

（3）先输入等号，才能进入公式编辑状态。

（4）在公式编辑状态，单击操作数所在的单元格，可以完成公式中单元格地址的引用。

（5）引用非当前工作表中单元格时，单击要引用的单元格，之后可以在当前工作表的编辑栏中继续输入公式中的其他内容。

（6）使用 F4 键切换单元格的引用方式，即在相对引用、绝对引用和混合引用之间切换。

（7）要确认公式输入完成，可以按 Enter 键或编辑栏前的对号按钮 ✓。

（8）要取消输入的公式，可以按 Esc 键或编辑栏前的叉号按钮 ✕。

注意：默认情况下，在单元格输入公式完毕后，单元格中显示的是公式的结果，而不显示公式。当需要时，可以通过“公式”选项卡的“公式审核”组中的“显示公式”按钮显示或隐藏公式。

2. 使用函数

公式中的函数可以看成公式的特殊形式，因此可以通过手工方式输入函数，操作方法与上面介绍的输入公式方法相同。更常用的方法是单击“插入函数”按钮，打开“插入函数”对话框使用函数，或者使用“∑自动求和”下拉列表中的常用函数。

插入函数的方法有两种：一种是单击编辑栏上的 fx 按钮；另一种是在“公式”选项卡“函数库”组中单击“插入函数”按钮，操作界面如图 6-44 所示。

“∑自动求和”按钮在“公式”选项卡的“函数库”组中和“开始”选项卡的“编辑”组中都能找到。单击此按钮，弹出的常用函数列表如图 6-45 所示，选择列表中的“其他函数”命令，可以打开“插入函数”对话框查找其他函数。

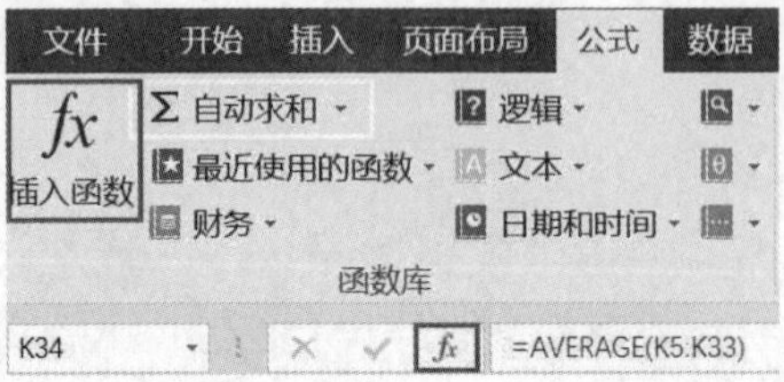

图 6-44 “公式”选项卡下的“插入函数”按钮

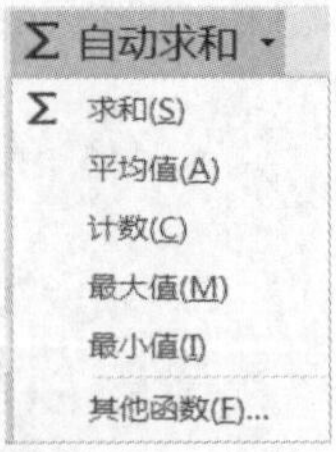

图 6-45 常用函数列表

（1）使用自动求和等 5 个常用函数。5 个常用函数是指求和（SUM）、求平均值（AVERAGE）、计数（COUNT）、最大值（MAX）、最小值（MIN）。与其他函数相比，使用这 5 个函数时可以自动引用操作数所在单元格，快速得到结果。下面以自动求和为例，介绍快速使用 5 个常用函数的具体操作方法。

方法一：选择操作数区域，单击“自动求和”按钮或按自动求和快捷键 Alt+=。如图 6-46 所示，先选择 C2:C6 区域，再执行自动求和命令，函数 SUM(C2:C6)的结果自动出现在 C7 单元格中。

方法二：选择要存放函数结果的区域，执行“自动求和”命令。如图 6-47 所示，先选择 E1:E7 区域，执行自动求和命令。以 E2 单元格为例，显示的是函数 SUM(C2:D2)的结果。

	A	B	C
1	序号	消费项目	金额
2	1	生活日用	¥ 460.13
3	2	文教娱乐	¥ 116.70
4	3	饮食	¥ 151.05
5	4	服饰美容	¥ 300.00
6	5	其他	¥ 400.54
7		合计：	

图 6-46 先选择数据区域再自动求和

	A	B	C	D	E
1	学号	姓名	数学	语文	总分
2	1	李欣	99	99	
3	2	韩希	97	95	
4	3	张旭	97	96	
5	4	王佳文	98	95	
6	5	徐诺	99	96	
7	6	王源	100	98	

图 6-47 先选择结果区域再自动求和

（2）使用“插入函数”对话框中的其他函数。单击“公式”选项卡或编辑栏上的“插入函数”按钮 fx，打开如图 6-48 所示的“插入函数”对话框，可使用 5 个常用自动函数之外的其他函数。在“插入函数”对话框可以搜索或按类别选择要使用的函数名称，按“确定”按钮后将弹出该函数对应的“函数参数”对话框。图 6-49 所示为 IF 函数的“函数参数”对话框，通过手工输入或鼠标选择函数参数后，按“确定”按钮关闭对话框，则在当前单元格中显示函数结果。

注意：“函数参数”对话框中有对当前参数的详细说明，因此对于不熟悉的函数，在此对话框中操作更能保证所使用函数的正确性。

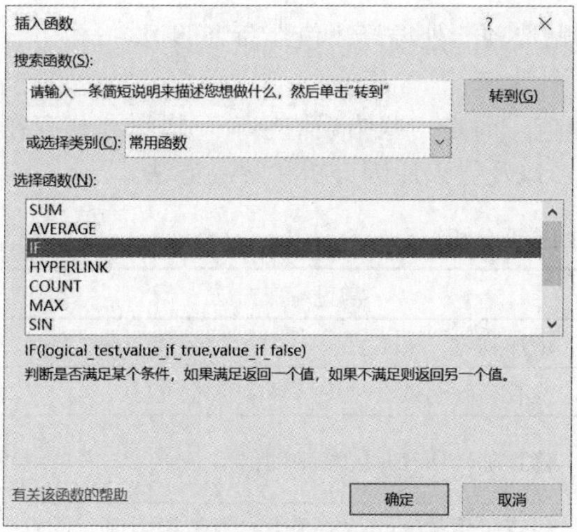

图 6-48 “插入函数”对话框

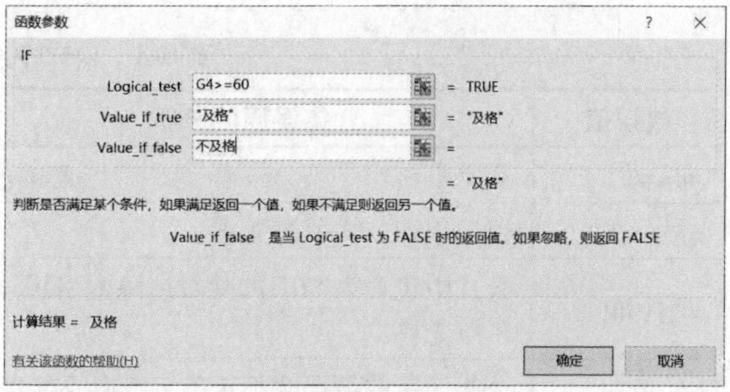

图 6-49 IF 函数的“函数参数”对话框

3. 修改公式与函数

输入公式以后，如果发现输入有误，或者想变更计算方式、修改函数参数等，可以通过以下 3 种方法进入单元格编辑状态修改公式。

方法一：双击包含公式的单元格。

方法二：单击包含公式的单元格，然后按 F2 键。

方法三：单击包含公式的单元格，然后单击公式编辑栏。

在公式编辑状态修改公式时，将光标定位在编辑栏中的错误处，利用 Delete 键或 Backspace 键删除错误内容，然后输入正确内容即可。如果引用的单元格地址有误，也可以直接在数据表中用鼠标选择正确单元格区域，替换原来的地址。如果函数的参数有误，选定函数所在的单元格，单击编辑栏中的“插入函数”按钮，再次打开“函数参数”对话框，重新输入正确的函数参数即可。

4. 复制公式与函数

在 Excel 2016 中使用的公式具有可复制性，即在完成一个公式输入后，如果其他位置需要使用相同的公式，可以通过公式的复制来快速得到批量的结果。因此公式复制是数据运算中的一项重要内容。复制公式与函数时，可以使用填充操作或复制粘贴操作，具体方法如下。

（1）双击填充柄快速向下复制。选中公式所在单元格，将鼠标指针放在单元格右下角，当鼠标指针变成实心十字时，双击填充柄实现快速填充，此时公式所在单元格就会自动向下填充至相邻区域中非空行的上一行。

（2）拖动填充柄实现复制。选中公式所在单元格，将鼠标指针放在单元格右下角，当鼠标指针变成实心十字时，按住鼠标左键向需要复制的方向拖动，即可复制公式与函数。

（3）使用填充快捷键向下或向右复制。选中包含公式在内的需要填充的目标区域后，按快捷键 Ctrl+D 可执行向下填充命令，按快捷键 Ctrl+R 可执行向右填充命令，完成公式与函数的复制。

（4）使用复制、粘贴操作完成复制。对公式所在单元格执行复制操作，然后选中粘贴的目标区域并右击，在弹出的快捷菜单的“粘贴选项”处选择“公式”命令即可。

（5）使用复制、粘贴操作只复制公式结果。对公式所在单元格执行复制操作，然后选中粘贴的目标区域并右击，在弹出的快捷菜单的“粘贴选项”处选择“值”命令即可。

5. 公式返回错误值的分析与解决

使用公式时，有时产生的结果并不是期待中的值，而是一些错误值字符，提示公式存在问题或错误。表 6-3 中列举了公式中常见的错误值，以及错误原因分析和解决方法。

表 6-3 公式中常见的错误分析

错误值	错误原因分析	常见解决方法
#####	列宽不够	增加列宽
#NAME?	无法识别公式中的文本	检查函数名或公式中区域名称的拼写
#DIV/0!	公式中包含为“0”的除数或除数引用了空白单元格	修正除数所在单元格中的值
#N/A	公式使用的数据源不正确，或者不能使用	检查引用的操作数或函数参数是否合理
#REF!	单元格引用无效	检查是否是删除、粘贴等操作后，改变了其他公式引用的单元格中的内容
#VALUE!	公式中所包含的单元格有不同的数据类型	检查数据类型

6.3.3 函数功能介绍

Excel 2016 提供了大量的内置函数。在“插入函数”对话框中按函数功能可以分为文本函数、日期（时间）型函数、数学及三角函数、统计函数等 13 种函数。按函数结果的数据类型或主要参数的数据类型，也可以分为数字型函数、日期时间函数、文本函数和逻辑函数。下面介绍几种常用函数的功能。

1. 常用的数字型函数

（1）求和函数 SUM。

格式：SUM(number1,number2,…)

功能：返回参数包含的单元格区域中所有数值的和。

参数说明：number1,number2,…为 1～255 个待求和的数值，number 参数可以是数值或包含数值的名称或引用，可以是一个操作数，也可以是一组操作数。参数单元格中的逻辑值和文本将被忽略。作为参数输入时，逻辑值和文本均有效。

（2）求平均值函数 AVERAGE。

格式：AVERAGE(number1,number2,…)

功能：返回参数的算术平均值。

参数的使用方法与 SUM 函数相同。

（3）计数函数 COUNT。

格式：COUNT(value1,value 2,…)

功能：返回参数区域中存放的数字型数据的个数。

参数说明：value1,value 2,…为 1～255 个参数，可以包含或引用各种不同类型的数据，但只对数字型的数据进行统计。

（4）最大值函数 MAX。

格式：MAX(number1,number2,…)

功能：返回参数中所有数字型数据的最大值。

参数说明：number1,number2,…为 1～255 个需要从中取最大值的参数，参数可以是数值、空单元格、逻辑值或文本数值。

（5）最小值函数 MIN。

格式：MIN(number1,number2,…)

功能：返回参数中所有数字型数据的最小值。

参数的使用方法与 MAX 函数相同。

例如，在图 6-50 中，分别使用以上 5 个函数对 B1:B5 区域中的数据进行计算，运算后的函数结果见 B6:B10 区域，C1:C10 区域为备注信息。其中 B3 单元格中的日期型数据在常规格式中显示为数字 1，因此进行数字型函数计算时，自动将其当作数字 1 处理。

	A	B	C
1	**参数区域 B1:B5**	**5**	数字型
2		**15**	数字型
3		**1900/1/1**	日期型可以转换成数字型 *1900年1月1日可转换成数字1*
4		**TRUE**	逻辑型
5		**学生**	文本型
6	SUM函数值	21	=SUM(B1:B5)
7	COUNT函数值	3	=COUNT(B1:B5)
8	AVERAGE函数值	7	=AVERAGE(B1:B5)
9	MAX函数值	15	=MAX(B1:B5)
10	MIN函数值	1	=MIN(B1:B5)

图 6-50　常用的数字型函数应用举例

（6）四舍五入函数 ROUND。

格式：ROUND(number, num_digits)

功能：将数字四舍五入到指定的位数。

参数说明：第一个参数 number 为要四舍五入的数字；第二个参数 num_digits 是要进行四舍五入运算的位数，分为以下三种情况。如果 num_digits 大于 0，则将数字四舍五入到指定的小数位数；如果 num_digits 等于 0，则将数字四舍五入到最接近的整数；如果 num_digits 小于 0，则将数字四舍五入到小数点左边的相应位数。

例如，如果单元格 A1 中的数据为 125.7912，使用以下公式产生的结果如下。

公式 =ROUND(A1, 2) 的结果为 125.79。

公式 =ROUND(A1, 0) 的结果为 126。

公式 =ROUND(A1, -1) 的结果为 130。

2. 常用的日期型函数

（1）日期函数 DATE。

格式：DATE(year,month,day)

功能：返回表示特定日期的连续序列号或日期值。

参数说明：该函数的参数 year、month、day 分别为表示年、月、日的数字。

例如，公式 =DATE(2025,10,1) 返回 45931，该序列号表示 2025 年 10 月 1 日。

注意：若要更改日期格式，可以在“单元格格式”对话框的“数字”选项卡中进行日期格式设置。

（2）当前日期函数 TODAY。

格式：TODAY()

功能：返回系统的当前日期。

参数说明：该函数没有参数。

例如，假设系统当前的日期为 2021 年 10 月 1 日，执行下列公式产生的结果如下。

公式 =TODAY() 的结果为 2021/10/1。

公式 = TODAY()+10 的结果为 2021/10/11。

（3）当前日期和时间函数 NOW。

格式：NOW()

功能：返回系统的当前日期和时间。

参数说明：该函数没有参数。

（4）年份函数 YEAR。

格式：YEAR(serial_number)

功能：返回对应于某个日期的年份，Year 作为 1900～9999 之间的整数返回。

参数说明：serial_number 为要查找的年份的日期。应使用 DATE 函数输入日期，或者将日期作为其他公式或函数的结果输入。

例如，使用函数 DATE(2021,5,1) 输入 2021 年 5 月 1 日，如果日期以文本形式输入，则会出现问题。

例如，在 A1 单元格的数据为某人的生日 2002 年 10 月 1 日，当前的日期为 2021 年 11 月 1 日，使用以下公式可以计算此人的年龄。

公式 = YEAR(TODAY())−YEAR(A1) 公式的计算过程为=2021−2002，结果为 19。

3. 常用的文本型函数

（1）文本长度函数 LEN。

格式：LEN(text)

功能：返回文本字符串中的字符个数。

参数说明：参数 text 为要查找其长度的文本，text 文本中的空格将作为字符进行计数。如果 text 引用的为空白单元格，返回值为 0。

（2）取左子串的函数 LEFT。

格式：LEFT(text, [num_chars])

功能：从文本字符串的第一个字符开始返回指定个数的字符。

参数说明：参数 text 指包含要提取字符的文本字符串。参数 num_chars 为可选项，指定要由 LEFT 提取的字符的数量。num_chars 的值必须大于或等于 0，若省略则假定其值为 1，即返回 text 字符串的首字符。

（3）取右子串函数 RIGHT。

格式：RIGHT(text, [num_chars])

功能：根据所指定的字符数返回文本字符串中最后一个或多个字符。

参数说明：参数 text 指包含要提取字符的文本字符串；参数 num_chars 为可选项，指定要由 RIGHT 提取的字符的数量；num_chars 的值必须大于或等于 0，若省略则假定其值为 1，即返回 text 字符串的最后一个字符。

（4）取子串函数 MID。

格式：MID(text, start_num, num_chars)

功能：返回文本字符串中从指定位置开始的特定数目的字符，该数目由用户指定。

参数说明：参数 text 为包含要提取字符的文本字符串；参数 start_num 指文本中要提取的第一个字符的位置；文本中第一个字符的 start_num 为 1，以此类推；参数 num_chars 指定希望 MID 从文本中返回字符的个数。

以上 4 个文本型函数的应用举例如图 6-51 所示。其中 A2 单元格中的数据为学号，A10 单元格中的数据为身份证号，B10 中公式的功能为取身份证号中的生日数据。

	A	B	C	D
1	数据	函数	结果	说明
2	A1742101	=LEN(A2)	8	A2中文本长度为8个字符
3		=LEN(A3)	0	A3为空白单元格返回值为0
4	Word教学	=LEN(A4)	6	A4中文本长度为6个字符
5	A1742101	=LEFT(A2)	A	返回A5中文本的首字符
6	Word教学	=LEFT(A6,4)	Word	返回A6中文本左边起4个字符
7	A1742101	=RIGHT(A7,2)	01	返回A7中文本右边起2个字符
8	Word教学	=RIGHT(A8,2)	教学	返回A8中文本右边起2个字符
9	abc@sohu.com	=MID(A9,4,5)	@sohu	返回A9中文本左起第4个字符开始的5个字符
10	123456200105014321	=MID(A10,7,8)	20010501	返回A10中文本左边起第7个字符开始的8个字符

图 6-51　文本型函数的应用举例

4. 逻辑判断函数 IF

格式：IF(logical_test,value_if_true,value_if_false)

功能：根据指定的条件进行判断。

参数说明：如果参数 logical_test（逻辑表达式）的值为 true，则返回参数 value_if_true 的值，否则返回参数 value_if_false 的值。IF 函数可以嵌套 7 层关系式，可以构造复杂的判断条件。

例如，应用 IF 函数，根据每个人的总分判断上机考试成绩是否及格。

如图 6-52 所示，在 H4 单元格中使用的公式为=IF(G4>=60,"及格","不及格")。

函数解析：当李雪的总分（G4 单元格中的数值）大于等于 60 时，返回文本型数据“及格”，否则返回“不及格”。

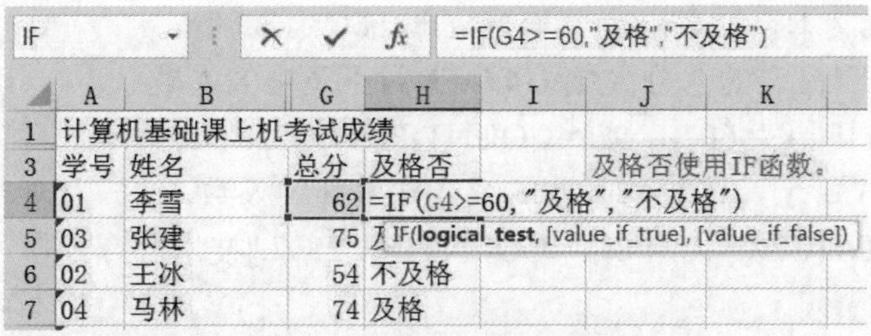

图 6-52　IF 函数的应用

5. 排位函数 RANK

格式：RANK/RANK.EQ/RANK.AVG (number,ref,[order])

功能：3 个函数 RANK、RANK.EQ、RANK.AVG 的功能都是返回某数字在一列数字中相对于其他数字的大小排位。RANK 函数是为了保持与 Excel 2007 等早期版本兼容而保留的，其功能与 RANK.EQ 函数相同。如果多个数字排名相同，RANK.EQ 函数返回该数字的最佳排位，即排名最靠前的值。如果多个数字具有相同的排位，RANK.AVG 函数则返回平均排位。

参数说明：number 是必需项，为要求排位的数字；Ref 是必需项，为数字列表的数组或对数字列表的引用，Ref 中的非数字值会被忽略；Order 为可选项，一个指定数字排位方式的数字，如果为 0 或忽略为降序，非 0 为升序。

例如，分别使用 RANK、RANK.EQ、RANK.AVG 函数计算每个同学的名次。

如图 6-53 所示，以韩希的名次为例，名次为韩希的总分（H3 单元格中数据）在全班同学总分范围内（$H$2:$H$10）的降序排位。

	B	H	I	J	K
1	姓名	总分	RANK 名次	RANK. EQ 名次	RANK. AVG 名次
2	李欣	198	1	1	1
3	韩希	192	=RANK. EQ(H3, $H$2:$H$10)		
4	张旭	193	6	6	6
5	**王佳文**	**194**	**3**	**3**	**4**
6	**徐诺**	**194**	**3**	**3**	**4**
7	杨竟文	180	9	9	9
8	刘宣铮	183	8	8	8
9	**王源**	**194**	**3**	**3**	**4**
10	李润泽	197	2	2	2

图 6-53　排位函数的应用举例

I3 单元格中的公式为=RANK(H3,$H$2:$H$10)

J3 单元格中的公式为=RANK.EQ(H3,$H$2:$H$10)

K3 单元格中的公式为=RANK.AVG(H3,$H$2:$H$10)

结果分析：在 I 列和 J 列中分别使用了 RANK 函数和 RANK.EQ 函数，两函数产生的结果完全相同，当王佳文、徐诺和王源的总分相同时，取其最佳排位即 3、4、5 中的第 3 名。K 列使用 RANK.AVG 函数，总分相同时名次取位序 3、4、5 的平均值，因此结果为 4。

6. 条件计数函数 COUNTIF

格式：COUNTIF(range,criteria)

功能：用于统计满足某个条件的单元格的数目。

参数说明：range 参数是要统计的单元格区域。criteria 参数为统计条件，可以为数字、表达式、单元格引用或文本，如表示为 "苹果"、">=60"、B5 等。

例如，求以“zf”命名的总分区域(G4:G23)内不及格的人数。

公式为=COUNTIF(zf,"<60")　或 =COUNTIF(G4:G23,"<60")

例如，如图 6-54 所示，在数据区域内统计技术部的人数。

公式为=COUNTIF(C2:C7,C3)　或 =COUNTIF(C2:C7,"技术部")

	B	C	D	E
1	姓名	部门	职务	
2	陈明	总经办	助理	**求技术部的人数:**
3	陈少飞	技术部	部长	**=COUNTIF(C2:C7, C3)**
4	房姗姗	技术部	设计师	*结果为: 3*
5	高云	财务部	审计	**另一种写法如下:**
6	黄桃	销售部	副部长	**=COUNTIF(C2:C7,"技术部")**
7	尹柯	技术部	设计师	

图 6-54　COUNTIF 函数的应用举例

6.4　图表的应用

图表可以将工作表中的数据直观、形象地呈现出来，以最易懂的方式反映数据之间的关系和变化，方便用户分析和比较数据。Excel 2016 提供了 14 种图表类型，每一种图表类型又有多种子类。用户可以根据实际需要，选择原有的图表类型或者自定义图表。

6.4.1　图表的应用举例

1. 簇状柱形图的应用

柱形图是最常用的一种图表，能够直观地表达数据表中各行或列数据之间的对比。柱形图包括簇状柱形图、百分比堆积柱形图等，用户可以根据需要选用。例如，使用簇状柱形图比较某品牌手机 4 个季度各店铺的销售情况，数据区域如图 6-55 所示。如果要重点比较每个季度不同店铺的销售情况，可以使用图 6-56 所示的图表，此图表由行产生。若要重点比较每个店铺 4 个季度的销售情况，可以转换图表的行和列，使图表由列产生，如图 6-57 所示。

	A	B	C	D	E	F
2	店铺	1季度	2季度	3季度	4季度	总计
3	铁百店	2525221	2192882	2905962	3294205	10918269
4	北市店	2656714	2280724	3212166	3701441	11851045
5	太原街店	2909651	2642781	3263341	3766026	12581798
6	中街店	2938084	2916594	3736145	4098619	13689441
7	总计	11029669	10032981	13117615	14860290	49040554

图 6-55　数据表中产生图表的数据区域

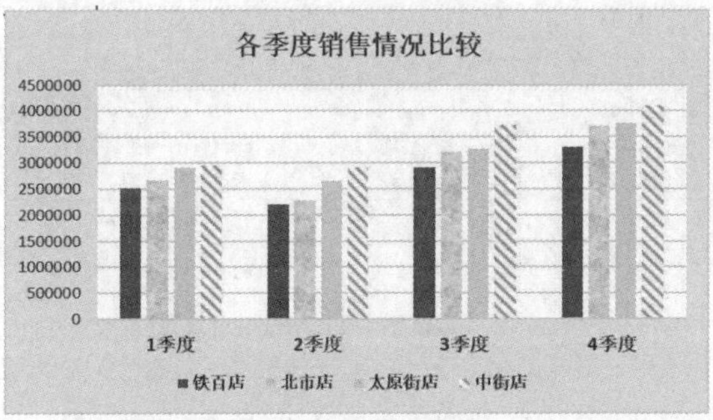

图 6-56　各季度销售情况比较（由行产生）

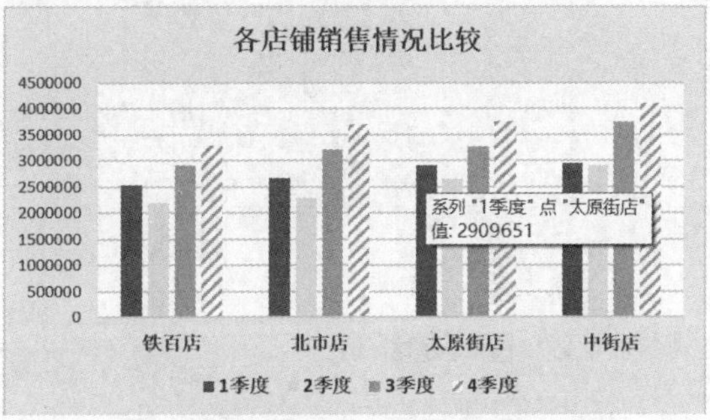

图 6-57　各店铺销售情况比较（由列产生）

2. 三维堆积条形图应用

条形图与柱形图类似，只是各系列对应的图形方向不同，用户可根据实际情况选择需要的图表。例如，使用三维堆积条形图比较“中街店”和“铁百店”总销售额突破千万的情况，如图 6-58 所示。从图中可分析出，“中街店”和“铁百店”的销售额分别在 2 季度和 3 季度突破了 500 万，两店都在 4 季度突破了 1000 万销售额。

3. 三维饼图的应用

饼图比较适合直观地表达部分与整体之间的比例关系。如图 6-59 所示是使用三维饼图描述各店铺的销售额占总销售额的比例。

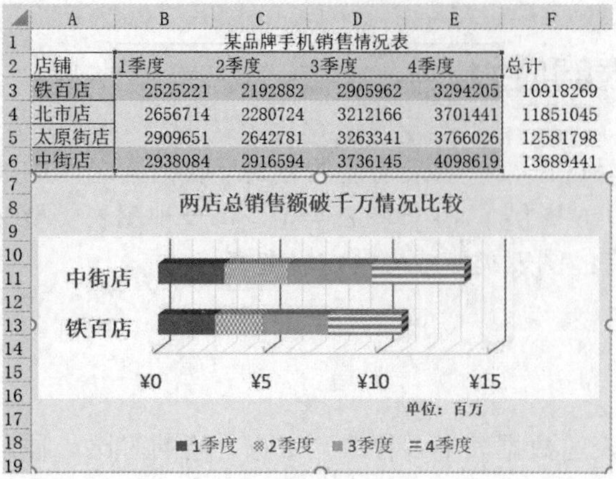

	A	B	C	D	E	F
1	某品牌手机销售情况表					
2	店铺	1季度	2季度	3季度	4季度	总计
3	铁百店	2525221	2192882	2905962	3294205	10918269
4	北市店	2656714	2280724	3212166	3701441	11851045
5	太原街店	2909651	2642781	3263341	3766026	12581798
6	中街店	2938084	2916594	3736145	4098619	13689441

图 6-58　三维堆积条形图的应用举例

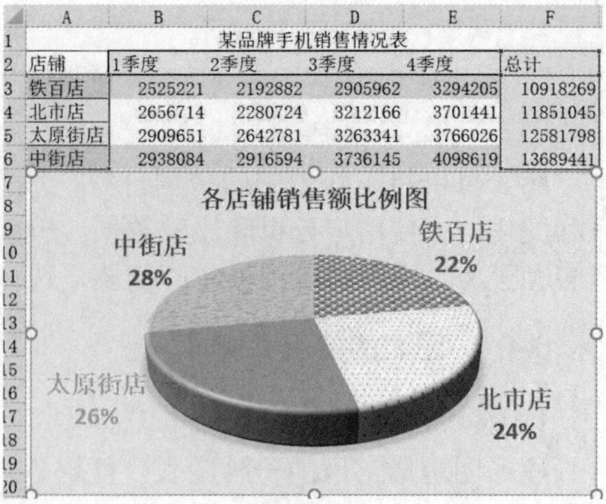

	A	B	C	D	E	F
1	某品牌手机销售情况表					
2	店铺	1季度	2季度	3季度	4季度	总计
3	铁百店	2525221	2192882	2905962	3294205	10918269
4	北市店	2656714	2280724	3212166	3701441	11851045
5	太原街店	2909651	2642781	3263341	3766026	12581798
6	中街店	2938084	2916594	3736145	4098619	13689441

图 6-59　三维饼图的应用举例

4. 折线图的应用

折线图适合描述行或列一组数据的连续变化情况，便于分析数据的走势。例如，使用折线图描述第 1 季度猪肉出厂价格，并分析下一周的价格走势。从图 6-60 可以分析出，第 1 季度末猪肉价格处在快速下降趋势中，预计下一周的价格会低于每公斤 13 元。

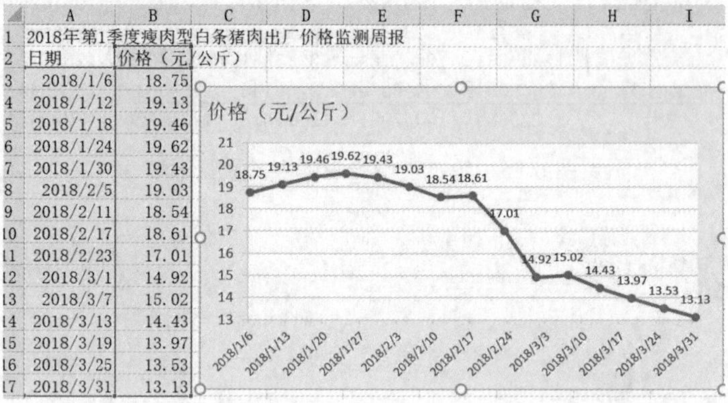

	A	B
1	2018年第1季度瘦肉型白条猪肉出厂价格监测周报	
2	日期	价格（元/公斤）
3	2018/1/6	18.75
4	2018/1/12	19.13
5	2018/1/18	19.46
6	2018/1/24	19.62
7	2018/1/30	19.43
8	2018/2/5	19.03
9	2018/2/11	18.54
10	2018/2/17	18.61
11	2018/2/23	17.01
12	2018/3/1	14.92
13	2018/3/7	15.02
14	2018/3/13	14.43
15	2018/3/19	13.97
16	2018/3/25	13.53
17	2018/3/31	13.13

图 6-60　使用折线图分析猪肉价格走势

6.4.2　图表的组成

图表主要由图表区、绘图区、图表标题、坐标轴、图例、数据表、数据标签和背景等组成。下面以簇状柱形图为例介绍图表的组成，如图 6-61 所示。

当鼠标指针停留在图表元素上方时，Excel 2016 会显示元素名称，现对图表元素进行说明。

- 图表标题：图表的标题，用户可以自行命名。
- 数据系列：颜色相同柱形，系列对应数据表中的一行或一列数据。
- 图例：标识图表中数据系列所指定的颜色或图案。
- 数据表：反映图表中源数据的表格，默认情况下图表不显示数据表。
- 数据标签：标识数据系列源数据的值。
- 图表区：图表边框以内的区域都是图表区，所有图表元素都在该区域内。
- 绘图区：绘制图表的具体区域，不包括图表标题、图例、数据表等元素的绘图区域。

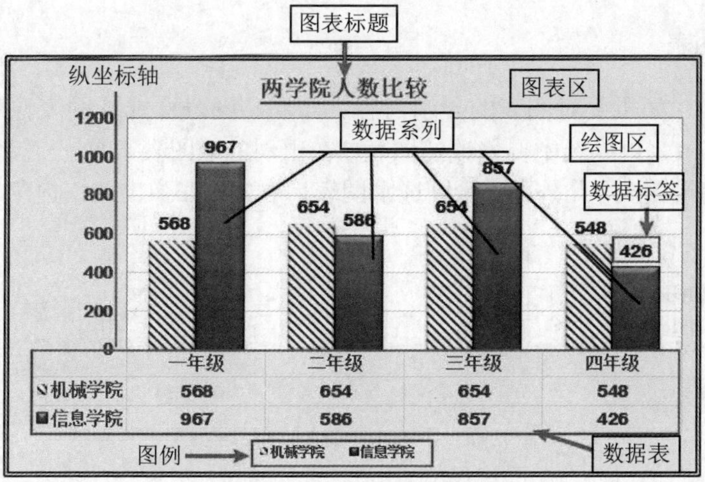

图 6-61　簇状柱形图的组成

6.4.3　创建图表

准备好数据表格后就可以创建图表了。创建图表时，应在数据表中选择图表所用的数据区域。图表数据区域为规整的二维表，即各行各列的区域大小相同，且通常包含行、列标题。创建图表的方法有以下 3 种。

方法一：使用快捷键创建图表。按快捷键 Alt+F1 可以创建嵌入式图表，按 F11 键可以创建工作表图表。Excel 2016 中默认的图表类型为簇状柱形图。

方法二：使用功能区创建图表。在“插入”选项卡的“图表”组中选择要插入的图表类型，如图 6-62 所示，单击“柱形图”下拉按钮，在弹出的下拉列表中选择柱形图的子类型。

方法三：使用图表向导创建图表。在“插入”选项卡中单击“图表”组中的“查看所有图表”按钮，弹出“插入图表”对话框，可在“推荐的图表”选项卡中选择图表样式；或选择“所有图表”选项卡，如图 6-63 所示，在其中选择需要的图表类型和样式，然后单击“确定”按钮即可。

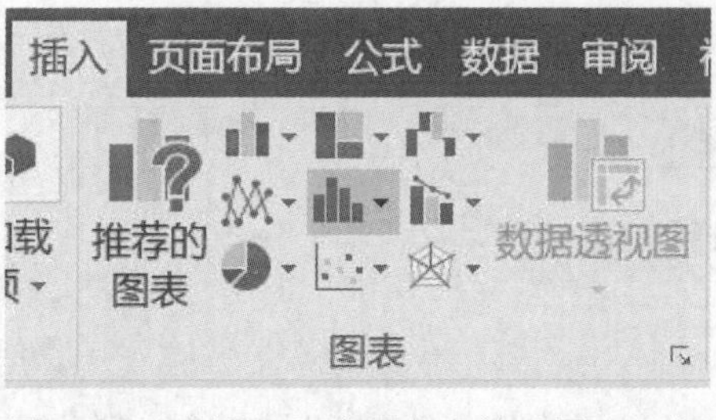

图 6-62　“插入”选项卡中的“图表”组

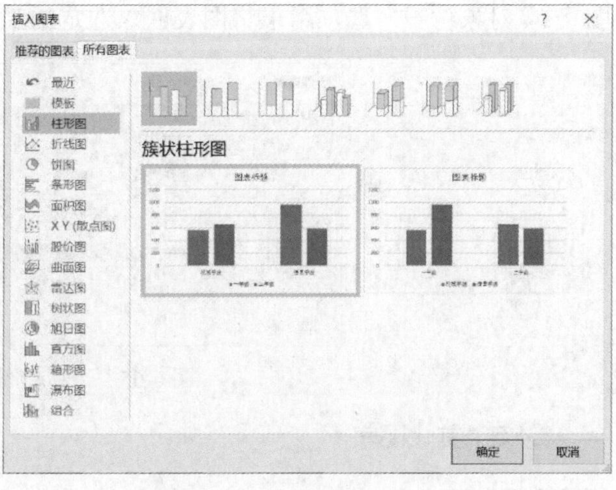

图 6-63　“所有图表”选项卡

6.4.4 编辑图表

创建完图表后，如果要对图表的显示内容、布局、图表样式、图表源数据区域，甚至是图表类型等进行修改，可以选中要修改的图表，在出现的“图表工具-设计”选项卡（图 6-64）中选择相应工具编辑图表。此外，还可以选中图表后右击，在弹出的快捷菜单中查找编辑图表的相关命令。

图 6-64 “图表工具-设计”选项卡

下面对“图表工具-设计”选项卡中各组工具进行说明。

（1）图表布局：图表布局指图表包含哪些元素及各元素的位置。该组中包括两个按钮。

- 添加图表元素：不同的图表使用的图表元素不完全相同，图表元素包括坐标轴、标题、数据标签、图例、数据表、网格线、误差线、趋势线、涨/跌柱线等。
- 快速布局：每一种图表都可使用“快速布局”按钮来选择 Excel 2016 自带的几种经典布局方式，实现快速切换图表的布局。

（2）图表样式：Excel 2016 提供了丰富的图表样式，可以快速设置图表使用的颜色组合和格式。在“更改颜色”列表框中可以选择图表使用的色彩组合，在样式列表中可以快速设置所选颜色组合对应的图表格式。

（3）数据：指源数据表中生成图表的数据区域。在“数据”组中可以通过“切换行/列”改变系列对应的数据，通过“选择数据”按钮可以重新设置生成图表的数据区域。

（4）类型：单击“更改图表类型”按钮可打开“更改图表类型”对话框，在其中可重新选择图表类型。

（5）位置：单击其中的“移动图表”按钮可以打开“移动图表”对话框（图 6-65），选择放置图表的位置。“新工作表”选项用于将图表放置在新创建的工作表中，即转换为工作表图表，“对象位于”选项用于将图表嵌入选定的工作表中，即该图表为嵌入式图表。

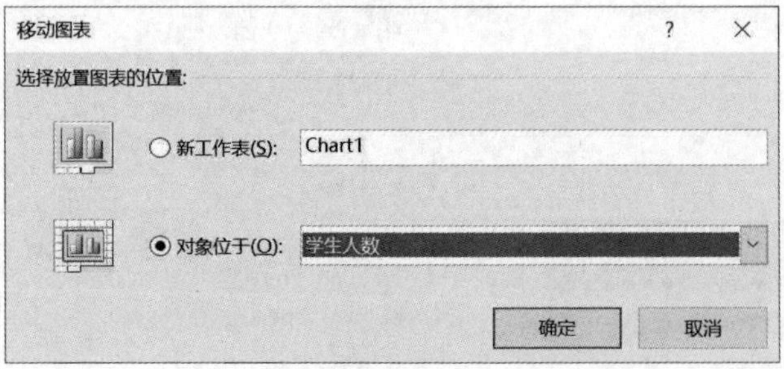

图 6-65 “移动图表”对话框

6.4.5 美化图表

为了使图表美观，可以设置图表的格式。Excel 2016 提供了丰富的格式设置功能，直接套用样式可以快速美化整个图表。如果要调整图表某部分的格式，可以在选中图表后出现的“图表工具-格式”选项卡中设置相关选项，如图 6-66 所示。也可以选中图表后在右键快捷菜单中查找相关格式设置命令。下面举例说明美化图表的几种常用操作。

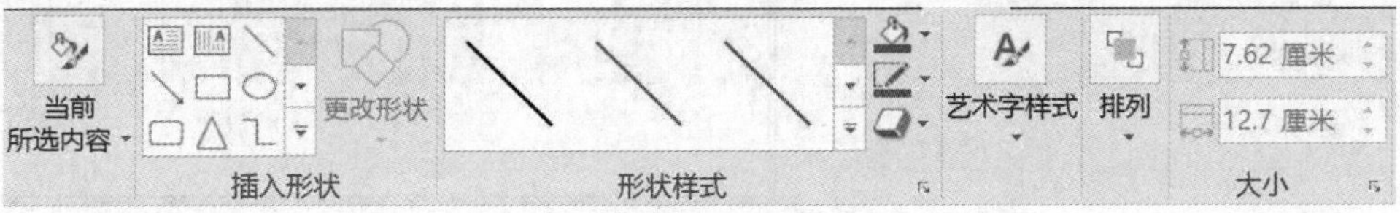

图 6-66　“图表工具-格式”选项卡

1. 使用样式快速美化整个图表

在图表区选中要美化的图表，在“图表工具-设计”选项卡中的“图表样式”组中单击“其他”按钮，在弹出的图表样式列表中单击选择一个样式即可套用，如图 6-67 所示。在“图表样式”组中单击“更改颜色”按钮，还可以为图表应用不同的颜色。

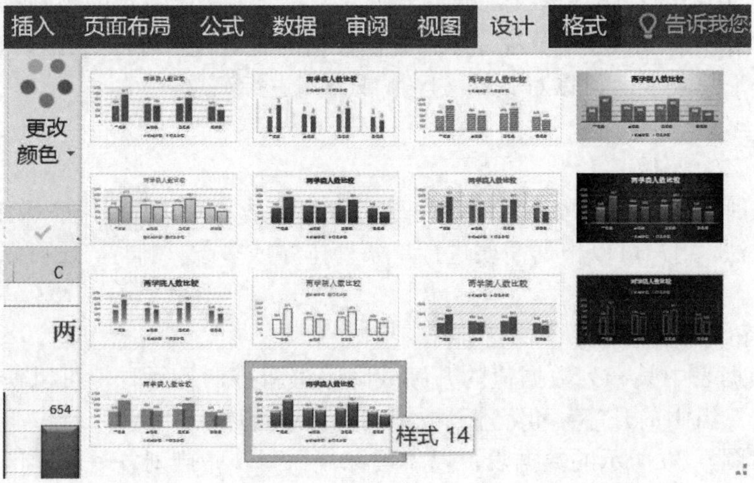

图 6-67　“图表工具-设计”选项卡下的图表样式

2. 设置填充效果

使用填充效果可以为“图表区”“绘图区”“系列”等选择区域设置背景。下面以“绘图区”填充背景图案为例说明操作步骤。首先在绘图区选中要填充背景图案的区域并右击，在弹出的快捷菜单中选择“设置图表区格式”命令，或者在“图表工具-格式”选项卡中的“当前所选内容”下拉列表中选择“设置所选内容”选项，打开“设置图表区格式”任务窗格，如图 6-68 所示。在任务窗格中选择填充列表中的“图案填充”选项，并在“图案”区域选择一种图案，即可将图案作为所选区域的背景。在该任务窗格“填充”选项下面还有“边框”选项，用于设置所选区域的边框。

3. 使用艺术字

如果要在图表的标题处使用艺术字，首先在图表标题处单击将其选中，然后在“图表工具-格式”选项卡中的“艺术字样式”组中选择要使用的艺术字样式即可。

图 6-69 所示为应用了图表样式、图表区填充了来自文件的图片背景、绘图区和“信息学院”系列设置了图案填充、设置了图表区边框和标题艺术字的图表。

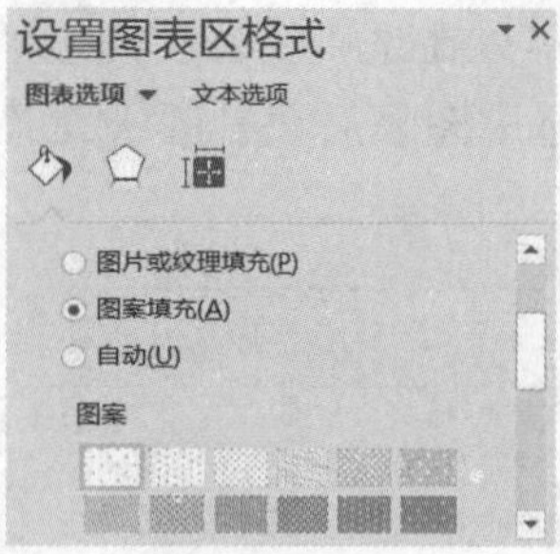

图 6-68 “设置图表区格式”任务窗格

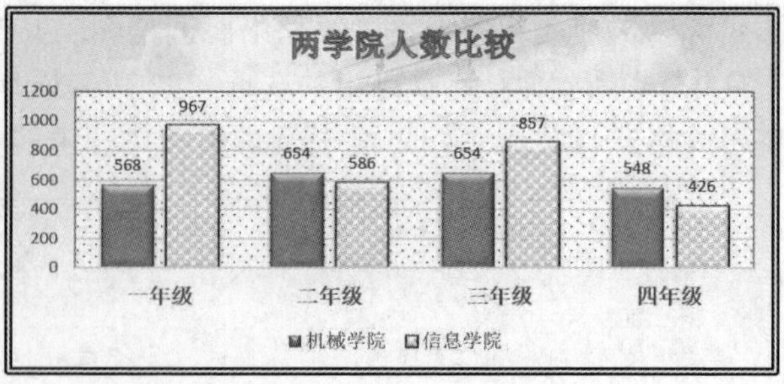

图 6-69 美化后的图表

6.5 数据管理和分析

工作表是存放数据的二维表，对其中的数据进行管理可以帮助用户高效地分析和使用数据。通过 Excel 2016 的排序功能，可以将工作表中的内容按照特定的规则排序；使用筛选功能，可以将满足用户条件的数据单独显示；设置数据的有效性，可以防止输入错误数据；使用合并计算和分类汇总功能，可以对数据按区域或类别进行汇总。

6.5.1 排序

使用数据表时，如果需要按一定的顺序重新排列数据，可以使用排序操作。Excel 2016 提供了多种排序方法，用户可以根据需要进行单条件排序或多条件排序，还可以根据需要自定义排序方式。

1. 使用排序按钮实现单条件快速排序

当需要按数据表中某一列数据值的升序或降序重新排列各行时，可以使用“数据”选项卡“排序和筛选”组中的升序和降序按钮实现快速排序。

例如，针对图 6-70 所示的数据表，以“理综合”列升序排列各行的操作步骤如下。

（1）选中数据表中“理综合”所在列的任一单元格，即指定活动单元格在排序条件所在列。

（2）单击“数据”选项卡“排序和筛选”组中的升序按钮，完成排序操作。

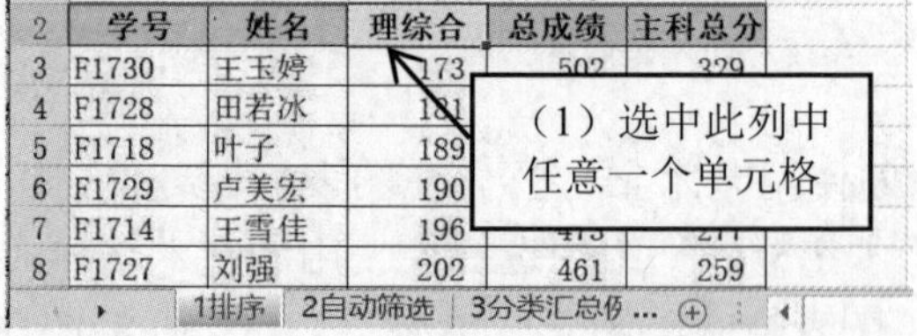

图 6-70 使用排序按钮实现单条件快速排序

注意： 以上操作默认的操作区域为整个数据表，如果只对数据表中选定的区域进行排序，可以先选中要排序的区域，用 Enter 键或 Tab 键改变活动单元格，定位排序条件所在列，然后单击“升序”或“降序”按钮。

排序条件列中的数据可以是任意类型，如数值、文本、日期、逻辑型。

2. 在“排序”对话框实现多条件排序

当需要按多列数据的值排列数据表时，需要在“排序”对话框中设置排序所用的关键字，以及关键字的次序。关键字的次序就是决定排序顺序的主要与次要条件的顺序。

图 6-71 所示为某中学的期末成绩表，要求将学生数据按考试成绩降序排列。其中主要的排序条件是“总成绩”，如果总成绩相同，则考虑次要条件“主科总分”，如果“主科总分”也相同，则考虑另一次要条件“主科 1”的成绩。

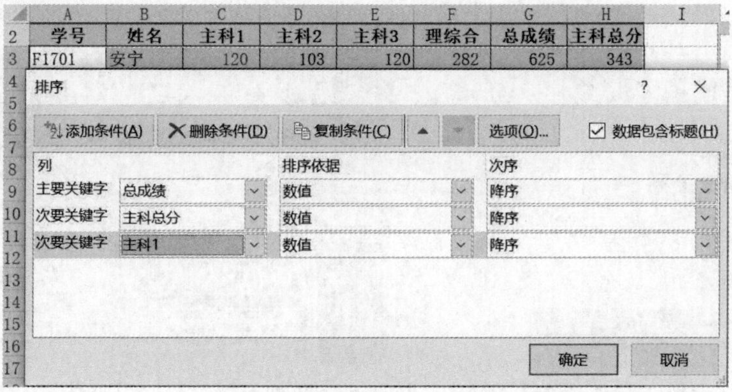

图 6-71　按考试成绩降序排列

使用“排序”对话框实现多条件排序的操作步骤如下。

（1）选中排序区域。例如，要选中整个数据表 A1:H31 区域有两种方法：一种是选中数据表标题区域 A1:H1 内的任一单元格，另一种是从 A1 单元格拖动鼠标到 H31 单元格。

（2）单击“数据”选项卡“排序与筛选”组中的“排序”按钮，打开“排序”对话框。

（3）设置排序条件，即主要关键字和次要关键字。例如，单击“主要关键字”下拉按钮，选择排序首选条件为“总成绩”，在“次序”下拉列表中选择“降序”，之后单击“添加条件”按钮，设置其他的次要关键字，最后单击对话框中的“确定”按钮完成排序。

注意： 只有当排在前面的关键字中数值相同时，后面的关键字才起作用。在图 6-72 所示的多条件排序结果中，刘振、尤方圆和张楠 3 位同学的总成绩同为 580 分，此时 3 人的数据将再按“主科总分”排序，尤方圆和张楠的主科总分也相同时，再按“主科 1”的成绩降序排。

	A	B	C	D	E	F	G	H
1	学号	姓名	主科1	主科2	主科3	理综合	总成绩	主科总分
2	F1701	安宁	120	103	120	282	625	343
3	F1702	蒲有华	116	115	116	276	623	347
4	F1703	赵丽	103	112	101	276	592	316
5	F1708	**刘振**	**120**	113	119	228	**580**	**352**
6	F1707	**尤方圆**	**120**	110	112	238	**580**	**342**
7	F1705	**张楠**	**115**	118	109	238	**580**	**342**
8	F1712	周诗诗	112	117	116	225	570	345
9	F1711	赵强	119	114	98	239	570	331

图 6-72　多条件排序结果

3. 在“排序”对话框中设置更多的排序方式

（1）非数值顺序排序。排序操作的默认排序方式是按关键字的数值排序，展开“排序”对话框中的“排序依据”下拉列表，还可以选择“单元格颜色”“字体颜色”“单元格图标”为排序依据。

（2）设置排序选项。单击“排序”对话框中的“选项”按钮，可以打开“排序选项”对话框，如图 6-73 所示。在这里可以设置英文是否区分大小写、排序方向按行还是按列、排序方法是按笔划还是按字母顺序。

（3）自定义排序次序。在“排序”对话框中，排序的次序除了升序和降序，还可以选择“自定义序列”，打开“自定义序列”对话框，选择系统已有的序列或自己定义的新序列为排列次序。如图 6-74 所示，设置以“月份”列按自定义序列“一月，二月，…，十二月”的次序排序。

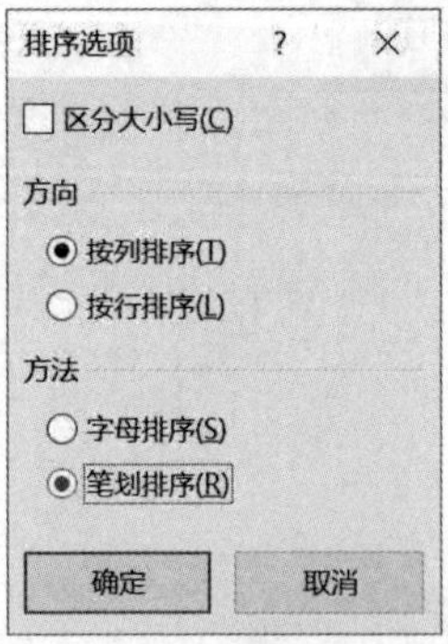

图 6-73 “排序选项”对话框

图 6-74 设置以“月份”列按自定义序列为排序次序

6.5.2 自动筛选

当数据表中数据量较大时，通过筛选功能可以快捷、准确地找出符合要求的数据，而且还可以让筛选结果升序或降序显示。筛选的方式通常分为自动筛选和高级筛选，当自动筛选无法满足需求时，可以使用高级筛选设置多个复杂的筛选条件。下面主要介绍应用广泛的自动筛选。

1. 进入与取消自动筛选状态

（1）进入自动筛选状态。将活动单元格定位在数据表区域中，即选中数据表中任意单元格。通过下面任意一种方法都可进入自动筛选状态。

方法一：在“数据”选项卡“排序和筛选”组中单击“筛选”按钮。

方法二：在“开始”选项卡“编辑”组中单击“排序和筛选”下拉按钮，选中“筛选”选项。

方法三：使用快捷键 Ctrl+Shift+L。

进入自动筛选状态后，数据表的列标题处会出现一个下拉按钮，单击下拉按钮，在展开的下拉框中设置筛选条件，如图 6-75 所示。设置好筛选条件后，将在数据表区域显示出符合条件的各行数据，不符合条件的数据行被隐藏。

（2）取消自动筛选状态。在“数据”或“开始”选项卡，找到“筛选”按钮或 筛选(F) 选项，单击取消选中状态，即可取消自动筛选状态。或者在自动筛选状态下按快捷键 Ctrl+Shift+L，也可以取消筛选状态。无论按什么条件进行筛选，当取消自动筛选状态后，列标题上的下拉箭头按钮消失，恢复数据表的初始状态，显示全部数据。

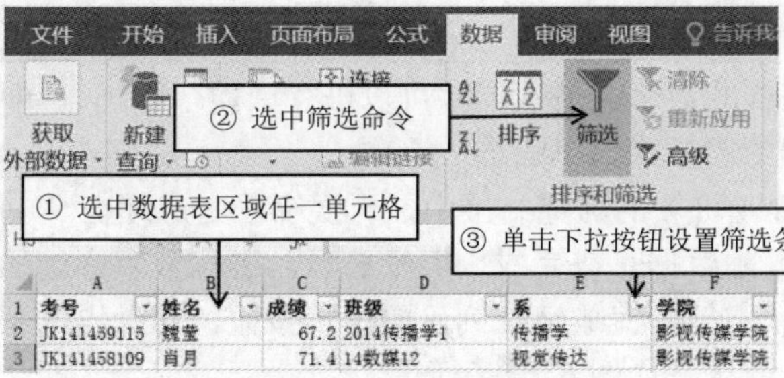

图 6-75 自动筛选设置

2. 根据条件列的内容选择筛选条件

如图 6-76 所示为在某数据表中筛选出班级为“会计 4 班”的数据。进入筛选状态后，单击条件列（如“班级”）标题后的下拉按钮，打开下拉列表，在列表底部会显示选择列中内容的分类，直接在前面的复选框中勾选筛选条件（如取消勾选“全选”复选框后，勾选“会计 4 班”复选框），即可按所选内容显示数据。

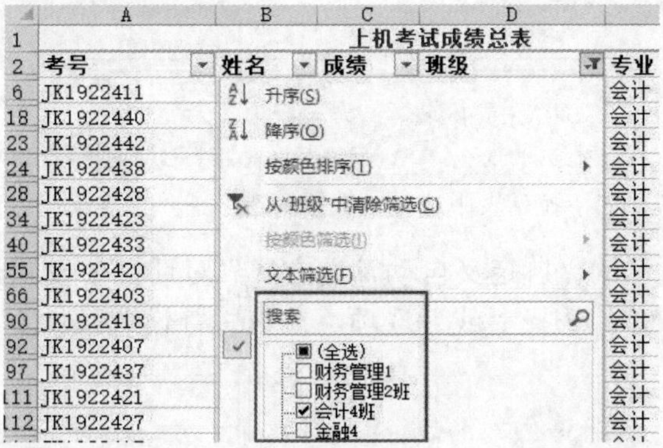

图 6-76 以“班级”列“会计 4 班”为单条件筛选

注意：

（1）可以同时选择多个选项，如筛选出班级为“会计 1”“会计 2”的数据，则在列表中勾选相应的班级名称即可。

（2）设置过筛选条件的下拉按钮形状为漏斗状，再次设置筛选条件时将在当前显示的数据范围内筛选。

（3）要取消当前列的筛选结果，可在列标题对应的下拉列表中选择清除筛选结果选项，如 从"班级"中清除筛选(C)。

（4）要取消所有筛选结果，则单击“数据”选项卡“排序和筛选”组中的“清除”按钮 清除。

3. 设置筛选结果的显示顺序

在自动筛选状态，可以设置数据按某列数据升序或降序显示，但并不改变数据所在行的行号，即物理顺序不变，取消自动筛选状态后，数据仍恢复原物理顺序显示。因此筛选中的升序或降序选项只是改变显示顺序，与排序操作不同。

例如，在图 6-76 所示的数据表中设置按“考号”升序显示数据，操作方法为在“考号”列单击下拉箭头按钮，在弹出的下拉列表中选择“升序”选项 升序(S)。

4. 设置数字筛选条件

对于“成绩”列这样的数字类型数据，可以进行“数字筛选”，即在列标题后单击下拉按钮，在弹出的下拉列表中选择“数字筛选”选项。

例如，在“14 财管 4 班”的筛选结果中，再次筛选出成绩在 90 分以上（包括 90 分）以及不及格（小于 60 分）的数据。在完成班级筛选后，进行数字筛选的操作过程如下。

（1）在自动筛选状态单击“成绩”列后的下拉按钮，在弹出的下拉列表中选择“数字筛选”→“自定义筛选”命令，如图 6-77 所示。

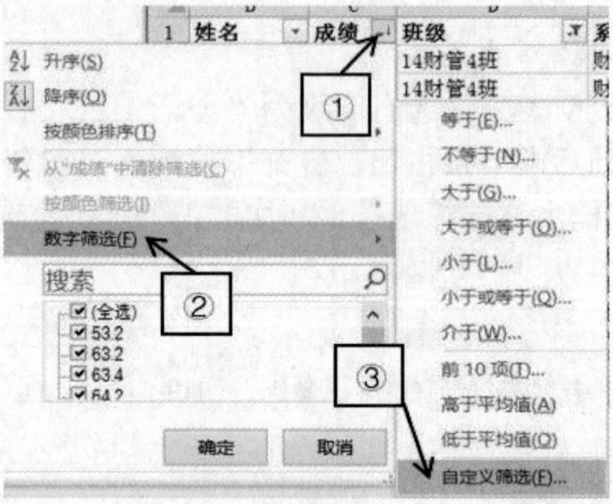

图 6-77 在下拉列表中选择“数字筛选”→“自定义筛选”命令

（2）在如图 6-78 所示的“自定义自动筛选方式”对话框中设置筛选条件。在第一行设置条件 1 为“大于或等于 90”，选择“或”选项，在第二行设置条件 2 为“小于 60”。

图 6-78 “自定义自动筛选方式”对话框

（3）单击“确定”按钮进行筛选，筛选结果如图 6-79 所示。

	A	B	C	D	E
1	考号	姓名	成绩	班级	系
112	JK141923419	刘可	91.2	14财管4班	财管
164	JK141923433	周子	90	14财管4班	财管
2090	JK141923406	董湘	53.2	14财管4班	财管

图 6-79 筛选结果

5. 设置其他筛选条件

前面介绍了按条件列的内容筛选和数字筛选。按内容筛选如在“性别”列筛选“男”或“女”，数字筛选属于按条件列的数据类型设置筛选条件。除了数字筛选，还有文本筛选、日期筛选等。在自动筛选状态，除了以上筛选方式，还可以按条件列的单元格背景或文本颜色进行筛选，操作方法类似，这里不再赘述。

6.5.3　分类汇总

使用分类汇总功能可以将大量的数据分类后进行汇总计算，并显示各级别的汇总信息。使用分类汇总的数据表必须要有列标题，Excel 2016 使用列标题来决定如何创建数据分组，以及如何计算。

1. 创建简单分类汇总

创建分类汇总时，要设定分类字段和汇总项。为了保证分类结果的正确，需要先对分类字段对应的列进行排序。如果要对汇总项进行求和、求平均值等数值运算，则要求汇总项选择的列必须是数字型数据。

例如，在图 6-80 所示的“图书销售情况表”中使用分类汇总，求各销售分部的销售额。即在工作表中按“经销部门”分类，对“销售额（元）”列的数据求和。创建分类汇总的步骤如下。

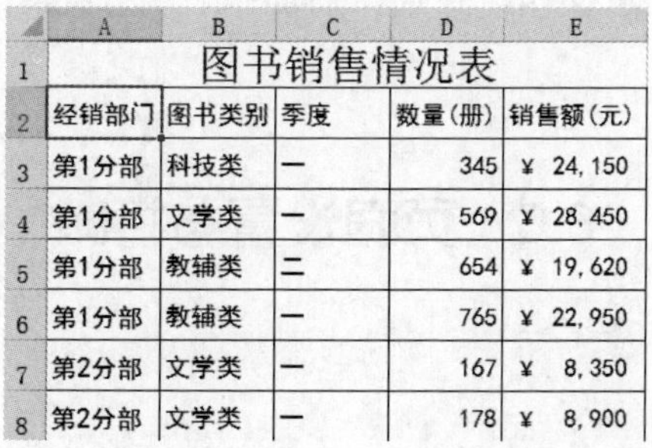

	A	B	C	D	E
1	图书销售情况表				
2	经销部门	图书类别	季度	数量(册)	销售额(元)
3	第1分部	科技类	一	345	¥ 24,150
4	第1分部	文学类	一	569	¥ 28,450
5	第1分部	教辅类	二	654	¥ 19,620
6	第1分部	教辅类	一	765	¥ 22,950
7	第2分部	文学类	一	167	¥ 8,350
8	第2分部	文学类	一	178	¥ 8,900

图 6-80　按“经销部门”排序的图书销售情况表

（1）按分类项排序。单击分类项 A 列数据区域中任一单元格，单击“数据”选项卡中“升序”或“降序”按钮进行排序。

（2）设置分类汇总。在“数据”选项卡中单击“分级显示”组中的“分类汇总”按钮。弹出“分类汇总”对话框，如图 6-81 所示，设置“分类字段”为“经销部门”，“汇总方式”为“求和”，“选定汇总项”为“销售额（元）”，单击“确定”按钮，进行分类汇总后的效果如图 6-82 所示。

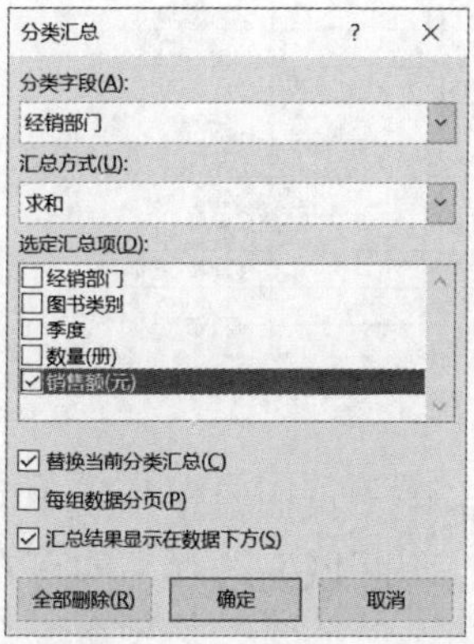

图 6-81　“分类汇总”对话框

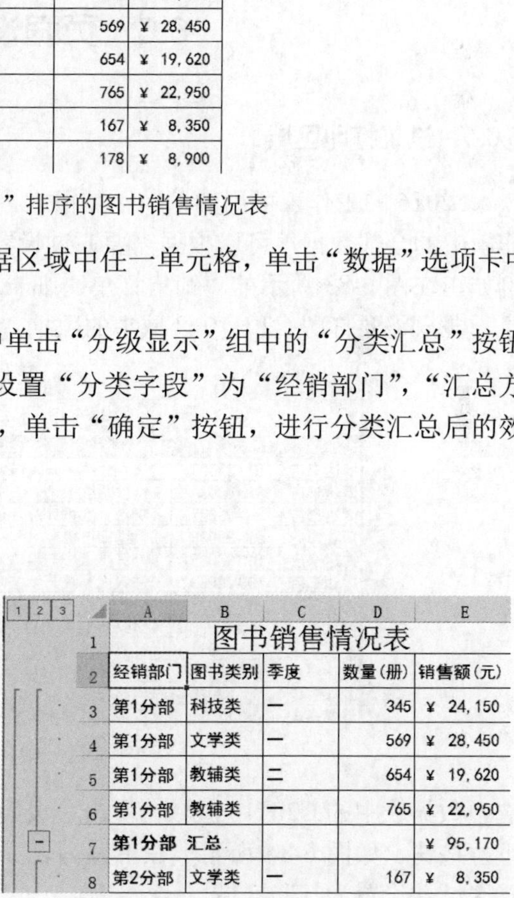

	A	B	C	D	E
1	图书销售情况表				
2	经销部门	图书类别	季度	数量(册)	销售额(元)
3	第1分部	科技类	一	345	¥ 24,150
4	第1分部	文学类	一	569	¥ 28,450
5	第1分部	教辅类	二	654	¥ 19,620
6	第1分部	教辅类	一	765	¥ 22,950
7	第1分部 汇总				¥ 95,170
8	第2分部	文学类	一	167	¥ 8,350

图 6-82　分类汇总结果

2. 分级显示数据

建立了分类汇总的工作表，数据是分级显示的，并在左侧显示级别，如图 6-82 所示的分类汇总后的工作表在左侧列表中显示了 3 级分类。分级显示时，可使用左侧的展开按钮或折叠按钮显示或隐藏数据。

（1）单击按钮，显示一级数据，即汇总项的总和，如总销售额。

（2）单击按钮，显示一级和二级数据，二级数据为经销部门分类项汇总，如第 1 分部销售额合计、第 2 分部销售额合计等。

（3）单击按钮，显示一、二、三级数据。

3. 清除分类汇总

如果要清除分类汇总，可再次单击“数据”→“分类汇总”按钮，打开“分类汇总”对话框，单击“全部删除”按钮，即可清除分类汇总，显示初始的数据表。

4. 创建嵌套的分类汇总

如果要根据多个分类字段对数据表进行分类汇总，则要按分类字段的级别进行多关键字排序，之后再多次执行分类汇总操作，并且在后面执行分类汇总操作时，需取消勾选“替换当前分类汇总”复选框。

6.6 页面设置与打印

6.6.1 设置打印区域

Excel 2016 的工作表可用的编辑区域很大，数据表内容可以有很多，因此如果不想打印当前工作表中的全部数据，可以根据需要通过设置打印区域来确定要打印的内容。

例如，在图 6-83 所示的“销售订单明细表”中，现在只需要打印“博达书店”的图书销售信息，即只需要打印 C2:H10 区域中的数据，则需要先设置打印区域，设置方法如下。

	C	D	E	F	G	H
1	销售订单明细表					
2	书店名称	图书编号	图书名称	单价	销量（本）	小计
3	博达书店	BK-83033	《嵌入式系统开发技术》	44.00	5	220.00
4	博达书店	BK-83034	《操作系统原理》	39.00	41	1599.00
5	博达书店	BK-83027	《MySQL数据库程序设计》	40.00	21	840.00
6	博达书店	BK-83030	《数据库技术》	41.00	1	41.00
7	博达书店	BK-83035	《计算机组成与接口》	40.00	43	1720.00
8	博达书店	BK-83033	《嵌入式系统开发技术》	44.00	33	1452.00
9	博达书店	BK-83027	《MySQL数据库程序设计》	40.00	22	880.00
10	博达书店	BK-83028	《MS Office高级应用》	39.00	38	1482.00
11	鼎盛书店	BK-83021	《计算机基础及MS Office应用》	36.00	12	432.00
12	鼎盛书店	BK-83028	《MS Office高级应用》	39.00	32	1248.00
13	鼎盛书店	BK-83029	《网络技术》	43.00	3	129.00
14	鼎盛书店	BK-83031	《软件测试技术》	36.00	3	108.00

图 6-83 销售订单明细表

选中数据表中的 C2:H10 区域，单击“页面布局”选项卡中“页面设置”组中的“打印区域”下拉按钮，如图 6-84 所示，在下拉列表中选择“设置打印区域”选项，即可在数据表中的选择区域并设置为打印区域。

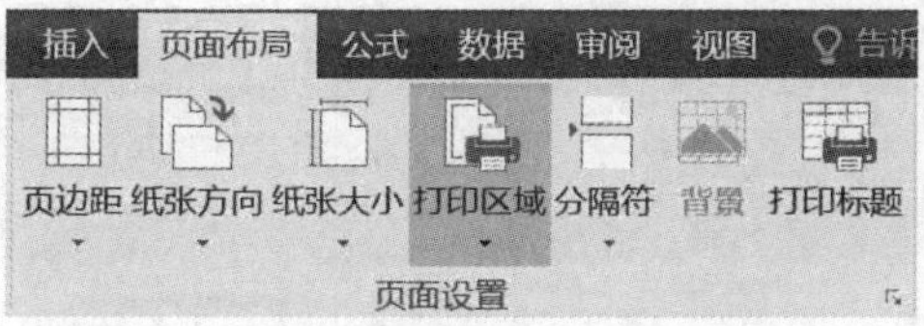

图 6-84　“页面布局”→“页面设置”组

6.6.2　页面设置

在“页面布局”选项卡中单击“页面设置”组右下角的打开对话框按钮，打开“页面设置”对话框。下面以打印“销售订单明细表”为例，在“页面设置”对话框进行如下设置。

1. “页面”选项卡

“页面设置”对话框的“页面”选项卡如图 6-85 所示，可以在其中设置打印纸张的大小、方向，打印内容的缩放及打印质量和起始页码等。

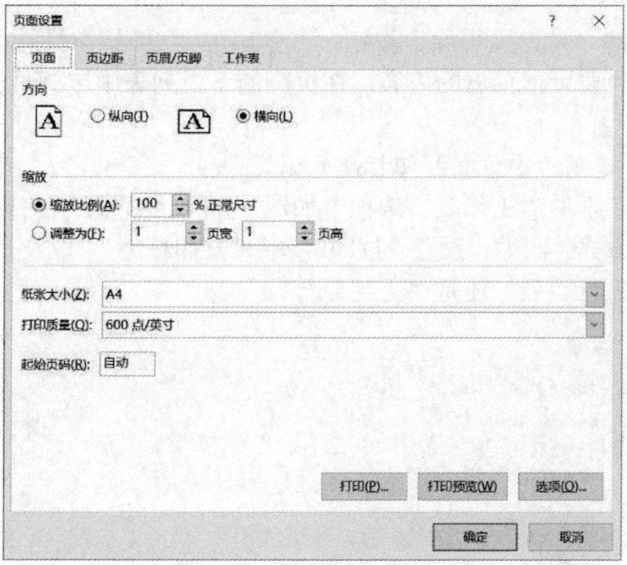

图 6-85　“页面设置”对话框

例如，在“页面”选项卡的“方向”组中选择“横向”按钮 ◉ 横向，可设置纸张的方向为横向。

2. “页边距”选项卡

“页面设置”对话框的“页边距”选项卡如图 6-86 所示，可以在其中设置打印区域距打印纸张上、下、左、右边缘的数值，页眉和页脚上、下边距的数值，以及打印内容在页面中水平和垂直方向是否居中等。

例如，单击“上”下面的微调按钮或直接输入上边距的数值，在“页眉”下面单击微调按钮或输入页眉上边距的数值。勾选“居中方式”下的“水平”复选框，设置水平居中。

3. “页眉/页脚”选项卡

“页面设置”对话框的“页眉/页脚”选项卡如图 6-87 所示，可以使用样式或自定义页眉页脚处显示的内容，以及页眉页脚的显示方式等。

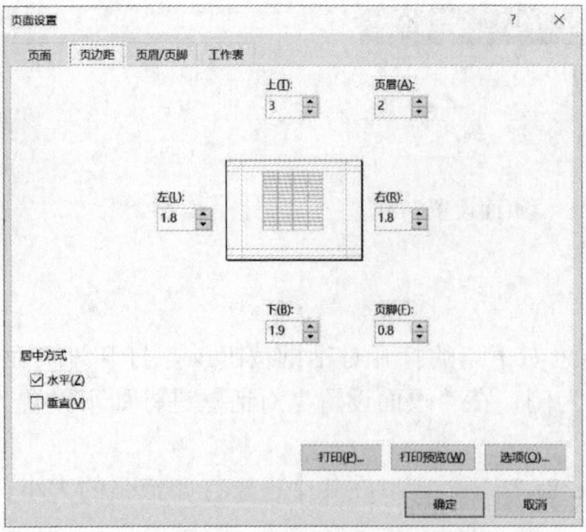

图 6-86 “页边距”选项卡

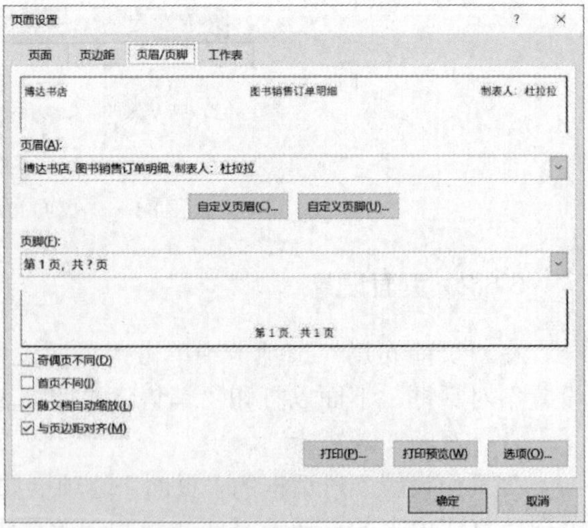

图 6-87 “页眉/页脚”选项卡

例如，单击其中的“自定义页眉”按钮，在弹出的“页眉”对话框中，分别在左、中、右 3 个区域选择或输入要设置页眉的内容，在页脚的下拉列表中选择页脚的样式为“第 1 页，共 ? 页”。

4. 在“工作表”选项卡中设置打印标题的位置

“页面设置”对话框的“工作表”选项卡如图 6-88 所示，可以在其中设置有关工作表中要打印的数据及打印方式。例如，设置“打印区域”“打印标题”，以及是否打印网格线、行号列标，打印顺序是“先行后列”还是“先列后行”。

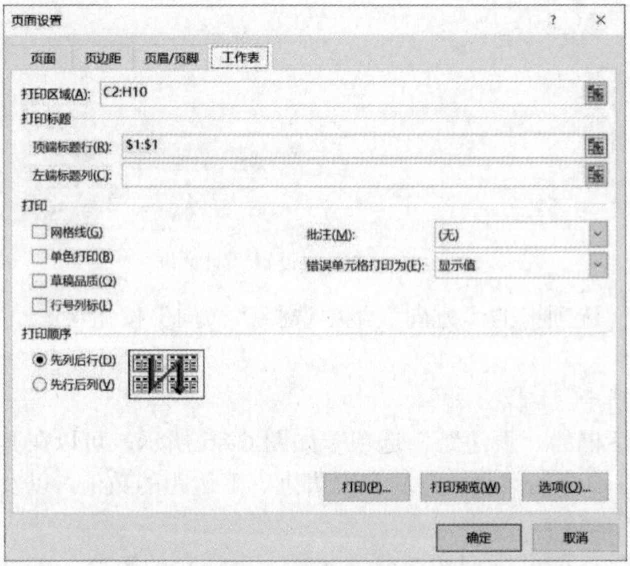

图 6-88 “工作表”选项卡

例如，在图 6-83 所示的“销售订单明细表”中，设置打印区域时，并没有包含表格 A1 单元格中的标题。如果需要在打印时加入该标题，可以在“页面设置”对话框的“工作表”选项卡中设置“顶端标题行”为“销售订单明细表”所在区域$1:$1。

6.6.3　打印预览及打印

通过 Excel 2016 的打印预览功能，用户可以在打印工作表之前先浏览工作表的打印效果。如果发现不符合打印要求的地方，还可以及时修改。因此，在正式打印之前，需多次进行打印预览。

打印预览与打印在同一窗口，通过以下方法可以打开如图 6-89 所示的打印及预览窗口。

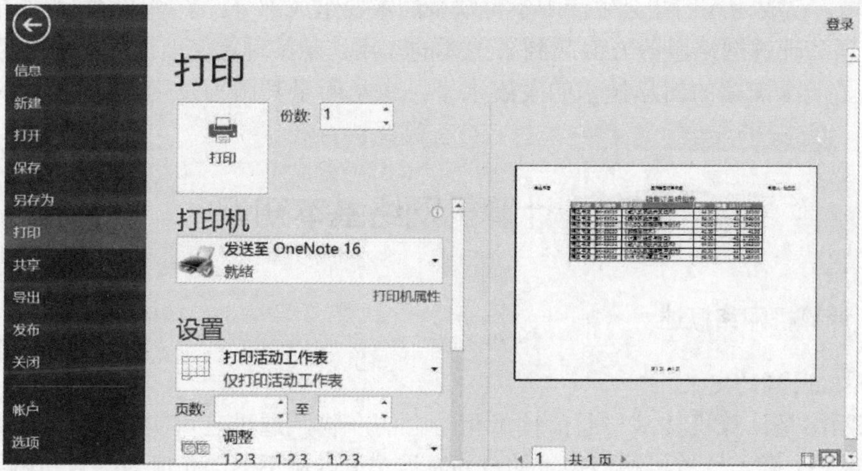

图 6-89　打印及预览窗口

方法一：使用快捷键 Ctrl+P。

方法二：在“文件”选项卡中选择“打印”命令。

方法三：在“页面设置”对话框中单击“打印预览”按钮。

6.6.4　打印多张工作表

Excel 2016 在默认情况打印活动工作表，如果设置了打印区域，则按设置的区域打印。如果要打印多张工作表或整个工作簿，有以下几种操作方法。

（1）打印多张工作表：同时选中需要打印的多张工作表，然后执行打印操作。

（2）打印整个工作簿：在如图 6-89 所示的打印及预览窗口中，单击“设置”下拉按钮，在打开的下拉列表中选择“打印整个工作簿”选项。

第 7 章　计算机网络知识

计算机网络是计算机技术和通信技术结合的产物。现在，计算机网络的应用遍布全球，覆盖各个领域，已成为人们社会生活中不可缺少的重要组成部分。了解计算机网络的基本知识，对人们在管理和理解网络服务方面起到了重要的作用。从某种意义上讲，计算机网络的发展水平不仅反映了一个国家的信息技术的发展水平，也是衡量其国力及现代化程度的重要标志之一。

7.1　计算机网络基本知识

7.1.1　计算机网络概述

1. 计算机网络的定义

计算机网络是计算机技术与通信技术相结合的产物，通过它可实现远程通信、远程信息处理和资源共享。随着计算机网络技术的更新发展，可以从不同的角度对计算机网络进行描述。目前，人们对计算机网络通常的定义是：计算机网络就是利用通信设备和线路把地理位置不同、功能独立的多个计算机系统互相连接，在网络操作系统的支持下，按照约定的网络通信协议进行数据通信，由功能完善的网络软件实现网络中的资源共享和信息传递的计算机系统。简单概括为一句话就是，计算机网络就是自主计算机（能够独立工作的计算机）的互连。

上面提到的“资源”，包括计算机系统的硬件资源和软件资源。

2. 计算机网络的发展

计算机网络从 20 世纪 60 年代开始发展至今，经历了从简单到复杂、从单机到多机、由终端与计算机之间的通信演变成计算机与计算机之间的直接通信的过程，主要包括以下几个发展阶段。

（1）远程连机阶段。为了共享主机资源和数据处理，用一台计算机与多台用户终端相连，用户通过终端命令以交互方式使用计算机，人们把它称为远程联机系统。

（2）多机互联网络阶段。多个主计算机通过通信线路互联起来为用户提供服务。这里的多个主计算机都有自主处理的能力，它们之间不存在主从关系，为用户提供服务的是大量分散而又互连在一起的多台独立的计算机。典型代表是美国的 ARPANET（阿帕网），现在流行的互联网就是以其为骨干网络发展起来的。

（3）标准化网络阶段。以前的网络大都由科学研究单位、大学或计算机公司各自研制，没有统一的网络体系结构，这种网络之间想实现互联是十分困难的。为了实现更大的信息交换与共享，必须开发新一代的计算机网络，这就是开放式、标准化的计算机网络。国际标准化组织（International Standardization Organization，ISO）经过多年的工作，于 1984 年正式颁布了一个名为“开放系统互联参考模型”（OSI/RM）的国际标准。

（4）网络互联与高速网络阶段。进入 20 世纪 90 年代，建立在计算机技术、通信技术基础上的计算机网络技术得到了迅猛的发展。特别是 1993 年美国宣布建立国家信息基础设施（National Information Infrastructure，NII）后，全世界许多国家纷纷制订和建立本国的 NII，大力建设信息高速公路，从而极大地推动了计算机网络技术的发展，使计算机网络进入一个崭新的阶段，这就是计算机网络互联与高速网络阶段。

目前，全球以 Internet 为核心的高速计算机互联网络已经形成，Internet 已经成为人类最重要的、最大的知识宝库。网络互联和高速计算机网络成为第四代计算机网络。

一般说来，计算机网络的主要功能为信息共享，例如：

- 人们可以在一台计算机上控制网络中的另一台计算机来播放音乐。
- 用户如果正使用一台没有 DVD 或 Blue-Ray（蓝光）播放器的计算机，那么他可以使用网络来实现在他人的计算机上播放 DVD 或蓝光电影，而在自己的显示器中收看。
- 用户可以通过网络来连接打印机、扫描仪或传真机，使其成为网络设备，通过联网进行操作。
- 用户可以在一台计算机中建立文件、存储文档，而在另一台计算机中进行访问。

2. 计算机网络的特点

从上面提到的计算机网络的定义中，可以总结出计算机网络的一些特点。

（1）计算机网络中，计算机的数量是多台（至少是两台），而不是一台。

（2）计算机网络中的每台计算机都是能够独立工作的独立计算机系统，而不是类似于小型计算机所提供的终端设备。

（3）处在不同地点的多台计算机通过通信设备和通信线路进行连接，从而使各自具备独立功能的计算机系统成为一个整体。

（4）在连接起来的计算机网络系统中需要有完善的通信协议、信息交换技术、网络操作系统等软件对连接在一起的计算机硬件系统进行统一管理，从而实现数据通信、远程信息处理、资源共享等多种功能。

3. 计算机网络的功能

计算机网络能够提供的主要功能如下。

（1）数据通信。通信和数据传输是计算机网络的主要功能，通过该功能，可以在网络中的各台计算机系统之间传送各种信息、数据。利用这项功能，地理位置分散的不同部门可以通过计算机网络连接在一起，进行集中控制和管理，也可以通过计算机网络传送内部电子邮件、发布消息公告、进行电子数据交换等。这样，在很大程度上方便了用户，提高了工作效率。

（2）资源共享。资源共享是计算机网络的重要功能。通过资源共享，可以使网络中分布在不同计算机中的各种零散资源被集中使用，从而提高了资源的利用率。资源共享包括硬件资源共享和软件资源共享。

- 硬件资源共享：可以在计算机网络覆盖的范围内提供对存储设备、输入输出设备等资源的共享，如现在非常流行的网络云存储，多台计算机共用的网络打印机等。
- 软件资源共享：可以共享服务器端的软件，如在线考试系统；也可以共享数据，如浏览网站服务器中的网页信息。

7.1.2 计算机网络的分类

由于计算机本身技术的日益发展和应用越来越广泛，因此形成了各种不同类型的计算机网络。计算机网络的分类方式有很多种，可以按照覆盖的地理范围、传输速率、传输介质、拓扑结构等多种方式进行分类。

1. 按覆盖的地理范围划分

按覆盖的地理范围，可将计算机网络分成局域网、城域网、广域网 3 种类型。

（1）局域网（Local Area Network，LAN）：指由近距离的计算机连接成的网络，分布范围一般在几米至几十千米之间。局域网是我们接触最多的一类网络，小到一间办公室，大到整座建筑物，甚至一个校园、一个社区，它们都可以通过建立局域网来实现资源共享和数据通信。局域网的广泛应用正在使我们的生活方式发生着巨大的改变。与后面要讲到的广域网和城域网相比，局域网最大的特点就是分布范围小、布线简单、使用灵活、通信速度快、可靠性高、传输中误码率低，并且它被某个组织完全拥有，这个组织有建立它、完善它的权利，同时也有拆除它的权利。

（2）城域网（Metropolitan Area Network，MAN）：是局域网的延伸，用于局域网之间的连接，网络规模局限在一座城市的范围内，覆盖的地理范围从几十千米至几百千米。

（3）广域网（Wide Area Network，WAN）：指在一个很大地理范围（从数百千米到数千千米，甚至上万千米）将许多局域网相互连接而成的网络。广域网是将远距离的网络和资源连接起来的任何系统，主要用于一个地区、行业甚至在全国范围内组网，达到资源共享的目的。覆盖全球范围的 Internet 是目前最大的广域网。

2. 按传输介质划分

传输介质是网络中连接通信双方的物理通道。按照网络中所使用的传输介质，可将计算机网络分为以下两种。

（1）有线通信网：采用同轴电缆、双绞线、光纤等物理介质来传输数据的网络。

（2）无线通信网：采用红外、卫星、微波等无线电波来传输数据的网络。

3. 按拓扑结构划分

根据拓扑结构，网络可分为星形网络、总线型网络、树形网络、环形网络和网状网络。

4. 按使用范围划分

按使用范围网络可以分为公用网、专用网。公用网又称为公众网，是为全社会所有的人提供服务的网络；专用网为一个或几个部门所拥有，只为拥有者提供服务。

7.1.3 计算机网络的组成

计算机网络的组成主要包括三要素：两台或两台以上独立的计算机；连接计算机的通信设备和传输介质；网络软件，包括网络操作系统和网络协议。

1. 网络中的计算机

（1）客户机为前台处理机，是发送请求给服务器进程，要求其提供服务的计算机，一般采用中、低档计算机。

（2）服务器为后台处理机，是为网络提供资源并对这些资源进行管理的计算机。服务器有文件服务器、通信服务器、数据库服务器等，其中文件服务器是最基本的服务器。服务器一般由较高档的计算机来承担。文件服务器要有丰富的资源，如高性能处理器、足够大的内存、大容量的硬盘、打印机等，这些资源能提供给网络用户共同使用。

2. 网络通信设备

（1）网络适配器。网络适配器又称网卡，是计算机网络中最基本的元素。在计算机网络中，如果有一台计算机没有网卡，那么这台计算机将不能与其他计算机通信，也就是说，这台计算机和网络是分开的。

如今的网卡技术已经非常成熟，基本不会出现因为网卡过于落后而造成网速偏低的情况。所以现在判断一款网卡是否优秀的主要标准，就是网卡是否能够维持网络稳定，以及能够同时处理多少数据流。稳定的工作频率以及优秀的硬件配合就可以保持网速的稳定，而数据流的处理量就要取决于网卡本身的性能了，越好的网卡可以同时处理的数据流越多。笔记本电脑的网卡一般还要担负着 Wi-Fi 连接的任务，这种网卡会加装蜂窝天线以进行信号的搜集。此外，也可以将本身网络信号加工为 Wi-Fi 热点供其他电子设备使用。对于这种网卡，除了要关注其本身的性能外，还要关注蜂窝天线的质量，好的天线的信号接受范围会更广，网络连接也会更稳定。

网卡的主要功能如下：

- 主机与介质的桥梁设备。
- 实现主机与介质之间的电信号匹配。
- 提供数据缓冲能力。
- 控制数据传送，一方面负责接收网络上传过来的数据包，解包后将数据通过总线传输给本地计算机，另一方面将本地计算机上的数据打包后送入网络。

（2）中继器（Repeater，RP）。中继器是工作在物理层上的连接设备，适用于类型、协议完全相同的两个网络的互连，其主要功能是通过对数据信号的重新发送或者转发，扩大网络传输的距离。当数据信号在网络线路上传输时，由于存在损耗，传输的信号功率会逐渐衰减，衰减到一定程度时，将造成信号失真，从而导致数据接收错误。中继器负责在两个节点的物理层上按位传递信息，完成信号的复制、调整和放大，用于扩展局域网网段的长度（仅用于连接网段相同的局域网，有的中继器也可以完成不同媒体的转接工作）。从理论上讲，中继器的使用范围是无限的，网络也因此可以无限延长。事实上这是不可能的，因为网络标准中都对信号的延迟范围做了具体的规定，数据信号经过中继器后就会有一定的延迟，所以中继器只能在规定范围内进行有效的工作，否则会引起网络故障。

（3）集线器（Hub）。集线器的主要功能是对接收到的信号进行再生、整形、放大，以扩大网络的传输距离，同时把所有节点集中在以它为中心的节点上。它工作于 OSI 参考模型第一层，即物理层。集线器与网卡、网线等传输介质一样，属于局域网中的基础设备，采用 CSMA/CD（带冲突检测的载波监听多路访问技术）介质访问控制机制。集线器每个接口只进行简单的收发比特操作，收到 1 就转发 1，收到 0 就转发 0，不进行碰撞检测。

集线器属于纯硬件网络底层设备，基本上不具有类似于交换机的记忆能力和学习能力。它也不具备交换机所具有的 MAC 地址表，所以它发送数据时都是没有针对性的，采用广播方式发送。也就是说，当它要向某节点发送数据时，不是直接把数据发送到目的节点，而是把数据包发送到与集线器相连的所有节点。

集线器是一个多端口的转发器，当以集线器为中心设备时，网络中某条线路产生了故障并不影响其他线路的工作。所以集线器在局域网中得到了广泛应用。大多数的时候，它用在星形与树形网络拓扑结构中，以 RJ45 接口与各主机相连（也有 BNC 接口）。

（4）网桥（Bridge）。网桥是早期的两端口二层网络设备，用来连接不同网段。网桥的两个端口分别有一条独立的交换信道，不共享一条总线，可隔离冲突域。网桥比集线器性能更好，集线器上各端口都是共享同一条背板总线的。后来随着技术的发展，网桥被具有更多端口且同时可隔离冲突域的交换机所取代。

网桥像一个聪明的中继器。中继器从一个网络电缆里接收信号，放大它们，将其送入下一个网络电缆。网桥是利用对帧进行转发的技术，根据MAC分区块，可隔离碰撞。网桥将网络的多个网段在数据链路层连接起来。

网桥也叫桥接器，是连接两个局域网的一种存储和转发设备，能将一个大的网络分割为多个网段，或将两个以上的网络互联为一个逻辑网络，使网络上的所有用户都可访问服务器。扩展局域网最常见的方法是使用网桥。最简单的网桥有两个端口，复杂些的网桥可以有更多的端口。网桥的每个端口与一个网段相连。

（5）交换机（Switch）。交换机是一种用于电信号转发的网络设备。它可以为接入交换机的任意两个网络节点提供独享的电信号通路。最常见的交换机是以太网交换机，其他常见的还有电话语音交换机、光纤交换机等。一般来说，交换机的每个端口都用于连接一个独立的网段，但有时为了提供更快的接入速度，我们可以把一些重要的网络计算机直接连接到交换机的端口上，这样，网络的关键服务器和重要用户就拥有更快的接入速度，支持更大的信息流量。交换机除了能够连接同种类型的网络之外，还可以在不同类型的网络（如以太网和快速以太网）之间起到互连作用。如今，许多交换机都能够提供支持快速以太网或FDDI等的高速连接端口，用于连接网络中的其他交换机或者为带宽占用量大的关键服务器提供附加带宽。

像集线器一样，交换机提供了大量可供线缆连接的端口，这样可以采用星形拓扑布线。交换机的基本功能如下：

- 像中继器、集线器和网桥那样，当转发数据时，交换机会重新产生一个不失真的方形电信号。
- 像网桥那样，交换机在每个端口上都使用相同的转发或过滤逻辑。
- 像网桥那样，交换机将局域网分为多个冲突域，每个冲突域都具有独立的宽带，因此大大提高了局域网的带宽。
- 除了具有网桥、集线器和中继器的功能以外，交换机还提供了更先进的功能，如虚拟局域网（Virtual Local Area Network，VLAN）和更高的性能。

（6）路由器（Router）。路由器是一种计算机网络设备，能将数据打包，通过一个个网络传送至目的地（选择数据的传输路径），这个过程也称为“路由”。路由器是连接两个以上各别网络的设备，路由器工作在OSI参考模型的第三层——网络层。路由器是连接Internet中各局域网、广域网的设备，它会根据信道的情况自动选择和设定路由，以最佳路径，按前后顺序发送信号。路由器是互联网络的枢纽，即“交通警察”。目前路由器已经广泛应用于各行各业，它的各种不同档次的产品已成为实现各种骨干网内部连接、骨干网间互联、骨干网与互联网互联互通业务的主力军。路由器和交换机之间的主要区别就是，交换机工作在OSI参考模型第二层（数据链路层），而路由工作在第三层。这一区别决定了路由器和交换机在传输信息的过程中需使用不同的控制信息，所以两者实现各自功能的方式是不同的。路由器具有判断网络地址和选择IP路径的功能，能在多网络互联环境中建立灵活的连接，可用完全不同的数据分组和介质访问方法连接各种子网。路由器只接受源站或其他路由器的信息，属于网络层的一种互联设备。它不关心各子网使用的硬件设备，但要求运行与网络层协议相一致的软件。

（7）网关（Gateway）。网关又称网间连接器、协议转换器。网关在传输层上用于实现网络互连，是最复杂的网络互连设备之一，仅用于两个高层协议不同的网络互连。网关既可以用于广域网互连，也可以用于局域网互连。网关是一种担当转换重任的计算机系统或设备。在使用不同的通信协议、数据格式或语言，甚至体系结构完全不同的两种系统之间，网关是一个翻译器。与网桥只是简单地传达信息不同，网关对收到的信息要重新打包，以适应目的系统的需求。同时，网关也可以提供过滤和安全功能。大多数网关运行在 OSI 参考模型的顶层——应用层。

3. 网络传输介质

（1）双绞线。双绞线是局域网中使用最普遍的传输介质，特点是性能好、价格低、布线简单。双绞线采用了一对互相绝缘的金属导线，以绞合的方式来抵御一部分外界电磁波干扰。把两根绝缘的铜导线按一定密度互相绞在一起，可以降低信号干扰的程度，每一根导线在传输中辐射的电波会被另一根线上发出的电波抵消。常见的双绞线有 3 类线、5 类线、超 5 类线、6 类线以及 7 类线，前面的线径细而后面的线径粗。3 类线的传输频率为 16MHz，用于语音传输及最高传输速率为 10Mbps 的数据传输，主要用于 10BASE-T 网络。5 类线增加了绕线密度，外套一种高质量的绝缘材料，传输频率为 100MHz，用于语音传输和最高传输速率为 100Mbps 的数据传输，主要用于 BASE-T 和 10BASE-T 网络，这是最常用的以太网电缆。超 5 类线具有衰减小、串扰少的特点，并且具有更高的衰减与串扰的比值和信噪比、更小的时延误差，性能得到很大提高。超 5 类线的传输速率范围为 150～155Mbps。6 类线的传输频率范围为 1～250MHz。6 类线布线的传输性能远远高于超 5 类线的标准，适用于传输速率高于 1Gbps 的场景。7 类线是近期使用的一种双绞线，主要为了适应万兆位以太网技术的应用和发展，但它不再是一种非屏蔽双绞线，而是一种屏蔽双绞线，所以它的传输频率至少可达 500MHz，是 6 类线的 2 倍以上，传输速率可达 10Gbps。

（2）同轴电缆。同轴电缆是有两个同心导体，而导体和屏蔽层又共用同一轴心的电缆。最常见的同轴电缆由用绝缘材料隔离的铜线导体组成，在里层绝缘材料的外部是另一层环形导体及其绝缘体，然后整个电缆用由聚氯乙烯或特氟纶材料制作的护套包住。

目前较常用的是 50Ω和 75Ω的同轴电缆。75Ω同轴电缆常用于有线网，故称为 CATV（Cable Television，有线电视）电缆，传输频率可达 1GHz，目前常用的 CATV 电缆的传输频率为 750MHz。50Ω同轴电缆主要用于基带信号传输，传输频率为 1～20MHz，总线型以太网就使用 50Ω同轴电缆，在以太网中，50Ω细同轴电缆的最大传输距离为 185m，粗同轴电缆可达 1000m。

（3）光纤。光纤作为宽带接入的一种主流方式，有着通信容量大、中继距离长、保密性能好、适应能力强、体积小重量轻、原材料来源广、价格低廉等优点，未来在宽带互联网接入领域中的应用会非常广泛。

光纤传输具有以下突出优点。

1）频带宽。频带的宽窄代表传输容量的大小。载波的频率越高，可以传输信号的频带宽度就越大。目前单个光源的带宽只占了其中很小的一部分（多模光纤的频带约几百兆赫，好的单模光纤可达 10GHz 以上），采用先进的相干光通信可以在 30000GHz 范围内安排 2000 个光载波进行波分复用，可以容纳上百万个频道。

2）损耗低。在同轴电缆组成的系统中，电缆在传输800MHz信号时，每千米的损耗都在40dB以上。相比之下，光导纤维的损耗则要小得多，传输1.31μm的光，每千米损耗在0.35dB以下；若传输1.55μm的光，每千米损耗更小，可达0.2dB以下，这比同轴电缆的功率损耗小得多，即其能传输的距离要大得多。此外，光纤传输损耗还有两个特点：一是在全部有线电视频道内具有相同的损耗，不需要像电缆干线那样必须引入均衡器进行均衡；二是其损耗几乎不随温度而变，不用担心因环境温度变化而造成干线电平的波动。

3）重量轻。因为光纤非常细，单模光纤芯线直径一般为4～10μm，外径也只有125μm，加上防水层、加强筋、护套等，用4～48根光纤组成的光缆直径还不到13mm，比标准同轴电缆的直径47mm要小得多，加上光纤是玻璃纤维，比重小，所以它具有直径小、重量轻的特点，安装十分方便。

4）抗干扰能力强。因为光纤的基本成分是石英，只传光，不导电，不受电磁场的作用，在其中传输的光信号不受电磁场的影响，故光纤传输对电磁干扰、工业干扰有很强的抵御能力。也正因为如此，在光纤中传输的信号不容易被窃听，利于保密。

5）保真度高。因为光纤传输一般不需要中继放大，所以不会因为放大引入新的非线性失真。只要激光器的线性好，就可高保真地传输信号。实际测试表明，好的调幅光纤系统的载波组合三次差拍比（C/CTB）在70dB以上，交扰调制比（CM）也在60dB以上，远高于一般电缆干线系统的非线性失真指标。

6）工作性能可靠。我们知道，一个系统的可靠性与组成该系统的设备数量有关。设备越多，发生故障的机会越大。光纤系统包含的设备数量少（不像电缆系统那样需要几十个放大器），可靠性自然也就高，加上光纤设备的寿命都很长，无故障工作时间达50万～75万小时，其中寿命最短的是光发射机中的激光器，最低寿命也有10万小时。故一个设计良好、正确安装调试的光纤系统的工作性能是非常可靠的。

（4）无线网络传输。无线网络上网可以简单理解为无线上网，几乎所有智能手机、平板电脑和笔记本电脑都支持无线上网，这是当今使用最广的一种无线网络传输技术。实际上就是把有线网络信号转换成无线信号，使用无线路由器供支持其技术的相关电脑、手机、平板等接收信号。手机如果有无线保真功能的话，在有Wi-Fi无线信号的时候就可以不通过移动、联通的网络上网，节省了流量费。Wi-Fi是一种允许电子设备进行连接到一个无线局域网（Wireless Local Area Network，WLAN）的技术，通常使用2.4G UHF或5G SHF ISM 射频频段。无线局域网通常是有密码保护的，但也可以是开放的，这样就允许任何在WLAN范围内的设备进行连接。Wi-Fi是一个无线网络通信技术的品牌，由Wi-Fi联盟持有，其目的是改善基于IEEE 802.11标准的无线网络产品之间的互通性。有人把使用IEEE 802.11系列协议的局域网就称为Wi-Fi，甚至把Wi-Fi等同于无线网际网络（Wi-Fi是WLAN的重要组成部分）。

（5）卫星通信。卫星通信是利用人造地球卫星作为中继站来转发无线电波，从而实现两个或多个地球站之间的通信。人造地球卫星根据对无线电信号放大的有无和转发功能，可以分为有源人造地球卫星和无源人造地球卫星。由于无源人造地球卫星反射下来的信号太弱，无实用价值，于是人们致力于研究具有放大、变频转发功能的有源人造地球卫星，即通过通信卫星来实现卫星通信。其中绕地球赤道运行的周期与地球自转周期相等的同步卫星具有优越性能，利用同步卫星进行通信已成为主要的卫星通信方式。不在地球同步轨道上运行的低轨卫星多在卫星移动通信中应用。

卫星通信简单地说就是地球上（包括地面和低层大气中）的无线电通信站间利用卫星作为中继进行的通信。卫星通信系统由卫星和地球站两部分组成。卫星通信的特点是：通信范围大，只要在卫星发射的电波所覆盖的范围内，从任何两点之间都可进行通信；不易受陆地灾害的影响，可靠性高；只要设置地球站电路即可开通，同时可在多处接收，能经济地实现广播、多址通信（多址特点）；电路设置非常灵活，可随时分散过于集中的话务量；同一信道可用于不同方向或不同区间。

4. 网络软件

网络软件一般是指系统的网络操作系统、网络通信协议和应用级的提供网络服务功能的专用软件。在计算机网络环境中，网络软件主要用于支持数据通信和各种网络活动。连入计算机网络的系统，通常根据系统本身的特点、能力和服务对象，配置不同的网络应用系统。其目的是让本机用户使用网络中其他系统的共享资源，或是把本机系统的功能和资源提供给网中其他用户使用。为此，每个计算机网络都制定了一套全网共同遵守的网络协议，并要求网中每个主机系统配置相应的协议软件，以确保网中不同系统之间能够可靠、有效地相互通信和合作。

网络操作系统是用于管理网络软、硬资源，提供简单网络管理的系统软件。常见的网络操作系统有 UNIX、Netware、Windows NT、Linux 等。UNIX 是一种强大的分时操作系统，以前在大型机和小型机上使用，现在已经向个人计算机过渡。UNIX 支持 TCP/IP 协议簇，安全性、可靠性强，缺点是操作使用复杂。常见的 UNIX 操作系统有 SUN 公司的 Solaris、IBM 公司的 AIX、HP 公司的 HP UNIX 等。Netware 是 Novell 公司早期开发的局域网操作系统，使用 IPX/SPX 协议簇，2011 年的 Netware 5.0 也支持 TCP/IP 协议簇，安全性高、可靠性较强，其优点是具有 NDS 目录服务，缺点是操作使用较复杂。Windows NT 操作系统是微软公司为解决将个人计算机作为服务器而设计的，操作简单方便，但安全性较低、可靠性较差，常用于中小型网络。Linux 是一个免费的网络操作系统，源代码完全开放，是 UNIX 操作系统的一个分支，内核基本和 UNIX 操作系统一样，具有 Windows NT 操作系统的界面，操作简单，但应用程序较少。

网络通信协议是网络中计算机交换信息时的约定，规定了计算机在网络中互通信息的规则。互联网采用的协议是 TCP/IP 协议簇，该协议簇也是应用最广泛的协议之一，其他常见的协议还有 Novell 公司的 IPX/SPX 协议族等。

7.1.4 计算机网络的拓扑结构

计算机网络的拓扑结构指计算机网络中的通信线路和节点相互连接的几何排列方法和模式。网络的拓扑结构可以从逻辑结构和物理结构的角度来看，物理结构主要侧重于网络繁多的结构组成，如设备位置，光缆的安装；而逻辑结构则主要侧重于网络中数据流的流向。由此可以看出，逻辑结构主要由物理结构决定。拓扑结构影响着整个网络的设计、功能、可靠性和通信费用等许多方面，是决定局域网性能优劣的重要因素之一。

网络拓扑结构主要可分成两大类：物理拓扑结构和逻辑拓扑结构。

用于连接设备的布线布局是网络的物理拓扑结构。这指的是布线的布局、节点的位置以及节点与布线之间的互连。网络的物理拓扑是由网络访问设备和媒介的传输能力、控制能力或容错级别以及与电缆或通信电路相关的成本所决定的。

相反，逻辑拓扑结构指信号在网络媒体上的作用方式，或者数据通过网络从一个设备传到另一个设备的方式，而不考虑设备的物理互连。网络的逻辑拓扑结构不一定与物理拓扑结构相同。例如，使用中继器集线器的原始双绞线以太网是一个具有物理星形拓扑布局的逻辑总线型拓扑；令牌环是一个逻辑环形拓扑结构，但它是由媒体访问单元连接的物理星形结构。

网络拓扑结构基本包含了以下几种基本拓扑：星形、总线型、环形、树形、网状或混合型。

1. 星形网络

星形网络必须有一个中心节点，网络中的每一个远程节点与中心节点之间都有一条单独的通信线路，所有与中心节点通信的远程节点都通过各自的通信线路进行工作，彼此互不干扰。如果各远程节点之间要进行通信，都必须经过中心节点的转接。中心节点是其他节点之间进行相互通信的唯一中继节点。其形状像星星一样，故称为星形网络，如图 7-1 所示。

图 7-1　星形网络

优点：单点故障不影响全网，结构简单，节点维护管理容易，故障隔离和检测容易，延迟时间较短。

缺点：成本较高，资源利用率低，网络性能过于依赖中心节点。

2. 总线型网络

总线型网络采用一种高速的物理通路，一般称为总线。网络上的各个节点都通过相应的硬件接口直接与总线相连接，源信号向连接在总线电缆上的所有节点方向传递，直到它找到预期的接收方为止。如果机器地址与数据的预期地址不匹配，机器将忽略数据；如果数据与机器地址匹配，则接收数据。由于总线拓扑仅由一根线组成，所以与其他拓扑相比，它的实现成本相当低。然而，实现该技术的低成本被管理网络的高成本所抵消。总线型网络如图 7-2 所示。

优点：结构简单，价格低廉，安装使用方便。

缺点：故障诊断和隔离比较困难。

图 7-2　总线型网络

3. 环形网络

在环形网络中，每台入网的计算机都先连接到一个转发器（或中继器）上，再将所有的转发器通过高速的点-点式物理连接成为一个环型。网络上的信息都是单向流动的，从任何一个源转发器发出的信息，经环路绕一个方向传送一周后又返回到该源转发器。环形网络如图 7-3 所示，上面的每个节点都是通过转发器来接收与发送信息的，每个节点都有一个唯一的节点地址，信息按分组格式形成，每个分组都包含了源地址和目的地址。当信息到达某个转发器后，其目的地址与该节点地址相同时，该节点就接收该信息。由于是多个节点共享一个环路，为了防止冲突，在环形网络上设置了一个唯一的令牌，只有获得令牌的节点才能发送信息。

图 7-3　环形网络

优点：简化路径选择控制，传输延迟固定，实时性强，可靠性高。

缺点：节点过多时，影响传输效率；环某处断开会导致整个系统的失效，节点的加入和撤出过程复杂。

4. 树形网络

树形结构是星形结构的扩展，树形网络可以看成是由多个星形网络按层次方式排列构成。网络的最高层通常是核心网络设备（亦称为树根节点），最底层（或称为叶子）常为终端或计算机。其他各层可以是计算机或路由器等其他网络设备。

优点：结构比较简单，成本低。扩充节点方便灵活。

缺点：对根的依赖性大。

5. 网状网络

网状网络没有固定的连接形式，是最一般化的网络结构。网络中的任何一个节点一般都至少有两条链路与其他节点相连，它既没有一个自然的中心，也没有固定的信息流向。这种网络的控制往往是分布的，所以，又可称为分布式网络，网状网络如图 7-4 所示。

图 7-4 网状网络

优点：具有较高的可靠性，某一线路或节点有故障时，不会影响整个网络的工作。

缺点：结构复杂，需要路由选择和流控制功能，网络控制软件复杂，硬件成本较高，不易管理和维护。

7.1.5 计算机网络体系结构

计算机网络采用通信协议实现，这些协议程序的实现构成了计算机网络的软件部分，通信协议的集合形成了计算机网络的体系结构。为了减小设计的复杂性，网络的体系结构一般按层次结构组织，每一层协议定义了它具有的功能、它和下一层的接口以及它对上一层的服务。下面简单介绍国际标准化组织提出的 OSI 参考模型（OSI Reference Model），该模型又称开放系统互连参考模型（Open System Interconnect Reference Model，OSI-RM）。

1. ISO/OSI 模型

OSI 模型把计算机中的通信过程划分为如下 7 个不同层次，每一个层次完成一个特定的明确的功能，并按协议相互通信。

第 1 层是物理层（Physical Layer），主要负责处理信号在通信介质上的传输问题，包含信号的编码等。这一层涉及机械、电气、功能和规程等方面的一些协议，在局域网中物理层上的功能基本在网卡上实现。

第 2 层为数据链路层（Data Link Layer），这一层的主要任务是保证连接着的两台机器之间的数据传输无错误。数据链路层分为逻辑链路控制（Logical Link Control，LLC）和介质访问控制（Media Access Control，MAC）两个子层，MAC 子层主要定义广播网络中如何控制共享介质的访问。数据链路层的格式一般称为帧（Frame）。数据链路层的地址为 MAC 地址，也称为物理地址或硬件地址。

第 3 层为网络层（Network Layer），其主要涉及点到点网络中的通信子网，主要负责在通信子网中选择适当的路径（也称路由），当通信子网负载很重时，还要控制流入子网的信息流。网络层的信息格式称为报文分组（Packet），网络层的地址通常称为 IP 地址。

第 4 层称为传输层（Transmission Layer），它负责从上一层接收数据，并按一定格式把数据分成若干传输单元，然后交给网络层。传输层的信息格式一般称为报文段（Segment）。因为源站点（发送消息的机器）的传输层从上一层接收数据后，要和目的站点（接收消息的机器）的传输层建立一种连接，通常这种连接是一种源站到目的站的无缝连接，因此传输层的协议通常称为端到端的协议。

第 5 层、第 6 层和第 7 层分别称为会话层（Session Layer）、表示层（Presentation Layer）和应用层（Application Layer），这几层主要针对应用而设置。会话层允许不同机器上的用户在彼此之间建立一条会话连接，然后进行文件传输或远程注册等应用操作。表示层通常完成不同机器间的代码转换操作，如数据的加解密工作。应用层涉及常用的应用协议，如 HTTP、FTP、Telnet、E-mail 等。

OSI 模型是一种概念化的模型，实际中使用的网络体系结构一般遵循它的一些基本原则，但在具体实现上更讲究实用性，OSI 模型层次如图 7-5 所示。例如，实际中一般的网络体系结构没有 7 层，OSI 模型中的第 5 层、第 6 层和第 7 层在这些体系结构中通常合为一层。

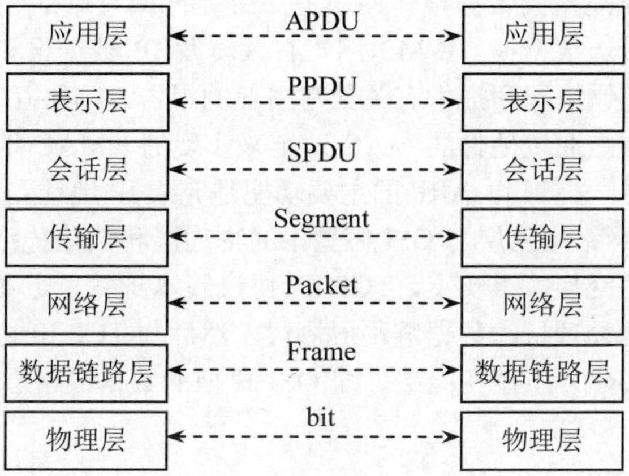

图 7-5　OSI 模型层次

2. TCP/IP 协议簇

TCP/IP 协议簇是一组用于实现网络互连的通信协议。TCP/IP 协议簇的特点是支持不同操作系统的网络工作站，操作系统可以是 UNIX，也可以是 Windows。TCP/IP 协议簇的网络环境往往是异构形的。TCP/IP 协议簇与底层的数据链路层和物理层无关，它广泛支持各种通信网，可实现不同网络上的两台计算机之间的端-端连接。TCP/IP 协议簇实际上是一组协议的总称，其中网络接口层什么都没有定义，是 TCP/IP 协议簇与各种 LAN 或 WAN 的接口。Internet 网络体系结构以 TCP/IP 协议簇为核心。基于 TCP/IP 协议簇的参考模型将协议分成 4 个层次，分别是应用层、传输层、网络层（主机到主机）和网络接入层（主机到网络）。

（1）应用层。应用层对应于 OSI 模型的高层，为用户提供所需要的各种服务，例如 FTP、Telnet、DNS、SMTP 等。在不同机型上广泛实现的协议有文件传输协议（FTP）、远程登录协议（Telnet）、简单邮件传送协议（SMTP）、域名服务（DNS）。FTP 在网络上实现文件共享，用户可以访问远程计算机上的文件，进行有关文件的操作，如复制等。Telnet 允许网上一台计算机作为另一台的虚拟终端，用户可在仿真终端上操作网上远程计算机，利用这种功能来享用远程计算机上的资源。SMTP 保证在网络上任何两个用户之间能互相传递报文，它提供报文发送和接收的功能，并提供收发之间的确认和响应。DNS 是一个名字服务的协议，提供主机名字到 IP 地址的转换，允许对名字资源进行分散管理。

（2）传输层。传输层对应于 OSI 模型的传输层，为应用层实体提供端到端的通信功能，保证了数据包的顺序传送及数据的完整性。该层定义了两个主要的协议：传输控制协议（TCP）和用户数据报协议（UDP）。TCP 提供的是一种可靠的、通过“三次握手”来连接的数据传输服务，而 UDP 提供的则是不保证可靠的（并不是不可靠）、无连接的数据传输服务。TCP 是 TCP/IP 协议簇的核心，处于传输层，保证不同网络上两个节点之间可靠的端-端通信。如果底层网络具有可靠的通信功能，传输层就可以选择比较简单的 UDP。UDP 是不可靠的，UDP 报文可能会出现丢失、重复、失序等现象。

（3）网络层。网络层对应于 OSI 模型的网络层，主要解决主机到主机的通信问题。它所包含的协议负责处理数据包在整个网络上的逻辑传输，注重重新赋予主机一个 IP 地址来完成对主机的寻址，还负责数据包在多种网络中的路由。该层有三个主要协议：网际协议（IP）、互联网组管理协议（IGMP）和互联网控制报文协议（ICMP）。IP 是网际互联层最重要的协议，它提供的是一个可靠、无连接的数据报传递服务。IP 是网间互联的无连接的数据报协议，其基本任务是通过互联网传送数据报。ICMP 用于有效转发 IP 数据报和提高交付成功的机会，允许主机或路由器报告差错情况和提供有关异常情况的报告。网络互联通过 IP 来实现，但实际上在数据传输时，数据是通过硬件的 MAC 地址来实现的（MAC 地址是网卡等网络设备在世界网络范围内的一个唯一标识）。ARP 的主要功能是完成 IP 地址到 MAC 地址的映射。

（4）网络接入层。网络接入层与 OSI 模型中的物理层和数据链路层相对应。它负责监视数据在主机和网络之间的交换。事实上，TCP/IP 协议簇本身并未定义该层的协议，而由参与互连的各网络使用自己的物理层和数据链路层协议，然后与 TCP/IP 协议簇的网络接入层进行连接。地址解析协议（ARP）工作在此层，即 OSI 模型的数据链路层。TCP/IP 协议簇结构如图 7-6 所示。

图 7-6　TCP/IP 协议簇结构

为了更好地理解 TCP/IP 协议簇的特点，下面将 TCP/IP 协议簇和 OSI 模型进行对比，如图 7-7 所示。

OSI 模型	TCP/IP 协议族
应用层	应用层（HTTP　Telnet　FTP　SNMP　SMTP　DNS）
表示层	
会话层	
传输层	传输层（TCP　UDP）
网络层	网络层（IP　ICMP　ARP　RARP）
数据链路层	网络接口层
物理层	

图 7-7　OSI 模型与 TCP/IP 协议簇对比

二者的相同点如下。

- OSI 模型和 TCP/IP 协议簇都采用了层次结构的概念。
- OSI 模型和 TCP/IP 协议簇都能够提供面向连接和无连接两种通信服务机制。

二者的不同点如下。

- OSI 模型采用 7 层模型，而 TCP/IP 协议簇采用 4 层结构。
- TCP/IP 协议簇的网络接口层实际上并没有真正的定义，只是一些概念性的描述。而相应的 OSI 模型不仅分了两层，而且每一层的功能都很详尽，甚至在数据链路层又分出一个介质访问子层，专门解决局域网的共享介质问题。
- OSI 模型是在协议开发前设计的，具有通用性。TCP/IP 协议簇是先有协议集然后建立模型，不适用于非 TCP/IP 网络。
- OSI 模型与 TCP/IP 协议簇的传输层功能基本相似，都是负责为用户提供真正的端对端的通信服务，也对高层屏蔽了底层网络的实现细节。不同的是 TCP/IP 协议簇的传输层是建立在网络互联层基础之上的，而网络层只提供无连接的网络服务，所以面向连接的功能完全在 TCP 中实现。当然，TCP/IP 协议簇的传输层还提供无连接的服务，如 UDP。相反，OSI 模型的传输层是建立在网络层基础之上的，网络层既提供面向连接的服务，又提供无连接的服务，但传输层只提供面向连接的服务。
- OSI 模型的抽象能力强，适合于描述各种网络。TCP/IP 协议簇是先有了协议，才制定模型的。
- OSI 模型的概念划分清晰，但过于复杂。TCP/IP 协议簇在服务、接口和协议的区别上不清楚，功能描述和实现细节混在一起。
- TCP/IP 协议簇的网络接口层并不是真正的一层，OSI 模型的缺点是层次过多，划分意义不大但增加了复杂性。
- OSI 模型虽然被看好，由于没把握好时机，技术不成熟且实现困难；相反，TCP/IP 协议簇虽然有许多不尽如人意的地方，但目前还是比较成功的。

7.1.6　局域网

1. 局域网的概念

局域网是指在某一区域内由多台计算机互联成的计算机组，一般是方圆几千米以内。局域网可以实现文件管理、应用软件共享、打印机共享、工作组内的日程安排、电子邮件和传真通信服务等功能。局域网是封闭型的，可以由办公室内的两台计算机组成，也可以由一个公司内的上千台计算机组成。通常，局域网包括与服务器相连的计算机和外围设备，如办公室或商业机构。计算机和其他移动设备使用局域网连接来共享资源，如共享打印机或网络存储。局域网建网、维护以及扩展等较容易，系统灵活性高。其主要特点如下。

（1）覆盖的地理范围较小，只在一个相对独立的局部范围内联网，如一座建筑或集中的建筑群内。

（2）使用专门铺设的传输介质进行联网，数据传输速率高（10Mb/s～10^4Mb/s）。

（3）通信延迟时间短，可靠性较高。

（4）局域网可以支持多种传输介质。

2. 局域网的构成

局域网可以供几个用户使用（如在一个小型办公室网络中），也可以在大型办公室中为几百个用户服务。局域网包括网络硬件和网络软件两大部分。它由网卡、传输介质、网络工作站、网络服务器、网间互联设备（中继器、集线器、交换机）、网络系统软件 6 个部分组成。局域网允许用户通过广域网络连接到内部服务器、网站和其他局域网。

3. 局域网拓扑结构

局域网拓扑结构主要有总线型、环形、星形、树形结构等，还有专门用于无线网络的蜂窝状物理拓扑结构。

4. 无线局域网

无线局域网是移动用户通过无线网连接到局域网的一种方式。IEEE 802.11 标准组规定了无线局域网技术。提供使用了以太网协议和避免冲突载波感知多访问（Carrier Sense Multiple Access with Collision Avoidance，CSMA/CA）的 802.11 标准，可以用于包括加密方法和有线等效隐私算法路径共享的网络。

7.2 互 联 网

7.2.1 互联网的概念

互联网有时简称为“网络”，是一个全球性的计算机网络系统，即网络中的网络。在这个网络中，任何一台有权限的计算机都可以从任何其他计算机获取信息（有时还可以直接与其他计算机进行“交谈”）。它是由美国政府的高级研究计划局于 1969 年提出的。这个设计的目标是创建一个网络，让一所大学研究计算机的用户可以与其他大学的计算机进行“对话”。这个网络有一个好处是，由于消息可以在多个方向上路由，即使在遭受军事攻击或其他灾难发生时，网络的某些部分被破坏，整个网络也可以继续运行。

我国早在 1987 年就由中国科学院高能物理研究所首先通过 X.25 租用线实现了国际远程联网，并于 1988 年实现了与欧洲和北美地区的 E-mail 通信。1993 年 3 月，经电信部门的大力配合，开通了由中国科学院高能物理研究所到美国斯坦福大学直线加速中心的高速计算机通信专线。

现在，互联网是一个公共的、合作的、可自我维护的硬件设施，全世界数以亿计的人们都可以使用。从物理上讲，互联网使用了一部分现有公共电信网络的全部资源。从技术上讲，互联网使用了一组名为 TCP/IP 的协议簇。概括起来，互联网由以下 4 部分组成。

1. 通信线路

通信线路是互联网的基础设施，各种各样的通信线路将互联网中的路由器、计算机等连接起来，可以说没有通信线路就没有互联网。互联网中的通信线路归纳起来主要有两类：有线线路（如光缆、铜缆等）和无线线路（如卫星、无线电等），这些通信线路有的由公用数据网提供，有的是单位自己建设。

2. 路由器

路由器是互联网中最为重要的设备，是网络与网络之间联接的桥梁。数据从源主机出发通常需要经过多个路由器才能到达目的主机，当数据从一个网络传输至路由器时，路由器需要根据所要到达的目的地，为其选择一条最佳路径，即指明数据应该沿着哪个方向传输。如果所选的道路比较拥挤，路由器负责指挥数据排队等待。

3. 服务器与客户机

所有连接在互联网上的计算机统称为主机，接入互联网的主机按其在互联网中扮演的角色不同可以分为两类，即服务器和客户机。服务器是互联网服务与信息资源的提供者，而客户机则是互联网服务与信息资源的使用者。作为服务器的主机通常要求具有较高的性能和较大的存储容量，而作为客户机的主机可以是任意一台普通计算机。

4. 信息资源

互联网上信息资源的种类极为丰富，主要包括文本、图像、声音或视频等多种信息类型，涉及科学教育、商业经济、医疗卫生、文化娱乐等诸多方面。用户可以通过互联网查询科技资料、获取商业信息、收听流行歌曲、收看实况转播等。

7.2.2　互联网提供的服务方式

虽然互联网提供的服务越来越多，但这些服务一般都是基于 TCP/IP 协议簇的。互联网的信息服务主要有以下 4 种。

1. WWW 服务

WWW 的含义是 World Wide Web（环球信息网），是一个基于超文本方式的信息查询服务。WWW 是由欧洲粒子物理研究中心（CERN）研制的，通过超文本方式将互联网上不同地址的信息有机地组织在一起。WWW 服务提供了一个友好的界面，大大方便了人们浏览信息，WWW 服务仍然可以提供传统的互联网服务。

2. 文件传输（File Transfer Protocol，FTP）服务

FTP 服务解决了远程传输文件的问题，只要两台计算机都加入互联网并且都支持 FTP，它们之间就可以进行文件传送。FTP 服务实质上是一种实时的联机服务，用户登录到目的服务器上就可以在服务器目录中寻找所需文件。FTP 服务几乎可以传送任何类型的文件，如文本文件、二进制文件、图像文件、声音文件等。一般的 FTP 服务器都支持匿名登录，用户在登录到这些服务器时无须事先注册用户名和口令，只要以 anonymous 为用户名，以自己的 E-mail 地址作为口令就可以访问该 FTP 服务器了。

3. 电子邮件（E-mail）服务

E-mail 服务是一种利用网络交换文字信息的非交互式服务。只要知道对方的 E-mail 地址，就可以通过网络传输转换为 ASCII 码的信息。用户可以方便地接收和转发信件，还可以同时

向多个用户传送信件。E-mail 服务使网络用户能够发送和接收文字、图像和语音等多种形式的信息。使用电子邮件的前提是拥有自己的电子信箱，即 E-mail 地址，实际上就是在邮件服务器上建立一个用于存储邮件的磁盘空间。

4. 远程登录（Telnet）服务

Telnet 服务用于在网络环境下实现资源共享。利用远程登录，用户可以把一台终端变成另一主机的远程终端，从而使用该主机系统允许外部使用的任何资源。它采用 Telnet 协议，使多台计算机共同完成一个较大的任务。

7.2.3 IP 地址和域名地址

1. IP 地址

IP 是英文 Internet Protocol 的缩写，意思是网络之间互连的协议，也就是为计算机网络相互连接进行通信而设计的协议。在互联网中，它是能使连接到网上的所有计算机实现相互通信的一套规则，规定了计算机在互联网上进行通信时应当遵守的规则。任何厂家生产的计算机系统，只要遵守 IP 就可以与互联网互连互通。正是因为有了 IP，互联网才得以迅速发展成为世界上最大的开放的计算机通信网络。因此，IP 也可以叫作互联网协议。

IP 地址被用来给互联网上的计算机一个编号。大家日常见到的情况是每台联网的计算机都需要有 IP 地址才能正常通信。我们可以把个人计算机比作一台电话，那么 IP 地址就相当于电话号码，而互联网中的路由器就相当于电信局的程控式交换机。

IP 地址是一个 32 位的二进制数，通常被分割为 4 个 8 位二进制数（也就是 4 个字节）。IP 地址通常用点分十进制表示成(a.b.c.d)的形式，其中，a,b,c,d 都是 0～255 之间的十进制整数。例如，点分十进制 IP 地址(100.4.5.6)实际上是 32 位二进制数(01100100.00000100.00000101.00000110)。

IP 地址（Internet Protocol Address）是一种在互联网上给主机编址的方式，也称为网际协议地址。常见的 IP 地址分为 IPv4 与 IPv6 两大类，其中 IPv4 地址已于 2019 年全部耗尽。

例如，腾讯首页的 IP 地址为

00001110 00010001 00100000 11010011

14 . 17 . 32 . 211

每个 32 位的 IP 地址被分为网络号和主机号两个部分，如图 7-8 所示。

- 网络号：用于确定计算机从属的物理网络。
- 主机号：用于确定该网络中的一台计算机。

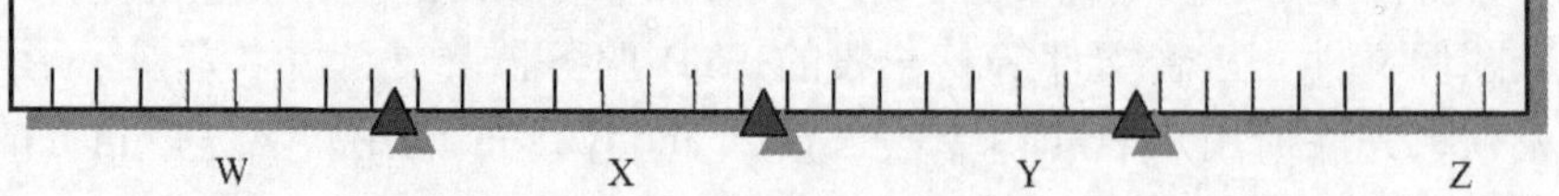

图 7-8 IP 地址结构

将 IP 地址分成网络号和主机号两部分，设计者就必须决定每部分包含多少位。网络号的位数直接决定了可以分配的网络数（计算方法：$2^{\text{网络号位数}}-2$）；主机号的位数则决定了网络中最大的主机数（计算方法：$2^{主机号位数}-2$）。然而，由于整个互联网所包含的网络规模可能比较大，也可能比较小，设计者最后选择了一种灵活的方案：将 IP 地址空间划分成不同的类别，每一类具有不同的网络号位数和主机号位数。

- A 类：10.0.0.0--10.255.255.255。
- B 类：172.16.0.0--172.31.255.255。
- C 类：192.168.0.0--192.168.255.255。

最初设计互联网络时，为了便于寻址以及层次化构造网络，每个 IP 地址包括两个标识码（ID），即网络 ID 和主机 ID。同一个物理网络上的所有主机都使用同一个网络 ID，网络上的一个主机（包括网络上的工作站、服务器和路由器等）有一个主机 ID 与其对应。互联网委员会定义了 5 种 IP 地址类型以适合不同容量的网络，即 A～E 类。

（1）A 类地址。A 类 IP 地址指在 IP 地址的四段号码中，第一段号码为网络号码，剩下的三段号码为本地计算机的号码。如果用二进制表示 IP 地址的话，A 类 IP 地址就由 1 字节的网络地址和 3 字节主机地址组成，网络地址的最高位必须是“0”。A 类 IP 地址中网络标识的长度为 8 位，主机标识的长度为 24 位。A 类网络地址数量较少，可以用于主机数达 1600 多万台的大型网络。A 类 IP 地址结构如图 7-9 所示。

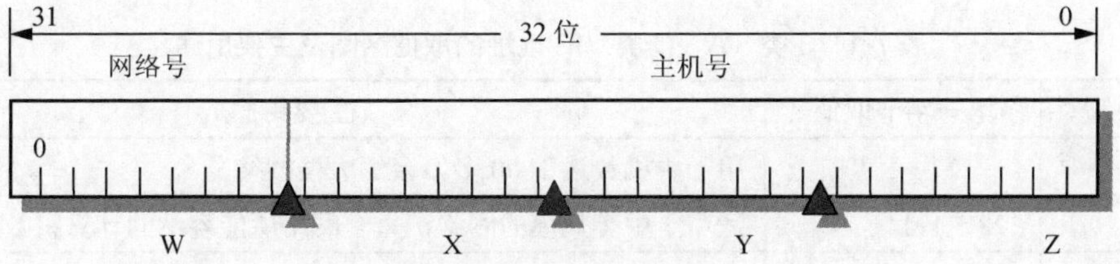

图 7-9　A 类 IP 地址结构

（2）B 类地址。B 类 IP 地址指在 IP 地址的四段号码中，前两段号码为网络号码。如果用二进制表示 IP 地址的话，B 类 IP 地址就由 2 字节的网络地址和 2 字节主机地址组成，网络地址的最高位必须是“10”。B 类 IP 地址中网络标识的长度为 16 位，主机标识的长度为 16 位。B 类网络地址适用于中等规模的网络，每个网络所能容纳的计算机数为 6 万多台。B 类 IP 地址结构如图 7-10 所示。

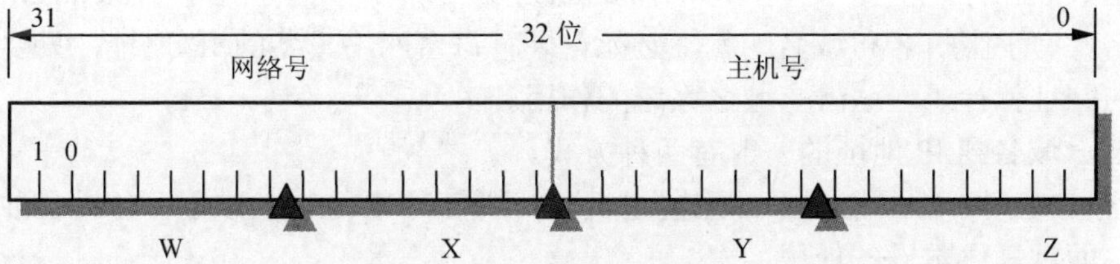

图 7-10　B 类 IP 地址结构

（3）C 类地址。C 类 IP 地址指在 IP 地址的四段号码中，前三段号码为网络号码，剩下的一段号码为本地计算机的号码。如果用二进制表示 IP 地址的话，C 类 IP 地址就由 3 字节的网络地址和 1 字节主机地址组成，网络地址的最高位必须是“110”。C 类 IP 地址中网络标识的长度为 24 位，主机标识的长度为 8 位。C 类网络地址数量较多，适用于小规模的局域网络，每个网络最多只能包含 254 台计算机，C 类 IP 地址结构如图 7-11 所示。

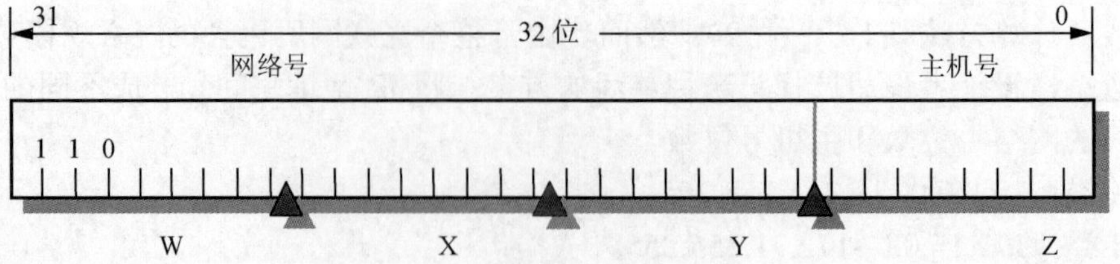

图 7-11　C 类 IP 地址结构

（4）D 类 IP 地址在历史上被叫作多播地址（Multicast Address），即组播地址。在以太网中，多播地址指定了一组用于接收广播数据（类似于现在的“群发”）专用的网段地址。多播地址的最高位必须是“1110”，范围从 224.0.0.0 到 239.255.255.255。IP 地址中的每一个字节都为 0 的地址(0.0.0.0)对应当前主机。IP 地址中的每一个字节都为 1 的 IP 地址(255.255.255.255)是当前子网的广播地址。IP 地址中凡是以“11110”开头的 E 类 IP 地址都保留用于将来和实验使用。IP 地址中不能以十进制“127”作为开头，该类地址中的 127.0.0.1 到 127.255.255.255 用于回路测试。例如，127.0.0.1 可以代表本机 IP 地址，用 http://127.0.0.1 就可以测试本机中配置的 Web 服务器。网络 ID 的第一个 8 位组也不能全置为“0”，全“0”表示本地网络。

3 类（A～C 类）IP 地址的取值区间及主要用途见表 7-1。

表 7-1　3 类（A～C 类）IP 地址的取值区间及主要用途

IP 地址类型	第一字节取值	主要用途
A 类	0～127	用于主机数达 1600 多万台的大型网络
B 类	128～191	适用于中等规模的网络，每个网络所能容纳的计算机数为 6 万多台
C 类	192～223	适用于小规模的局域网络，每个网络最多只能包含 254 台计算机

2. 域名地址

尽管用数字表示的 IP 地址可以唯一确定某个网络中的某台主机，但其不便于记忆。为此，专家们创建了域名系统（Domain Name System，DNS），用“主机名+域名”来表示 IP 地址，为 IP 地址提供了简单的字符表示法。每一个域名必须是唯一的，“主机名+域名”与 IP 地址一一对应，每个 IP 地址都对应一个“网址”。“网址”就是由主机名、域名组成的，主机名和域名之间用小数点隔开。例如，在 www.syu.edu.cn 中，www 为主机名，syu.edu.cn 为沈阳大学注册的域名。有了主机名和域名，就不必死记硬背每台网络设备的 IP 地址，只要记住相对直观有意义的网址就行了，这就是域名系统的作用。

主机名、域名到 IP 地址的映射有两种方式。

（1）静态映射，每台设备上都配置主机名、域名到 IP 地址的映射，各设备独立维护自己的映射表，而且只供本设备使用。

（2）动态映射，建立一套域名解析系统，只在专门的 DNS 服务器上配置主机、域名到 IP 地址的映射，网络上需要使用主机名、域名通信的设备，首先需要到 DNS 服务器查询该主机所对应的 IP 地址。

通过主机名、域名最终得到该主机对应的 IP 地址的过程叫作域名解析（或主机名解析）。在解析域名时，可以首先采用静态域名解析的方法，如果静态域名解析不成功，再采用动态域名解析的方法。可以将一些常用的域名放入静态域名解析表中，这样可以大大提高域名解析效率。

互联网上一台服务器主机标识的一般结构通常为：主机名.三级域名.二级域名.顶级域名。互联网的顶级域名由互联网名称与数字地址分配机构（ICANN）进行登记和管理，该机构还为互联网中的每一台主机分配唯一的 IP 地址。全世界现有 3 个大的网络信息中心：位于荷兰的 RIPE-NIC，负责欧洲地区；位于日本的 APNIC，负责亚太地区；位于美国的 Inter-NIC，负责美国及其他地区。

在互联网上访问一台服务器所采用的完整地址描述被称为 URL（Uniform Resource Locator，统一资源定位符），它是由协议名、主机名、域名构成的。URL 的一般格式举例见表 7-2。

表 7-2　URL 的一般格式举例

单位名称	协议名	主机名	三级域名	二级域名	顶级域名
沈阳大学	http://	www	syu	edu	cn
新浪中国	http://	www	sina	com	cn

其中，主机名由用户自己命名（通常网站首页的主机名为 www，电子邮件服务器的主机名为 mail）；二级域名、三级域名在申请注册时确定；顶级域名是负责管理、分配域名的机构的固定名称。我国的域名注册由中国互联网络信息中心（CNNIC）统一管理。二级域名（机构代码）由 3 个字母组成，常见的顶级域名和二级域名及其含义见表 7-3。

表 7-3　顶级域名和机构代码及其含义

顶级域名	国家或地区名称	二级域名	机构名称
cn	中国	com	商业机构
jp	日本	edu	教育机构
uk	英国	gov	政府机构
ca	加拿大	org	组织机构
de	德国	int	国际机构
kr	韩国	mil	军事机构
fr	法国	net	网络服务机构
ru	俄罗斯		

7.2.4　连接互联网的方式

目前常见的连接互联网的方式有通过光缆上网、通过专线上网、通过有线电视网络上网、通过无线网络上网 4 种。其中通过光缆上网的方式最为普遍。

在学校或工作单位局域网方式上网方式则是最常见的。通过路由器将本地计算机局域网作为一个子网连接到互联网，使得局域网中所有计算机都能够访问互联网，但访问互联网的速率要受局域网出口（路由器）速率和同时访问互联网的用户数量的影响。这种接入方式适用于用户数量多且较集中的情况。

在家庭中由于无线终端的大量增加，无线方式上网则变成大多数家庭的选择。使用无线电波将移动端系统（笔记本电脑、PDA、手机等）和移动运营商的基站连接起来，基站又通过有线方式连入互联网。

7.2.5 IPv6 简介

以往互联网中使用的是 IPv4 协议，简称 IP。由于 IPv4 协议本身导致 IP 地址分配方案不尽合理，如一个 B 类地址的网络理论上可以用约 65000 个 IP 地址，由于没有这么多主机接入，使得部分 IP 地址闲置，并且不能被再分配。另外，IP 地址没有有效分配给需要大量 IP 地址的国家，这样就导致了 IP 地址短缺。全球 IPv4 地址已于 2019 年全部耗尽，目前已采用新一代 IPv6 地址。

IPv6 是互联网工程任务组（Internet Engineering Task Force，IETF）设计的用于替代 IPv4 协议的下一代 IP 协议。IPv6 地址格式采用 128 位二进制来表示，IPv6 所拥有的地址容量约是 IPv4 的 8×10^{28} 倍。它不但解决了网络地址资源数量的问题，同时也为除计算机外的设备连入互联网的数量限制扫清了障碍。

1. IPv6 的特点

（1）IPv6 地址长度为 128 位，地址空间是 IPv4 的 2^{96} 倍。

（2）灵活的 IP 报文头部格式。IPv6 使用一系列固定格式的扩展头部，取代了 IPv4 中可变长度的“选项”字段，使 IP 数据包可以简单地通过路由器，而不对其进行任何处理，加快了报文处理速度。

（3）IPv6 简化了报文头部格式（只有 7 个字段），加快了报文转发，提高了吞吐量。

（4）提高了安全性。身份认证和隐私权是 IPv6 的关键特性。

（5）允许协议继续演变，增加了新的功能，使之适应未来技术的发展。

2. IPv6 的优势

（1）更大的地址空间。地址长度由 32 位扩充到 128 位，彻底解决 IPv4 地址不足的问题；支持分层地址结构，从而更易于寻址。

（2）安全结构。IPv6 自动支持 IP 安全协议（IPSec），强化网络安全。

（3）自动配置。大容量的地址空间能够真正实现无状态地址自动配置，使 IPv6 终端能够快速连接到网络上，无须人工配置。

（4）服务质量功能。IPv6 包的包头包含了实现服务质量（QoS）的字段，通过这些字段可以实现有区别的和可定制的服务。

（5）性能提升。报文分段处理、层次化的地址结构、包头的链接等方面使 IPv6 更适用于高效的应用程序。

（6）可移动性。IPv6 包含了针对移动 IP 地址的结构，一个主机可以漫游到其他网络，同时保持它最初的 IPv6 地址。

（7）简化的包头格式。该特点可有效减少路由器或交换机对报头的处理开销，这对涉及硬件报头处理的路由器或交换机十分有利。

（8）加强了对扩展报头和选项部分的支持。该特点除了让转发更为有效外，还对将来网络加载新的应用提供了支持。

7.3　互联网相关软件

7.3.1　Microsoft Edge 浏览器

Microsoft Edge 浏览器（简称 Edge 浏览器）是一款 Windows 10 系统自带的浏览器。该软件增加了一些新的功能（如可以通过 Edge 浏览器在网页上撰写或输入注释并与他人分享，提供的微软小娜应用等），更注重实用性。Edge 浏览器的一些细节功能包括：支持内置 Cortana 语音功能；内置了阅读器、笔记和分享功能；设计注重实用和极简主义；支持渲染引擎。Edge 浏览器将使用一个“e”字符图标，这与微软公司的 IE 浏览器自 1996 年以来一直使用图标有些类似，但微软操作系统业务主管乔・贝尔菲奥雷表示，当前所使用的“e”图标与过去所使用的图标完全不同，有着更好的寓意。

Edge 浏览器的内核是微软全新开发的 MSHTML 渲染引擎，Edge 浏览器的速度要比 IE 11 浏览器快得多。Edge 浏览器比 IE 浏览器更流畅、外观更精致。IE 浏览器为了兼顾低配置的计算机，可以向下兼容，导致上网速度比较慢，且由于支持旧技术，安全性也难以经受考验，CPU 使用率和耗电量更高。

微软公司已经正式发布了 Edge 87 稳定版，且对这个新版本又进行了大幅的改进，除了使其在使用中更加稳定外，也调整了软件的设计结构，使其对内存、CPU 的占用率大幅降低，这样可以让系统运行更加流畅，同时降低了那些计算机硬件配置不高的用户的负担。微软公司还提供了可以更好地保护用户隐私的新的功能，如避免允许用户意外以“管理员”身份启动浏览器。虽然以“管理员”身份运行或提升权限功能确实能让用户对浏览器拥有更多的管理权限，但也意味着一些后台进程不需要其他额外权限就可以访问敏感内容，这会对用户的安全造成威胁。

图 7-12 所示是启动 Edge 浏览器的方法。

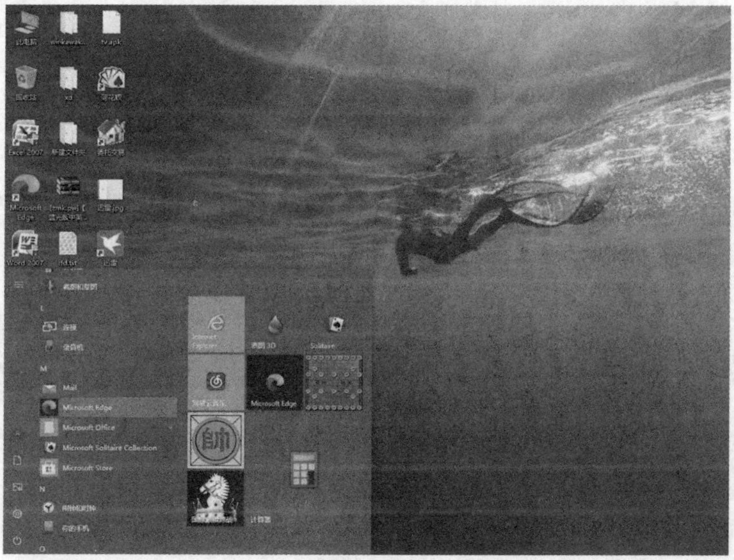

图 7-12　启动 Edge 浏览器的方法

图 7-13 所示是 Edge 浏览器的主界面。

图 7-13　Edge 浏览器的主界面

7.3.2　谷歌浏览器

谷歌浏览器（Google Chrome）是一款由谷歌公司开发的开放原始码网页浏览器。该浏览器是基于其他开放原始代码软件所编写的，包括 WebKit 和 Gecko。WebKit 是苹果计算机所用的操作系统中的浏览器核心引擎，而 Gecko 则是 Mozilla 公司的 FireFox（火狐）浏览器引擎。谷歌浏览器的设计目标是提升稳定性、速度和安全性，并创造出简单且有效率的使用者界面，软件的名称是来自于称作 Chrome 的网络浏览器图形用户界面（Graphical User Interface，GUI）。该软件的 beta 测试版本在 2008 年 9 月 2 日发布，提供 43 种语言版本，适用于个人计算机、苹果计算机和 Linux 操作系统。谷歌浏览器具有以下特点。

（1）不易崩溃。谷歌浏览器多进程架构保护了浏览器不会因恶意网页和应用软件而崩溃。

（2）速度快。谷歌浏览器官方版使用 WebKit 引擎，还具有 DNS 预先截取功能，保证用户打开网页速度快，下载软件速度快。

（3）节省屏幕空间。谷歌浏览器屏幕的绝大部分空间都被用于显示用户访问的站点，屏幕上不会显示谷歌浏览器的按钮和标志。

（4）搜索简单。谷歌浏览器官方版的标志性功能之一是多功能框（Omnibox），Omnibox 能够了解用户的偏好，为用户提供多样的搜索选项。

（5）标签灵活。使用谷歌浏览器，用户可以“抓住”一个标签将它拖放到单独的窗口中，也可以在一个窗口中整合多个标签。

图 7-14 所示是谷歌浏览器的主界面。

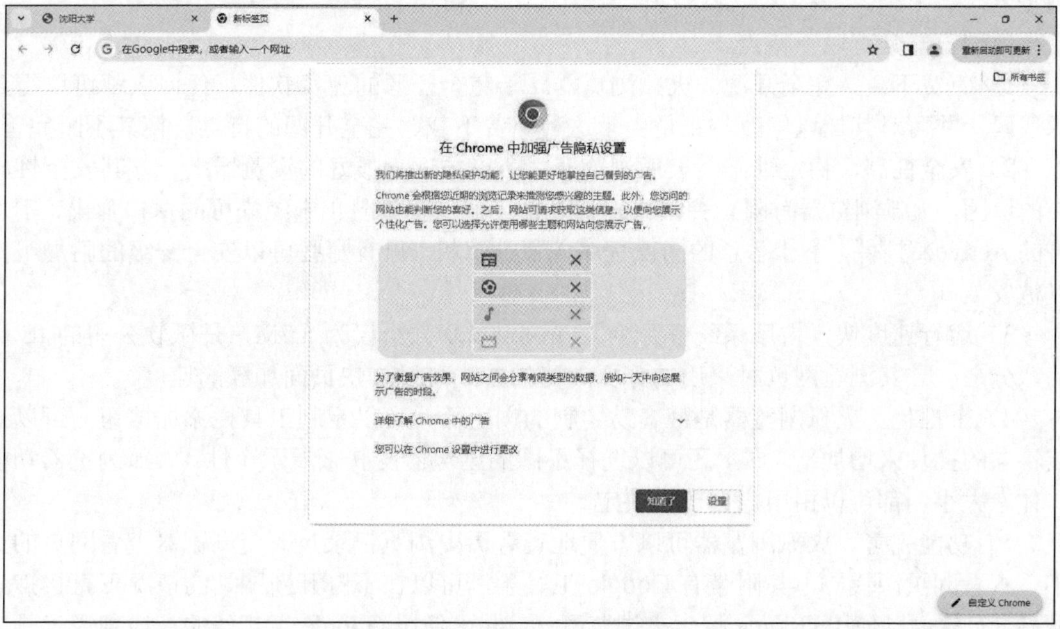

图 7-14　谷歌浏览器主界面

2020 年底，谷歌公司发布了 Chrome 87 正式版，此次更新是多年来 Chrome 浏览器性能的最大提升。这次更新还通过更好地管理资源的标签节流降低了 CPU 使用率，从而提高了系统性能。非活动标签不再频繁地唤醒 CPU，增加了电池续航能力。谷歌公司表示，Chrome 的启动速度最高可提高 25%，加载页面的速度最高可提高 7%。安卓版 Chrome 的性能也将得到提升。谷歌表示，将在 Chrome 87 中逐步推出后退/前进缓存功能，当向后和向前移动时，页面将“几乎瞬间”加载。Chrome 增加了一个新的动作，即删除浏览器历史记录等任务可以从地址栏完成（只需输入删除我的历史记录之类的内容）。它还增加了一个新的功能，用于搜索打开的标签页。在不久的将来，谷歌公司计划在 Chrome 中加入卡牌功能，可以帮助用户回看最近访问过的相关内容。

Mac OS 版 Chrome 87 还更新了图标，现在，Chrome 浏览器的图标背后采用了白色背景。在之前版本的 Chrome 浏览器中没有白色背景，只有标准的彩色 Chrome 标志。

7.3.3　火狐浏览器

Mozilla Firefox 中文俗称“火狐”，是一个自由及开放源代码的网页浏览器，使用 Gecko 排版引擎，支持多种操作系统，如 Windows、Mac OS、GNU、Linux 等。该浏览器提供了两种版本，普通版和延长支持版（Extended Support Release，ESR）。火狐浏览器 ESR 版的升级周期为 42 周，而普通火狐浏览器的升级周期为 6 周。

据 2013 年 8 月浏览器使用情况统计数据，火狐浏览器在全球网页浏览器市场占有率为 76%～81%，用户数在各网页浏览器中排名第三，全球估计有 6450 万用户。在印度尼西亚、德国和波兰的占有率极高，分别为 97.84%、86.41%和 84.31%。自 Firefox 29 起，浏览器界面有很大程度的改变。由于该浏览器开放了源代码，因此还有一些第三方编译版供使用。英国防病毒公司 Sophos 的最新调查数据显示，火狐浏览器连续三年成为最受互联网用户信赖的浏览器。

火狐浏览器具有以下特点。

（1）免费下载，完全开源。火狐浏览器属于完全开源的免费软件，任何人都可以得到它的源代码，并可对其加以修改。正是由于这种免费下载、完全开源的特点，使其不断完善。

（2）安全性高，稳定性好。火狐浏览器之所以被评为最好的浏览器之一，其安全性高是重要的原因。火狐浏览器有阻止弹出式窗口功能，可以有效阻止未经许可的窗口弹出，不加载有害的 ActiveX 控件，不让恶意的间谍程序入侵计算机，只有那些可以安全升级的附加组件才可以被安装。

（3）运行速度快，占用系统资源少。Firofox 2.0 大小仅为 5.7M，是微软公司的 IE 浏览器的八分之一。其浏览网页时采用的分页浏览的方式可以加快页面加载的速度。

（4）个性化。火狐浏览器是最容易定制的浏览器，可以定制工具栏添加按钮，可以选择安装不同的插件来增加新功能，还可以选择不同的浏览器皮肤来展示个性。火狐浏览器功能多少、体态大小，都可以由用户自己来决定。

（5）功能完善。火狐浏览器可以方便地查看历史浏览记录，改变浏览器查看网页的文字大小，查看网页源代码，其附带有 Google 工具条，可以在不打开新网站的情况下直接搜索任何网站，而且可以使用 Google 搜索来浏览网站，并可使用 Google 工具条的在线翻译工具来翻译英文网站，标记关键字的位置等。

图 7-15 所示为火狐浏览器主界面。

图 7-15 火狐浏览器主界面

7.3.4　防火墙

在网络中，“防火墙”是一种将内部网和公众访问网（如互联网）分开的方法，它实际是一种隔离技术。防火墙是在两个网络通信时执行的一种访问控制尺度，能允许用户“同意”的人和数据进入网络，同时将用户“不同意”的人和数据拒之门外，最大限度地防范网络中的黑客。换句话说，如果不通过防火墙，公司内部的人就无法访问互联网，互联网上的人也无法和公司内部的人进行通信。防火墙具有很好的保护作用。入侵者必须首先穿越防火墙的安全防线，才能接触目标计算机。用户可以将防火墙配置成许多不同保护级别。高级别的保护可能会禁止一些服务，如视频流等。

防火墙的功能如下。

（1）防火墙能强化安全策略。

（2）防火墙能有效地记录互联网上的活动。

（3）防火墙限制暴露用户点。防火墙能够用来隔开网络中一个网段与另一个网段，这样便能够防止影响一个网段的问题通过整个网络进行传播。

（4）防火墙是一个安全策略的检查站。所有进出的信息都必须通过防火墙，防火墙便成为了安全问题的检查点，可将可疑的访问拒绝于门外。

（5）除了安全作用，防火墙还支持具有互联网服务特性的企业内部网络技术体系 VPN。

对于一般用户来讲，只要打开 Windows 操作系统自带的防火墙，就可以保证日常的安全访问了。图 7-16 所示为 Windows 操作系统自带的防火墙。

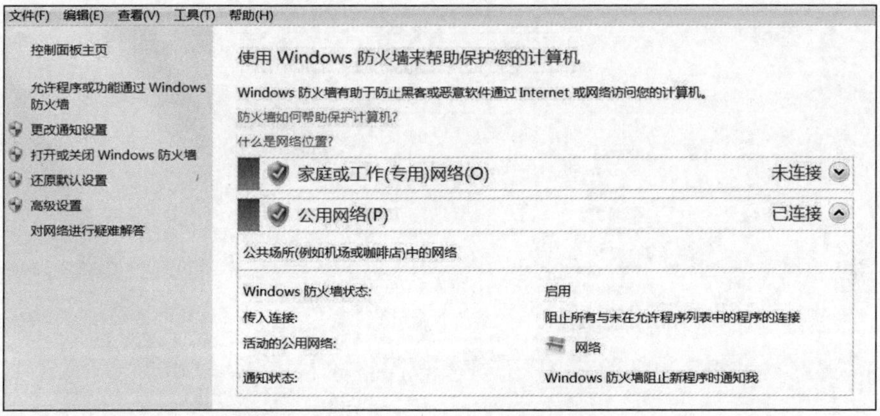

图 7-16　Windows 操作系统自带的防火墙

7.4　互联网提供的服务

7.4.1　信息搜索

互联网是一个巨大的信息资源宝库，用户希望宝库中的资源越来越丰富。每天都有新的主机连接到互联网上，每天都有新的信息资源被添加到互联网中，使互联网中的信息以惊人的速度增长。然而，互联网中的信息资源被分散在无数台主机之中，如果用户想对所有主机的信息都进行一番详尽的考察，无异于痴人说梦。那么用户如何在数百万个网站中快速有效地查找想要得到的信息呢？这就要借助于互联网中的搜索引擎。

搜索引擎指将自动从互联网搜集的信息经过一定整理以后，提供给用户进行查询的系统。互联网上的信息浩瀚万千，毫无秩序，这些信息就像汪洋上的一个个小岛，网页链接是这些小岛之间纵横交错的桥梁，而搜索引擎则为用户绘制了一幅一目了然的信息地图，供用户随时查阅。它们从互联网提取各个网站的信息（以网页文字为主），建立起数据库，并能检索与用户查询条件相匹配的记录，按一定的排列顺序返回结果。

当用户利用关键字查询时，搜索引擎会告诉用户包含该关键字信息的所有网址，并提供通向该网站的链接。常见的中文搜索引擎有百度、必应、360、搜狗等（表 7-4）。图 7-17 所示是 360 搜索主界面。

表 7-4　常用的搜索引擎

搜索引擎	URL 地址
360	http://www.so.com
百度	http://www.baidu.com
必应	http://cn.bing.com
搜狗	http://www.sogou.com

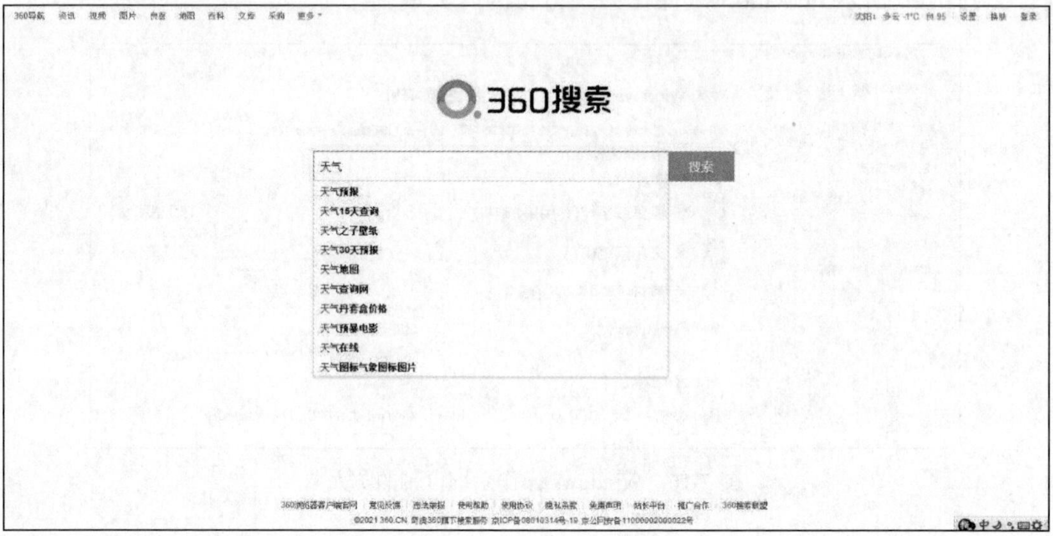

图 7-17　360 搜索主界面

7.4.2　电子邮件

1. 电子邮件系统介绍

电子邮件（Electronic Mail，E-mail）的标志是@，又称电子信箱、电子邮政。电子邮件是用电子手段传送信件、单据、资料等信息的通信方法。通过电子邮件系统，用户可以用非常低廉的价格、非常快速的方式，与世界上任何一个角落的网络用户联系。这些电子邮件可以是文字、图像、声音等各种方式。同时，用户可以得到大量免费的新闻、专题邮件，并实现轻松的信息搜索。电子邮件具有快速传达、不易丢失的特点。

电子邮件在互联网上发送和接收的原理可以很形象地用我们日常生活中的包裹邮寄来形容：当我们要寄一个包裹时，要找到一个有这项业务的邮局，在填写完收件人姓名、地址等信息之后，包裹就寄到了收件人所在地的邮局，对方取包裹的时候，就必须去这个邮局才能取出。同样，当我们发送电子邮件时，这封邮件是由邮件发送服务器（任何一个都可以）发出，系统根据收信人的地址判断对方的邮件接收服务器，然后将这封信发送到该服务器上，收信人要收取邮件也只能访问这个服务器。

电子邮件地址的格式由三部分组成。第一部分“USER”代表用户信箱的账号，对于同一个邮件接收服务器来说，这个账号必须是唯一的；第二部分“@”是分隔符；第三部分是用户信箱的邮件接收服务器域名，用以标识其所在的位置。

1987 年 9 月 20 日，中国第一封电子邮件是由“德国互联网之父”维纳·措恩与王运丰在北京的计算机应用技术研究所向德国卡尔斯鲁厄理工学院发出的，其内容为英文。原文是“Across the Great Wall we can reach every corner in the world.”中文大意为“跨越长城，走向世界”。这是中国与德国之间的网络连接，也是中国向全球科学网发出的第一封电子邮件。

电子邮件系统是一种新型的信息系统，是通信技术和计算机技术结合的产物。电子邮件的传输是通过电子邮件简单传输协议（SMTP）来完成的，它是互联网下的一种电子邮件通信协议。电子邮件的基本原理是在通信网上设立“电子信箱系统”，它实际上是一个计算机系统。用户首先开启自己的信箱，然后通过输入命令的方式将需要发送的邮件发到对方的信箱中。邮件可以在同一个邮件系统的信箱之间进行传递和交换，也可以与另一个邮件系统进行传递和交换。接收方在取信时，使用特定账号从信箱中提取电子邮件。电子邮件的工作过程遵循“客户端-服务器模式”。每份电子邮件的发送都要涉及发送方与接收方，发送方构成客户端，而接收方构成服务器，服务器含有众多用户的电子信箱。发送方通过邮件客户程序，将编辑好的电子邮件向邮局服务器（SMTP 服务器）发送。邮局服务器识别接收者的地址，并向管理该地址的邮件服务器（POP3 服务器）发送消息。邮件服务器将消息存放在接收者的电子信箱内，并告知接收者有新邮件到来。接收者通过邮件客户程序连接到服务器后，就会看到服务器的通知，此时便可打开自己的电子信箱来查收邮件。

常见的电子邮件协议有以下几种：SMTP（简单邮件传输协议）、POP3（邮局协议）、IMAP（Internet 邮件访问协议）。这几种协议都是由 TCP/IP 协议簇定义的。SMTP（Simple Mail Transfer Protocol）主要负责底层的邮件系统如何将邮件从一台机器传至另外一台机器。POP（Post Office Protocol）目前的版本为 POP3，POP3 是把邮件从电子邮箱中传输到本地计算机的协议。IMAP（Internet Message Access Protocol）目前的版本为 IMAP4，是 POP3 的一种替代协议，提供了邮件检索和邮件处理的新功能，这样用户可以完全不必下载邮件正文就可以看到邮件的标题摘要，从邮件客户端软件就可以对服务器上的邮件和文件夹目录等进行操作。IMAP 增强了电子邮件的灵活性，同时也减少了垃圾邮件对本地系统的直接危害，同时相对节省了用户查看电子邮件的时间。除此之外，IMAP 可以记忆用户在脱机状态下对邮件的操作（例如移动邮件、删除邮件等），在下一次打开网络连接的时候，会自动执行之前的操作。

常见电子邮箱如下。

（1）163 邮箱。网易免费邮箱，3GB 空间，支持超大（20MB）附件及 280MB 网盘，可精准过滤超过 98%的垃圾邮件。

（2）新浪邮箱。容量为 2GB，最大附件为 15MB，支持 POP3。

（3）QQ 邮箱。容量无限大，最大附件为 50MB，支持 POP3，提供安全模式，内置 WebQQ、阅读空间等。

2. 电子邮箱申请

下面以申请网易 163 免费邮箱为例，介绍申请邮箱账号的过程。在浏览器地址栏输入“mail.163.com”，进入网易邮箱主页，如图 7-18 所示。单击“注册网易邮箱”按钮，进入注册页面。

图 7-18 163 邮箱主页

注册页面如图 7-19 所示，输入要申请的电子邮箱地址、密码以及手机号码，勾选“同意《服务条款》《隐私政策》和《儿童隐私政策》”复选框，单击“立即注册”按钮，如果电子邮箱地址没有被占用，按照接下来的提示进行操作即可。

图 7-19 注册页面

3. 电子邮件的收发

成功申请了电子邮箱后，用户就可以登录自己的邮箱收发电子邮件了，个人邮箱首页如图 7-20 所示。

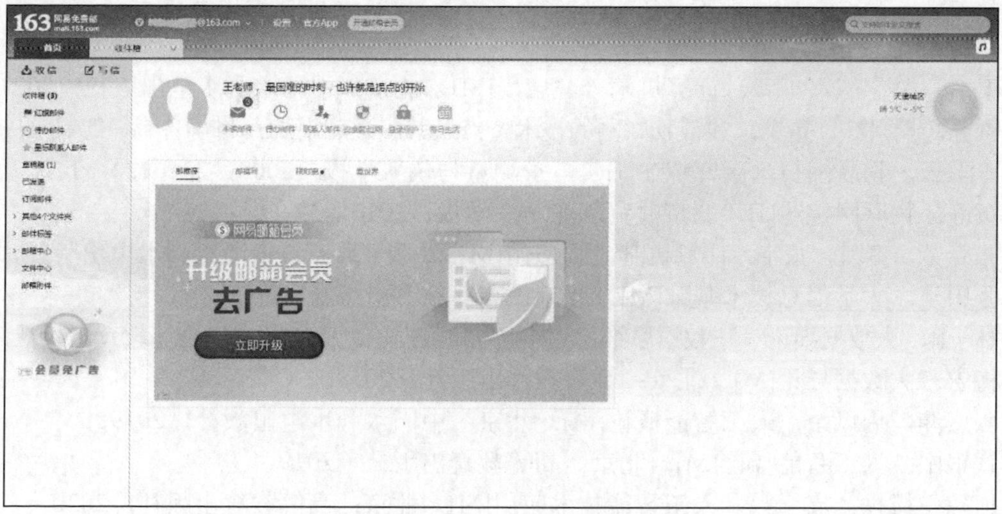

图 7-20　个人邮箱首页

单击“写信”按钮，在弹出的如图 7-21 所示的写信页面中依次填写“收件人”“主题”以及邮件内容，如果有文件需要发送，可以单击“添加附件”按钮，选择要发送的文件。最后单击“发送”按钮，即可把邮件发送出去。

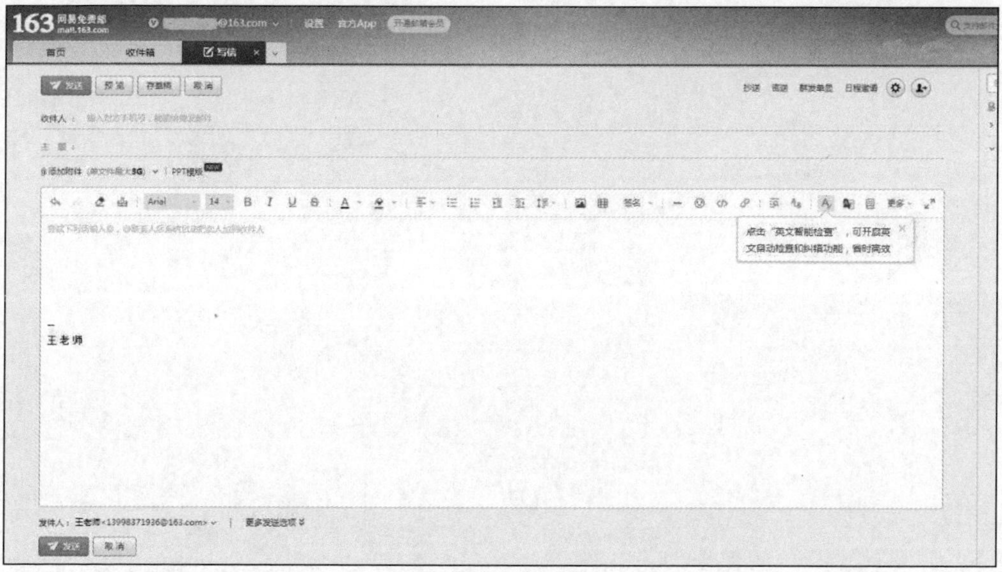

图 7-21　写信页面

如果要接收邮件，单击“收信”按钮，可以看到邮件的列表，单击具体的邮件就可以看到邮件的内容了。

参 考 文 献

[1] 秦凯，梁宁玉，王毅．计算机基础与应用[M]．北京：中国水利水电出版社，2021.

[2] 刘陈，景兴红，董钢．浅谈物联网的技术特点及其广泛应用[J]．科学咨询，2011（9）：86.

[3] 王保云．物联网技术研究综述[J]．电子测量与仪器学报，2009，23（12）：1-7.

[4] 黄静．物联网综述[J]．北京财贸职业学院学报，2016，32（6）：21-26.

[5] 张春芳，秦凯，张宇．计算机基础与应用[M]．3 版．北京：中国水利水电出版社，2014.

[6] 张国永．大学信息技术基础[M]．北京：高等教育出版社，2020.

[7] 林子雨. 大数据导论——数据思维、数据能力和数据伦理[M]. 北京：高等教育出版社，2020.

[8] 梅宏．大数据导论[M]．北京：高等教育出版社，2018.

[9] 张广渊，周风余．人工智能概论[M]．北京：中国水利水电出版社，2019.

[10] 钱银中．人工智能导论[M]．北京：高等教育出版社，2019.

[11] 何琼，楼桦，周彦兵．人工智能技术应用[M]．北京：高等教育出版社，2020.

[12] 钱慎一. Word/Excel/PPT 2016 办公应用从入门到精通[M]. 北京：中国青年出版社，2017.